2.1 Umweltanalyse
2.5 Stakeholderanalyse

1.7 Kernkompetenzanalyse
1.8 7-S-Modell
1.13 Stärken- und Schwächenanalyse
5.1 SWOT-Normstrategien

1.6 Unternehmenskulturanalyse
1.8 7-S-Modell
5.1 SWOT-Normstrategien

4.4 Leitbild (Vision, Mission, Kernwerte)
5.4. Szenario-Technik

1.4 Kostenstukturanalyse
5.7 Break-even-Analyse

1.3 Erfahrungskurvenanalyse
1.9 Wertkettenanalyse

5.3 Scoring-Modelle
5.5 Gap-Analyse
5.6 Balanced Scorecard

1.2 Lebenszyklusanalyse
2.4 Substitutionsanalyse

1.12 Weitere Portfolioanalysen
5.2 Portfolio-Normstrategien

1.1 ABC-Analyse
2.2 Zielgruppenanalyse

1.5 Zufriedenheitsanalyse

1.10 Marktwachstum-Marktanteils-Portfolioanalyse
1.11 Marktattraktivität-Wettbewerbsstärken-Portfolioanalyse
2.7 Branchenstrukturanalyse

Akteure
2.3 Konkurrenzanalyse
2.6 Benchmarking
4.3 Marktpositionierung nach Tracy und Wiersema

Interaktion
4.1 Marktfeldstrategien nach Ansoff
4.2 Wettbewerbsstrategien nach Porter

Klaus Kerth / Ralf Pütmann

Die besten Strategietools in der Praxis

Welche Werkzeuge brauche ich warum?

Wie wende ich sie an?

Wo liegen die Grenzen?

HANSER

Bibliografische Information Der Deutschen Bibliothek
Die Deutsche Bibliothek verzeichnet diese Publikation in der Deutschen Nationalbiblio-
grafie; detaillierte bibliografische Daten sind im Internet über http://dnb.ddb.de abruf-
bar.

© 2005 Carl Hanser Verlag München Wien
Internet: http://www.hanser.de
Lektorat: Lisa Hofmann-Bäuml
Herstellung: Ursula Barche
Umschlaggestaltung: büro plan.it unter Verwendung eines
Bildmotivs von Hartmut Keitel
Gesamtherstellung: Kösel, Krugzell
Printed in Germany

ISBN 3-446-40037-0

Vorwort

Wir wollen Ihnen mit diesem Buch eine Orientierungshilfe liefern, wie Sie in Ihrem Unternehmen das richtige Strategieinstrument heranziehen, um eine spezifische strategische Fragestellung zu strukturieren. Dabei werden nicht die möglichen Fragestellungen an sich behandelt, sondern vielmehr die verfügbaren Werkzeuge, mit denen Sie dieses und viele weitere Probleme ergebnisorientiert bearbeiten können. Dazu bietet das Buch eine ausgewogene Mischung aus Erfahrungswerten, Denkkonzepten und Expertenwissen, um zukünftige Entwicklungen und Innovationen am Markt zu platzieren und Kompetenzen im eigenen Unternehmen effektiv einzusetzen.

Das Buch ist aus der Idee entstanden, eine praxisorientierte Übersicht über relevante Strategieinstrumente zu bieten, die zugleich in den Strategieprozess eingeordnet werden. Die Anwendbarkeit in der Praxis stand dabei grundsätzlich im Vordergrund und wird durch eine Vielzahl von Anwendungshilfen (wie z.B. den Wegweiser, die Leitfragen und im Speziellen die Beilagen-CD-ROM mit sämtlichen relevanten Vorlagen zur Anwendung der Instrumente) unterstützt. Daher richtet sich das Buch vorrangig an Praktiker, die sich mit strategischen Fragestellungen auseinander setzen und diese direkt in der Praxis umsetzen wollen. In der Vielzahl der bislang angebotenen Bücher haben wir vergeblich nach einem Buch gesucht, das auf ähnliche Art und Weise eine strukturierte, problemorientierte Übersicht mit fundierten, aber anschaulichen Beschreibungen sowie mit praxisrelevanten Umsetzungshilfen kombiniert.

Die Inhalte wurden mit Praktikern und Wissenschaftlern kritisch diskutiert, um die Instrumente wissenschaftlich korrekt zu beschreiben, aber zugleich die Anwendbarkeit und mögliche Probleme in der Umsetzung zu erfassen. Dabei wurden sowohl Originalquellen als auch Veröffentlichungen zu diesen Themen gesichtet und eingearbeitet. Für die vertiefende Beschäftigung mit den jeweiligen Strategietools stehen Ihnen für jedes Kapitel Literaturhinweise zur Verfügung, so dass Sie an geeigneter Stelle weitere Informationen erhalten können.

Bei Konzeption und Aufbau des Buches sowie bei den sehr intensiven Recherchen bedanken wir uns bei unseren Koautoren Jens Fischer und Heiko Hempe. Ohne ihre Unterstützung würde das vorliegende Werk nicht den hohen Qualitätsstand haben.

Wir wünschen Ihnen viel Spaß und Erfolg beim Erarbeiten und Umsetzen Ihrer Strategie!

April 2005   Klaus Kerth, Ralf Pütmann

Einleitung

Das vorliegende Buch erläutert etablierte Strategieinstrumente, die sich in der Praxis durchgesetzt haben und zum Handwerk eines jeden Unternehmens gehören.

Der **Aufbau des Buches** orientiert sich an dem Strategieprozess, wie er in Unternehmen tagtäglich intuitiv oder bewusst als Rahmen für Analysen, Strategieentwicklungen und -umsetzungen dient. Sämtliche Strategieinstrumente des Buches sind diesem Prozess logisch zugeordnet und werden in entsprechendem Gedankenfluss vorgestellt. Dennoch ist das Buch auch oder gerade als Nachschlagewerk hervorragend geeignet, da die einzelnen Kapitel zwar in sachlogischer Reihenfolge positioniert sind, aber nicht zwingend inhaltlich aufeinander aufbauen und somit isoliert nachvollzogen werden können, wobei notwendige Verknüpfungen grundsätzlich beschrieben sind.

Der Inhalt ist bewusst unabhängig gewählt – sowohl von Branchen, Produkten und Funktionen als auch von aktuellen Trends bzw. Zyklen. Daher sind die Inhalte allgemein gültig und können auf die individuelle Branche und insbesondere das Unternehmen angepasst werden.

Als **Anwendungshilfen** dienen Ihnen verschiedene Instrumente, welche die praktische Arbeit vereinfachen und den Spaß an dem Buch noch weiter steigern sollen:

Die Kapitel sind für eine bessere **Orientierung** inhaltlich gleich strukturiert. So finden Sie in jedem Kapitel die gleiche Untergliederung. **Leitfragen** zu Beginn eines jeden Kapitels verschaffen auch Lesern ohne Fachkenntnisse einen Eindruck von dem Zweck und dem Anwendungsgebiet des Instruments. Innerhalb der Kapitel tauchen vier Typen von **Informationskästchen am Seitenrand** auf, wenn einzelne Themenbereiche besonders wissenswert erscheinen. Dabei wird zwischen „Merke", „Checkliste", „Tipp" und „Beachte" unterschieden:

MERKE:
Das Merke-
Kästchen fasst
wichtige Punkte
zusammen.

BEACHTE:
Das Beachte-
Kästchen verweist
auf kritische Bereiche und mögliche
Missverständnisse.

TIPP:
Das Tipp-
Kästchen zeigt
Hinweise, die das
Arbeiten erleichtern.

CHECKLISTE:
Das Checklisten-
Kästchen stellt die
zu bearbeitenden
Schritte dar.

Als Leitfaden dient der **Wegweiser,** der jedes Kapitel einleitet. Er beschreibt den Strategieprozess mit den einzelnen Teilabschnitten. Die Leitfragen weisen Ihnen den genauen Weg, der für Ihr spezifisches Problem zu wählen ist. Zusätzlich gibt es einen **Leitfragenkatalog,** der sämtliche Leitfragen aller Kapitel umfasst. Er stellt einen Überblick über mögliche Problemstellungen dar und dient somit als ergänzendes Inhaltsverzeichnis aus problemorientierter Perspektive.

Ergänzend haben wir einen **Entscheidungsbaum** konstruiert, der Sie bei Bedarf auf den Leitfragen basierend stufenweise zu dem passenden Instrument leitet. Der Entscheidungsbaum hat keinen Anspruch auf Vollständigkeit und dient nur als grobe Orientierungshilfe.

Selbstverständlich wurde ein **Stichwortverzeichnis** eingerichtet, damit die Funktion des Nachschlagewerks voll ausgenutzt werden kann.

Als besondere Beigabe haben wir eine **CD-ROM** zusammengestellt, die eine Vielzahl von Vorlagen für sämtliche Instrumente umfasst. In den Kapiteln wird an entsprechender Stelle auf die jeweiligen Vorlagen verwiesen. Ziel ist, dass Sie unkompliziert und schnell Vorlagen und Grafiken in Ihre Arbeit integrieren und auf diese Weise noch besser die Instrumente anwenden und umsetzen können.

Inhaltsverzeichnis

Leitfragenkatalog

Im Folgenden sind sämtliche Leitfragen aufgelistet, auf welche die einzelnen Strategieinstrumente in diesem Buch Bezug nehmen, wobei hierbei die Abfolge und Strukturierung des Buchinhalts eingehalten wird. Die Leitfragen sind hinreichend allgemein formuliert, so dass sich konkrete Fragestellungen zuordnen lassen.

Nehmen Sie sich die Zeit, den Fragenkatalog zu lesen und priorisieren Sie für sich die Themenkomplexe, in welchen Sie sich mit Ihren individuellen, unternehmerischen Herausforderungen wieder finden. Betrachten Sie dabei die Leitfragen auch im Kontext des allgemeinen, diesem Buch als Struktur dienenden Strategieprozesses, der auch dem *Wegweiser* zu Grunde gelegt ist. Auf diese Weise bietet das Buch den direkten Einstieg zum **richtigen Strategietool** für die praktische Anwendung.

ANALYSE DER INTERNEN UNTERNEHMENSRESSOURCEN
Was kann ich leisten?
Was können wir gut/was können wir nicht?

1.1 ABC-Analyse
- Wie bzw. in welchen Bereichen sollte ich meine Prioritäten setzen?
- Welche Bereiche sind besonders wichtig für mich?
- Was kann ich unter Umständen auch vernachlässigen?
- Wo sind die größten Erfolgshebel?

1.2 Lebenszyklusanalyse
- Wie viel Potenzial steckt in meinem Produkt?
- Wann muss ich es erneuern?
- Wann muss ich wie stark werben?
- Welchen Absatz kann ich wann erwarten?

1.3 Erfahrungskurvenanalyse
- Wie viel Erfahrung haben wir aufgebaut?
- Wie wirkt sich unsere Routine aus?
- Welche Ausbringungsmenge, welcher Marktanteil ist nötig, um die Stückkosten wesentlich zu verringern?

1.4 Kostenstrukturanalyse
- Wie gliedern sich unsere Kosten auf?
- In welchen Bereichen liegen die Trends der Kostenveränderungen?
- Welche Möglichkeiten zur Kostensenkung haben wir?

1.5 Zufriedenheitsanalyse
- Wie zufrieden sind Kunden und Mitarbeiter?
- Welches sind die wichtigsten Merkmale, um die Zufriedenheit dieser Gruppen zu gewährleisten?
- Wie werden wir von Kunden und Mitarbeitern wahrgenommen?

- Welche Bereiche weisen bezüglich der Zufriedenheit noch Schwachstellen auf?
- In welche Maßnahmen müssten wir investieren, um die Zufriedenheit bei Kunden und Mitarbeitern zu steigern?

1.6 Unternehmenskulturanalyse

- Inwieweit stimmen die gelebten Werte und Normen mit unserem Leitbild überein?
- Fördert die Unternehmenskultur unseren Erfolg oder behindert sie ihn?
- Was können wir tun, damit wir die Unternehmenskultur für unseren Erfolg nutzen?

1.7 Kernkompetenzanalyse

- Welche Fähigkeiten sind für den Erfolg der Vergangenheit verantwortlich?
- Welche dieser Fähigkeiten können wir ausbauen, um auch in Zukunft erfolgreich zu sein?

1.8 7-S-Modell

- Was sind die wichtigsten Erfolgsfaktoren in einer effektiven Organisation?
- In welcher Beziehung stehen die jeweiligen Erfolgsfaktoren zueinander?
- Wie können wir unsere Strategie mit den anderen Erfolgsfaktoren abstimmen?

1.9 Wertkettenanalyse

- Wie viel wird durch welche Aktivitäten verdient?
- Welche Bereiche sollte ich stärken?
- Was sind Schlüsselfaktoren für die eigenen Erträge?
- Wo stehe ich wie zur Konkurrenz?

1.10 Marktwachstum-Marktanteils-Portfolioanalyse (BCG)

- Wie erfolgversprechend ist das eigene Geschäftsportfolio am Markt positioniert?
- Wie sollen Investitionen auf die einzelnen, bestehenden Produkt-Markt-Segmente verteilt werden?
- Wie entscheide ich über die Aufnahme ergänzender Produkt-Markt-Segmente?

1.11 Marktattraktivität-Wettbewerbsstärken-Portfolioanalyse (McKinsey)

- Wie erfolgversprechend ist das eigene Geschäftsportfolio am Markt positioniert?
- Wie sollen Investitionen auf die einzelnen, bestehenden Produkt-Markt-Segmente verteilt werden?
- Wie entscheide ich über die Aufnahme ergänzender Produkt-Markt-Segmente?

1.12 Weitere Portfolioanalysen
- Wie lassen sich mehrdimensionale Einflüsse übersichtlich darstellen und interpretieren?
- Wie können grundverschiedene Objekte in einem einheitlichen Analyseraster miteinander verglichen werden?

1.13 Stärken- und Schwächenanalyse
- Was sind meine Stärken?
- Was sind meine Schwächen?
- Wo liege ich diesbezüglich gegenüber meinen Wettbewerbern?
- Wo muss ich mich verbessern?

ANALYSE DER EXTERNEN MARKTKRÄFTE
Was erwartet der Markt?
Was wollen unsere Kunden?
Auf was müssen wir uns einstellen?

2.1 Umweltanalyse
- Welche externen Faktoren beeinflussen unser Geschäft?
- Wie entwickeln sich die Trends?
- Wie können wir die Tendenzen für uns sicht- und nutzbar machen?

2.2 Zielgruppenanalyse
- Wer sind unsere Kunden?
- Welche Kundentypen wollen wir für unser Produkt gewinnen?
- Wen wollen wir mit unseren Marketingaktivitäten erreichen?

2.3 Konkurrenzanalyse
- Wer sind unsere Wettbewerber?
- Welcher Konkurrent bewegt sich wo auf dem Markt/in welchem Marktsegment?
- Wie sieht sein Produktportfolio aus?
- Welche Stärken und Schwächen haben die Wettbewerber?

2.4 Substitutionsanalyse
- Wie können wir damit umgehen, dass ständig neue Entwicklungen und Technologien aufkommen?
- Was können wir tun, um unser Sortiment trotz Trends zeitgemäß zu halten?

2.5 Stakeholderanalyse
- Welches sind die wichtigsten Spieler für den Erfolg unseres Unternehmens?
- Wie stark schätzen wir die Einflussnahme des Stakeholders auf unser Unternehmen?
- Wo liegen Risikopotenziale?
- Welche Chancen ergeben sich für uns?

2.6   Benchmarking
- Was können wir tun, um zu den Besten zu gehören?
- Wie können wir den Bedarf und die Ziele festlegen, um zum Weltklassestandard aufzuschließen?
- Wie können wir einzelne Unternehmensprozesse auf Verbesserungspotenziale untersuchen?
- Wie können wir unsere Verbesserungsmaßnahmen überprüfen?

2.7   Branchenstrukturanalyse
- Wie wird sich unsere Branche entwickeln?
- Welche Einflussfaktoren bestimmen den Wettbewerb?
- Welche Schritte werden unsere Konkurrenten unternehmen und wie können wir darauf reagieren?
- Wie kann unser Unternehmen langfristig wettbewerbsfähig bleiben?

AGGREGATION ZU EINEM SWOT-PORTFOLIO
Wo stehe ich?
Wie stellt sich meine aktuelle Situation dar?

---

3   SWOT-Analyse
- Welche Informationen müssen bei der Strategieentwicklung beachtet werden?
- Wie kann eine unternehmerische Ausgangssituation erfasst werden?
- Wie können verschiede Analysen zu einem Gesamtüberblick zusammengefasst werden?

STRATEGISCHE POSITIONIERUNG
Wie stelle ich mich auf, um Erfolg zu haben?

4.1   Marktfeldstrategien nach Ansoff
- Welche verschiedenen Wachstumsstrategien bieten sich mir?
- Wie erfolgt die Auswahl?
- Wie plane ich die Ausweitung des Leistungsangebots?

4.2   Wettbewerbsstrategien nach Porter
- Wie profiliert man sich am Markt?
- Welchen Fokus soll man setzen?
- Worauf müssen sich die Prozesse konzentrieren, was sollten die Kernprozesse sein?

4.3   Marktpositionierung nach Treacy und Wiersema
- Wie gelangt man zur Marktführerschaft?
- Welche strategischen Optionen bieten sich an?
- Wie muss die Organisation für unterschiedliche Strategietypen angepasst werden?
- In welchen Bereichen müssen wir die Besten sein?

4.4   Leitbild (Vision, Mission, Kernwerte)

- Wie sehen wir unser Unternehmen, wie ist unser Selbstverständnis?
- Welche Werte verfolgen wir in unserer Arbeit?
- Was ist der Sinn unserer Arbeit, was ist die Aufgabe?
- Wie soll das Unternehmen langfristig aufgestellt sein, wo sehen wir Schwerpunkte?

> STRATEGISCHE PLANUNG
> Welche Ziele/Stoßrichtungen muss ich verfolgen?
> Wie wähle ich Maßnahmen aus?

5.1   SWOT-Normstrategien

- Welche Handlungsoptionen stehen mir offen?
- Welche strategischen Optionen bieten sich mir aufgrund meiner momentanen Lage?
- Wie setze ich meine Stärken richtig ein?

5.2   Portfolio-Normstrategien

- In welche Geschäftseinheiten sollte investiert werden?
- Wie sollten die Unternehmensressourcen sinnvoll auf das Leistungsspektrum verteilt werden?
- Welche strategischen Optionen ergeben einzelne Geschäftseinheiten?

5.3   Scoring-Modelle

- Wie soll zwischen verschiedenen Optionen ausgewählt werden?
- Mit welcher Option erzielt man den höchsten Nutzen?
- Welche Optionen bieten welche Vorteile?

5.4   Szenariotechnik

- Wie kann ich die Einflussfaktoren meines Geschäfts besser einschätzen?
- Wie kann ich ohne präzise Vorhersagen Handlungsalternativen konstruieren, damit ich schnell reagieren kann?

5.5   Gap-Analyse

- Erreichen wir unser Ziel, wenn wir so weitermachen wie bisher?
- Worin bestehen die Lücken zur festgelegten Strategie?
- Welche Maßnahmen bieten sich an, um die strategischen Zielwerte zu erreichen?

5.6   Balanced Scorecard

- Wie können wir die entwickelte Strategie in den Arbeitsalltag integrieren und umsetzen?
- Wie können wir Prozesse und Projekte unter Berücksichtigung der Strategie steuern?
- Wie können wir unseren Mitarbeitern die Strategie näher bringen?
- Wie können wir den Überblick über den Erfolg unserer Maßnahmen behalten?

1

Analyse der internen Unternehmensressourcen

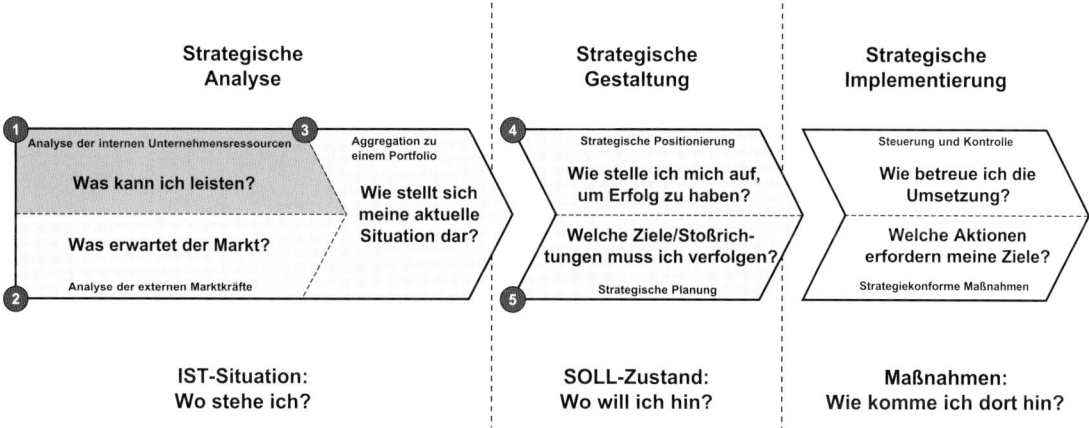

Strategische Analyse

1 Analyse der internen Unternehmensressourcen

Was kann ich leisten?

Was erwartet der Markt?

2 Analyse der externen Marktkräfte

3 Aggregation zu einem Portfolio

Wie stellt sich meine aktuelle Situation dar?

IST-Situation:
Wo stehe ich?

Strategische Gestaltung

4 Strategische Positionierung

Wie stelle ich mich auf, um Erfolg zu haben?

Welche Ziele/Stoßrichtungen muss ich verfolgen?

5 Strategische Planung

SOLL-Zustand:
Wo will ich hin?

Strategische Implementierung

Steuerung und Kontrolle

Wie betreue ich die Umsetzung?

Welche Aktionen erfordern meine Ziele?

Strategiekonforme Maßnahmen

Maßnahmen:
Wie komme ich dort hin?

1 – **5** : Kapitel des Buches

1.1 ABC-Analyse

LEITFRAGEN:
- Wie bzw. in welchen Bereichen sollte ich meine Prioritäten setzen?
- Welche Bereiche sind besonders wichtig für mich?
- Was kann ich unter Umständen auch vernachlässigen?
- Wo sind die größten Erfolgshebel?

1.1.1 Zielsetzung und Anwendungsgebiet

Die ABC-Analyse ist ein Instrument zum Vorbereiten und Erleichtern von Entscheidungen. Ziel ist es, das Augenmerk des Managements auf die Unternehmensbereiche zu richten, die die höchste wirtschaftliche Bedeutung haben. Entsprechend dem Verhältnis von Mitteleinsatz (Menge) und Zielerreichung (Wert) wird eine Unterteilung in drei Klassen (A, B, C) vorgenommen, welche im Ergebnis eine Aussage darüber treffen, wie die Bereiche zu priorisieren sind. Es wird demnach untersucht, ob ein bestimmter Mitteleinsatz von besonderer Relevanz für das Ergebnis ist.

Mit der ABC-Analyse können beispielsweise in der Materialwirtschaft Teile und Lieferanten klassifiziert werden, in der Produktion können fixe Kosten untersucht werden und im Vertrieb ist eine Kunden- und Produktsegmentierung möglich. Die Unternehmensleitung kann so entscheiden, ob sie einzelne Tätigkeiten selbst verrichten oder delegieren sollte.

MERKE:
ABC-Analysen basieren auf Ist-Daten. Die Ableitung von Maßnahmen bedingt zusätzlich Soll-Daten.

1.1.2 Beschreibung

Die ABC-Analyse geht auf H. Ford Dickie (General Electric Company) aus dem Jahr 1951 zurück. Der Titel seines Artikels „Shoot for Dollars, not for Cents" lässt bereits auf die Intention dieses Tools schließen: Das Wichtige soll von weniger Wichtigem getrennt werden.

Aufbauend auf die Pareto-Regel 80/20 (die 80/20-Regel besagt, dass ungefähr 20 % des Ressourceneinsatzes, Zeit, finanzielle Mittel etc., zu 80 % des Ergebnisses führen) werden effiziente Erzeugnisse bzw. Prozesse gesucht, die bei geringem Mengenanteil einen hohen Wertanteil generieren. Dabei erreichen Untersuchungsobjekte der Klasse A bei ca. 5 bis 15 % Mengenanteil einen Wertanteil von ca. 60 bis 85 %. Im Bereich der Klasse B werden etwa 10 bis 25 % Wertanteil durch 20 bis 40 % Mengenanteil generiert. Klasse C schließlich benötigt ca. 50 bis 75 % Mengenanteil für nur 5 bis 15 % Wertanteil. Die folgende Tabelle fast diese Verhältnisse zusammen:

Klasse	Wertanteil (%)	Mengenanteil (%)
A	~ 60–85 %	~ 5–15 %
B	~ 10–25 %	~ 20–40 %
C	~ 5–15 %	~ 50–75 %

Grafisch veranschaulichen lassen sich die Ergebnisse mit Hilfe der Lorenz-Kurve (benannt nach dem amerikanischen Statistiker Max O. Lorenz,
1880–1962). Aufgrund der ungleichen Verhältnisse zwischen Wert- und
Mengenanteil entsteht eine konkav geformte Kurve.

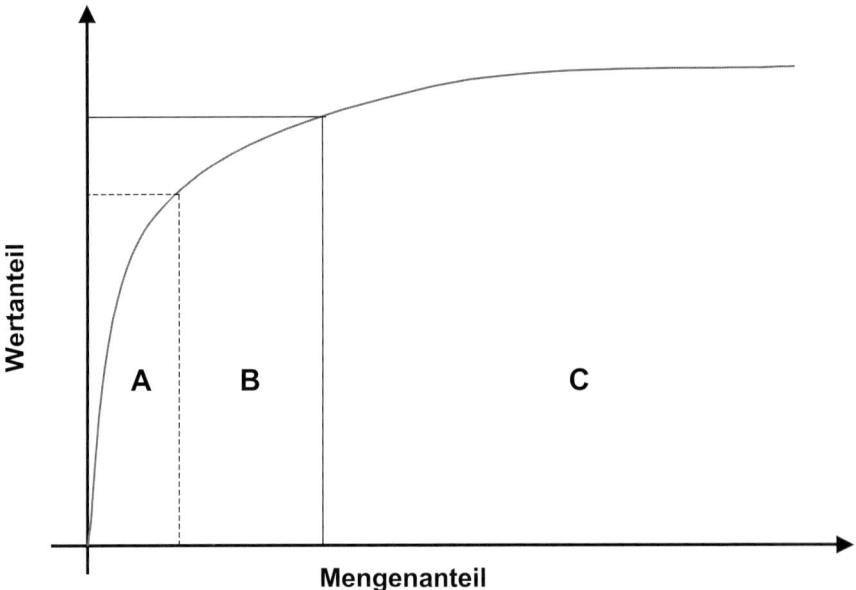

Abbildung 1: Lorenz-Kurve zur Visualisierung einer ABC-Analyse

Im Abschnitt A steigt die Kurve noch progressiv, es wird also ein hoher
Wert mit einer geringen Menge erzeugt. Im Bereich B lässt die Progression
nach und im Bereich C kehrt sich das Verhältnis schließlich um: Es wird mit
einem großen Mengenanteil ein geringer Wert erreicht. Da die Grenzen
zwischen den Klassen willkürlich festgelegt werden können, kann die
Form der Kurve je nach Untersuchung variieren.

1.1.3 Voraussetzungen und notwendiger Input

Die Qualität der Ist-Daten ist entscheidend für den Erfolg der ABC-Analyse. Sie müssen über die zu klassifizierenden Objekte in jeweils den gleichen Wert-, Mengen- und Verbrauchseinheiten geführt werden bzw. sich
entsprechend verrechnen lassen. Dabei sollten die Erhebungszeiträume
und Sachbeziehungen übereinstimmen, um solide Aussagen ableiten zu
können.

1.1.4 Vorgehensweise

Schritt 1:	Problem definieren

Schritt 2:	Erstellen einer Wert-Mengen-Tabelle

Schritt 3:	Prozentuale Anteile bestimmen und kumulieren

Schritt 4:	Klassengrenzen festlegen

Schritt 5:	Grafische Darstellung

Schritt 6:	Konsequenzen der Klassierung ableiten

Abbildung 2: Vorgehensweise bei der ABC-Analyse

Schritt 1: Problem definieren

Zunächst müssen die zu untersuchenden Objekte und Merkmale (z. B. Menge = Anzahl Kostenstellen, Wert = Gemeinkosten) festgelegt werden. Wie oben skizziert, kann die ABC-Analyse in unterschiedlichen Bereichen Anwendung finden, so dass hier auch entsprechend verschiedene Untersuchungsobjekte definiert werden können. Beispielsweise könnten auch sämtliche Einzelteile eines Produkts als Menge definiert werden, um zu untersuchen, welche Teile einen wie hohen Anteil an den Rohstoffausgaben haben.

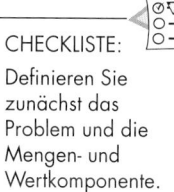

CHECKLISTE:
Definieren Sie zunächst das Problem und die Mengen- und Wertkomponente.

Schritt 2: Erstellen einer Wert-Mengen-Tabelle

Die Objekte und die zugehörigen Werte werden dann in einer Wert-Mengen-Tabelle erfasst und in absteigender Form nach ihrem Wert sortiert, siehe Abbildung 3.

Kostenstelle	Gemeinkosten
1	7.000,–
2	16.500,–
3	4.500,–
4	2.000,–

Kostenstelle	Gemeinkosten
2	16.500,–
1	7.000,–
3	4.500,–
4	2.000,–
Summe	30.000,–

Abbildung 3: Wert-Mengen-Tabellen zur ABC-Analyse

Schritt 3: Prozentuale Anteile bestimmen und kumulieren

Für die Mengen- und Wertkomponenten werden im Anschluss zuerst die prozentualen Anteile ermittelt und danach kumuliert, siehe Abbildung 4.

Kostenstelle	Mengenanteil [%]	Gemeinkosten	Wertanteil [%]
2	10	16.500,–	55
1	15	7.000,–	23,3
3	35	4.500,–	15
4	40	2.000,–	6,7
Summe:	100	30.000,–	100

Kumulierter prozentualer Mengenanteil	Kumulierter prozentualer Wertanteil	
10	55	Klasse A
25	78,3	
60	93,3	Klasse B
100	100	Klasse C

Abbildung 4: Wert-Mengen-Tabellen (prozentual kumuliert) zur ABC-Analyse

Schritt 4: Klassengrenzen festlegen

Abbildung 4 zeigt, dass die Klassen nach einem selbst zu wählenden Schlüssel unterteilt werden. Dabei können die oben genannten Verhältnisse zwischen Mengenanteil und Wertanteil als Richtwerte dienen.

Schritt 5: Grafische Darstellung

TIPP:
Für eine zweckmäßige Darstellung der ABC-Verteilung sind Strecken anstatt der eigentlich korrekten Kurve ausreichend.

Die grafische Darstellung erfolgt über die oben beschriebene Lorenz-Kurve. Dafür werden auf der horizontalen Achse (Abszisse) die Mengenanteile in Prozent, auf der vertikalen Achse (Ordinate) die Wertanteile in Prozent abgetragen und die entsprechenden Wert-Mengen-Kombinationen eingetragen. Die Verbindung der einzelnen Punkte ergibt eine Lorenz-Kurve, die Unterteilung in A-, B- und C-Bereiche erfolgt entsprechend der gewählten Klassifizierung. Abbildung 5 zeigt die entsprechende Grafik zu dem oben angeführten Beispiel:

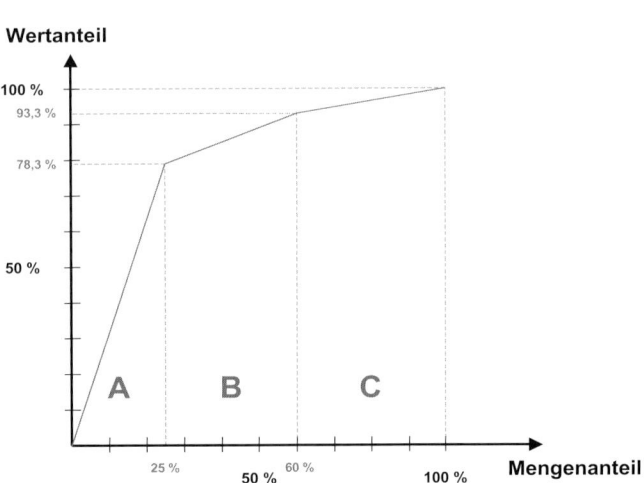

Abbildung 5: Beispiel einer ABC-Verteilung

Schritt 6: Konsequenzen der Klassierung ableiten

Aus den Klassen können schließlich effizienzsteigernde Maßnahmen abgeleitet werden. So handelt es sich bei den Elementen der **A-Klasse** je nach Art um wichtige Aufgaben oder Lieferanten, hochwertige oder kritische Teile, umsatzstarke Kunden oder Teile. Ihnen gebührt höchste Aufmerksamkeit und das Management sollte sich besonders um diese Kategorie bemühen.

Die Elemente der **B-Klasse** sind ihrer Bedeutung nach mittelwertig. Diese Aufgaben bzw. ihre Überwachung können delegiert werden, die Umsetzung sollte aber regelmäßig kontrolliert werden.

Die **C-Klasse** ist von verhältnismäßig geringer Bedeutung, Beobachtung durch das Management ist nicht in großem Umfang nötig. Wenn möglich, gilt es hier zu standardisieren, bei Delegation genügen sporadische Stichprobenkontrollen.

MERKE:
A-Klasse: hohe Bedeutung und Aufmerksamkeit, selten Delegation.
B-Klasse: mittelwertige Bedeutung, regelmäßige Kontrollen.
C-Klasse: geringe Bedeutung, Standardisierung und Delegation.

1.1.5 Vor- und Nachteile

Vorteile	Nachteile

• Einfache Anwendung
• Komplexität der Planung wird reduziert
• Führt zu effizientem und bewusstem Ressourceneinsatz
• Übersichtliche Darstellung
• Methode themenübergreifend einsetzbar
	• Notwendigkeit konsistenter (vergleichbarer) Daten
	• Heuristisches, mathematisch nicht eindeutiges Verfahren:
	  • Fokus auf Kategorie A führt nicht notwendig zu mehr Effizienz (wenn dort z. B. deutlich weniger Optimierungspotenzial besteht)
	  • Klasseneinteilung erfolgt willkürlich, somit sind Fehlentscheidungen um Klassengrenzen möglich

Tabelle 1: Vor- und Nachteile der ABC-Analyse

1.1.6 Praxisbeispiel

Ein klassisches Anwendungsbeispiel für die ABC-Analyse ist die Optimierung der Beschaffung. Als Datengrundlage dienen die Bedarfsmengen und die durchschnittlichen Preise für fremdbezogene Teile.

Demnach werden analog zur oben beschriebenen Vorgehensweise die Bedarfsmenge als Mengenanteil und der Einkaufpreis als Wertanteil eingesetzt.

Durch eine ABC-Analyse kann dann ermittelt werden, welche Teile bereits bei relativ geringen Bedarfsmengen hohe Kosten verursachen. Dies sind die A-Teile. Entsprechend werden auch B- und C-Teile identifiziert.

Anhand dieser Klassifizierung besteht nun die Möglichkeit, die Beschaffungswege zu optimieren. Konkret muss die höchste Aufmerksamkeit und die genaueste Planung den A-Teilen gewidmet werden, da sie den größten Hebel darstellen. Weitere mögliche Konsequenzen sind in der Tabelle 2 zusammengefasst:

A-Teile	B-Teile	C-Teile
• Planung mit hohem Genauigkeitsgrad • Einsatzsynchrone Beschaffung, falls möglich, „just in time" • Optimale Bestellmengen bei Vorratsbeschaffung	• Planung mit mittlerem Genauigkeitsgrad • Stichprobenweise Qualitäts- und Quantitätsprüfung • Strategie muss zwischen A und C abgewogen werden	• Planung mit geringem Genauigkeitsgrad • Beschaffung auf Vorrat, da geringe Kapitalbindung (Vorsicht: Platzbedarf kann hier zu anderer Konsequenz führen) • Größere Sicherheitsbestände • Maximal stichprobenweise Prüfungen

Tabelle 2: Konsequenzen aus einer ABC-Analyse zur Beschaffungsoptimierung

1.1.7 Vorlagen auf CD

Auf der Beilagen-CD stehen eine exemplarische Lorenz-Kurve sowie Muster-Tabellen zur Kumulierung der Mengen- und Wertkomponenten zur Verfügung.

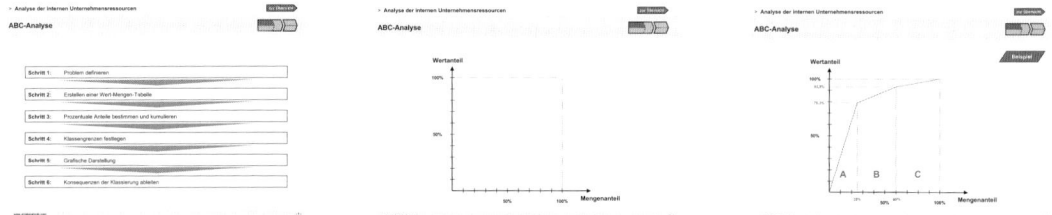

1.1.8 Verwandte und weiterführende Themen

Aufgrund der universellen Einsetzbarkeit der ABC-Analyse fällt es schwer, bestimmte Bezüge zu einzelnen verwandten Themen aufzulisten. Wie oben skizziert, kann die ABC-Analyse grundsätzlich immer angewendet werden, wenn analysiert werden muss, welche Bereiche/Objekte einen besonders hohen Einfluss auf ein beliebiges Ergebnis haben. Eine solche Fragestellung kann in unterschiedlichsten Analysen von Interesse sein, so dass entsprechend Verwandtschaften zu fast allen Strategieinstrumenten abgeleitet werden könnten.

1.1.9 Literaturhinweise

ARNOLDS, H. / HEEGE, F. / TUSSING, W. (1998): *Materialwirtschaft und Einkauf,* 10. Aufl., Gabler Verlag, Wiesbaden 1998

DICKIES, H. F. (1951): „ABC Inventory Analysis Shoots for Dollars, not Pennies", in: *Factory Management and Maintenance,* 1951, 109. Jg., S. 92–94

GROCHLA, E. (1978): *Grundlagen der Materialwirtschaft,* 3. Aufl., Gabler Verlag, Wiesbaden 1978

1.2 Lebenszyklusanalyse

LEITFRAGEN:
- Wie viel Potenzial steckt in meinem Produkt?
- Wann muss ich es erneuern?
- Wann muss ich wie stark werben?
- Welchen Absatz kann ich wann erwarten?

1.2.1 Zielsetzung und Anwendungsgebiet

Die Lebenszyklusanalyse verfolgt das Ziel, ein Produkt in seinen Entwicklungsprozess einzuordnen, um so seine Erfolgspotenziale abzuleiten. Dabei wird der Entwicklungsprozess in verschiedene Lebenszyklen unterteilt, die durch unterschiedliche Merkmale charakterisiert sind. Die zeitliche Einordnung im Entwicklungsprozess ermöglicht den Entscheidungsträgern Analysen und Prognosen. Sie können die idealtypischen Merkmale des jeweiligen Lebenszyklus auf das eigene Produkt übertragen und Rückschlüsse ableiten. Direkte Anwendungsgebiete sind beispielsweise die Herleitung von Produktstrategien, die Produktionsprogrammplanung, die Steuerung des Marketingmix oder die Analyse von Kundenverhalten. Weiterhin fungiert die Lebenszyklusanalyse als Grundlage für weiterführende Strategieinstrumente wie z. B. die BCG-Matrix (BCG = Boston Consulting Group) oder diverse Prognosetechniken.

Die Lebenszyklusanalyse ist demnach gleichzeitig Analyse- und Prognoseinstrument. Damit bietet sie leicht nachvollziehbare, allgemein gültige Normstrategien für die einzelnen Lebenszyklen.

1.2.2 Beschreibung

Ihren Ursprung findet die ökonomische Lebenszyklusanalyse in der Evolutionstheorie. Biologische Lebenszyklen wurden seit den 50er Jahren auf wirtschaftliche Fragestellungen übertragen. Als Betrachtungsobjekte kommen grundsätzlich verschiedene wirtschaftliche Konstrukte in Frage. So ist vielfach von Branchen-, Unternehmens- oder beispielsweise Markenlebenszyklen zu lesen. Als populärste Form hat sich jedoch der Produktlebenszyklus herausgestellt. Im Folgenden wird die Lebenszyklusanalyse auf Basis des Produktlebenszyklus vorgestellt, kann aber ohne weiteres auf andere Objekte übertragen werden.

Grundlage der Produktlebenszyklusanalyse ist die Darstellung der Absatz- bzw. Umsatzentwicklung des Produkts im Zeitablauf. Idealtypisch resultiert ein Kurvenverlauf, der in vier Lebenszyklusphasen differenziert werden kann, wobei die Dauer der Phasen vom Kurvenverlauf abhängt (generisch wird in vier Phasen differenziert, wobei mitunter in der Literatur auch Differenzierungen in fünf und mehr Phasen zu finden sind).

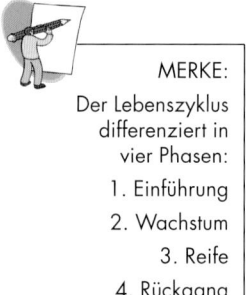

MERKE:
Der Lebenszyklus
differenziert in
vier Phasen:
1. Einführung
2. Wachstum
3. Reife
4. Rückgang

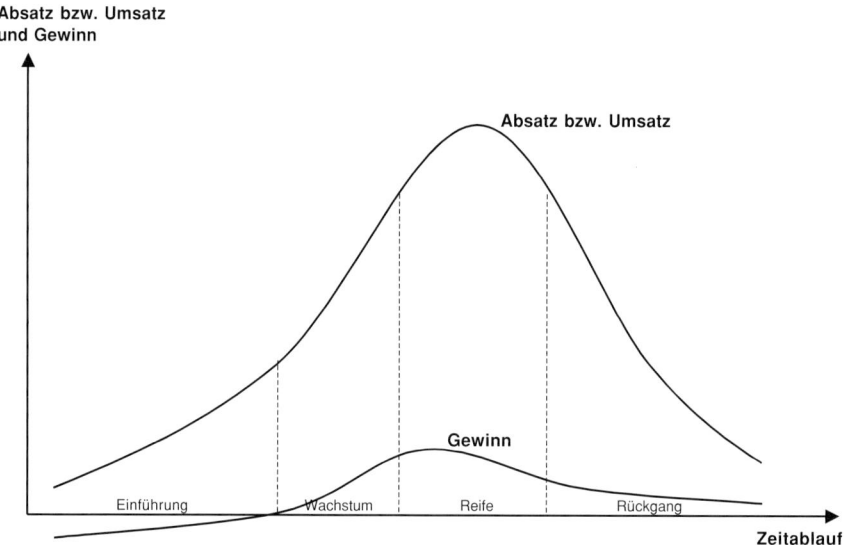

Abbildung 6: Idealtypischer Produktlebenszyklus

Die **Einführungsphase** beginnt mit der Produkteinführung. Die Dauer ist stark abhängig vom Innovationsgrad des Produkts oder der Dienstleistung. Zunächst beschränkt sich der Kundenkreis auf wenige so genannte Innovatoren mit meist relativ hohen Einkommen. In dieser Phase werden nur niedrige Umsätze sowie geringe Gewinne oder gar Verluste erzielt, da neben den angefallenen Entwicklungsausgaben auch Anlaufkosten die Anfangszeit belasten. In der Regel benötigt man relativ hoch qualifizierte Arbeitskräfte, um den Erfahrungsnachteil wettzumachen, der durch den Neueintritt in ein fremdes Produktsegment entsteht. Normalerweise befinden sich zu diesem Zeitpunkt noch wenige direkte Wettbewerber für dieses Produkt am Markt, so dass der Marketingaufwand hoch sein sollte, um möglichst zügig den Bekanntheitsgrad des Produkts zu eigenen Gunsten zu erhöhen.

Hinsichtlich der Produktpreise in der Einführungsphase sind keine allgemein gültigen Ableitungen möglich. Grundsätzlich kann je nach Produkt- und Marktgegebenheiten zwischen zwei allgemeinen Preisstrategien gewählt werden: Skimming- versus Penetrationsstrategie. Die erste sieht einen zunächst hohen Preis und eine selektive Distribution vor, um das Umsatzpotenzial bei den kaufwilligen Innovatoren abzuschöpfen und den Preis mit zunehmendem Marktanteil und abnehmender Exklusivität des Produkts kontinuierlich zu senken. Die zweite geht den umgekehrten Weg und versucht, mit verhältnismäßig niedrigen Preisen und hohem Druck auf den Distributionskanälen möglichst rasch einen hohen Marktanteil zu gewinnen, um später von Wiederholungskäufen in hohem Maße zu profitieren. Die Penetrationsstrategie wird in der Regel dann gewählt, wenn Netzwerkeffekte (z.B. Cross-Selling, d.h. Bestandskunden kaufen auch andere Produkte ihres Portfolios) oder Wechselbarrieren von hoher Bedeutung sind. Die Mobilfunk-Netzbetreiber mit ihren hohen Subventionierungen (Handys für 0 EUR inklusive Vertrag) sind ein klassisches Beispiel für die Penetrationsstrategie.

In der Regel existieren in der Einführungsphase noch wenige Produktvarianten. Das Risiko für den Anbieter ist relativ hoch, da bereits Investitionen getätigt sind, aber noch ungewiss ist, ob die Kunden das Produkt annehmen.

Das Produkt ist in der sich anschließenden **Wachstumsphase** relativ bekannt. Die ursprünglichen Innovatoren wirken im Idealfall als wertvolle Multiplikatoren, indem sie als zufriedene Kunden das Produkt empfehlen. Im Resultat verbreitet sich der Kundenstamm aufgrund erster Wiederholungskäufe und so genannter Nachahmerkäufe. Nachahmer sind zurückhaltende Kunden, die nun mit der Sicherheit zugreifen, dass andere bereits gut bedient wurden. Ein rasches Marktwachstum stellt sich ein und zunehmend mehr direkte Wettbewerber etablieren sich. Die Wachstumsphase ist insbesondere durch ansteigende Gewinnpotenziale charakterisiert, da die Stückkosten sinken und weitere Skalen- und Lerneffekte realisiert werden können. Das Risiko für den Anbieter nimmt stark ab. Skaleneffekte sind Größeneffekte z.B. in der Beschaffung aufgrund der durch höheres Einkaufsvolumen steigenden Macht gegenüber den Lieferanten. Lerneffekte stellen sich z.B. in der Produktion aufgrund von Routine ein und äußern sich in Effizienzsteigerung.

Typischerweise beinhalten Aktionsprogramme in der Wachstumsphase grundsätzlich, eine starke Marktpenetration zu erreichen. Das heißt, Werbung und Vertrieb werden mit dem Ziel intensiviert, den Marktanteil nachhaltig zu erweitern. Die Preise bleiben relativ konstant. Erste Qualitäts- und Produktverbesserungen werden erzielt. Produktionstechnisch wird die Wachstumsphase aufgrund des stark ansteigenden Produktionsbedarfs häufig von Kapazitätsengpässen begleitet. Der Umsatz steigt in der Wachstumsphase erheblich an, die Gewinne steigen weniger, da meistens in Form von Marketingausgaben (häufig direkte Absatzförderungsmaßnahmen) und Qualitätsmanagement in hohem Maße reinvestiert wird.

Die **Reifephase** ist meistens die längste Phase eines Produktlebens. Die Reife beginnt dann, wenn das starke Wachstum der Umsätze nachlässt und sie sich nur noch langsam entwickeln. Der Markt für das Produkt ist weitestgehend gesättigt und der Absatz wird hauptsächlich von Wiederholungskäufern getragen.

Während der Reifephase sind die Anzahl der Wettbewerber und damit die Konkurrenz maximal. Marktanteilserweiterungen sind in der Regel nur über Preissenkungen realisierbar. Der Cashflow ist hoch, der Umsatz relativ konstant und die Gewinne zwar ebenfalls hoch, doch stetig fallend, da Absatzförderungsmaßnahmen verstärkt notwendig werden. Absatzförderungsmaßnahmen in Form von Sonderrabatten und Preisschlachten müssen jedoch grundsätzlich kritisch betrachtet werden, da sie nur kurzfristige Wirkung zeigen. Nachhaltige Wettbewerbsvorteile lassen sich damit nicht erzielen, da die Konkurrenten zwangsläufig mitziehen werden, um die eigene Marktposition zu behaupten und eine Preisspirale den gesamten Marktpreis ruinieren könnte (so genannter ruinöser Wettbewerb).

Ziel der Anbieter muss es in dieser Phase sein, den Marktanteil zu verteidigen, dabei aber den Preis nicht zu stark zu senken, um die Margen des reifen Produkts möglichst lange abzuschöpfen. Insbesondere Markt- und Produktmodifikationen sind geeignet, um die Reifephase auszudehnen. Unter Marktmodifikation bzw. -diversifikation versteht man die Ausweitung der Absatzmöglichkeiten, also die Suche nach (a) ergänzenden Märkten oder (b) neuen, erweiterten und alternativen Einsatzmöglichkeiten. Das heißt, man könnte beispielsweise in der Holzindustrie versuchen, spezielle Holzsorten neben ihrer originären Verwendung für Möbel ebenso als Material für die Automobilinnenausstattung einzusetzen und zu vermarkten. Produktmodifikationen sollen hingegen gesteigerte Vermarktungsmöglichkeiten durch Qualitäts- und Ausstattungsverbesserungen oder eine Variantensteigerung versprechen. Design-Evolutionen fallen gleichfalls unter die Kategorie Produktmodifikationen. Allgemein ist es üblich, dass in der Reifephase die maximale Produktdifferenzierung vorliegt. Markt- und Produktmodifikationen schließen sich keineswegs aus, sondern sollten vielmehr parallel oder nacheinander abgearbeitet werden.

Das Ende der Reifephase wird durch langsam abnehmende Umsätze eingeleitet. Dies geschieht, wenn sich Kunden moderneren bzw. allgemein wettbewerbsfähigeren Produkten oder Substituten zuwenden. Häufig gelingt es den Anbietern, einen solchen Trend durch erneute Produkt- oder Marktmodifikationen aufzufangen und die Reifephase zu verlängern. Die Praxis zeigt in vielen Fällen, dass schwer abzuschätzen ist, wann die Rückgangsphase endgültig einsetzt. Diese Diskrepanz zwischen idealtypischem Verlauf und in der Praxis künstlich verzerrten Produktlebenszyklen durch erfolgreiche Revitalisierungen ist der zentrale Kritikpunkt der Lebenszyklusanalyse, siehe Abschnitt 1.2.5 Vor- und Nachteile.

Die **Rückgangsphase** ist durch stetig fallende Umsätze und niedrige Gewinne charakterisiert. Die Anbieter verabschieden sich zunehmend aus dem Markt, nur wenige bleiben zurück. Die in der Reifephase beschriebenen Wiederbelebungsversuche konnten die Reifephase nicht weiter verlängern und weitere Versuche wären nicht wirtschaftlich. Der Markt besteht nur noch aus sehr wenigen Nachzüglern. Diese zu bedienen macht nur unter erhöhter Kostenkontrolle und gewahrter Produktivität Sinn. Die Stückkosten steigen an und auch die Opportunitätskosten sollten bei der Beurteilung des richtigen Rückzugszeitpunktes in den Fokus der Betrachtung rücken (Ausnahmen existieren in der Theorie, z. B. wenn Kapazitäten vorhanden sind, sie aber nicht anders eingesetzt werden können, oder die weitere Produktion andere Vorteile bringt). Denn selbst bei noch positiven Stückdeckungsbeiträgen muss ständig überprüft werden, ob die Kapazitäten nicht an anderer Stelle gewinnbringender eingesetzt werden könnten.

Sollte die Verzögerung des Ausstiegs trotzdem für einen verbleibenden Zeitraum sinnvoll sein, ist sie zwangsläufig mit einer starken Reduzierung der Variantenvielfalt verbunden. Weiterhin werden Vertriebsausgaben weitestgehend gekürzt. Die folgende Tabelle fast die Charakteristika der vier Phasen zusammen:

MERKE:
Bei der Analyse grundsätzlich aufpassen, in welchem Lebenszyklus man sich befindet: Produkt- und Marktlebenszyklus können durchaus das gleiche Produkt beschreiben, befinden sich aber unter Umständen in anderen Phasen.

Merkmale	Einführung	Wachstum	Reife	Rückgang
Käufer/Käuferverhalten	Innovatoren mit meist hohem Einkommen/ träge, müssen überzeugt werden	Käuferkreis erweitert/ Kunden akzeptieren ungleiche Qualitäts- niveaus	Massenmarkt, Wiederholungskäufer/ Auswahl unter Marken	Erfahrene Kunden, Nachzügler/ anspruchsvoll in der Auswahl
Umsätze	Niedrig	Schnelles Wachstum	Langsames Wachstum	Abnahme
Gewinne	Nicht beachtenswert	Spitzenwerte	Absinkend	Niedrig oder null
Cashflow	Negativ	Mäßig	Hoch	Niedrig
Wettbewerb	Wenige Unternehmen	Zunehmend mehr Eintritte, Fusionen und Konkurse	Viele, insbesondere Preiswettbewerb	Zunehmend weniger Austritte
Risiko	Hoch	Tragbar	Beginnende Konjunkturanfälligkeit	
Aktionen				
Hauptstrategie	Marktanteil ausdehnen	Marktpenetration erhöhen, Marketing ist Schlüsselfunktion	Marktanteil verteidigen, Kosten und Marketing- effektivität wichtig	Produktivität sichern, Kostenkontrolle entscheidend
Marketingausgaben	Hoch	Hoch	Abfallend	Niedrig
Nachdruck auf	Bekanntmachung	Markenpräferenz	Markentreue	Rationalisierung
Distribution	Selektiv/spezialisiert	Intensiv	Intensiv	Selektiv
Preis	Hoch	Relativ hoch	Fallend bis Tiefpunkt	Niedrig, selten steigend
Produkt	Grundmodell	Verbessert	Differenziert	Rationalisiert
Produktion				

Tabelle 3: Charakteristika der einzelnen Lebenszyklen (in Anlehnung an Porter, 1990)

1.2.3 Voraussetzungen und notwendiger Input

Um eine Lebenszyklusanalyse durchzuführen, ist zunächst zu prüfen, ob die notwendigen Daten, die für die Analyse notwendig sind, verfügbar sind. Es geht darum, die Analyse nicht nur auf historische Entwicklungen zu stützen (Umsatz oder Absatzzahlen), sondern auch eine weitere Entwicklung abzuschätzen.

Als Primärquellen können dabei Interviews dienen, die innerhalb der Organisation mit entsprechenden Experten geführt werden. Von Bedeutung ist allerdings auch eine Einschätzung von externen Fachleuten, um ein möglichst umfassendes Bild zu erhalten.

Kennzahlen aus dem Vertrieb (wie z. B. Verkaufszahlen, Kundenabwanderungsraten etc.) fundieren die Lebenszyklusanalyse mit quantitativen Daten. Hierbei ist mit Controlling und Vertrieb zu klären, welche Kennzahlen Aufschluss über die Idee des Lebenszyklus abbilden könnten und welche Kennzahlen Zukunftsprognosen ermöglichen.

Im Rahmen eines Benchmarkings mit ähnlichen Produkten vergleicht man die Zukunftsfähigkeit der eigenen Produkte, indem man Umsatz, Kundenzufriedenheit oder andere Zielgrößen gegenüberstellt.

Als Sekundärquellen können Artikel aus Fachzeitschriften herangezogen werden, die Datenanalysen und -interpretation beinhalten.

Falls zu wenige Daten für eine umfassende Einschätzung zur Verfügung stehen, können schrittweise auch Hypothesen aufgestellt werden, die durch Experten (z. B. aus dem Management und Vertrieb) validiert werden.

TIPP:

Grundsätzlich Eigen- und Fremd- bildnis beachten: Häufig ist die Differenz interessant!

MERKE:

Eigene Recherchen und Analysen von Dritten geben Aufschluss über die aktuelle Phase im Lebenszyklus.

1.2.4 Vorgehensweise

Das folgende 4-Phasen-Modell gibt Auskunft über die allgemeine Vorgehensweise zur Herleitung der Lebenszyklen eigener Produkte. Vier Leitfragen bestimmen die vier Phasen:

1. Ist die Analyse überhaupt durchführbar?
2. Wie sehen die Daten aus und wie lassen sie sich interpretieren?
3. Wie entwickeln sich die Verkaufszahlen?
4. Wann werden die zukünftigen Entwicklungen eintreten?

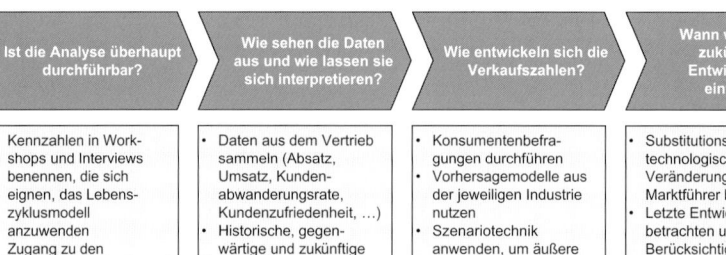

Abbildung 7: 4-Phasen-Modell zur Vorgehensweise bei der Lebenszyklusanalyse

Nachdem es gelungen ist, die Lebenszyklen für das fragliche Produkt darzustellen und Absatzzahlen zu prognostizieren, bieten sich weitere Analysemöglichkeiten an – die jedoch schwer in ein einheitliches Raster zu bringen sind. Man bekommt mit den Lebenszykluskurven ein hilfreiches Instrument an die Hand, die eigene Situation sowohl mit der Konkurrenz als auch mit idealtypischen Charakteristika/Verläufen zu vergleichen, um so Handlungsbedarf zu identifizieren. Man kann z.B. einen eigenen Produktlebenszyklus mit dem des Marktführers oder des direkten Wettbewerbers vergleichen, um so Vor- und Nachteile aufzuspüren. Gleiches gilt für den Vergleich mit den idealtypischen Daten: Entspricht das eigene Verhalten den oben skizzierten Normstrategien in der jeweiligen Phase? Sollten hier maßgebliche Abweichungen vorkommen, muss die Frage gestellt werden, ob legitime Gründe dafür vorliegen oder ob man entsprechend gegensteuern kann.

1.2.5 Vor- und Nachteile

Vorteile	Nachteile
• Mit Hilfe dieses Ansatzes können Wettbewerbsdynamik und Entwicklungspotenzial eines Marktes erkannt werden • Stellt eine gute Quelle für Produktentscheidungen im Zusammenhang mit weiteren Analysen dar • Bietet eine wichtige Entscheidungsgrundlage im Rahmen der Lebenszykluskostenrechnung	• Phasen sind durch Marketingmaßnahmen, Produktinnovationen und strategische Umorientierungen beeinflussbar, somit nur bedingt als Planungsinstrument geeignet • Länge der Phasen von einer Vielzahl von Faktoren beeinflusst, die für jedes Produkt und jede Branche unterschiedlich sind • Ergebnisse einer Planung nach diesem Modell sind meist konservative Produktstrategien, in denen sich Befürchtungen selbst erfüllen

Tabelle 4: Vor- und Nachteile der Produktlebenszyklusanalyse

1.2.6 Praxisbeispiel

Praxisbeispiel I: Facelifting in der Automobilindustrie

Ein klassisches Anwendungsgebiet der Lebenszyklusanalyse ist die Herleitung von Produktstrategien und in diesem Zusammenhang auch die Bestimmung gewinnoptimaler Produktlaufzeiten. Automobilhersteller fragen sich z. B., bis wann sie welches Modell halten, wann sie Modellpflegen vornehmen müssen und ab wann die Modellerneuerung und damit das Ende eines alten Modells (Produkts) unabwendbar ist. Mit Hilfe der Lebenszyklusanalyse und insbesondere auch der Analyse von Produktlebenszyklen der Wettbewerber lassen sich beispielsweise wichtige Informationen für die Bestimmung optimaler Facelift-Zeitpunkte gewinnen. Befindet sich das eigene Produkt in der Reifephase und ein gänzlich neues Modell ist erst in ferner Zukunft realisierbar, sollte der ideale Zeitpunkt für ein Facelift zum einen natürlich von der eigenen Umsatzentwicklung abhängen. Zum anderen können aber auch die derzeitigen Lebenszyklen der direkten Konkurrenzprodukte Einfluss auf den Zeitpunkt haben. Als weiteres Beispiel in diesem Kontext dient die allgemeine Zielsetzung, den Übergang von Reife in Rückgang möglichst fließend zu gestalten; in erster Linie, um eine kontinuierliche Auslastung zu gewährleisten. Würde beispielsweise Volkswagen sämtliche Modelle des VW Golfs zeitgleich durch ein ganz neues Modell ersetzen (d. h. ein neuer Produktlebenszyklus würde starten), wären bereits lange vor dem eigentlichen Modellwechsel noch deutlichere Umsatzeinbrüche zu verzeichnen, weil die Kunden auf das neue Produkt warten würden (bei relativ konstanter Preisgestaltung). Deshalb werden die unterschiedlichen Modellvarianten sequenziell, zeitversetzt dem Markt präsentiert. So befand sich z. B. der Golf IV bereits lange auf dem Markt, als das Golf-III-Cabriolet ein geschicktes Facelift erfuhr (bekam die Optik des Golf IV) und so noch einige Jahre (!) erfolgreich in der Reifephase des Schwestermodells gehalten wurde.

Praxisbeispiel II: Coca-Cola und die ewige Reifephase

Coca-Cola ist ein gutes Beispiel dafür, wie ein Produkt – und mit ihm die Marke – ständig revitalisiert wird und bislang so nie die Degenerationsphase erreicht hat. Hauptsächlich erreicht Coca-Cola dies durch Marketingmaßnahmen. Neue, prominente Werbeträger, Produktvariationen (z. B. Coca-Cola Zitrone, Coca-Cola Vanille) und die ungebrochene Präsenz auf dem Werbemarkt sind die hauptsächlichen Gründe dafür, dass sich die Reifephase verlängert. Dieses Anwendungsbeispiel verdeutlicht im Spezialfall von Coca-Cola des Weiteren die häufig schwere Differenzierung zwischen isoliertem Produktlebenszyklus, Lebenszyklen ganzer Produktfamilien oder wie im vorliegenden Fall einem Markenlebenszyklus.

Zur zusätzlichen Verdeutlichung sind im Folgenden verschiedene Lebenszykluskurven dargestellt, wobei Bezugsobjekt hier Produktarten sind. Das heißt, im Falle der unten aufgeführten Fernsehgeräte ist der Kurvenverlauf z. B. als ständige Revitalisierung der Produktgruppe Fernseher zu verstehen. Würde hingegen ein Flatscreen-Fernseher als grundsätzlich neues Produkt gesehen, müsste der abgebildete Kurvenverlauf vollkom-

men anders aussehen, nämlich stark abfallen, da der herkömmliche Röh-
renfernseher mittelfristig durch die neue Technik abgelöst wird.

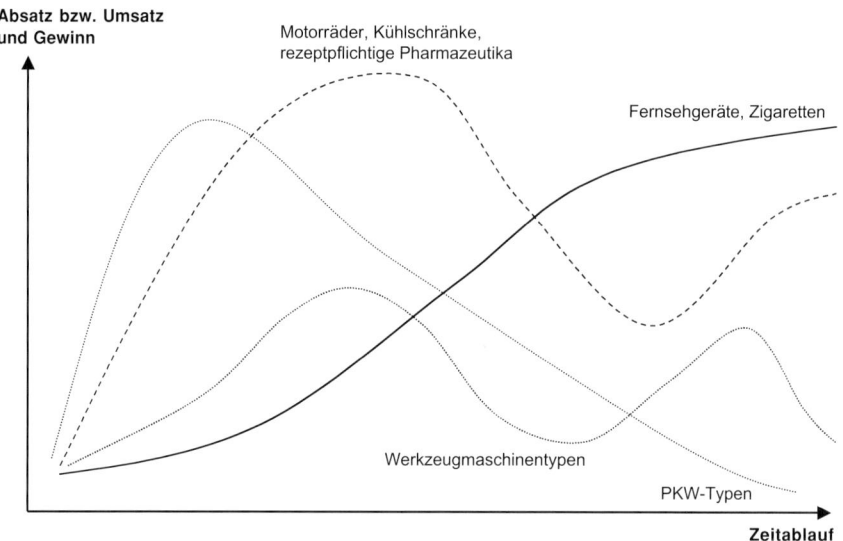

Abbildung 8: Darstellung verschiedener Produktlebenszyklen

1.2.7 Vorlagen auf CD

Auf der CD zum Buch sind PowerPoint-Vorlagen zur Lebenszyklusanalyse
abgelegt. Zum einen findet sich dort der visualisierte, idealtypische Produktlebenszyklus sowie zum anderen eine Vorlage zur Ableitung der eigenen Umsatzentwicklung für ein Produkt und dessen Einordnung in die Produktlebenszyklen.

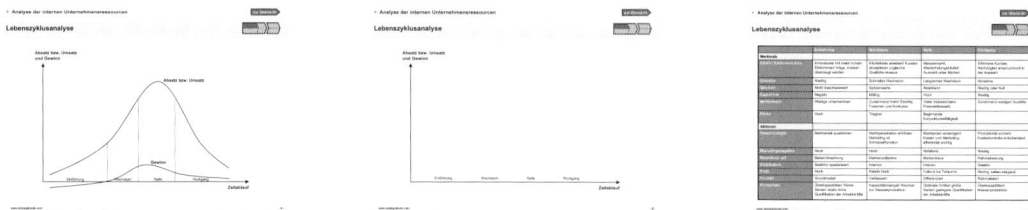

Weiterhin sind auch allgemeine Grafiken und Tabellen aus diesem Kapitel
auf der CD abgelegt. Diese können leicht modifiziert werden, um sie für
spezielle Fragestellungen in der Praxis anzuwenden.

1.2.8 Verwandte und weiterführende Themen

- Benchmarking
  Durch das Benchmarking können durch den Vergleich zum führenden
  Unternehmen Hinweise auf die Phase des Produktlebenszyklus gegeben
  werden. Dadurch können frühzeitig entsprechende Maßnahmen abgeleitet werden.

- Substitutionsanalyse
  Mit der Abschwächung des Lebenszyklus entstehen auf der einen Seite
  Substitute, die das eigene Produkt mit der Zeit ersetzen. Auf der anderen
  Seite wird durch die verstärkte Entwicklung von Substituten der Produktlebenszyklus aktiv manipuliert und geschwächt. Die Substitutionsanalyse kann als ein Frühindikator für die Entwicklung des Lebenszyklus herangezogen werden.

- SWOT-Analyse
  Die Erkenntnisse aus der Lebenszyklusanalyse münden als Stärke oder
  Schwäche in die SWOT-Analyse (SWOT = Strengths, Weaknesses, Op-
  portunities, Threats).

- Szenariotechnik
  Mit Hilfe der Szenariotechnik kann prognostiziert werden, wie sich bestimmte Einflussfaktoren auf den Lebenszyklus auswirken. Dadurch
  können frühzeitig entsprechende Maßnahmen abgeleitet werden.

- Portfolioanalysen
  Die Portfolioanalysen (insbesondere die BCG-Matrix) beziehen den Lebenszyklus der Produkte als Dimension ein, um sie im Portfolio entsprechend zu positionieren.

1.2.9 Literaturhinweise

BACKHAUS, K. / ERICHSON, B. / PLINKE, W. / WEIBER, R. (2000): *Multivariate Analysemethoden: eine anwendungsorientierte Einführung,* 9. Aufl., Springer Verlag, Berlin 2000

COENENBERG, A. G. (1999): *Kostenrechnung und Kostenanalyse,* 4. Aufl., Landsberg am Lech 1999, S. 484–488

PFEIFFER, W. / BISCHOF, P. (1981): *„Produktlebenszyklen – Instrumente jeder strategischen Produktplanung",* in: Steinmann, H. (Hrsg.): Planung und Kontrolle, München 1981, S. 133–166

PFEIFFER, W. et al. (1991): *Technologie-Portfolio zum Management strategischer Zukunftsgeschäftsfelder,* 6. Aufl., Göttingen 1991

PORTER, M. E. (1999): *Wettbewerbsstrategie* (Competitive Strategy), 10. Aufl., Campus Verlag, Frankfurt am Main 1990, S. 215–221

1.3   Erfahrungskurvenanalyse

LEITFRAGEN:
- Wie viel Erfahrung haben wir aufgebaut?
- Wie wirkt sich unsere Routine aus?
- Welche Ausbringungsmenge, welcher Marktanteil ist nötig, um die Stückkosten wesentlich zu verringern?

1.3.1   Zielsetzung und Anwendungsgebiet

Die Wettbewerbsfähigkeit eines Unternehmens hängt entscheidend von einem effizienten Kostenmanagement ab. Vorteile gegenüber der Konkurrenz verschaffen nachhaltige Wettbewerbsvorteile, die sich entweder in höheren Margen oder höheren Umsätzen widerspiegeln können. Unternehmerische Entscheidungsträger müssen deshalb einen hohen Fokus auf die zielgerichtete Ressourcenallokation legen und in diesem Zusammenhang die eigene Kostenstruktur (siehe auch Kostenstrukturanalyse, Kapitel 1.4) verstehen und verbessern. Die Erfahrungskurve bietet dafür einen formalen Erklärungsansatz.

MERKE:
Gemäß der Erfahrungskurve sinken die Stückkosten bei steigender Ausbringungsmenge.

Die Kernaussage der Erfahrungskurve lautet, dass in schnell wachsenden Märkten eine Marktanteilsausweitung zu steigenden Ausbringungsmengen und daraus resultierend zu sinkenden Stückkosten führt. Aus der Erfahrungskurve lässt sich somit prinzipiell das Streben nach einem hohen Marktanteil ableiten und sie bildet damit die wissenschaftliche Grundlage für weiterführende Instrumente und strategische Konzepte, die sich mit Kosteneffekten befassen (z.B. die Portfoliomatrix oder generische Wettbewerbsstrategien).

MERKE:
Die Erfahrungskurve wird zu Planungszwecken oder Auswahl des Strategietyps eingesetzt.

Die Erfahrungskurve kann z.B. zu Planungszwecken eingesetzt werden. Die zukünftigen Stückkosten können prognostiziert werden, wenn die so genannte Erfahrungsrate bekannt ist. Dies kann einerseits der Kostenplanung dienen sowie andererseits zur kontinuierlichen Kostenkontrolle eingesetzt werden. Darüber hinaus kann die Erfahrungskurvenanalyse bei der Auswahl der richtigen Strategieoptionen hilfreich sein. In diesem Zusammenhang könnte sich ein Unternehmen einerseits auf bestimmte Geschäfte konzentrieren, in welchen Mengenvorteile realisierbar sind oder andererseits selbst eine Kostenführerschaft anstreben. Das Ziel ist, die eigene Profitabilität zu steigern und damit erweiterte Spielräume für ergänzende Aktionen zur Absicherung oder Ausweitung der eigenen Wettbewerbsposition zu erreichen.

Zusätzlich kann die Erfahrungskurvenanalyse auch bei Investitionsentscheidungen oder marketingpolitisch im Rahmen der Preissetzung Anwendung finden. Die Diagnose der Kostenstruktur der Branche und die Analyse potenzieller Erfahrungskurveneffekte bei der Konkurrenz sind in Bezug auf eigene Investitionen erfolgskritisch. Ebenso können selbst generierte, erfahrungsbedingt niedrige Stückkosten in Form einer progressiven Preispolitik wertbringend eingesetzt werden, um Markteintritte potenzieller Wettbewerber zu blockieren.

1.3.2 Beschreibung

Die **Erfahrungskurve** beschreibt die Entwicklung der Stückkosten in Abhängigkeit von der hergestellten Ausbringungsmenge. Die Stückkosten sinken dabei bei wachsender Ausbringungsmenge. Mathematisch formuliert nähern sich die Stückkosten somit asymptotisch ihrem Minimum an. Abbildung 9 visualisiert den Zusammenhang zwischen Ausbringungsmenge und Stückkosten.

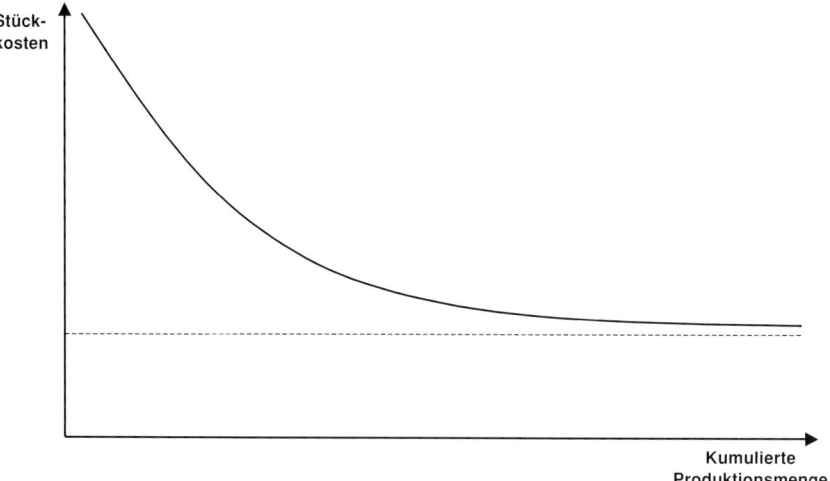

Abbildung 9: Typische Erfahrungskurve

Aus dieser Abhängigkeit der Stückkosten von der Ausbringungsmenge folgt, dass eine Erhöhung des Inputs zu einer überproportionalen Erhöhung des Outputs führt. Per Definition geht man davon aus, dass bei jeder Verdoppelung der kumulierten Ausbringungsmenge die Stückkosten potenziell um einen gewissen Prozentsatz abnehmen. Diese Degressionsrate wird durch die **Erfahrungsrate** bestimmt. Die Stückkosten setzen sich hauptsächlich aus Fertigungskosten, Logistikkosten, Kapitalkosten, Verwaltungskosten und Vertriebskosten zusammen. Die durchschnittliche Degressionsrate liegt bei 20 bis 30 %. Allerdings ist der genaue Wert von der individuellen Branche und der dort optimalen Betriebsgröße abhängig.

Der Kurvenverlauf nimmt exponentiell ab (die Kurve wird immer flacher), da die jeweils zusätzlichen Einsparpotenziale abnehmen, weil sich die Zahl benötigter Produktionseinheiten zur Realisierung der Erfahrungsrate immer weiter verdoppelt.

Durch die Erfahrungskurve werden zunächst ausschließlich Potenziale offen gelegt und keine automatischen Kostendegressionen erwirkt. Das heißt, die Nutzung sich bietender Rationalisierungsmöglichkeiten ist die absolute Voraussetzung für die in der Erfahrungskurve dargestellte Stückkostenentwicklung.

Die Faktoren für den Verlauf der Erfahrungskurve, also die Ursachen für die Stückkostensenkungen, lassen sich wie folgt gliedern:

MERKE:
Jede Verdoppelung der kumulierten Ausbringungsmenge senkt die Stückkosten um einen gewissen Prozentsatz.

BEACHTE:
Die Erfahrungskurve senkt keine Kosten, sondern legt Potenziale offen, die durch konsequente Rationalisierungsmaßnahmen genutzt werden müssen.

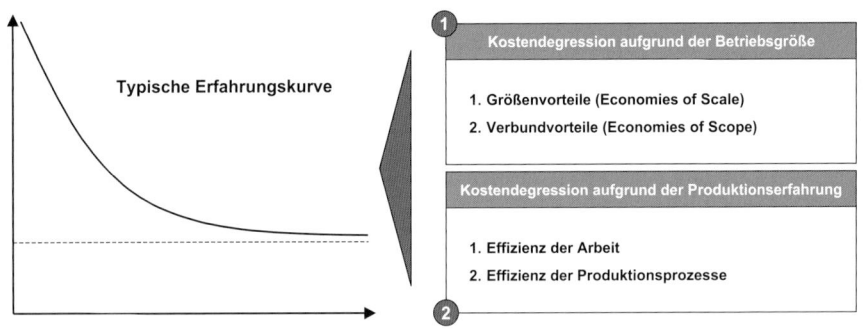

Abbildung 10: Einflussfaktoren der Erfahrungskurve

1. Kostendegression aufgrund der Betriebsgröße

Die Kostendegression aufgrund der Betriebsgröße lässt sich weiter differenzieren. Zum einen können reine Skaleneffekte (Größenvorteile), so genannte Economies of Scale, realisiert werden. Bei erhöhter Stückzahl erreicht das Unternehmen dabei z.B. eine gesteigerte Einkaufsmacht und daraus resultierend günstigere Einkaufskonditionen oder Skaleneffekte in Form einer ausgelasteteren Produktion, so dass fixe Kosten auf mehr Produkteinheiten verteilt werden und somit niedrigere Stückkosten realisiert werden können. Im Ergebnis können jeweils niedrigere Anschaffungskosten sowie ein geringerer Faktorverbrauch je Kapazitätseinheit erzielt werden, was zu niedrigeren Stückherstellkosten führt. Neben den Größenkönnen außerdem Verbundvorteile (Economies of Scope) erreicht werden, wenn eine gemeinsame Produktion günstiger ausfällt als ein isoliertes Vorgehen. Als Beispiel können hier verschiedene Produkte auf einzelne Funktionen (Forschung und Entwicklung (F&E), Beschaffung, Infrastrukturmanagement etc.) wachsender Leistungsprogramme zurückgreifen. Spezialisierungsvorteile werden erzielt.

MERKE:
Die Betriebsgröße birgt Größen- und Verbundvorteile

2. Kostendegression aufgrund von Produktionserfahrung

Analog kann auch hier weiter differenziert werden. Auf der einen Seite spiegelt sich die Produktionserfahrung in der Effizienz der Arbeit wider. Diese kann durch sukzessive Lernprozesse der Arbeitnehmer (durch ständige Wiederholung der Arbeitstätigkeit stellen sich spezifische Fähigkeiten und Übungsgewinne ein), weiter gehende Arbeitsteilung, Arbeitsstrukturierungsmaßnahmen und/oder Verbesserungen der Gestaltung der Arbeit erhöht werden. Die in diesem Zusammenhang abnehmende Kostenentwicklung wird von der so genannten **Lernkurve** abgebildet. Neben der Effizienz der Arbeit führt auch die Effizienz der Produktionsprozesse zu Verbundvorteilen. Die Effizienz der Produktionsprozesse kann dabei durch Methoden- und Systemrationalisierungen verbessert werden. Diese umfassen eine bessere Beherrschung der vorhandenen Produktionstechnologie, eine Einführung moderner Produktionstechniken (Automatisierung, IT-Einsatz), günstigere Faktoreinsatzkombinationen, konstruktive Veränderungen der Produkte oder gezielte Produktstandardisierungen.

MERKE:
Die Produktionserfahrung äußert sich in der Effizienz der Arbeit und in der Effizienz der Produktionsprozesse.

Zusammenfassend führen rückgängige Stückkosten bei steigendem Output zu der zwangsläufigen Konsequenz, dass der Marktanteil zu einem entscheidenden Wettbewerbsfaktor wird. Die Erfahrungskurve postuliert demnach die in Abbildung 11 dargestellte Kausalkette:

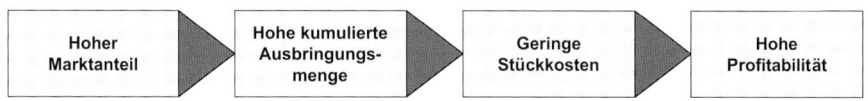

Abbildung 11: Durch die Erfahrungskurve postulierte Argumentationskette

1.3.3 Voraussetzungen und notwendiger Input

Erfahrungswerte selbst sind skurrilerweise die dringendste Voraussetzung zur Durchführung einer soliden Erfahrungskurvenanalyse. Erfahrungen sollten bezüglich der Branche, der Wettbewerber und der eigenen Produktion vorhanden sein, um die Erfahrungsrate beziffern zu können. Je detaillierter das Wissen über historische oder analoge Daten, desto präziser können mit Hilfe der Erfahrungskurvenmethodik zukünftige Stückkosten prognostiziert werden.

Eine weitere Voraussetzung besteht in der strategischen Ausrichtung. Die Erfahrungskurvenanalyse kann nur individuell wertvolle Erkenntnisse bringen, wenn die Kosten eine entsprechend prioritäre Rolle spielen, d. h. im Prinzip die Kostenführerschaft als zentrale strategische Ausrichtung gewählt wurde. Andernfalls spielt der Marktanteil (Beispiel Nischenstrategie) eine bestenfalls untergeordnete Rolle.

Weitere Bedingungen für den Einsatz des Konzepts:
1. **Kosteneffekte** sind in kapitalintensiven Industrien im Besonderen relevant.
2. Starkes **Marktwachstum** ermöglicht erst die notwendige Steigerung der Ausbringungsmenge.
3. Die **Wertschöpfung** erfolgt hauptsächlich im Produktionsprozess, alles andere würde den Hebel reduzieren.

Zusammenfassend sollten sich Erfahrungsvorteile (a) über Größen- und/oder Verbundvorteile überhaupt generieren lassen und (b) direkt in Kostensenkungen widerspiegeln.

1.3.4 Vorgehensweise

Die Erfahrungskurve ist mehr ein theoretischer Erklärungsansatz für kostenwirksame Erscheinungen in der betriebswirtschaftlichen Praxis und die Grundlage vieler strategischer Instrumente denn ein konkretes Verfahren. Trotzdem wird im Folgenden versucht, eine möglichst allgemein gültige Vorgehensweise zur Anwendung von Erfahrungskurven anzubieten.

MERKE:
Die Bestimmung
der korrekten
Startposition der
Erfahrungskurve
ist von besonderer
Bedeutung.

Schritt 1:	Abgrenzung des Anwendungsbereichs
Schritt 2:	Festlegung der Startposition
Schritt 3:	Festlegung des Zielwertes
Schritt 4:	Entwicklung von Aktionsprogrammen

Abbildung 12: Vorgehensweise bei der Erfahrungskurvenanalyse

Schritt 1: Abgrenzung des Anwendungsbereichs

Im ersten Schritt muss der Untersuchungsgegenstand abgegrenzt und müssen die Rahmenbedingungen detailliert untersucht werden, d.h. der Anwendungsbereich der Erfahrungskurve muss spezifiziert werden. Sollen beispielsweise die Produktionskosten eines Computerherstellers untersucht werden, muss konkretisiert werden, welche konkreten Produkte für potenzielle Kostendegressionen in Frage kommen. Das Konzept der Erfahrungskurve verlangt eine ausgeprägte Verwandtschaft in der Herstellung der Produkte, um ableiten zu können, inwieweit sich erfahrungsbedingte Kostensenkungen einstellen. Als Faustregel kann an dieser Stelle die Transferierbarkeit von Know-how fungieren. Sind Erfahrungen unter den verschiedenen Produkten nutzbar (relativ ausgeprägte Homogenität der Produkte), kann entsprechend die gesamte Produktgruppe für die Erfahrungskurvenbetrachtung herangezogen werden. Können Erfahrungen bei der Herstellung des einen, wenn auch technisch verwandten Produkts nicht direkt zu Kostensenkungen bei einem zweiten beitragen, kann keine gemeinsame Betrachtung erfolgen. Würde also am gewählten Beispiel die Produktion von Notebooks aus Erfahrungen bei der Herstellung von PDAs (Personal Digital Assistent) profitieren, weil die Mitarbeiter Prozesse effizienter bearbeiten oder Produktionsprozesse besser ausgelastet würden, könnte man die gesamte Produktgruppe oder gar Branche gemeinsam untersuchen. Es würden sich vermutlich höhere Erfahrungsraten ergeben. Diese Frage muss jedoch absolut individuell und noch vor der eigentlichen Analyse beantwortet werden.

CHECKLISTE:
Um Erfahrungen
nutzen zu können,
müssen die
Produkte hinsicht-
lich Art und
Herstellung mög-
lichst homogen
sein.

Schritt 2: Festlegung der Startposition

Die Festlegung der Startposition ist im Zusammenhang der Prognose von Kostendegressionen besonders erfolgskritisch. Es muss das Ausgangsniveau der relevanten Stückkosten identifiziert werden. Hierfür ist nicht nur die aktuelle Höhe (diese ist relativ einfach zu bestimmen), sondern insbesondere die Dauer von Interesse, in welcher das Produkt oder die Produktgruppe bereits hergestellt wird. Genauer gesagt, ist es weniger die Dauer als die Ausbringungsmenge bzw. deren Ausbaufähigkeit. Allerdings korreliert diese in der Regel stark mit der zeitlichen Dauer, die das Produkt auf dem Markt ist. Handelt es sich um ein neu entwickeltes Produkt, sind normalerweise höhere Wachstumsraten realisierbar als bei etablierten Produkten. Da per Definition die Ausbringungsmenge jeweils verdoppelt werden muss, um die erfahrungsbedingte Kostendegressionsrate zu erzielen, wäre im letzteren Fall der Hebel signifikant geringer. Weiterhin sollte an dieser Stelle betont werden, dass die weit entwickelte Informationstechnik heutzutage für eine in Relation zu früheren Tagen riesige Transparenz sorgt. Erfahrungswissen ist wesentlich schwerer firmenintern zu bewahren als früher. Dies hat zur Folge, dass Erfahrungskurveneffekte an Bedeutung verlieren, weil sich Unternehmen per se besser aufstellen können, indem Wissen über Produktionsprozesse allgemein leichter zugänglich ist.

Um die Startposition zu bestimmen, sollten branchenübliche Vergleichs-zahlen herangezogen werden: Wie haben sich die Kostenstrukturen bei Konkurrenten entwickelt und wo steht man dazu in Relation? Die Ermittlung der Ist-Verrichtungszeiten lässt sich weiterhin konkret über zwei unterschiedliche Methoden vornehmen. Sollten bereits eingespielte Produktionsprozesse existieren, kann die Verrichtungszeit über das so genannte Refa-Verfahren bestimmt werden. Es handelt sich hierbei um ein Zeitaufnahmeverfahren, bei welchem zertifizierte Refa-Ingenieure die Prozess- und Verrichtungszeiten von Maschinen und Arbeitern über normierte Regelungen messen und somit die Herstellungszeit pro Stück errechnen können. Sollte die Produktion noch nicht eingespielt sein, können über das so genannte System vorbestimmter Zeiten die Planzeiten berechnet werden, wobei hierbei (a) die nicht vorhandene Routine berücksichtigt werden muss und (b) die Werte streng genommen nicht den Ist-Werten entsprechen, weil diese nur prognostiziert sind. Das System vorbestimmter Zeiten wird im kommenden Schritt erläutert.

Schritt 3: Festlegung des Zielwertes

Die Bestimmung des Zielwertes entspricht der Bestimmung der minimal zu erreichenden Stückkosten, die in der ersten Abbildung dieses Kapitels mit der gestrichelten Linie gekennzeichnet sind. Diese Stückkosten ergeben sich insgesamt nur aus Schätzungen. Grob unterteilt sind die Stückkosten in diesem Zusammenhang von den produktionstechnischen Entwicklungen einerseits und den verrichtungszeitlichen Möglichkeiten andererseits abhängig. Die produktionsprozesstechnischen Potenziale müssen in Abhängigkeit von der derzeitigen technischen Ausstattung und dem Wissen des wirtschaftlich Machbaren geschätzt werden. Die Soll-Verrichtungszeit kann konkret über das bereits angesprochene System vorbestimmter Zeiten errechnet werden. Dieses geht davon aus, dass jede Bewegung in die Summe aus bestimmten Elementarbewegungen zerlegt werden kann. Für diese Elementarbewegungen benötigt der Mensch dann in Abhängigkeit von der Leistungshöhe (wie weit wird die Bewegung ausgeführt?) eine durchschnittliche, bestimmte Zeit. Sämtliche Elementarbewegungen sind für diverse Leistungshöhen in Tabellen festgehalten. Mittels dieser lassen sich somit theoretische Soll-Zeiten für alle möglichen Arbeitsabläufe bestimmen.

In der Praxis wird man aber häufig einen Branchenvergleich anstreben und auf Erfahrungswerte vergleichbarer Produktionsprozesse zurückgreifen, um zu versuchen, diese auf die eigene Situation zu übertragen. Ziel des Schrittes drei ist die Bestimmung der Lücke und damit des Verbesserungspotenzials zur Reduktion der Stückkosten.

CHECKLISTE:
Die Lücke zwischen Ist- und Soll-Stückkosten muss quantifiziert werden.

Schritt 4: Entwicklung von Aktionsprogrammen

Kostendegressionseffekte sind kein erfahrungsbedingter Automatismus. Sie sind das Resultat kontinuierlicher Innovations- und Rationalisierungsmaßnahmen. Demnach müssen bestehende Prozesse ständig auf den Prüfstand gestellt werden und im Rahmen kontinuierlicher Verbesserungsprozesse optimiert werden. Dafür sind im Kontext der Erfahrungskurve insbesondere die maßgeblichen Kostentreiber zu identifizieren, um Hebel für Einsparungen offen legen zu können.

Ein besonders strukturiertes Vorgehen ist eine konsequente Wertkettenanalyse (siehe auch Kapitel 1.9). Mit ihr wird untersucht, in welchen Wertschöpfungsphasen sich der Einfluss von Erfahrung besonders auf Kosten niederschlägt und in welchen außerdem insbesondere Erfahrungen generiert werden können. Mit dieser Erkenntnis könnten einzelne Wertschöpfungsphasen priorisiert werden, welche im Rahmen von Einsparungsmaßnahmen fokussiert werden sollten. Die Identifizierung konkreter Rationalisierungsmaßnahmen kann weiterhin über gezieltes, prozessorientiertes Benchmarking unterstützt werden (siehe auch Kapitel 2.6). Ziel hierbei ist der Transfer von Methoden und Techniken anderer, spezialisierter Industrien.

Im Folgenden sind weitere mögliche Hebel zur langfristigen Senkung der Stückkosten genannt (nicht sortiert):

MERKE:

Folgende Methoden/Ansätze dienen der Ab- und Einleitung konkreter Maßnahmen zur Kostendegression:

- Benchmarking
- Wertkettenanalyse
- Modernisierung
- Vorschlagswesen
- Technische Optimierungen
- Transparenz
- Qualifizierung
- etc.

- Modernisierung der Produktionsanlagen und -ausstattung,
- Einrichtung eines betrieblichen Ideenmanagements zur Einbeziehung praktischen Erfahrungswissens der Mitarbeiter,
- Investitionen in die technische Entwicklung zur Optimierung der Produktionsprozesse,
- Einrichtung von Qualitätszirkeln,
- Maximierung von Transparenz und Leistungsorientierung im Herstellungsprozess,
- Qualifizierungsmaßnahmen für die Mitarbeiter
- etc.

1.3.5 Vor- und Nachteile

Vorteile	Nachteile

• **Fokussierung des Kostenmanagements**
 	
• **Theoretisches Konstrukt, welches Unternehmenswachstum begründet**
 	
• **Solide Aussagen bei bestimmten Rahmenbedingungen:**
  • Wertschöpfung primär in Produktionsprozessen
  • Marktwachstum
  • kapitalintensive Produktion
  • bis dato wenig Erfahrung
 	
• **Logisches, nachvollziehbares Prinzip**
	• **Der Marktanteil ist nicht grundsätzlich erstrebenswert** (Nischenstrategie etc.)
	
	• **Zielkonflikt:** Konzentration auf Kostensenkung widerspricht ggf. notwendiger Produktdifferenzierung
	
	• **Messprobleme, schwere Datenerfassung:** Rückgriff auf Preisdaten nötig, aber kritisch, weil sie nicht zwangsläufig Auskunft über die Kostenstruktur geben
	
	• **Erklärungsansatz eignet sich nicht als isolierte Methode**
	
	• **Preisspirale kann den Marktpreis für alle Marktteilnehmer kaputt machen:** Die Kostensenkungen müssen preispolitisch geschickt, wertbringend umgesetzt werden

Tabelle 5: Vor- und Nachteile der Erfahrungskurvenanalyse

1.3.6 Praxisbeispiel

Da die Erfahrungskurve als allgemeiner Erklärungsansatz fungiert, kann ihre Bedeutung in unterschiedlichsten Bereichen nachgewiesen werden. Nehmen wir als Beispiel die Proposal-Erstellung bei Unternehmensberatungen.

Gibt eine Unternehmensberatung ein Angebot auf für sie noch relativ unbekanntem Terrain ab, so müssen sich die entsprechenden Berater lange in die Branche sowie die Methodik einarbeiten, um entsprechendes Wissen und die richtige Herangehensweise anbieten zu können. Schon beim zweiten Angebot in ähnlichem Kontext können Erfahrungswerte einbezogen werden, sofern das interne Wissensmanagement funktioniert. Je mehr Angebote abgegeben und Projekte erfolgreich für eine Branche oder im Bereich einer bestimmten Thematik bearbeitet wurden, auf desto mehr spezifisches Wissen kann zurückgegriffen werden. Hierzu zählen nicht nur methodisches oder Branchenwissen, sondern beispielsweise auch der Kundenkontakt. Klienten einer speziellen Branche sind häufig ähnlich eingestellt und ihre Reaktionen mit wachsender Erfahrung kalkulierbarer. Der Aufwand und folglich die Kosten pro Proposal sinken also mit steigender Ausbringungsmenge und wachsender Erfahrung.

Als zweites Praxisbeispiel sei als Kontrast zum obigen Dienstleistungsbeispiel die Plattformstrategie des Volkswagen-Konzerns genannt. Piëch verfolgte seit Ende der 90er Jahre bei Volkswagen eine konsequente Plattformstrategie, d.h. viele Konzernmarken, wie beispielsweise Seat, Skoda, Audi oder VW selbst, griffen mit ihren Produkten auf ein und dieselbe Plattform zurück. So steckte beispielsweise, vereinfacht ausgedrückt, unter jedem damaligen Audi A3, Seat Leon oder Skoda Octavia ein Golf IV. Die Zielsetzung dahinter ist die Erreichung damit verbundener, wesentlich höherer Stückzahlen für gleiche Aggregate oder Baugruppen. Gemäß der Erfahrungskurve konnten somit mittels konsequenter Rationalisierungen signifikante Kostensenkungen erreicht werden.

1.3.7 Vorlagen auf CD

Die Vorlagen-CD zum Buch enthält zu diesem Kapitel nur einen Visualisierungsvorschlag für eine Erfahrungskurve.

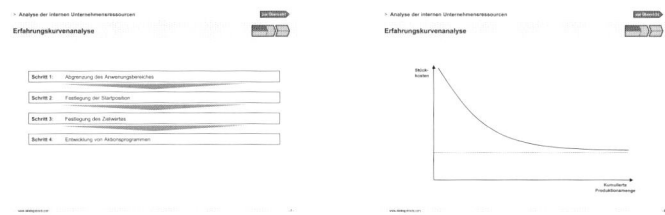

1.3.8 Verwandte und weiterführende Themen

- Marktwachstum-Marktanteils-Portfolioanalyse
  Die Erfahrungskurve bildet eine maßgebliche Erklärungsbasis für die BCG-Matrix, indem sie den Erklärungsansatz für sinkende Kosten und höhere Gewinnerzielung bei steigendem Marktanteil (interne Dimension der BCG-Matrix) bietet.

- Benchmarking
  Prozessorientiertes Benchmarking ist eine zentrale Methode zur Identifikation von Kostensenkungspotenzialen, um Erfahrungskurveneffekte zu realisieren.

- Wettbewerbsstrategien nach Porter
  Die Kostenführerschaft, als eine von Porters definierten, generischen Wettbewerbsstrategien, verfolgt im Wesentlichen die Grundgedanken der Erfahrungskurve und strebt nach Steigerung des Marktanteils, höheren Ausbringungsmengen und damit verbundenen Kostendegressionen.

- Kostenstrukturanalyse
  Mit dem Ziel, Erfahrungskurveneffekte zu erzielen, ist die Durchführung einer detaillierten Kostenstrukturanalyse empfehlenswert, um die entsprechenden Kostentreiber und damit die größten Hebel zu identifizieren.

1.3.9 Literaturhinweise

DUNST, K. (1983): *Portfolio Management,* 2. Aufl., de Gruyter, Berlin/New York 1983 S. 47–52, 65–79, 94–100

HAX, A. / Majluf, N. (1991): *Strategisches Management – Ein integratives Konzept aus dem MIT,* Campus Verlag, Frankfurt am Main/New York 1991, S. 133 ff.

HENDERSON, B. (1979): *On corporate strategy,* Abt books, Cambridge, Mass. 1979

1.4 Kostenstrukturanalyse

LEITFRAGEN:
- Wie gliedern sich unsere Kosten auf?
- In welchen Bereichen liegen die Trends der Kostenveränderungen?
- Welche Möglichkeiten zur Kostensenkung haben wir?

1.4.1 Zielsetzung und Anwendungsgebiet

Mit der Kostenstrukturanalyse erhält man Aufschluss darüber, wie sich die Kosten im Unternehmen zusammensetzen. Die Analyse kann dabei auf Unternehmensbereiche, Kostenstellen bzw. Abteilungen oder sogar Produkte heruntergebrochen werden. Die Kenntnis über die Kostenstruktur gibt Anhaltspunkte zur Beurteilung der Wirtschaftlichkeit. Zudem gibt sie Hinweise, in welchen Bereichen Kostensenkungsmaßnahmen möglich und notwendig bzw. lohnenswert sind. Eine regelmäßige Überprüfung der Kostenstruktur zeigt auf, in welchen Bereichen sich Veränderungen ergeben haben.

Ein weiteres Ziel der Kostenstrukturanalyse ist die Sensibilisierung der Mitarbeiter für Kosten sowie das Gefühl dafür, dass der Mitarbeiter zu der Entwicklung von Umsatz, Kosten und Gewinnen beitragen kann.

1.4.2 Beschreibung

Der Begriff Kostenstruktur beschreibt die Aufteilung der Kosten in verschiedene Kategorien. Eine einheitliche Definition, aus welchen Bestandteilen Kosten strukturiert sind, gibt es dabei nicht, sondern ist abhängig vom Unternehmen. Grundsätzlich wird die Kostenstruktur anhand der einzelnen Kostenarten analysiert (z. B. Personal, Material, Abschreibungen und Investitionen, Forschung und Entwicklung). Aber auch z. B. die Aufgliederung zwischen variablen und fixen Kosten kann wertvolle Einblicke in die Kostenstruktur geben.

MERKE:
Der Begriff Kostenstruktur beschreibt die Verteilung der Kosten auf verschiedene Blöcke. Diese Kostenblöcke sind nicht einheitlich festgelegt.

Eine umfassende Kostenstrukturanalyse sollte auf einem Vergleich basieren, um Entwicklungen zu erkennen. Folgende Vergleiche von Kostenstrukturen bieten sich in diesem Zusammenhang an:

- Zeitlicher Vergleich des Unternehmens, einer Kostenstelle bzw. Abteilung, eines Produkts oder Geschäftsbereichs, um Veränderungen im Zeitablauf deutlich zu machen (z. B. variable Kosten von 2003 im Vergleich mit 2004).
- Vergleich von Produkten, Kostenstellen oder Geschäftsbereichen miteinander (z. B. Produkt A mit Produkt B).
- Vergleich des eigenen Unternehmens mit anderen Unternehmen der gleichen Branche.

Meist werden die Vergleichsreihen auch miteinander kombiniert, so dass der innerbetriebliche Vergleich im Zeitablauf als Basis dient und die kritischen Kostenblöcke mit anderen Geschäftsbereichen oder dem Wettbewerb verglichen werden.

Die grafische Abbildung der Kostenstruktur veranschaulicht ihre Komponenten und deren relative und absolute Bedeutung. Mit ihr erhält man die Möglichkeit, Kostentreiber zu erkennen, und man kann analysieren, welche Kostenbestandteile im Zeitablauf angestiegen oder gesunken sind. Dadurch kann man schnell erfassen, welche Bereiche weiterführend analysiert werden sollten. Zudem sind Ziele und Maßnahmen abzuleiten, die zur angestrebten Kostenstruktur führen können. Abbildung 13 stellt eine beispielhafte Kostenstruktur im Vergleich über mehrere Perioden dar.

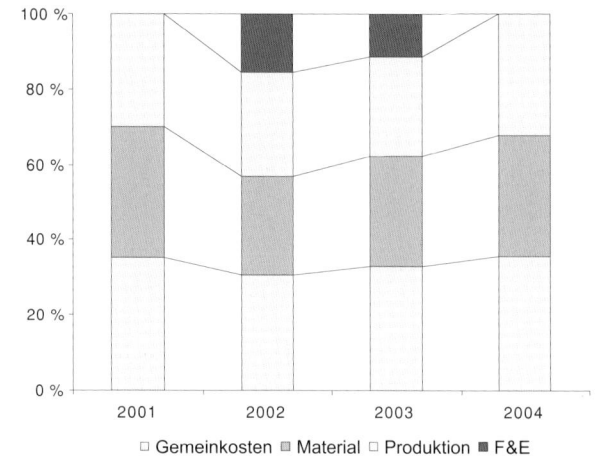

Abbildung 13: Beispielhafte Darstellung einer Kostenstruktur im Zeitvergleich

1.4.3 Voraussetzungen und notwendiger Input

Voraussetzung für eine detaillierte Kostenstrukturanalyse ist maximale Transparenz des internen Rechnungswesens. Für eine Aufstellung der Kostenstruktur sollten die Daten – entsprechend aufbereitet – aus internen Berichten der Finanzabteilung entnommen werden können.

Um die Daten mit anderen Unternehmen der gleichen Branche zu vergleichen, können Bilanzen bzw. Jahresberichte Aufschluss über die Kostenstruktur geben. Falls diese nicht den notwendigen Detaillierungsgrad aufweisen oder gar keine Berichte zur Verfügung stehen, sind Expertenschätzungen heranzuziehen. Oftmals verfügen auch Unternehmensberatungen durch ihre Einblicke in verschiedene Unternehmen über genaue Daten und Informationen, sind aber oftmals durch Vertraulichkeitserklärungen an der Weitergabe der Daten gehindert. Weiterhin können eigene oder branchenweite Benchmarkings Aussagen über die Kostenstruktur einzelner Wettbewerber oder des Branchendurchschnitts enthalten (siehe auch Kapitel 2.6).

1.4.4　Vorgehensweise

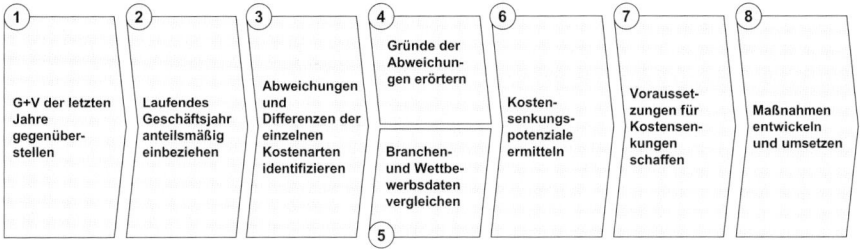

Abbildung 14: Vorgehensweise bei der Kostenstrukturanalyse

Schritt 1: Gewinn-und-Verlust-Rechnung
der letzten Jahre gegenüberstellen

Im ersten Schritt sind mindestens drei Jahre in die Vergangenheit die Gewinn-und-Verlust-Rechnungen bzw. entsprechenden Kalkulationen aufzubereiten. Dafür muss zunächst entschieden werden, welche Kostenarten analysiert werden sollen (z.B. können Material-, Personal- und sonstige Produktionskosten als Blöcke analysiert oder aber z.B. die Personalkosten näher aufgegliedert und gesondert analysiert werden). Die zurechenbaren direkten Einzelkosten (z.B. Fertigungsmaterial) werden ummittelbar einbezogen, indirekt zurechenbare Kosten (Gemeinkosten wie z.B. Kosten für Strom, Heizung) dagegen anteilsmäßig anhand von Schlüsseln (z.B. genutzte Fläche im Verhältnis zur Gesamtfläche) verrechnet. Welche Schlüssel sich für die Verrechnung von welchen Gemeinkosten eignen, muss individuell aus dem Zusammenhang abgeleitet werden. Die Schlüsselung von Gemeinkosten ist nicht unumstritten und kann leicht zu Verzerrungen und damit zu Fehlentscheidungen führen. Von daher sind noch weitere Instrumente der Kostenrechnung zur Entscheidungsfindung hinzuzuziehen, um eine ausgewogene Entscheidung zu ermöglichen.

> BEACHTE:
> Der Begriff Kosten sollte vorher eindeutig festgelegt werden und die Zurechenbarkeit muss akkurat möglich sein!
>
> Nur vergleichbare Produkte und Bereiche sollten miteinander verglichen werden!
>
> Konkurrenzdaten sollten auf Genauigkeit und Plausibilität geprüft werden!

Schritt 2: Laufendes Geschäftsjahr anteilsmäßig einbeziehen

Im zweiten Schritt werden die Zahlen aus dem laufenden Geschäftsjahr einbezogen. Allerdings ist darauf zu achten, dass die angelaufenen Kosten für das Gesamtjahr hochgerechnet werden müssen, da der Vergleich sonst nicht möglich ist und die Zahlen verzerrt würden. Je nach Verfügbarkeit können auch Planzahlen herangezogen werden. Bei Hochrechnungen sind saisonale Schwankungen zu berücksichtigen, so dass die Erfahrungen aus den Vorjahren mit einbezogen werden müssen (z.B. Vergleich der vierten Quartale von unterschiedlichen Jahren).

Schritt 3: Abweichungen und Differenzen der einzelnen
Kostenarten identifizieren

Im Anschluss werden die einzelnen Kostenbestandteile auf Abweichungen untersucht. Zudem sind diejenigen Kosten zu kennzeichnen, die direkt zur Erbringung der Leistung (bzw. des Produkts) notwendig sind. Oftmals erkennt man in diesem Schritt, dass die Kosten der allgemeinen Verwaltung sehr hoch sind, obwohl sie nicht direkt mit der Leistungserstellung zusammenhängen. Solche Erkenntnisse führen zu weiterführenden Analysen (wie z. B. die Gemeinkostenwertanalyse), da keine direkten Schlüsse abgeleitet werden sollten. Folgt man direkt den Erkenntnissen, würde z. B. der Kundenservice reduziert werden, was langfristig eine Gefahr darstellen kann.

Schritt 4: Gründe der Abweichung erörtern

Im vierten Schritt werden die einzelnen – positiven wie negativen – Abweichungen analysiert und Gründe für diese Abweichungen gesucht. Sind z. B. hohe Investitionen oder umfangreiche Schulungsmaßnahmen notwendig gewesen oder sind die Materialkosten gestiegen, so sind die Hintergründe der Abweichung festzuhalten.

Schritt 5: Branchen- und Wettbewerbsdaten vergleichen

Parallel zum vierten Schritt werden die Kostenbestandteile der Wettbewerber bzw. des Branchendurchschnitts analysiert. Dabei ist zu überprüfen, bei welchen Kostenbestandteilen und in welcher Höhe die Kosten des Unternehmens von denen des Vergleichspartners (Branchendurchschnitt oder Wettbewerber) abweichen. Dadurch lassen sich oftmals Gründe für die Höhe der eigenen Kosten ableiten. Für diesen Schritt können auch Stärken-/Schwächen-Profile herangezogen werden (vgl. Konkurrenzanalyse, Kapitel 2.3).

Schritt 6: Kostensenkungspotenziale ermitteln

Nach den Ist-Analysen der eigenen Kostenstruktur und der des Wettbewerbs sind im sechsten Schritt die Möglichkeiten zur Kostensenkung zu ermitteln. Da die Gründe für die jeweilige Höhe der Kostenbestandteile bereits analysiert wurden, können die Potenziale abgeleitet werden. Gegebenenfalls ist dabei auf ein kreatives Verfahren, z. B. Brainstorming zurückzugreifen, in das auch weitere Mitarbeiter einbezogen werden können (z. B. im Rahmen von Gemeinkostenwertanalysen).

Im Anschluss ist das Kostensenkungspotenzial zu schätzen, so dass daraus entsprechende Ziele formuliert und operationalisiert werden können.

Schritt 7: Voraussetzungen für Kostensenkungen schaffen

Im Anschluss ist zu klären, welche Voraussetzungen geschaffen werden müssen, um das Kostensenkungspotenzial bei den entsprechenden Kostenbestandteilen zu realisieren. Sind z. B. Angebote von Lieferanten einzuholen, um die Materialkosten zu senken, oder sind Kundenanalysen durchzuführen, um deren Prioritäten der Produkteigenschaften einzuschätzen (z. B. könnte die Qualität nicht als wichtig erachtet werden), so sind diese im siebten Schritt zu erarbeiten.

Schritt 8: Maßnahmen entwickeln und umsetzen

Im letzten Schritt werden als Konsequenz Maßnahmen zur Kostensenkung entwickelt und umgesetzt. Dabei können kurzfristig und schnell sowie langfristig umzusetzende Maßnahmen differenziert werden. Eine einfache und schnell zu realisierende Maßnahme wäre z.B. die Abwicklung von Büromaterialbestellungen über eine zentrale Stelle, um Mengenrabatte zu nutzen.

Wichtig ist hierbei, in dem Maßnahmenkatalog die Verantwortlichkeiten und Meilensteine bzw. Endtermine zu definieren.

1.4.5 Vor- und Nachteile

Vorteile	Nachteile
• Erlaubt einen schnellen und übersichtlichen Einblick in die Kostenaufteilung und -veränderungen • Ermöglicht den langfristigen Vergleich der Kostenstruktur	• Grundsätzliche Vergleichbarkeit mit anderen Produkten, Unternehmen oder Bereichen kann sich schwierig gestalten, da unterschiedliche Rahmenbedingungen gelten • Verrechnung von Gemeinkosten bzw. auch Variabilisierung von Fixkosten kann zu Fehlentscheidungen und Verzerrungen führen • Beschaffung der Daten bei unternehmensübergreifenden Vergleichen ist schwierig

Tabelle 6: Vor- und Nachteile der Kostenstrukturanalyse

1.4.6 Praxisbeispiel

Im Beispiel werden die Kostenarten Verwaltungs-, Personal- und Materialkosten auf Kostensenkungspotenziale analysiert. Abbildung 15 zeigt den Ablauf und die Konsequenzen aus den jeweiligen Analyseschritten.

Abbildung 15: Beispiel einer Kostenstrukturanalyse

Die möglichen Kostensenkungspotenziale wurden in einer internen Analyse ermittelt und quantifiziert. In diesem Beispiel scheint es nicht möglich, die Personalkosten zu reduzieren, z.B. aufgrund von geltenden Tarifvereinbarungen. Im Anschluss wurden die Voraussetzungen analysiert, unter denen die Kostensenkungen der entsprechenden Bestandteile möglich sind. Als Vergleich dient die durchschnittliche Kostenstruktur der gesamten Branche. Als Schlussfolgerung werden Ziele abgeleitet, die zur Kostensenkung in den entsprechenden Bereichen führen. Um die Ziele umzusetzen, bedarf es nun noch eines Maßnahmenkataloges, der festlegt, durch welche Veränderungen die Ziele erreicht werden.

1.4.7 Vorlagen auf CD

In den PowerPoint-Vorlagen sind Vorlagen zur grafischen Aufbereitung und Analyse der Kostenstruktur enthalten.

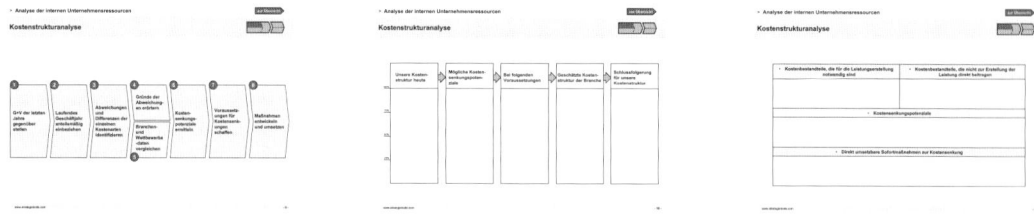

1.4.8 Verwandte und weiterführende Themen

- ABC-Analyse
  Bietet einen Anhaltspunkt für die Einschätzung von Wichtigkeiten bei Lieferanten, Kunden, Kostenträgern etc.

- Benchmarking
  Ermöglicht die Kostenstrukturanalyse des besten Wettbewerbers bzw. eines vergleichbaren Unternehmensbereichs als Anhaltspunkt für Kostensenkungspotenziale.

- Wertkettenanalyse
  Schafft einen Überblick über die Notwendigkeit von Kostenträgern. Die relevante Aussage für die Kostenstrukturanalyse ist, welche Prozesse für die Leistungserstellung notwendig sind.

1.4.9 Literaturhinweise

ELBEN, H. / HANDSCHUH, M. (2004): *Handbuch Kostensenkung*, Wiley-VCH, Weinheim 2004

HORVÁTH, P. / GLEICH, R. / VOGGENREITER, D. (2001): *Controlling umsetzen*, 3. Aufl., Schäffer-Poeschel Verlag, Stuttgart 2001

KREMIN-BUCH, B. (2004): *Strategisches Kostenmanagement*, 3. Aufl., Gabler Verlag, Wiesbaden 2004

1.5   Zufriedenheitsanalyse

LEITFRAGEN:
- Wie zufrieden sind Kunden und Mitarbeiter?
- Welches sind die wichtigsten Merkmale, um die Zufriedenheit dieser Gruppen zu gewährleisten?
- Wie werden wir von Kunden und Mitarbeitern wahrgenommen?
- Welche Bereiche weisen bezüglich der Zufriedenheit noch Schwach-stellen auf?
- In welche Maßnahmen müssen wir investieren, um die Zufriedenheit bei Kunden und Mitarbeitern zu steigern?

1.5.1   Zielsetzung und Anwendungsgebiet

Der wirtschaftliche Erfolg eines Unternehmens steht am Ende der Ursache-Wirkungs-Kette, die entscheidend durch die Befriedigung von Mitarbeiter- und Kundenwünschen geprägt wird. Die Zufriedenheitsanalyse ermöglicht es, den Grad der Befriedigung von Kunden- und Mitarbeiterinteressen zu messen und zu kontrollieren. Ziel ist es, die Schwachstellen des Unternehmens aus Sicht der Kunden und Mitarbeiter aufzudecken und entsprechende Maßnahmen zur Zufriedenheitssteigerung einzuleiten. Dadurch kann der Erfolgsfaktor Zufriedenheit als maßgeblicher Treiber des ökonomischen Erfolgs dienen. Der Grund ist, dass motivierte Mitarbeiter dazu beitragen, ständig eine Verbesserung der Produkteigenschaften und der Effizienz zu erlangen, um Kunden Leistungen anzubieten, die hochwertig, nützlich und zugleich ökonomisch sind. Im Bereich der Kundenzufriedenheit sind gleich mehrere Seiten zu beachten: Erstens sind weniger Zeit und Ressourcen darauf zu verwenden, Kundenbeschwerden entgegenzunehmen und zu bearbeiten. Zweitens ist die Mund-zu-Mund-Propaganda nicht zu unterschätzen: Unzufriedene Kunden teilen ihre Erfahrungen bis zu elf Mal den Bekannten und Freunden mit (vgl. Meister/Meister, 2002), zufriedene Kunden hingegen empfehlen Freunden und Bekannten das Produkt weiter (Multiplikatoreffekt). Drittens sind zufriedene Kunden un-empfindlicher gegenüber Preissteigerungen bzw. offener beim Kauf von Überkreuzprodukten (Cross-Selling).

1.5.2   Beschreibung

Die Mitarbeiterzufriedenheitsanalyse wurde das erste Mal 1972 von der Kobe-Werft und später von Toyota (beides Japan) eingesetzt. Ziel war die Motivationssteigerung der Mitarbeiter. Der begründende Gedanke dahin-ter ist, dass motivierte Mitarbeiter dazu beitragen, die Leistungsfähigkeit der Unternehmung zu steigern und sich mehr mit dieser identifizieren.

Die Kundenzufriedenheit spiegelt die Beurteilung der Kunden im Hin-blick auf ihre Konsumerfahrungen wider. Es wird davon ausgegangen, dass man zwischen drei Stufen der Zufriedenheit unterscheiden kann: Unzufriedenheit, Zufriedenheit und Begeisterung. Liegt die tatsächliche Leistung unter den Kundenerwartungen, so herrscht Unzufriedenheit

(Ist < Soll), entspricht die Leistung den Erwartungen, so herrscht Zufriedenheit (Ist = Soll), und übertrifft gar die Leistung die Erwartungen, so spricht man von Begeisterung (Ist > Soll). (Vgl. Meffert/Bruhn, 2000; Meister/Meister, 2002).

Zur Messung von Wünschen wurde ein Modell entwickelt, das die Wünsche in Basisanforderungen, Funktionalitätswünsche und Begeisterungseigenschaften unterteilt (vgl. Markfort, 1995; Kano, 1984). Abbildung 16 veranschaulicht den Zusammenhang zwischen den Wünschen.

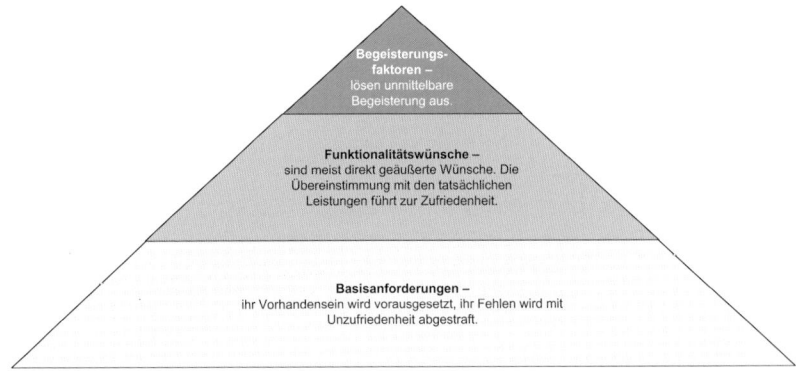

Abbildung 16: Modell zur Einordnung der Wünsche nach Kano

Das Problem in dem Modell besteht darin, dass die Grenzen zwischen den Wuncharten fließend sind und sich mit der Zeit verändern. Aus Begeisterungseigenschaften werden schnell Funktionalitätswünsche und dann Basisanforderungen. Diese Kategorisierung von Wünschen kann aber trotzdem in der Zufriedenheitsanalyse berücksichtigt werden, um zu beurteilen, welche Priorität die jeweilig abgeleitete Maßnahme hat. So könnten Maßnahmen zur Verbesserung der Basisanforderungen sehr wichtig sein, wohingegen Begeisterungsfaktoren erst verbessert werden sollten, sobald die anderen Wünsche erfüllt wurden.

Weiterhin existiert eine Vielzahl von Motivationstheorien, die einen Erklärungsansatz für das Handeln eines Individuums bieten (einen Überblick über die wichtigsten Motivationstheorien gibt Buhner, 1996).

Die praktische Messung der Zufriedenheit ist äußerst komplex, da man sie nicht mit einer Kennzahl ausdrücken kann. Deshalb sind Indikatorenmodelle zu entwickeln, die mit Kennzahlen die Ausprägung der Zufriedenheit ausdrücken. Bei Kundenzufriedenheitsanalysen könnte z.B. die Wiederholkaufrate Indiz dafür sein, dass die Kunden zufrieden sind und deshalb das Produkt wieder kaufen. Weitere potenzielle Kennzahlen wären: Anzahl reklamierter Waren, Cross-Selling-Rate, Anzahl der Käufer, die aufgrund von Empfehlungen einkaufen, Anzahl der Beschwerden bzw. Lob.

Für die Mitarbeiterzufriedenheit kommen beispielsweise folgende Kennzahlen in Betracht: Fluktuationsrate, Anzahl der eingereichten Verbesserungsvorschläge pro Mitarbeiter, Absentismus, Grad der Zielerreichung (im Rahmen des Management by Objectives; Führen nach Zielen, die in Vereinbarungsgesprächen mit dem Mitarbeiter schriftlich fixiert werden), Anzahl der internen oder externen Bewerbungen für eine Stelle. Für weitere Kennzahlen vgl. Bühner, 2000.

Die gewonnenen Kennzahlen sind anschließend in einen Gesamtkontext zu überführen, so dass aus den einzelnen Kennzahlen mittels einer adäquaten Gewichtung der Grad an Zufriedenheit angenähert werden kann (z. B. durch Scoring-Modelle, vgl. Kapitel 5.3).

Insgesamt ist es wichtig, zu verstehen, dass die Zufriedenheitsanalyse allein keine Verbesserungen mit sich bringt. Abgeleitete Maßnahmen müssen konsequent umgesetzt, ihr Erfolg muss regelmäßig überprüft und die Maßnahmen müssen gegebenenfalls angepasst werden.

1.5.3 Voraussetzungen und notwendiger Input

Die notwendigen Daten für eine Zufriedenheitsanalyse lassen sich explizit auf drei verschiedene Arten generieren:

- Interview (per Telefon oder persönlich),
- schriftlicher Fragebogen,
- Beobachtung (bzw. Auswertung bestehender Kennzahlen).

Tabelle 7 stellt die wichtigsten Vor- und Nachteile der drei Methoden gegenüber.

Fragebogen	Interview	Beobachtung
Vorteile:	*Vorteile:*	*Vorteile:*
• Geringe Kosten der Datenerhebung • Geringe Kosten der Analyse • Anonymität • Verhindert Vorurteile gegenüber Interviews • Kann geografisch großflächig eingesetzt werden • Erreicht eine hohe Anzahl an Befragten	• Motivierende Wirkung durch Interviewer • Persönlicher Kontakt, dadurch nonverbale Kommunikation • Möglichkeit, die Situation nachzustellen • Geeignet für komplexe Themen • Möglichkeit, nachzufragen	• Direktes Beobachten des Verhaltens statt Annahme bzw. Interpretation • Bestehende Kennzahlen können verwendet werden
Nachteile:	*Nachteile:*	*Nachteile:*
• Geringe Resonanz („Response") • Gefahr, dass er von anderen Personen beantwortet wird • Gefahr, dass wichtige bzw. schwierige Fragen übersprungen werden • Keine Möglichkeit zur Erläuterung bei Unklarheit • Unpassend für einige Empfänger (sprachliche Probleme etc.)	• Kostenintensiv und aufwendig • Soziale Abhängigkeit durch fehlende Anonymität (Befragtem ist es peinlich, ein bestimmte Aussage zu treffen) • Abhängig vom Geschick des Interviewers • Problematisch bei sensiblen Themen	• Nicht möglich, Gefühle zu beobachten, daher Interpretation der Motive notwendig • Subjektivität des Beobachters • Langwierig und aufwendig

Tabelle 7: Vor- und Nachteile der drei bedeutendsten Datenquellen

Je nach Zusammenhang und Zweck ist die passende Methode zu wählen (vgl. Meister/Meister, 2002).

Für die implizite Analyse sind darüber hinaus noch interne Quellen für bestehende, relevante Kennzahlen zu identifizieren (z. B. Vertrieb bzw. Beschwerdeeingang und Personalabteilung). Meist werden die Kennzahlen für andere Zusammenhänge bereits erfasst, so dass sie lediglich für den neuen Zusammenhang zusammengeführt werden müssen.

Zusätzlich sind interne Workshops zur Selbsteinschätzung eine weitere Quelle. Hierzu müssen sich die Teilnehmer allerdings stark in die Kunden hineinversetzen können, was jedoch aufgrund der oftmals vorherrschenden Betriebsblindheit zu Verzerrungen führt.

1.5.4 Vorgehensweise

Im Folgenden wird auf die Differenzierung von Kundenzufriedenheit und Mitarbeiterzufriedenheit verzichtet. Die beschriebene Zufriedenheitsanalyse lässt sich auf beide Gruppen übertragen.

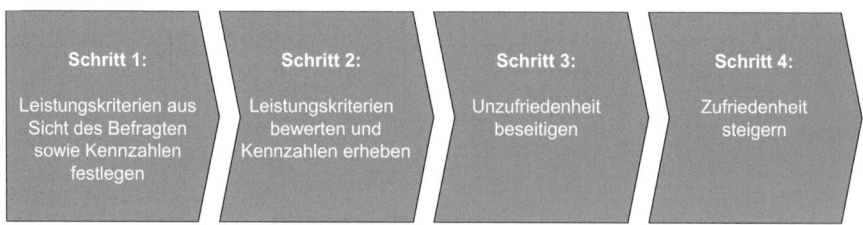

Abbildung 17: Vorgehensweise bei Zufriedenheitsanalysen

Schritt 1: Leistungskriterien aus Sicht des Befragten sowie Kennzahlen festlegen

CHECKLISTE:

✓ Legen Sie Leistungskriterien fest, die zur Kundenzufriedenheit beitragen.

✓ Definieren Sie Kennzahlen, die Kundenzufriedenheit beschreiben.

Im vorbereitenden ersten Schritt sind die **Leistungskriterien** aus Sicht des Befragten (Kunde oder Mitarbeiter) festzulegen. Dazu ist es notwendig, sich in die Lage des „typischen" bzw. durchschnittlichen Kunden oder Mitarbeiters zu versetzen (gegebenenfalls auch im Rahmen von Workshops). Dabei sind ca. zehn bis 20 detaillierte Merkmale (z.B. Produkt-, Arbeitsplatzmerkmale) herauszuarbeiten, die dazu geeignet sind, die Zufriedenheit zu steigern (so genannte „long list").

Anschließend sind die entscheidenden fünf Merkmale herauszufiltern, die der Befragte als solche wahrnimmt (Reduktion der „long list" auf die „short list").

Zusätzlich sind **Kennzahlen** auszuwählen, die als Indikatoren den Grad an Zufriedenheit abbilden. Dazu sollten sowohl „harte" als auch „weiche" Faktoren herangezogen werden, um einen umfassenden Blick auf die Zufriedenheit zu erreichen. „Harte" Faktoren können zahlenmäßig erfasst werden (z.B. Wiederkaufrate, Fluktuation), „weiche" Faktoren bilden die qualitative Aussage der subjektiven Wahrnehmung ab (z.B. Beurteilung von Vorgesetzten, Kunden-/Mitarbeiterzufriedenheit).

Schritt 2: Leistungskriterien bewerten und Kennzahlen erheben

TIPP:

Planen Sie genug Zeit für den Fragebogenentwurf bzw. Interviewleitfaden sowie einen Testlauf ein. Schlechte Befragungen sind Basis einer verzerrten Abbildung.

Im zweiten Schritt sind die festgelegten Leistungskriterien durch Befragungen (meist mittels Interview oder Fragebogen) zu bewerten. Als ergänzende Informationsquelle können die zuvor definierten Kennzahlen erhoben werden. Hierzu sind zunächst entsprechende Datenquellen zu identifizieren (z.B. für die Reklamationsrate der Vertrieb bzw. After-Sales, für finanzielle Kennzahlen das Controlling). Die Berichtsstrukturen sind dahingehend anzupassen, dass die Kennzahlen in festgelegten, regelmäßigen Abständen erhoben und an die entsprechende Stelle geleitet werden. Diese Anforderungen sind in so genannten Kennzahlensteckbriefen festzuhalten (eine entsprechende Vorlage finden Sie auf der beigefügten CD).

Schritt 3: Unzufriedenheit beseitigen

Mit den gewonnenen Informationen sind im dritten Schritt die Schwachstellen der angebotenen Leistung zu ermitteln bzw. die Gründe für eine mögliche Unzufriedenheit. Dazu sind die Ergebnisse aus dem zweiten Schritt auszuwerten, insbesondere auch mit Hilfe von Benchmarkings. In Interviews und Befragungen mit Kunden stellen diese meist direkt die Verbesserungsbedarfe dar.

Notwendig ist die ständige Ausrichtung auf den Kunden: Wenn die Kunden entscheiden könnten, in welche Leistungskriterien investiert werden müsste, um die *Unzufriedenheit zu beseitigen*, gilt es, diese Merkmale zu priorisieren.

Dazu ist ein Katalog abzuleiten, der die notwendigen Maßnahmen zur Beseitigung der Unzufriedenheit beinhaltet. Abschließend sind konkrete Ziele zu definieren und zuzuordnen.

Schritt 4: Zufriedenheit steigern

In einem aufbauenden vierten Schritt sind nun die Begeisterungsfaktoren auszubauen. Voraussetzung ist die vollkommene Beseitigung der Unzufriedenheitsfaktoren. Hierzu ist in einem Brainstorming ein erster Maßnahmenkatalog zu erstellen, der wieder den Kunden im Fokus behält: Wenn die Kunden entscheiden könnten – in welche Leistungskriterien müsste investiert werden, um deren *Zufriedenheit zu steigern*?

Bei der folgenden Priorisierung sind die Maßnahmen nach Kosten-Nutzen-Kriterien zu sortieren, wobei der Nutzen durch die Kundenzufriedenheit repräsentiert ist. Abschließend sind entsprechende Ziele festzuhalten und zuzuordnen.

TIPP: Bei der Zielfestlegung eignet es sich, die Ziele in das Gesamtzielsystem des Unternehmens und anhand von Zielvereinbarungen mit den Mitarbeitern in die Arbeit zu integrieren.

1.5.5 Vor- und Nachteile

Vorteile	Nachteile
• Analysen geben Einblicke in die wichtigen, aber oft vernachlässigten Erfolgsfaktoren eines Unternehmens • Zufriedenheit strahlt unternehmensweit auf viele Bereiche ab • Allein das Bestreben, die Zufriedenheit steigern zu wollen, hebt das Image • Kundenzufriedenheit ist ein zentraler Punkt in der DIN ISO 9000 ff.	• Kundenzufriedenheit führt nicht automatisch zu Folgekäufen – dazu sind weitere Maßnahmen erforderlich (CRM, Zufriedenheitsmanagement, …) • Komplex und objektiv nur schwer messbar • Zeitlicher Wandel der Ansprüche und Erwartungen verlangen eine regelmäßige Überprüfung

Tabelle 8: Vor- und Nachteile der Zufriedenheitsanalyse

1.5.6 Praxisbeispiel

Das folgende Beispiel soll aufzeigen, dass Zufriedenheitsanalysen ein Thema für jedes Unternehmen darstellen. Im Rahmen einer Studie über Mitarbeiterzufriedenheitsanalysen wurde aufgedeckt, dass sich das Engagement am Arbeitsplatz in Deutschland auf unverändert niedrigem Niveau befindet: Nur 15 % der Mitarbeiter sind engagiert im Job und damit ist der gesamtwirtschaftliche Schaden immens.

Die Untersuchung basiert auf einer von der Gallup GmbH unter der deutschsprachigen Bevölkerung durchgeführten Mitarbeiterzufriedenheitsstudie (siehe auch www.gallup.de). 85 % der Arbeitnehmer in Deutschland verspüren keine echte Verpflichtung ihrer Arbeit gegenüber, wobei 69 % „unengagiert" und 16 % von ihnen „aktiv unengagiert" sind. Der aus dem in Deutschland fehlenden Engagement am Arbeitsplatz resultierende gesamtwirtschaftliche Schaden – aufgrund schwacher Mitarbeiterbindung, hoher Fehlzeiten und niedriger Produktivität – lässt sich auf 211,4 bis 221,1 Mrd. Euro pro Jahr taxieren. Diese Größenordnung entspricht fast dem gesamten Bundeshaushalt 2003 (246,3 Mrd. Euro).

Der wichtigste Grund für das fehlende Engagement derart vieler Mitarbeiter ist schlechtes Management. Arbeitnehmer geben u. a. an, dass sie nicht wissen, was von ihnen erwartet wird, dass ihre Vorgesetzten sich nicht für sie als Menschen interessieren, dass sie eine Position ausfüllen, die ihnen nicht liegt, und dass ihre Meinungen und Ansichten kaum Gewicht haben.

Noch gravierender ist, dass Mitarbeiter wahrscheinlich immer unengagierter werden, je länger sie bei ihren Unternehmen bleiben. So verliert das menschliche Kapital – welches eigentlich durch Weiterbildung und Entwicklung wachsen sollte – zu oft an Wert, da Manager und Unternehmen es versäumen, aus dieser Investition Kapital zu schlagen.

Nach den Berechnungen der Gallup GmbH würde der wirtschaftliche Gewinn, wenn ein Unternehmen hierzulande mit beispielsweise 20.000 Mitarbeitern die Gruppe der „aktiv unengagierten" Mitarbeiter von 15 auf 10 % verringern könnte, rund 5,6 Mio. Euro pro Jahr betragen.

Damit wird deutlich, dass Zufriedenheit ein zentrales Thema im Unternehmen sein sollte. Durch regelmäßige Analysen und Maßnahmenableitung ließe sich ein erhebliches Potenzial an Zufriedenheitssteigerung erreichen.

1.5.7 Vorlagen auf CD

Die Beilagen-CD enthält ein Arbeitsblatt zur Darstellung der Zufriedenheit sowie eine Vorlage für Kennzahlensteckbriefe.

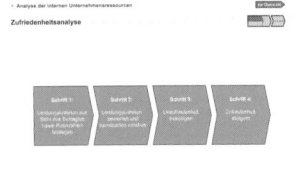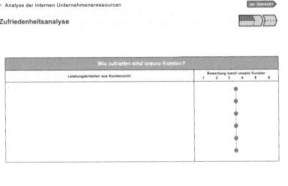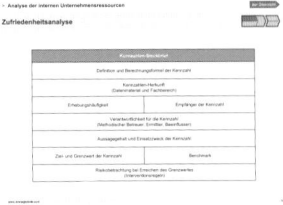

1.5.8 Verwandte und weiterführende Themen

- SWOT-Analyse
  Im Rahmen der SWOT-Analyse werden Mitarbeiter- und Kundenzufriedenheit als interne Stärke bzw. Schwäche einbezogen. Dazu kommen weitere Faktoren, so dass die Zufriedenheit in Relation zu weiteren Erfolgsfaktoren gesetzt wird.

- Balanced Scorecard (BSC)
  Die BSC ist ein Führungsinstrument, das mit Hilfe von vier Perspektiven einen ganzheitlichen Blick auf das Unternehmen ermöglicht. In der BSC werden Mitarbeiter und Kunden durch jeweils eine Perspektive dargestellt, oftmals wird als ein Bestandteil die Zufriedenheit der jeweiligen Gruppe berücksichtigt.

- Lebenszyklusanalyse
  Eine im Zeitablauf sinkende Kundenzufriedenheit kann Indikator für die Abschwächung des Lebenszyklus eines Produkts sein. Hierfür sind dann weitere Analysen erforderlich.

- Substitutionsanalyse
  Je höher die Kundenzufriedenheit ist, desto weniger besteht die Gefahr einer Produktsubstitution und umgekehrt. Dabei stellt die Kundenzufriedenheit einen von vielen Faktoren dar, die eine Produktsubstitution erschweren.

1.5.9 Literaturhinweise

BÜHNER, R. (1996): *Betriebswirtschaftliche Organisationslehre*, 8. bearb. und erg. Aufl., Oldenbourg Verlag, München/Wien 1996

BÜHNER, R. (2000): *Mitarbeiter mit Kennzahlen führen*, 4. Aufl., Verlag moderne industrie, Landsberg am Lech 2000

KANO, N. (1984): „Attractive Quality and Must-be Quality", in: Hinshitsu: *Journal of the Japanese Society for Quality Control,* Vol. 14 – No. 2, 1984, S. 39–48

MARKFORD, D. (1995): „Quality Function Deployment", in: *Qualitätsmanagement, Augsburg 1995,* Kap. 5.3.1

MEFFERT, H. / BRUHN, M. (2000): *Dienstleistungsmarketing: Grundlagen – Konzepte – Methoden,* 3. Aufl., Gabler Verlag, Wiesbaden 2000

MEISTER, U. / MEISTER, M. (2002): *Kundenzufriedenheit messen und managen,* Carl Hanser Verlag, München/Wien 2002

RAMME, I. (2000): Marketing – *Einführung mit Fallbeispielen, Aufgaben und Lösungen,* Schäffer-Poeschel Verlag, Stuttgart 2000

1.6   Unternehmenskulturanalyse

1.6.1   Zielsetzung und Anwendungsgebiet

Strategische Wettbewerbsvorteile von Unternehmen werden immer weniger über die – meist kopierbaren – greifbaren Fähigkeiten erzielt. Die Unternehmenskultur wird als kaum mess- und greifbarer Bestandteil des Unternehmens zum differenzierenden Profilierungsmerkmal im Wettbewerb. Sie stellt damit einen wichtigen Erfolgsfaktor für die Entwicklung eines Unternehmens dar. Die Unternehmenskulturanalyse verdeutlicht die Kulturelemente und ihren Einfluss auf die Erfolgsentwicklung sowie auf betriebswirtschaftliche Schwachpunkte. Hierzu werden die Grundannahmen über kulturelle Werte in einem Unternehmen offen gelegt und wird eine gemeinsame Verständigungsgrundlage für das gesamte Unternehmen geschaffen. Ziel ist es, den Erfolg des Unternehmens zu erhöhen, indem die Unternehmenskultur bewusst verstanden und gegebenenfalls verändert wird.

Abbildung 18 stellt konkrete Ziele einer Unternehmenskulturanalyse auf möglichen Anwendungsgebieten dar.

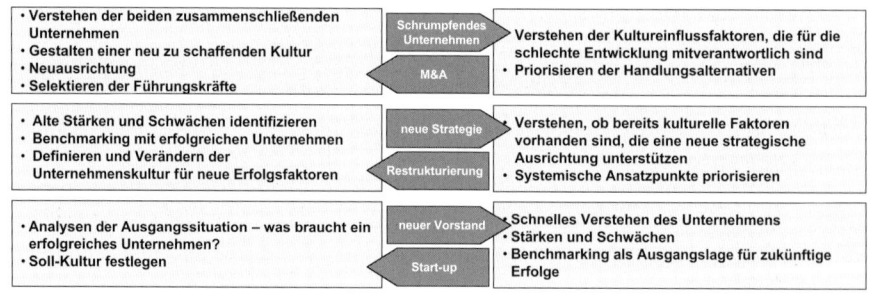

Abbildung 18: Anwendungsgebiete und Ziele von Unternehmenskulturanalysen

1.6.2   Beschreibung

Die Unternehmenskultur wird in der Literatur sehr uneinheitlich definiert und verstanden. Zusammenfassend lässt sie sich definieren als ein Muster von gemeinsamen Überzeugungen und Erwartungen von Mitgliedern einer Organisation (z.B. Mitarbeiter, Führungskräfte, Aufsichtsrat eines Unternehmens). Diese Überzeugungen und Erwartungen schaffen Verhaltensregeln bzw. Normen, die das Verhalten der Individuen (Mitarbeiter) und Gruppen (Abteilungen) in der Organisation nachhaltig gestalten (vgl. Schwartz/Davis, 1981).

Als Abgrenzung zur Unternehmenskultur stellt das Betriebsklima den Übereinstimmungsgrad zwischen der Unternehmenskultur und dem tatsächlichen Verhalten der Mitarbeiter dar. Stimmt also das Verhalten mit der Unternehmenskultur überein, so gilt das Betriebsklima als gut. Weicht das Verhalten von der Unternehmenskultur dagegen ab, so ist das Betriebsklima schlecht. Damit kann das Betriebsklima als kurzfristig und taktisch orientiert charakterisiert werden, wobei die Unternehmenskultur als langfristig und strategisch beschrieben werden kann.

In der Literatur finden sich zahlreiche Ansätze der Unternehmenskultur, die verschiedene Dimensionen erfassen. Sechs dieser Ansätze werden im Weiteren kurz vorgestellt, um zu verdeutlichen, dass es sehr vielseitige Ansätze gibt, die vollkommen verschiedene Aspekte betrachten. Auf Basis des letzten Ansatzes nach Denison wird die praktische Vorgehensweise abgeleitet.

Der Ansatz von Ansoff geht von der zeitlichen Perspektive aus und betrachtet, welche Einstellung zur zeitlichen Entwicklung die Organisation prägt. Er differenziert dabei zwischen fünf Einstellungen, die in folgender Abbildung dargestellt sind (Ansoff, 1979).

> **MERKE:**
> Unternehmenskultur ist in der Literatur nicht eindeutig definiert.
>
> Es geht zusammenfassend um die gemeinsamen Normen, die das Verhalten jedes Einzelnen beeinflussen.

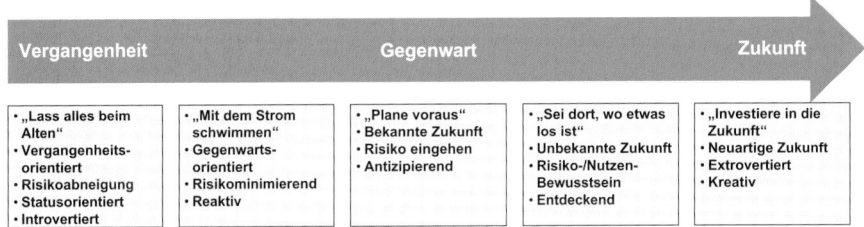

Abbildung 19: Die zeitlichen Dimensionen der Unternehmenskultur nach Ansoff

Im Modell von Deal/Kennedy wird die Unternehmenskultur einer Organisation nach der Feedbackschnelligkeit und Risikobereitschaft beurteilt (Deal/Kennedy, 1987). Abbildung 20 stellt diesen Zusammenhang zur Verdeutlichung dar.

Abbildung 20: Faktoren der Unternehmenskultur nach Deal/Kennedy

Handy/Harrison untersuchen in ihrem Ansatz die Auswirkungen interner Strukturen auf die Organisation und differenzieren auf diese Weise die Unternehmenskultur (Handy, 1978; Harrison, 1972). Abbildung 21 veranschaulicht die vier Arten einer Unternehmenskultur.

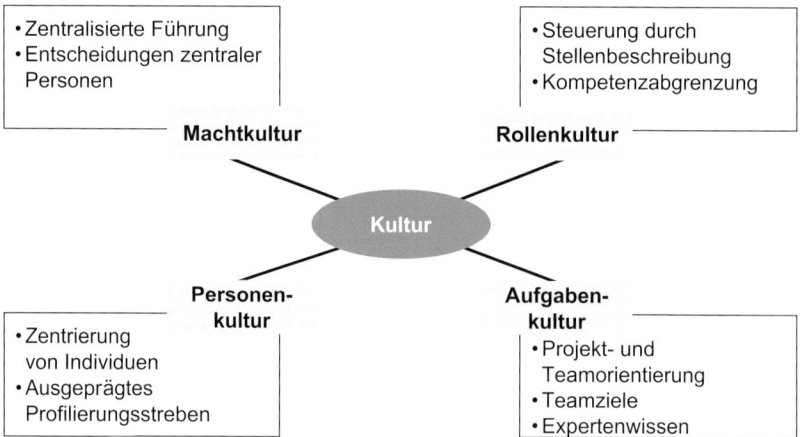

Abbildung 21: Unternehmenskultur nach Handy/Harrison

Trompenaars/Hampden-Turner untersuchen in ihrem Ansatz das Spannungsverhältnis antagonistischer Werte wie z.B. Hierarchie versus Gleichheit, Individualismus versus Kollektivismus, innengerichtete versus außengerichtete Organisation, erworbener Status versus festgelegter Status. Die Aussage ist, dass in einem erfolgreichen Unternehmen die gegensätzlichen Werte in einer optimalen Balance nebeneinander existieren (Trompenaars/Hampden-Turner, 1998).

Ein weiterer Ansatz ist der des bekanntesten Vertreters **Schein,** der in seinem Ansatz die Wahrnehmungsebenen untersucht. Demnach besteht eine Unternehmenskultur aus Elementen, die sich bei jedem Unternehmen unterschiedlich in Form von Werten, Normen und Ausdrucksformen ausprägen (Schein, 1995). Abbildung 22 zeigt die Ebenen, nach denen sich die Unternehmenskultur aufbaut.

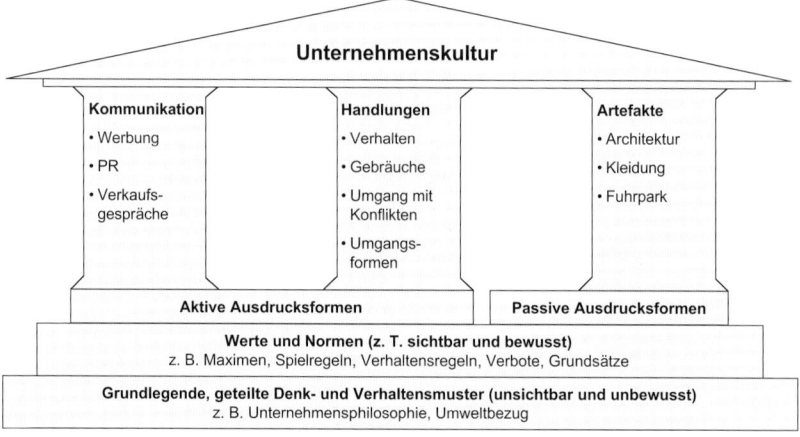

Abbildung 22: Ebenen der Unternehmenskultur nach Schein

Das Modell der Unternehmenskultur nach **Denison** betrachtet die ergebniswirksamen Dimensionen einer Unternehmenskultur. Hierzu verwendet er ein Kulturradar, das die vier Dimensionen bewertet, aus denen jede Unternehmenskultur besteht. Die Dimensionen wiederum bestehen aus jeweils drei Kriterien, die eine Beurteilung vereinfachen sollen (Denison, 2004). Abbildung 23 zeigt die vier Dimensionen einer Unternehmenskultur.

> MERKE:
> Unternehmenskultur besteht nach Denison aus vier Eigenschaften:
> - Anpassungsfähigkeit
> - Mission
> - Konsistenz
> - Engagement/Beteiligung

Anpassungsfähigkeit	Mission	Konsistenz	Engagement/Beteiligung
• Veränderungsbereitschaft	• Strategische Richtung	• Kernwerte	• Einbindung
• Kundenfokus	• Ziele	• Übereinstimmung	• Teamorientierung
• Organisationales Lernen	• Vision	• Koordination & Integration	• Entwicklung der Fähigkeiten

Abbildung 23: Dimensionen der Unternehmenskultur nach Denison

Ist die Dimension der Anpassungsfähigkeit weit ausgeprägt, so zeichnet sich die Unternehmenskultur durch Flexibilität, Agilität, Innovativität und einer lernenden Organisation aus. Die Dimension der Mission dagegen drückt Zielorientierung, Nachhaltigkeit und die Orientierung nach dem Leitbild aus. Die Dimension der Konsistenz sagt Beständigkeit und Ausdauer sowie Orientierung nach Werten aus. Ist dagegen die Dimension Engagement/Beteiligung stark ausgeprägt, so drückt dies Eigenverantwortung, Unternehmertum und die Nutzung von Kompetenz aus. Diese vier Dimensionen werden üblicherweise zur Veranschaulichung in einem Kulturradar abgebildet, in dem das jeweilige Unternehmen seine Stärken und Schwächen in den jeweiligen Dimensionen deutlich machen kann. Die Ausprägungen dieser Dimensionen (und damit das Kulturradar) werden durch Umfragen ermittelt, die zu jeder Dimension und ihrer drei Kriterien durch standardisierte Fragen bei Mitarbeitern und Führungskräften erhoben werden. Abbildung 24 zeigt ein beispielhaftes Kulturradar, das die Ausprägungen der einzelnen Dimensionen und Kriterien durch die rote Fläche darstellt. Je höher die Ausprägung dabei ist, desto stärker ist die Unternehmenskultur in dieser Dimension entwickelt.

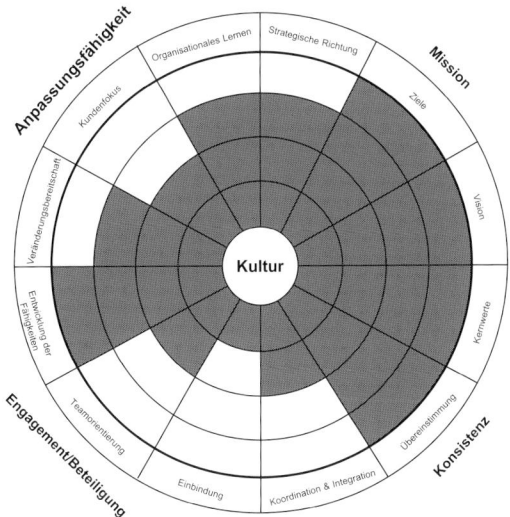

Abbildung 24: Beispielhaftes Kulturradar nach Denison

Zusätzlich zu der Interpretation der einzelnen Dimensionen können dimensionenübergreifend vier Bereiche fokussiert werden, die in Abbildung 25 anhand eines Beispiels dargestellt werden.

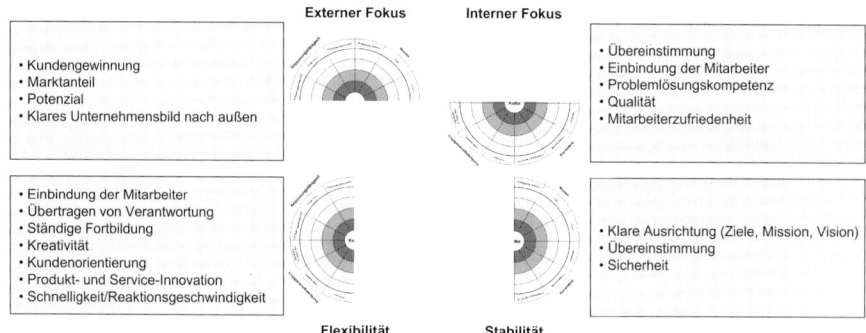

Abbildung 25: Interpretation von beispielhaften Ergebnissen

Der externe Fokus besteht aus den Dimensionen Anpassungsfähigkeit und Mission, der interne Fokus setzt sich aus der Kombination Engagement/Beteiligung sowie Konsistenz zusammen. Flexibilität wird durch die Dimensionen Anpassungsfähigkeit und Engagement/Beteiligung verdeutlicht, Stabilität hingegen durch die Dimensionen Konsistenz und Mission.

Aus allen unterschiedlichen Ansätzen der Unternehmenskultur lassen sich – auf die Praxis übertragen – Erfolgsfaktoren beobachten, die Mitarbeiter als positive Unternehmenskultur empfinden und für sie den Erfolg eines Unternehmens entscheidend prägen. Abbildung 26 veranschaulicht modellübergreifend Faktoren einer erfolgreichen Unternehmenskultur.

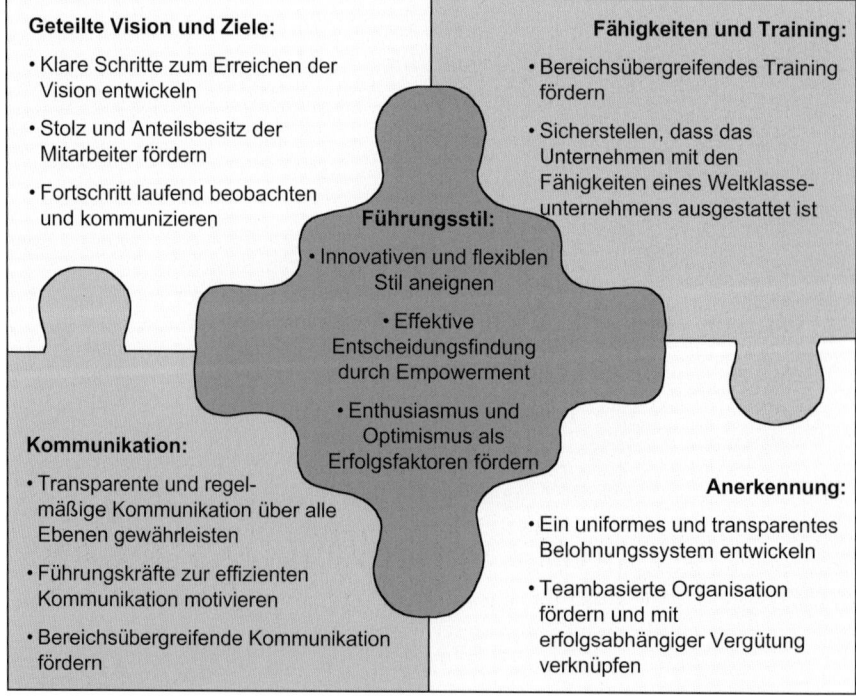

Abbildung 26: Erfolgsfaktoren der Unternehmenskultur

1.6.3 Voraussetzungen und notwendiger Input

- Mitarbeiterinterviews „Face to Face" (Einzel-/Gruppeninterview):
  Interviews sind im Vorfeld durch einen Leitfaden zu strukturieren. Negative Aspekte sind, dass Mitarbeiterinterviews meist teuer und aufwendig sind. Darüber hinaus kann der Interviewer die Antworten verzerren und es kann bei offenen Fragen und subjektiven Einschätzungen Interpretations- bzw. Verständnisprobleme geben.

- Einteilung in Fokusgruppen und Interviews auf Gruppenebene:
  Hierbei werden die zu befragenden Mitarbeiter zunächst in einheitliche Gruppen eingeteilt (z.B. inhaltlich, fachlich oder hierarchisch), um die Interviews besser auf die jeweiligen Gruppen abzustimmen.

- Schriftliche Umfragen:
  Werden durch einen Fragebogen standardisiert. Als Vorteile gelten die einfache Erhebung bei einer großen Anzahl von Mitarbeitern sowie die Quantifizierbarkeit der Antworten. Negative Aspekte sind die Gefahr, dass Mitarbeiter die Beantwortung nicht ernst nehmen, da sie meist anonym erfolgen, sowie die Problematik, dass vorbestimmte Fragen am Problem vorbeigehen könnten.
  Schriftliche Umfragen eignen sich für eine Erhebung bei einer großen Anzahl bzw. sämtlichen Mitarbeitern.

- Beobachtung:
  Wird z.B. mittels eines Firmenrundgangs erhoben. Dabei werden Faktoren wie Arbeitsplatzgestaltung, Statussymbole und Verhaltensweisen bewertet. Nachteile sind Interpretationsprobleme und Beobachtungsfehler. Zudem ist das Verfahren aufwendig und unterliegt der Stichprobenproblematik.

- Workshops:
  Nachteilig an Workshops ist, dass sie teuer und aufwendig sind sowie der Workshopleiter den Workshopverlauf steuern und verändern kann. Dennoch eignen sie sich für Erhebungen bei Führungskräften, Nachwuchskräften und ausgewählten Mitarbeitern.

- Sekundäre Quellen:
  Bei Heranziehen von sekundären Daten sind für die Unternehmenskulturanalyse relevante Quellen z.B. Statistiken, Schriftstücke und Werbung. Nachteilig sind das Stichprobenproblem sowie Interpretationsprobleme. Vorteilhaft ist, dass die sekundären Quellen günstig und schnell verfügbar sind.

- Projektive Verfahren:
  Als projektives Verfahren wird die freie Auseinandersetzung mit einem Thema zur Aufdeckung grundlegender Werte bezeichnet (z.B. Mal- oder Bastelworkshops). Die Interpretation geschieht durch Beobachter. In Einzel- oder Gruppenaufgaben erläutern die Teilnehmer ihr Verhalten. Nachteilig sind die Abhängigkeit der Beobachter (Interpretationsprobleme, Beobachtungsfehler) sowie die Zeitintensität der Methode.

1.6.4 Vorgehensweise

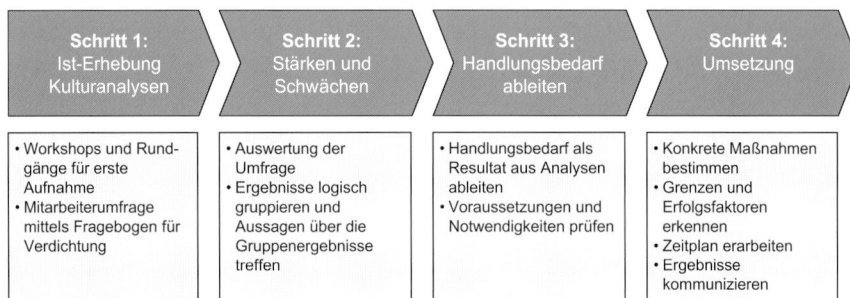

Abbildung 27: Vorgehensweise bei der Unternehmenskulturanalyse

CHECKLISTE:

Analysieren Sie
die Unternehmens-
kultur z. B. mittels:

✓ Betriebsrund-
    gängen,

✓ Workshops,

✓ sekundäre
    Quellen,

✓ Mitarbeiter-
    befragungen.

Schritt 1: Ist-Erhebung der Unternehmenskultur

Am Beginn der Unternehmenskulturanalyse stehen Firmenrundgänge, Workshops und die Analyse sekundärer Quellen. Hierbei können die Elemente der Unternehmenskultur nach Schein als Anhaltspunkte dienen (also Kommunikation, Handlungen und Artefakte). Als weiteres Analyseraster kann das Kulturradar nach Denison herangezogen werden (eine Vorlage hierzu finden Sie auf der beigefügten CD). Ziel ist es, sämtliche gewonnenen Erkenntnisse in die Struktur des Denison-Kulturradars zu überführen, um die Ergebnisse einheitlich bewerten zu können.

Die zweite Stufe der Ist-Erhebung besteht in der Mitarbeiterbefragung. Hierzu dient ein Fragebogen, der auf die unterschiedlichen Dimensionen der Unternehmenskultur eingeht (eine Vorlage mit Fragebogen und Analysefunktion finden Sie auf der beigefügten CD). Der Fragebogen besteht aus jeweils fünf Leitfragen zu jedem der drei Kriterien pro Dimension. Die Antworten werden auf einer fünfstufigen Skala eingetragen. Die Befragung ist mit einer repräsentativen Auswahl der Mitarbeiter, also Mitarbeiter unterschiedlicher Hierarchieebenen und Bereiche, durchzuführen.

Schritt 2: Herausarbeiten der Stärken und Schwächen

Im zweiten Schritt werden die erhobenen Werte der Umfrage analysiert und die Stärken und Schwächen bewertet. Gruppiert nach den Kulturdimensionen werden die Ergebnisse in das Kulturradar abgetragen (erfolgt bei der Vorlage automatisch).

Die Ergebnisse des Workshops, der Firmenrundgänge und sekundären Quellen werden ebenfalls auf Merkmalsausprägungen mit Hilfe des Kulturradars interpretiert.

Weitere Auswertungen für das Herausarbeiten der Stärken und Schwächen können durch Gruppieren der Dimensionen (interner und externer Fokus, Stabilität und Flexibilität) getätigt werden.

Falls möglich, können auch Benchmarkings herangezogen werden, um noch deutlicher Stärken und Schwächen in der eigenen Unternehmenskultur zu identifizieren. Allerdings gestaltet es sich schwierig, fremde Unternehmen bezüglich der Unternehmenskultur zu benchmarken, daher erscheint lediglich der interne Vergleich mit anderen Geschäftsbereichen realistisch.

Schritt 3: Handlungsbedarf ableiten

Als Resultat der vorhergehenden Analyse wird eine ideale Unternehmenskultur bestimmt. Dabei sollten nicht alle maximal zu erreichenden Werte als Idealwerte dienen, sondern es sollte eine eigene, charakteristische Ideal-Unternehmenskultur bestimmt werden. Zusätzlich sind die Voraussetzungen und Notwendigkeiten zu prüfen, die für die Zielerreichung notwendig sind.

Schritt 4: Umsetzung

Die notwendigen Maßnahmen sind auf Basis der Analyse und Bestimmung der Zielsetzung abzuleiten. Hierbei sind die Maßnahmen konkret zu formulieren, um sie weiter in Arbeitspakete aufteilen zu können (z.B. können die Ausprägungen „Organisationales Lernen" und „Einbindung" durch die folgenden Maßnahmen erreicht werden: Wissensmanagementsystem einführen, Intranetnutzung ermöglichen, elektronische Dokumenterfassung etc.).

Um den Erfolg der Maßnahmen zu gewährleisten, sind die Erfolgsfaktoren und Grenzen zu erkennen (Beispiel Mitarbeiterschulungen, damit die Nutzung des Intranets gewährleistet werden kann). Auf diese Weise können die Maßnahmen entsprechend gesteuert werden. Abschließend wird der Zeitplan für die Umsetzung erstellt, werden die Aufgabenpakete definiert und gegebenenfalls an Teams delegiert. Eine regelmäßige Erfolgskontrolle sollte durch die wiederholte Durchführung der Ist-Kulturanalyse (Schritt 1) durchgeführt werden.

TIPP:
Immer das oberste Management einbinden, denn Veränderungen der Unternehmenskultur sind Aufgabe des Topmanagements!

1.6.5 Vor- und Nachteile

Vorteile	Nachteile
• Wichtige Grundlage für Unternehmenserfolg und Strategieumsetzung • Eine gute Unternehmenskultur führt zu einem hohen individuellen und unternehmensweiten Grad an Befriedigung grundlegender Bedürfnisse der Mitarbeiter und damit zu hoher Mitarbeiterzufriedenheit	• Aufwendige Erhebung • Grundlegende Maßnahmen und Instrumente zur Verbesserung sind meist Verhaltensweisen (wie Führungsstil, Kommunikationsverhalten) und damit nur schwer veränderbar

Tabelle 9: Vor- und Nachteile der Unternehmenskulturanalyse

1.6.6 Praxisbeispiel

Die Bertelsmann Stiftung würdigt mit ihrem jährlichen Preis vorbildliche Unternehmenskultur. Die Hilti Aktiengesellschaft mit Sitz in Schaan, Fürstentum Liechtenstein, erhielt den Carl Bertelsmann-Preis 2003.

Hilti zeige in herausragender Weise, wie eine mitarbeiter- und kundenorientierte Unternehmenskultur sowie vorbildliches Führungsverhalten entscheidend zum wirtschaftlichen Erfolg beitragen könnten, begründete Prof. Heribert Meffert, Präsidiumsvorsitzender der Bertelsmann Stiftung, die Entscheidung der Jury. Insgesamt hatte die Stiftung 60 europäische Unternehmen eingehend analysiert.

Die Hilti Aktiengesellschaft (14.600 Mitarbeiter; Umsatz: 2 Mrd. Euro) ist weltweit führend in der Entwicklung, der Herstellung und dem Vertrieb von qualitativ hochwertigen Produkten und Systemen für den Profi am Bau und in der Gebäudeinstandhaltung. Das Unternehmen überzeuge durch seine konsequente Kundenausrichtung und unternehme große Anstrengungen, Werte und Haltungen an seine Mitarbeiter zu vermitteln, heißt es in der Begründung der Jury. Auszug aus der Begründung: „Alle Mitarbeiter, auch die Mitglieder von Vorstand und Aufsichtsrat, nehmen an kontinuierlichen Unternehmenskultur-Trainings teil. Wesentliche Instrumente der Unternehmenskultur sind Mitarbeiterbefragungen und regelmäßige Führungskräftebeurteilungen.

Der Wertekanon bei Hilti hebt deutlich das Team hervor. Hilti motiviert seine Mitarbeiter zur Übernahme von Verantwortung und setzt dabei konsequent auf eine offene Vertrauenskultur, die Risiken bewusst in Kauf nimmt. Vorbildlich ist auch das klar definierte Corporate-Governance-Modell, das Kompetenzen abgrenzt, Doppelmandate vermeidet und Qualifikationsanforderungen für das Management definiert. Hilti zeichnet sich durch vielfältige Aktivitäten im gesellschaftspolitischen Bereich aus. Die Hilti-Stiftung ist Ausdruck des sozialen und kulturellen Engagements der Inhaber-Familie."

„Hilti ist es in beeindruckender Weise gelungen, marktnahe Entscheidungsstrukturen aufzubauen und den Mitarbeitern unternehmerisches Denken zu vermitteln", lobte Meffert die Führungsprinzipien des Unternehmens. Besonders die Orientierung an zentralen Werten wie Integrität, Selbstverantwortung, Vertrauen, Toleranz und Respekt sei beeindruckend. Der Erfolg von Hilti sei das Ergebnis einer positiven Wechselbeziehung zwischen den Elementen Mitarbeiterzufriedenheit, Kundenzufriedenheit und wirtschaftlicher Ertragskraft. „Das Beispiel Hilti zeigt, wie eine vorbildlich gelebte Unternehmenskultur zum entscheidenden Wettbewerbsvorteil werden kann", sagte Meffert (ohne Verfasser, 2004).

1.6.7 Vorlagen auf CD

Auf der Beilagen-CD befindet sich eine Excel-Datei mit einem Fragebogen zur Ermittlung für das Denison Modell wie auch eine PowerPoint-Vorlage für das Kulturradar.

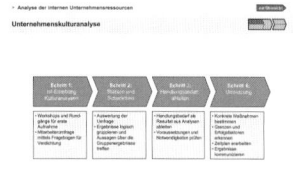 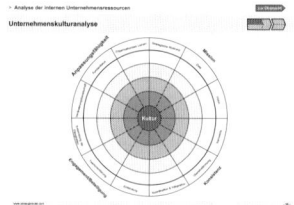 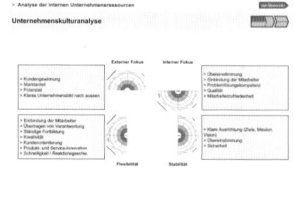

1.6.8 Verwandte und weiterführende Themen

- Benchmarking
  Analyseverfahren, bei dem man sich mit dem „Besten" misst. Ein solcher Vergleich kann auch in Bezug auf die Unternehmenskultur durchgeführt werden.

1.6.9 Literaturhinweise

ANSOFF, H. I. (1979): *Strategic Management*, London 1979

DEAL, T. / KENNEDY, A. (1987): *Unternehmenserfolg durch Unternehmenskultur*, Bonn 1987

DEAL, T. / KENNEDY, A. (1982): *Corporate Cultures*, Reading, Mass. 1982

DENISON, D. R. (1984): *„Bringing Corporate Culture to the Bottom Line"*, in: Organizational Dynamics, 13 (Winter), 1984, p. 5–22

DENISON, D. R. (2004): http://www.denisonculture.com, 2004

HANDY, C.B. (1978): *„Zur Entwicklung der Organisationskultur durch Management Development-Methoden"*, in: Zeitschrift für Organisation, Nr. 7, 1978, S. 404–410

HARRISON, R. (1972): *„Understanding your Organizational Character"*, in: Harvard Business Review, May/June 1972, p. 119–128

KERN, H. (1991): *Analyse von Unternehmenskulturen – Eine empirische Studie*, Peter Lang, Frankfurt am Main 1981

ohne Verfasser (2004): *www.carl-bertelsmann-preis.de*, 2004.

ROHLOFF, S. (1994): *Die Unternehmenskultur im Rahmen von Unternehmenszusammenschlüssen: Probleme und ausgewählte Lösungsansätze*, Göttingen 1994

SACKMANN, S. (2002): *Unternehmenskultur*, LUCHTERHAND, Neuwied/Kriftel 2002

SCHEIN, E. H. (1985): *„How Culture forms, develops and changes"*, in: Killman, R. H. (Hrsg.): Gaining Control of the Corporate Culture, Jossey-Bass Publishers, San Francisco/London 1985

SCHEIN, E. H. (1986): *„Wie Führungskräfte Kultur prägen und vermitteln"*, in: GDI-Impuls, 2, 1986, S. 23–36

SCHEIN, E. H. (1995): *Unternehmenskultur – Ein Handbuch für Führungskräfte*, Frankfurt am Main 1995

SCHWARTZ, H. / DAVIS, S. (1981): *„Matching Corporate Culture and Business Strategy"*, in: Organizational Dynamics, 10 (1), 1981, p. 30–48

TROMPENAARS, F. / HAMPDEN-TURNER, C. (1998): *Riding the Waves of Culture. Understanding Cultural Diversity in Business*, London 1998

TROMPENAARS, F. (1993): *Handbuch Globales Managen – Wie man kulturelle Unterschiede im Geschäftsleben versteht*, Düsseldorf/Wien/New York/Moskau 1993

1.7   Kernkompetenzanalyse

LEITFRAGEN:
- Welche Fähigkeiten sind für den Erfolg der Vergangenheit verantwortlich?
- Welche dieser Fähigkeiten können wir ausbauen, um auch in Zukunft erfolgreich zu sein?

1.7.1   Zielsetzung und Anwendungsgebiet

Die Analyse der Kernkompetenzen ermöglicht einem Unternehmen, die besonderen Fähigkeiten zu identifizieren, die den Unternehmenserfolg ausmachen. Durch das bewusste Wahrnehmen, Entwickeln und Nutzen der Kernkompetenzen kann ein Unternehmen seine Wettbewerbsposition effizient ausbauen, indem Leistungen angeboten werden, die auf einzigartige Weise Kundenbedürfnisse befriedigen.

Die Kernkompetenzanalyse legt dabei offen, mit welchen Produkten das Unternehmen in der Vergangenheit erfolgreich war und welche Produkte in der Zukunft von Bedeutung sind. Durch das Übertragen der Erfolgsfaktoren von den erfolgreichen Produkten der Vergangenheit auf neue, erfolgversprechende Produkte, ist es möglich, die Kernkompetenzen nutzbar zu machen und den Wettbewerbsvorteil der Vergangenheit auf neue Produkte zu transferieren.

1.7.2   Beschreibung

Der Kernkompetenzansatz erklärt den Erfolg eines Unternehmens mit Hilfe von Ressourcenausstattungen und bildet einen Gegenpol zu dem markttheoretischen Ansatz, der den Unternehmenserfolg mit der Marktposition des Unternehmens argumentiert. Der Durchbruch des Kernkompetenzansatzes erfolgte durch die Veröffentlichung von Prahalad/Hamel, die 1990 den Erfolg von führenden Unternehmen analysierten. Sie erklärten den Erfolg mit der Nutzung von Kernkompetenzen. Kernkompetenzen stellen ein Bündel von Fähigkeiten und Technologien dar, die einen besonderen Kundennutzen ermöglichen und den Zugang zu weiteren Märkten eröffnen (Prahalad/Hamel, 1990). Kernkompetenzen haben die nachstehenden Kriterien zu erfüllen, um als Kernkompetenz zu gelten:

- wertvoll (d.h. es resultiert ein strategischer Wettbewerbsvorteil),
- selten (bzw. knapp),
- nicht imitierbar (z.B. durch Barrieren gegenüber Konkurrenten),
- nicht (bzw. nur schwer) substituierbar.

Insbesondere intangible Vermögensgegenstände (z.B. Patente, Technologien, Know-how, Erfahrung, Markenwert, besonderes Prozesswissen und Unternehmenskultur) erfüllen diese Kriterien. Die Beispiele zeigen lediglich einzelne Merkmale von Kernkompetenzen, die zusammen mit weiteren Elementen die Kernkompetenz prägen. Die gezielte Weiterentwicklung sowie die Nutzung von Kernkompetenzen zur Bearbeitung anderer

Produkte, Kunden oder Regionen verhelfen dem Unternehmen zu einem Vorsprung im Wettbewerb, der von den Konkurrenten durch die genannten Eigenschaften einer Kernkompetenz nicht ohne weiteres aufzuholen ist. Entscheidend ist, dass sich die Unternehmensführung bei der Weiterentwicklung der Kernkompetenzen beispielsweise von einem spezifischen Geschäftsbereich löst und sie übergreifend entwickelt.

Beispiele für Kernkompetenzen:

- Marke: bekannt auch ohne Schriftzug (Coca-Cola, Marlboro),
- Miniaturisierung (Sony),
- Innovation von Klebstoffen und Trägermaterialien (3M, tesa),
- sportlich-dynamisches Fahren (BMW),
- Feinoptik und Präzisionsmechanik (Canon).

1.7.3 Voraussetzungen und notwendiger Input

Das Identifizieren von Kernkompetenzen ist ein langwieriger und aufwendiger Prozess, der eine Reihe von Inputquellen benötigt:

- Expertengespräche und ressortübergreifende Workshop-Serien mit Teilnehmern aus F&E, Produktion, Vertrieb, Service etc.,
- Fachzeitschriften und Interviews unabhängiger Experten,
- kommerzielle Benchmarking-Veröffentlichungen,
- eigene Benchmarking-Aktivitäten,
- umfangreiche Unternehmensanalyse (z. B. auf Organisationsstruktur, Organisationskultur, Wissensmanagement, Technologien, Unternehmensimage, Erfolgsgeschichte),
- Detailanalysen wie Kundenzufriedenheits-, Wertketten-, Substitutions- und Konkurrenzanalysen enthalten Informationen für die Identifikation der Kernkompetenzen,
- interne Dokumente (z. B. Patentdokumente).

1.7.4 Vorgehensweise

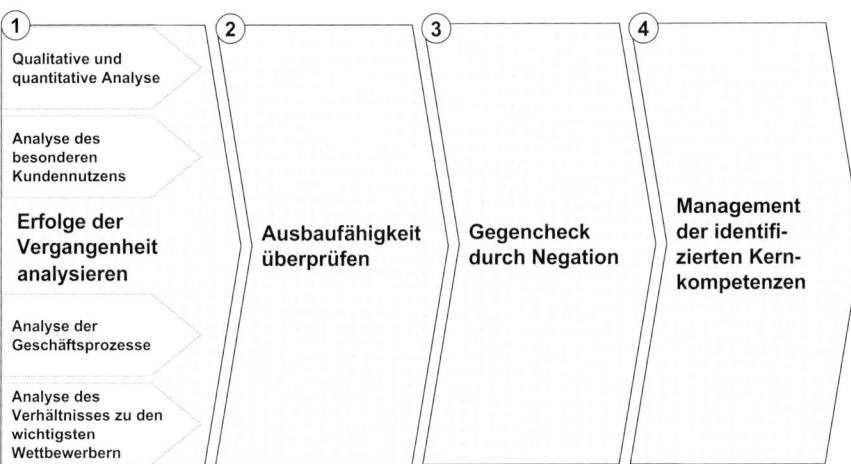

Abbildung 28: Vorgehensweise bei der Analyse der Kernkompetenzen

Schritt 1: Erfolge der Vergangenheit analysieren

Um die Erfolgsgeschichte des Unternehmens zu analysieren, bieten sich vier Analysen an, die sich gegenseitig ergänzen.

Die **quantitative und qualitative Analyse** beleuchtet die Erfolge aus der Vergangenheit und bildet aus den Erfolgen die Schnittmenge. In dieser Überschneidung können bedeutende Fähigkeiten zu finden sein.

Bei dem quantitativen Teil der Analyse werden die Unternehmenskompetenzen systematisch in einer Matrix aufgelistet. Danach wird errechnet, wie oft diese Kompetenzen miteinander kombiniert werden, um Produkte herzustellen. Tabelle 10 veranschaulicht die quantitative Analyse.

1	0,7				
2	0,15	0,4			
3	0,6	0,1	0,7		
4	0,2	0,3	0,1	0,3	
5	0,4	0,2	0,6	0,1	0,8
Kompetenz	**1**	**2**	**3**	**4**	**5**

Tabelle 10: Matrix zur quantitativen Analyse

TIPP:

Um nicht nur Kombinationen aus zwei Kompetenzen zu betrachten, können Sie als „Kompetenz 1" auch ein Kompetenzpaket betrachten, das als Ganzes relevant ist.

Im veranschaulichten Beispiel wird Kompetenz 1 in 70 % aller Produkte einfließen. Kompetenz 2 und 1 werden bei 15 % aller Produkte miteinander kombiniert, Kompetenz 3 und 1 in 60 % aller Produkte usw.

Nach dem Formulieren der Matrix wird sie nun, wie in Tabelle 10 dargestellt, waagrecht aufsteigend nach der Häufigkeit des Einsatzes der Kompetenzen in den einzelnen Produktionsprozessen geordnet. Es zeigt sich, dass vor allem die Kompetenzen 1, 3 und 5, hier in den untersten Zeilen der Tabelle 11 dargestellt, von besonderer Relevanz sind und häufig miteinander kombiniert werden. Offensichtlich sind sie von enormer Bedeutung für das Unternehmen und bilden in ihrer Kombination eine Kernkompetenz. Sowohl die Beziehungen untereinander als auch die so entstehende Kernkompetenz sind nun auf den Ursprung zu untersuchen.

4	0,3				
2	0,3	0,4			
5	0,1	0,2	0,8		
3	0,1	0,1	0,6	0,7	
1	0,2	0,15	0,4	0,6	0,7
Kompetenz	**4**	**2**	**5**	**3**	**1**

$$\text{Kompetenz-Cluster-Index } I_{ij} = \frac{\text{Anzahl der Produkte, bei denen auf die Kompetenzen i und j zurückgegriffen wird}}{\text{Gesamtzahl aller Produkte}}$$

Tabelle 11: Ergebnismatrix im Rahmen der quantitativen Analyse

Diese quantitative Analyse ist durch eine qualitative Bewertung zu ergänzen, um ein umfassendes Bild zu erzeugen.

Die qualitativen Kriterien können die gewonnenen Erkenntnisse unterstützen oder relativieren. Dabei kann die folgende Checkliste unterstützen (die Checkliste finden Sie auch auf beigefügter CD).

✓ Welche Produkte, Dienstleistungen und Projekte machen uns erfolgreich?

✓ Was waren die erfolgreichsten Produkte der letzten Jahre?

✓ Welche Geschäftsfelder haben sich besonders erfolgreich entwickelt?

✓ Welche Faktoren waren aus unserer Sicht für diesen Erfolg ausschlaggebend?

✓ Wie und von welcher Seite sind diese Projekte und erfolgreichen geschäftlichen Aktivitäten initiiert worden?

✓ Gab es maßgebliche Innovationen von uns in den vergangenen Jahren?

✓ Was hat diese zustande kommen lassen?

✓ Für welche Probleme von Kunden haben wir in jüngster Zeit besonders gute Lösungen gefunden und warum?

✓ Wie war das vor fünf und vor zehn Jahren? Was hat sich seitdem verändert?

✓ Wodurch sind diese Veränderungen eingetreten?

Abbildung 29: Checkliste zur qualitativen Analyse

CHECKLISTE:

Analysieren Sie im ersten Schritt:

✓ qualitative Bedeutung,

✓ quantitative Bedeutung,

✓ besonderer Kundennutzen,

✓ Geschäftsprozesse,

✓ Verhältnis zum Wettbewerber.

Eine weitere **Analyse** ist die **des besonderen Kundennutzens**. Hierbei ist durch Kunden-, Vertriebsbefragungen und Absatzanalysen zu klären, worin bei erfolgreichen Produkten der besondere Nutzen für den Kunden besteht. Zusätzlich sollte ermittelt werden, wie der Kunde den wesentlichen Nutzen des eigenen Produkts beschreibt und welche Eigenschaften von besonderer Bedeutung sind. Durch Testberichte und andere Einschätzungen können unterschiedliche Meinungen über das Produkt gewonnen werden, z. B. von Fachleuten, von politischen Entscheidungsträgern und von Mitarbeitern.

Ergänzend können die **Geschäftsprozesse** Aufschluss über mögliche Kernkompetenzen geben. Die Wertkette ist detailliert zu untersuchen, inwieweit die einzelnen Prozesse zum im Vorfeld identifizierten Kundennutzen beitragen. Bei der Analyse kann in die Fachkenntnisse bzw. das Wissen sowie in die Erfahrung in der Anwendung differenziert werden. Abbildung 30 zeigt die zwei Gruppen von Kompetenzen, die auf die Geschäftsprozesse wirken können.

TIPP:

Es ist hilfreich, eigene Produkte zu analysieren auf Gründe, warum der Kunde ggf. bereit ist, für dieses Produkt mehr zu bezahlen.

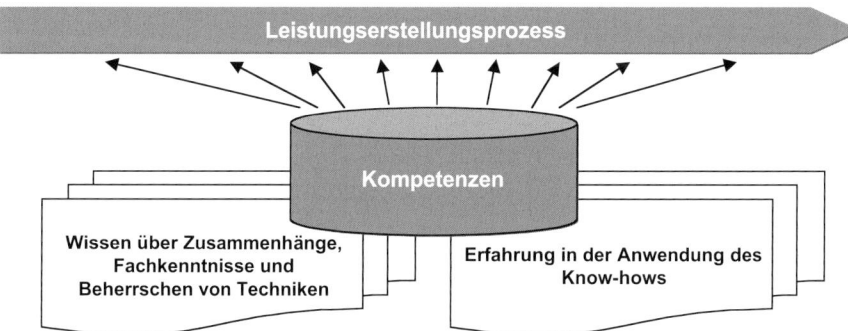

Abbildung 30: Kompetenzen im Geschäftsprozess

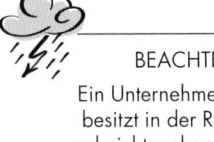

TIPP:
Erfassen Sie auch
das Fremdbild:
Wo sehen z. B.
Kunden oder Kon-
kurrent die Unter-
schiede zwischen
Wettbewerbern
und dem eigenen
Unternehmen?

In einer weiteren Analyse wird das **Verhältnis zu den wichtigsten Konkurrenten** betrachtet. Dabei sind Unterschiede und Ähnlichkeiten mit Wettbewerbern zu untersuchen.

Anschließend wird herausgearbeitet, in welchen Bereichen das Kompetenzniveau im eigenen Unternehmen deutlich höher ist als bei den Konkurrenten. Ergänzende Erkenntnisse lassen sich auch gewinnen, indem man ermittelt, welche Eigenschaften der eigenen Produkte kopiert werden (z. B. bei Plagiaten oder im Design etc.) und um welche Eigenschaft die Konkurrenz das eigene Unternehmen beneidet.

Schritt 2: Ausbaufähigkeit überprüfen

Eine Kernkompetenz hat erst Substanz, wenn sie eine Grundlage für die Entwicklung neuer Produkte sowie für die Erschließung neuer Märkte und Kundengruppen bietet. Daher ist im zweiten Schritt das Potenzial abzuschätzen, inwieweit sie übertragbar sind. Meist ist der Umkehrschluss leichter zu ermitteln: Sind die Kompetenzen nur in einem isolierten Geschäftsbereich einsetzbar? Diejenigen Kompetenzen, die diese Frage bestätigen, sind nicht als Kernkompetenz zu verstehen. Vielmehr sollten diejenigen Kompetenzen gezielt aus- und aufgebaut werden, die transferierbar sind. Beispiel ist 3M, die ihre Kompetenzen im Bereich Klebstoffe auf neue Produkte, nämlich auf klebende Notizzettel („Post-it") ausgedehnt haben.

Schritt 3: Zusammenführen der Kriterien und Gegencheck durch Negation

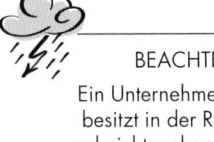

BEACHTE:
Ein Unternehmen
besitzt in der Re-
gel nicht mehr als
fünf Kernkompe-
tenzen.

Im dritten Schritt werden die Erkenntnisse aus den ersten beiden Schritten zusammengeführt und auf Schnittmengen untersucht, die entsprechende Ansatzpunkte für Kernkompetenzen bilden. Abbildung 31 veranschaulicht diesen dritten Schritt. Das Arbeitsblatt finden Sie auch auf der CD.

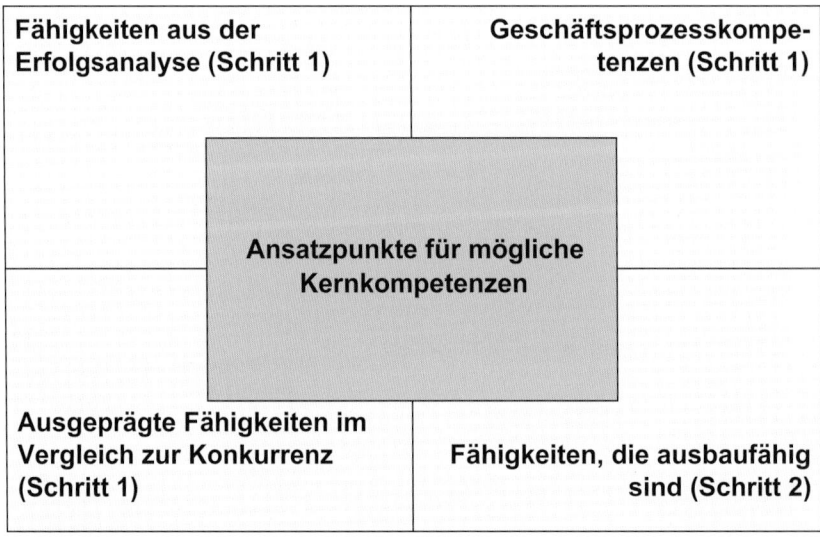

Abbildung 31: Untersuchung der Fähigkeiten

Wenn die Kernkompetenzen des Unternehmens herausgearbeitet wurden, kann der Blick auf die bedeutendsten Misserfolge des Unternehmens Aufschlüsse über die größten Nachteile im Vergleich zur Konkurrenz geben. Grund für den Test ist, dass Kernkompetenzen sehr komplex sind und sich nur schwer identifizieren lassen. Daher sind die identifizierten Kompetenzen von mehreren Perspektiven aus zu betrachten. Dabei können die folgenden Fragen hilfreich sein:

- Welche Aufträge, an denen Sie sehr interessiert waren, haben Sie nicht bekommen? Was war dafür ausschlaggebend?
- Was waren die schmerzlichsten Flops der vergangenen Jahre? Worauf waren diese zurückzuführen?
- Was hindert potenzielle Kunden am meisten daran, Ihre Leistungen nachzufragen?

CHECKLISTE:
Im dritten Schritt sind folgende Schritte zu tun:
✓ Zusammenführung der Analysen und Ableiten von Ansatzpunkten von Kernkompetenzen,
✓ Gegencheck durch Negation „Floptest".

Falls Fähigkeiten, die als Kernkompetenzen benannt worden sind, mit den negativen Entwicklungen der Vergangenheit direkt zu tun haben, können es keine Kernkompetenzen sein, die einen Wettbewerbsvorteil bedeuten.

Schritt 4: Management der identifizierten Kernkompetenzen

Im letzten Schritt sind die identifizierten Kernkompetenzen nun in das Kompetenzmanagement zu integrieren. Auch wenn Kernkompetenzen definitionsgemäß nicht imitierbar sein dürfen, können sie dennoch langfristig bewusst auf- und ausgebaut werden. Das bewusste Kernkompetenzmanagement lenkt die Unternehmensressourcen zielgerichtet auf die Stärken des Unternehmens, nämlich seine Kernkompetenzen.

Dazu sind die identifizierten Kernkompetenzen in der Matrix von Abbildung 32 abzubilden.

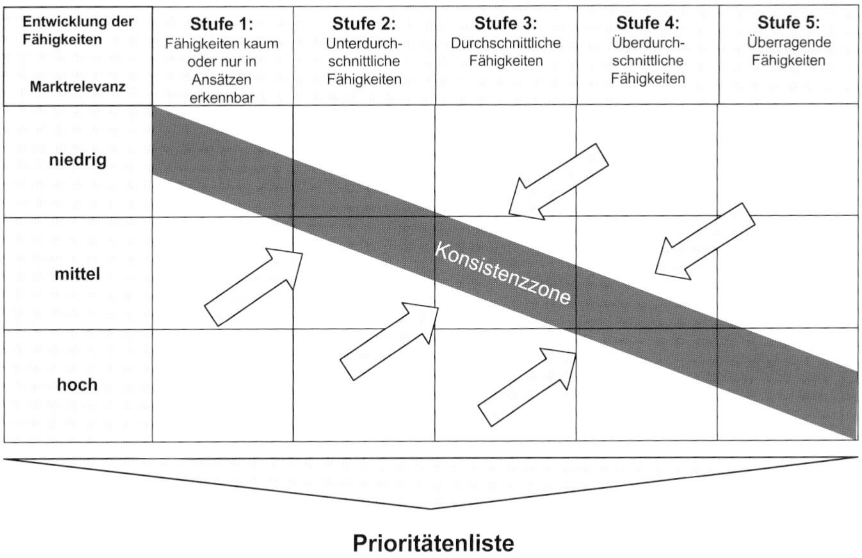

Abbildung 32: Matrix zum Management der Kernkompetenzen

Die Marktrelevanz kann durch Schätzungen oder Expertenbewertungen mittels Punktevergabe (z. B. durch Scoring-Modelle) zugeordnet werden. Das Entwicklungsniveau leitet sich aus dem Identifikationsprozess aus den Schritten 1 bis 3 ab.

Ziel der ersten Phase des Kompetenzmanagements sollte es sein, die Kompetenzen dieser Matrix in die Konsistenzzone zu lenken, die durch die Diagonale gekennzeichnet ist. Bei Kompetenzen mit niedriger Marktrelevanz reicht es aus, sie auf ein niedriges Niveau zurückzudrängen, wohingegen die Kompetenzen mit hoher Marktrelevanz zu überragenden Fähigkeiten auszubauen sind.

Das sich anschließende Kernkompetenzmanagement hat darüber hinaus die Aufgabe, die Kernkompetenzen langfristig gezielt auszubauen und zu erhalten.

1.7.5 Vor- und Nachteile

Vorteile	Nachteile
• Ursprünge für strategische Wettbewerbsvorteile werden entdeckt und können gezielt gepflegt werden • Fokussierter Aufbau des weiteren Erfolgs möglich • Übertragen der Kernkompetenzen auf neue Märkte und Produkte möglich, dadurch Nutzen bereits vorhandener Stärken • Konzentration auf die Wettbewerbsvorteile und Stärken	• Entdecken der Kernkompetenzen gestaltet sich sehr aufwendig • Kernkompetenzen sind oftmals nur im Nachhinein beobachtbar • Kernkompetenzen müssen aufwendig gepflegt werden

Tabelle 12: Vor- und Nachteile der Kernkompetenzanalyse.

1.7.6 Praxisbeispiel

Ein sehr anschauliches Beispiel für Kernkompetenzen bietet der Elektronikgerätehersteller Canon Inc., der im Jahr 1937 gegründet wurde. Basiert auf seinen ersten Produkten (Kameras und Röntgengeräte) weitete das Unternehmen seine Forschung auf den Bereich von Büromaschinen aus und entwickelte im Jahr 1970 die ersten Kopierer für unbeschichtetes Papier. Schließlich baute Canon seine Geschäftsbereiche mit der Entwicklung von Laser- und Tintenstrahldruckern in den 1980ern aus. Im Laufe der Zeit wurden die Kernkompetenzen auf weitere Produkte übertragen, so dass Canon mittlerweile ein umfangreiches Produktportfolio aufweist. Abbildung 33 veranschaulicht die Ausprägungen von End- und Kernprodukten sowie den Kernkompetenzen bei Canon.

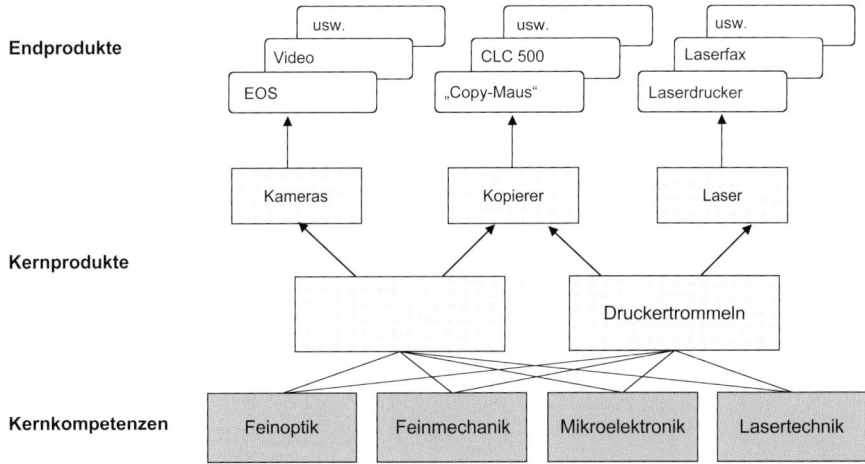

Abbildung 33: End- und Kernprodukte sowie Kernkompetenzen bei Canon

Die Ebene der Endprodukte schlägt sich in Preisen und Marktanteilen nieder. Canon beispielsweise hat sich mit hochwertigen Fotokopiermaschinen eine Marktposition erobert. Darunter liegt die zweite Ebene der Kernprodukte, welche entscheidende Bestandteile der Endprodukte darstellen. Bei Canon sind dies die Produktgruppen (Kameras, Kopierer, Laser) und Gerätebaugruppen (Linsen, Druckertrommeln).

Die dritte und entscheidende Wettbewerbsebene stellt schließlich die Ebene der Kernkompetenzen dar. Canon verfügt hier über herausragende Optik- und Bildverarbeitung, Mikroprozessteuerung sowie Feinmechanik. Die aktuelle Entwicklung zeigt den Ausbau bzw. die erfolgreiche Pflege der Kernkompetenzen: Mit Hilfe der Kernkompetenzen wurde zunächst in dem Bereich analoge Foto- und Videokameras, später auch in dem digitalen Foto- und Videobereich eine erhebliche Marktposition aufgebaut.

1.7.7 Vorlagen auf CD

Auf der CD zum Buch stehen PowerPoint-Vorlagen für die Checkliste zur Identifikation und das Arbeitsblatt zur Analyse der Fähigkeiten zur Verfügung.

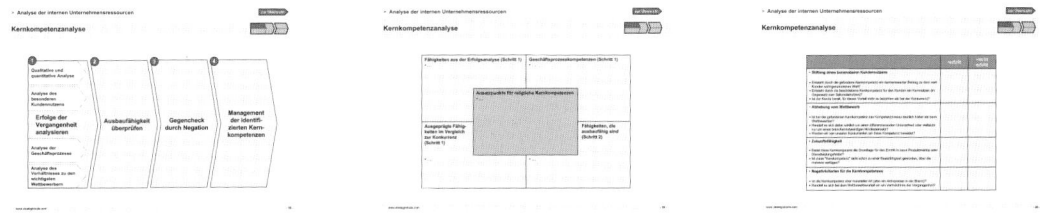

1.7.8 Verwandte und weiterführende Themen

- Benchmarking
  Mit Hilfe des Benchmarkings können Fähigkeiten in Verhältnis zum Wettbewerber gesetzt werden (erforderlich im Schritt 1).

- Wertkettenanalyse
  Im Bereich der Geschäftsprozesse können Erkenntnisse über besondere Fähigkeiten oder Know-how durch die Wertkettenanalyse gewonnen werden (Schritt 1).

- Stärken-/Schwächenanalyse
  Die Stärken-/Schwächenanalyse kann Hinweise auf besondere Fähigkeiten geben, die entweder zu Kernkompetenzen weiter ausgebaut werden können oder sogar schon entwickelt sind.

- Konkurrenzanalyse
  Durch die Konkurrenzanalyse kann ein Überblick über die gegenwärtigen und potenziellen Konkurrenten und deren Stärken – gegebenenfalls sogar Kernkompetenzen – gewonnen werden.

1.7.9 Literaturhinweise

BOUNCKEN, R. B. (2000): „Dem Kern des Erfolges auf der Spur? State of the Art zur Identifikation von Kernkompetenzen", in: Zeitschrift für Betriebswirtschaft, 70. Jg., 2000, Heft 7/8, S. 865–885

ERPENBECK, J. / VON ROSENSTIEL, L. (2003): Handbuch Kompetenzmessung – Erkennen, verstehen und bewerten von Kompetenzen in der betrieblichen, pädagogischen und psychologischen Praxis, Schäffer-Poeschel Verlag, Stuttgart 2003

HAMEL, G. / PRAHALAD C. K. (1995): Wettlauf um die Zukunft, Wirtschaftsverlag Carl Ueberreuter, Wien 1995

PRAHALAD, C. K. / HAMEL, G. (1990): „The Core Competence of the Corporation", in: Harvard Business Review, May/June 1990, S. 79–91

1.8   7-S-Modell

(?)

LEITFRAGEN:
* Was sind die wichtigsten Erfolgsfaktoren in einer effektiven Organisation?
* In welcher Beziehung stehen die jeweiligen Erfolgsfaktoren zueinander?
* Wie können wir unsere Strategie mit den anderen Erfolgsfaktoren abstimmen?

1.8.1 Zielsetzung und Anwendungsgebiet

Viele Analyseinstrumente konzentrieren sich auf eine Sichtweise in der gesamten Organisation (z.B. Unternehmenskultur und -umwelt). Allerdings sind Misserfolge in der Unternehmensführung oft das Resultat einer derart einseitigen Betrachtungsweise. Das 7-S-Modell umfasst verschiedene Perspektiven und vermittelt eine Übersicht über die Zusammenhänge und Abhängigkeiten unterschiedlicher Faktoren im Unternehmen. Durch diese ganzheitliche Betrachtungsweise kann überprüft werden, inwieweit ein strategischer Plan im Hinblick auf die im Unternehmen vorhandenen Fähigkeiten durchführbar ist. Weiterhin bietet das 7-S-Modell einen Leitfaden, mit dem Schwachstellen im Unternehmen aufgedeckt werden können. Als Ergebnis steht die Erarbeitung einer Strategie, welche auf sämtliche einbezogenen Faktoren abgestimmt ist.

1.8.2 Beschreibung

Das 7-S-Modell („Seven-S-Framework", Pascale/Athos, 1982; Peters/Waterman, 1982) wurde von der Beratungsfirma McKinsey & Company als Reaktion auf Instrumente der Boston Consulting Group (z.B. BCG-Matrix) entwickelt. Ursprünglich wurde es in einer empirischen Untersuchung eingesetzt, in der die Erfolgsfaktoren von einer Reihe amerikanischer Unternehmen analysiert wurden.

MERKE:
Das 7-S-Modell schafft einen ganzheitlichen Überblick, indem es drei harte und vier weiche Faktoren abbildet und miteinander in Beziehung setzt.

Das Modell betrachtet insgesamt sieben Faktoren, die den Unternehmenskontext beschreiben. Drei harte Faktoren („Strategy, Structure and Systems") stellen das Erfolgskonzept dar, welches ein Unternehmen gegenüber anderen differenziert. Sie dienen intern als Leitlinie für Entscheidungen. Ergänzend werden vier weiche Faktoren („Style, Skills, Staff and Shared Values") berücksichtigt, die das interne Führungskonzept verkörpern und das Erfolgskonzept lediglich unterstützen. Abbildung 34 veranschaulicht die sieben Faktoren des 7-S-Modells grafisch.

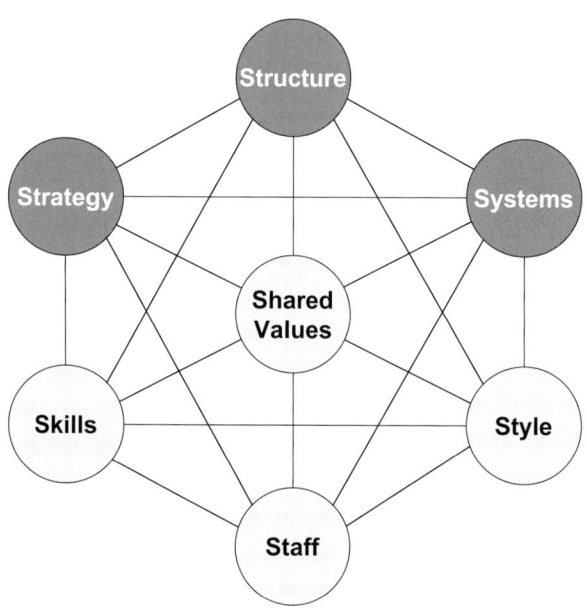

Abbildung 34: Faktoren des 7-S-Modells (in Anlehnung an Peters/Waterman, 1982)

- Strategie (Strategy) beschreibt die Ziele des Unternehmens, allen voran die Sicherung des langfristigen Unternehmenserfolgs. Zusätzlich werden die Maßnahmen beschrieben, die dazu dienen, diese Ziele zu erreichen (z. B. Erschließung neuer Märkte, Erhöhung der Produktion).
- Struktur (Structure) umfasst die Organisation, Hierarchie und Koordination und damit die sachlich-hierarchischen Zusammenhänge des Unternehmens.
- Prozesse (Systems) sind die primären und unterstützenden Prozesse, mit denen das Unternehmen seine Tätigkeiten ausübt (z. B. spezielle IT-Steuerungssysteme, Berichtswesen, Abwicklungsprozesse, Routinen; vgl. Kapitel 1.9).
- Führungsstil (Style) umfasst die Maßstäbe, nach denen das Management Prioritäten setzt und arbeitet. Verhaltensweisen und der Umgang der Führungskräfte mit den Mitarbeitern sind Zeichen für den Führungsstil und die Kultur des Unternehmens (vgl. Kapitel 1.6).
- Mitarbeiter (Staff) sind die Menschen im Unternehmen und die damit zusammenhängenden demografischen und ausbildungstechnischen Merkmale.
- Fähigkeiten (Skills) sind Unternehmensfertigkeiten. Diese sind unabhängig von Einzelpersonen zu verstehen, Canon hat also z. B. seine Fähigkeiten im Bereich der digitalen Bildbearbeitung (vgl. Kapitel 1.7).
- Geteilte Werte (Shared Values) sind der Existenzgrund des Unternehmens. Sie schließen Kernüberzeugungen und Erwartungen der Mitarbeiter an ihr Unternehmen ein. Damit verbinden sie die harten und weichen Faktoren und nehmen die zentrale Stellung im Modell ein.

Grundsätzlich sollte man sich nicht für eine strategische Ausrichtung entscheiden, die den Merkmalen eines der Faktoren widerspricht.

1.8.3 Voraussetzungen und notwendiger Input

Durch Workshops mit Führungskräften unterschiedlicher Bereiche werden die einzelnen Faktoren und die Beziehungen und Abhängigkeiten der Faktoren untereinander herausgearbeitet. Zusätzlich bieten Sekundärmaterial und die Durchführung strukturierter Interviews weitere Informationen.

Detaillierten Input können Einzelanalysen wie z.B. Unternehmenskultur-, Wertketten- oder Kernkompetenzanalyse liefern.

1.8.4 Vorgehensweise

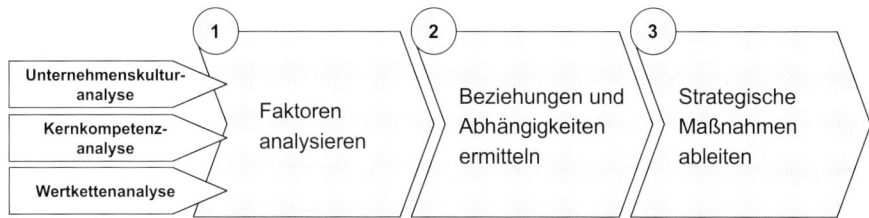

Abbildung 35: Vorgehen beim 7-S-Modell

Schritt 1: Analyse der Faktoren

Bei der Untersuchung der einzelnen Faktoren im Rahmen von Workshops können die folgenden Leitfragen zur Unterstützung dienen (siehe auch CD):

Strategie:
✓ Wie gestalten sich Vision und Strategie des Unternehmens?
✓ Inwieweit sind die angestrebte Strategie und die abgeleiteten Ziele den Mitarbeitern bekannt?
✓ Wie groß ist die Chance, die angestrebte Strategie kurzfristig tatsächlich umzusetzen?
✓ Existieren widersprüchliche Ziele?
✓ Ist die Strategie geeignet, um die zukünftigen Herausforderungen zu bewältigen?
✓ Ist das Unternehmen deutlich genug gegenüber Wettbewerbern abgegrenzt?
✓ Wer ist für die Strategieentwicklung verantwortlich? Welche Personen und Abteilungen sind tatsächlich die Treiber der Weiterentwicklung?

Fähigkeiten:
✓ Über welche herausragenden Fähigkeiten verfügt das Unternehmen?
✓ Resultieren aus diesen Fähigkeiten Wettbewerbsvorteile?
✓ Was ist das Wissen über die Kernfähigkeiten im Unternehmen? Ist es an bestimmte Personen gebunden?
✓ Wie wird Wissen im Unternehmen weitergegeben? Was geschieht mit neuem Fachwissen?
✓ Gibt es Anreizsysteme für die Wissensaufbereitung und -weitergabe?
✓ Welche Wissensmanagementsysteme existieren im Unternehmen?
✓ Wo sehen Sie Entwicklungsbedarf in den Fähigkeiten und Kompetenzen des Unternehmens?

CHECKLISTE:

Im ersten Schritt untersuchen Sie in Workshops die einzelnen Faktoren.

Nutzen Sie dabei die angegebene Checkliste.

Systeme:
✓ Welche Prozesse haben im Unternehmen hohe Bedeutung?
✓ Wie ist die Qualität dieser Prozesse zu beurteilen?
✓ Wie sind die Abläufe organisiert? Sind sie transparent genug?
✓ An welchen Schnittstellen treten am häufigsten Konflikte auf?
✓ Welche formellen und informellen Prozesse gibt es zur Umsetzung der Gesamtstrategie?
✓ Wo sehen Sie Entwicklungsbedarf in den Prozessen?

Mitarbeiter:
✓ Entspricht die tatsächliche Personalstruktur den formulierten Vorgaben?
✓ Sind die Mitarbeiter entscheidendes Kapital oder lediglich „Mittel zum Zweck"?
✓ Bringen die Stärken des Personals einen Wettbewerbsvorteil gegenüber Konkurrenten?
✓ Wie werden die Mitarbeiter im Unternehmen gefördert und wie sehen die Entwicklungsmöglichkeiten aus?
✓ Wie hoch ist die Fluktuation?
✓ In welchen Bereichen besteht Entwicklungsbedarf hinsichtlich des Personals?

Struktur:
✓ Wodurch werden die Strukturen im Unternehmen geprägt?
✓ Entspricht die tatsächliche Struktur der notwendigen Komplexität bzw. Einfachheit?
✓ Gibt es ein klares Organigramm?
✓ Wirken die Strukturen auf die Arbeit unterstützend oder eher behindernd?
✓ Sind die Kompetenzen der Organisationsbereiche ausreichend abgegrenzt?
✓ Welche Strukturveränderungen sind geplant? Wer ist in den Veränderungsprozess eingebunden?

Führungsstil:
✓ Welche Regeln und Normen sind von Mitarbeitern unbedingt einzuhalten? Welche Belohnungs- und Bestrafungsmechanismen existieren?
✓ Wie prägt sich Zusammenarbeit und Kooperation im Unternehmen aus?
✓ Wie wird mit Fehlern umgegangen?
✓ Welches Verhältnis besteht innerhalb des Personals?
✓ Was sind die Eigenschaften der Führung?
✓ Passt der Führungsstil zur angestrebten Unternehmenskultur?

Geteilte Werte:
✓ Was sind die gemeinsamen Werte im Unternehmen?
✓ Welche Unternehmensphilosophie und welches Selbstverständnis prägt das Unternehmen?
✓ Teilen die Mitarbeiter das Verständnis über diese Werte?
✓ Erfolgt die Entwicklung der Werte eher in einem starren Rahmen oder ist sie dynamisch und anpassungsfähig?
✓ Eignen sich die Werte, um die Unternehmenskultur zu fördern?

Schritt 2: Ermitteln der Beziehungen zwischen den Faktoren

Nachdem Sie die Inhalte der einzelnen Faktoren genau untersucht haben, müssen die zentralen Beziehungen und Abhängigkeiten zwischen den Faktoren ermittelt werden. Die Beziehungen sollen Aufschluss darüber geben, inwieweit die vorhandenen Fähigkeiten und Werte tatsächlich zur angestrebten Strategie passen.

Hierzu hilft es, die Faktoren in Form einer Matrix abzubilden und die Beziehungen und Konflikte zwischen den jeweiligen Faktoren in jeder Kombination der Faktoren zu benennen und gegebenenfalls eine mögliche Lösung darzustellen. Eine Vorlage hierzu finden Sie auf der beigefügten CD.

Abbildung 36: veranschaulicht eine solche Analyse der Beziehungen und Abhängigkeiten.

CHECKLISTE:
Im zweiten Schritt werden die Beziehungen zwischen den Faktoren in Workshops analysiert.

	Mitarbeiter	Fähigkeiten	Führungsstil	Geteilte Werte	Systeme	Struktur	Strategie
Strategie	• Mehr Fachkräfte • Freie Mitarbeiter für Bedarfsspitzen	• ...	• ...	• ...	• ...	• ...	
Struktur	• Teamorganisation für Know-how-Transfer	• ...	• ...	• ...	• ...		
Systeme	• Ausbau der sekundären Prozesse	• ...	• ...	• ...			
Geteilte Werte	• Schärfung der Unternehmenskultur durch Events	• ...	• ...				
Führungsstil	• Konflikt: alte Werte (Stabilität) vs. junge Werte (erfolgsabhängig)	• ...					
Fähigkeiten	• Mehr Mitarbeiterschulungen, Jobrotation für Flexibilität						
Mitarbeiter							

Abbildung 36: Matrixdarstellung zur Analyse der Beziehungen

TIPP:
Um die Beziehungen abzubilden, tragen Sie die Faktoren in eine Matrix ein. Die Schnittstellen stellen die jeweiligen Beziehungen zwischen den Faktoren dar.

Schritt 3: Strategie ableiten

Als letzter Schritt wird die Entscheidung getroffen, ob die angestrebte Strategie mit den vorhandenen Fähigkeiten und Potenzialen umsetzbar ist. Ist sie es nicht, so muss die Entscheidung getroffen werden, ob entweder die Strategie entsprechend angepasst werden muss oder aber die jeweiligen Faktoren entsprechend verändert werden müssen, um die angestrebte Strategie umzusetzen.

1.8.5   Vor- und Nachteile

Vorteile	Nachteile
• Stellt eine gute Ausgangsbasis für eine Unternehmensanalyse dar und bietet einen ersten Eindruck	• Vernachlässigen anderer erfolgskritischer Faktoren, die nicht mit dem Buchstaben „S" beginnen
• Auf Ebene der einzelnen Faktoren können vertiefende Analysemodelle eingesetzt werden, die dann in dem 7-S-Modell zusammengeführt werden können	• Erläuterungen zum genauen Vorgehen bei der Analyse bleibt der Ansatz schuldig
• Berücksichtigung der Beziehungen und Abhängigkeiten zwischen den Faktoren, insbesondere auch zwischen harten und weichen Faktoren	

Tabelle 13: Vor- und Nachteile des 7-S-Modells

1.8.6   Praxisbeispiel

Im folgenden Beispiel werden die Faktoren im Rahmen des 7-S-Modells analysiert und mit Stärken und Schwächen belegt. Das Beispiel zeigt, dass schon die Analyse der Faktoren allein Aufschlüsse über Entwicklungsbedarf im Unternehmen gibt. Abbildung 37 zeigt das 7-S-Modell mit den analysierten Punkten.

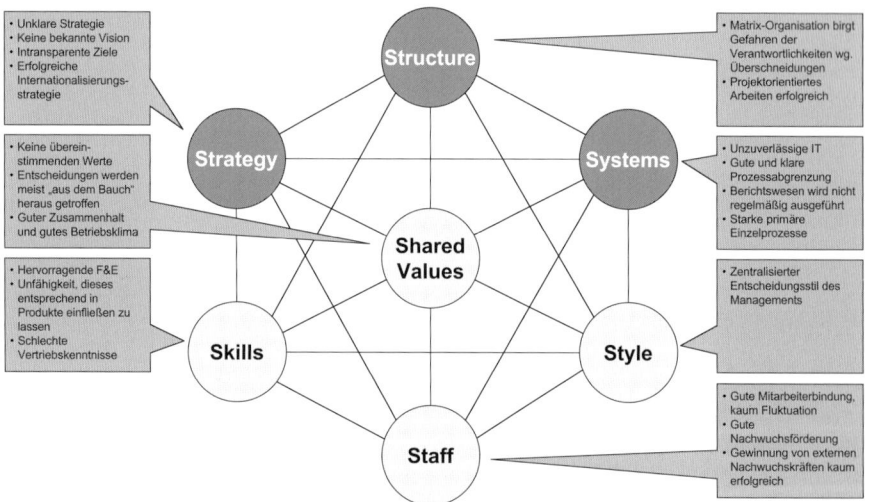

Abbildung 37: Beispielhafte Darstellung der sieben Faktoren

Im Anschluss an die Analyse könnten – wie im Schritt 2 beschrieben – die Beziehungen und Abhängigkeiten innerhalb der Faktoren bestimmt werden. Aber auch mit dieser Analyse alleine könnte das Management Maßnahmen ableiten, um das Unternehmen zu stärken.

1.8.7 Vorlagen auf CD

Die Matrix für die Darstellung und Analyse der Beziehungen zwischen den
Faktoren, die Darstellung des Modells sowie die Checkliste für die Analyse
der Faktoren sind als PowerPoint-Vorlagen auf der Beilagen-CD-ROM zu
finden.

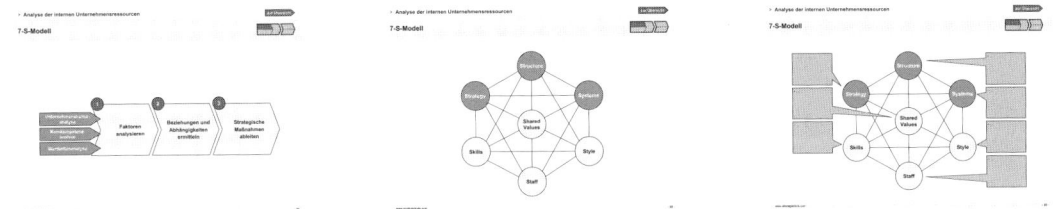

1.8.8 Verwandte und weiterführende Themen

- Unternehmenskulturanalyse

- Die Analyse der Unternehmenskultur kann als detaillierter Input genutzt
  werden, um den Faktor „Führungsstil" zu analysieren.

- Kernkompetenzanalyse

- Die Analyse der Kernkompetenzen kann als detaillierter Input genutzt
  werden, um den Faktor „Fähigkeiten" zu analysieren.

- Analyse der Wertkette

- Die Analyse der Wertkette kann als detaillierter Input genutzt werden,
  um den Faktor „Systeme" zu analysieren.

- Vision, Mission, Kernwerte
  Bildet den Ausgangspunkt für jede Strategieentwicklung und ist auch in
  diesem Modell im Faktor „Strategie" zu berücksichtigen.

1.8.9 Literaturhinweise

PASCALE, R. / ATHOS, A. (1982): *The art of Japanese management*, London 1982

PETERS, T. / WATERMAN, R. (1982): *In search of excellence*, New York 1982

TEN HAVE, S. / TEN HAVE, W. / STEVENS, F. / VAN DER ELST, M. (2003): *Handbuch Management-Modelle*, Wiley, Weinheim 2003, S. 177–181

1.9 Wertkettenanalyse

?

LEITFRAGEN:
- Wie viel wird durch welche Aktivitäten verdient?
- Welche Bereiche sollte ich stärken?
- Was sind Schlüsselfaktoren für die eigenen Erträge?
- Wo stehe ich wie zur Konkurrenz?

1.9.1 Zielsetzung und Anwendungsgebiet

Die Wertkettenanalyse hilft, die Ursachen für Wettbewerbsvorteile zu identifizieren, um dem Management die Stellhebel zur Verbesserung der strategischen Position und damit der Konkurrenzfähigkeit des Unternehmens aufzuzeigen. Sofern man die Unternehmung als Ganzes betrachtet, fällt die Beurteilung einzelner Unternehmensbereiche nach ihrem Beitrag zum Gesamtergebnis schwer, da unklar bleibt, ob die einzelnen Bereiche ähnlich konkurrenzfähig agieren. Daher sieht das Konzept der Wertkette eine Gliederung in separate, strategisch relevante Aktivitäten vor, deren Beiträge zur Wertschöpfung beziffert und einem Wettbewerbsvergleich unterzogen werden.

Potenzielle Anwendungsgebiete für die Wertkettenanalyse lassen sich in zwei Hauptgebiete gliedern. Erstens gibt die Wertkette Hinweise darauf, wo Wettbewerbsvorteile im eigenen Unternehmen entstehen und kann somit die eigene relative Leistungsstärke abbilden. Dies ist insbesondere bei strukturellen Entscheidungen von Bedeutung, wenn es darum geht, bestimmte Unternehmensbereiche durch Investitionen zu stärken (Ausbau der Kernfähigkeiten) oder im Gegenteil auszugliedern (Outsourcing). Zweitens deckt die Wertkettenanalyse Möglichkeiten zusätzlicher Wettbewerbsvorteile auf und kann somit auch gezielt zur Planung von Expansion bzw. Restrukturierung eingesetzt werden. Zusammenfassend ist die Wertkettenanalyse ein etabliertes Instrument zur Bestimmung der optimalen Wertschöpfungstiefe und findet regelmäßig Anwendung im Vorfeld strategischer Allianzen, Fusionen oder Outsourcing-Bestrebungen.

1.9.2 Beschreibung

Die Wertkette kann als Analyseraster interpretiert werden. Mit dem Ziel weiter gehender Analysen wird das gesamte Geschäftssystem abgebildet, wobei die Wertkette dem Prinzip folgt, sämtliche für die Wertschöpfung relevanten Unternehmensaktivitäten isoliert aufzuschlüsseln. Dabei unterscheidet Michael E. Porter primäre und sekundäre Aktivitäten (Porter, 1986). Primäre Aktivitäten sind diejenigen, welche in den eigentlichen Leistungserstellungsprozess integriert sind. Sie werden entsprechend ihrer Verrichtung angeordnet, idealtypisch in Porters Modell von der Eingangslogistik über Produktion, Marketing und Vertrieb, Ausgangslogistik bis hin zum Service. Sekundäre Aktivitäten ermöglichen die eigentliche Leistungserstellung erst und werden daher auch unterstützende Aktivitäten genannt. Zwischen sekundären Aktivitäten können Schnittstellen zu allen primären Aktivitäten bestehen, d.h. sie können Querschnittsfunktionen haben. In Porters Modell werden die sekundären Aktivitäten in die Unternehmensinfrastruktur (hierzu zählen beispielsweise sowohl das Finanzmanagement als auch die Führung), die Personalwirtschaft, die Technologieentwicklung und die Beschaffung gegliedert. Allerdings orientieren sich die sekundären Aktivitäten ausschließlich an den primären und müssen demnach individuell für jedes Unternehmen festgelegt werden. Insofern werden Wertketten in den seltensten Fällen in jedem Detail dem Urmodell entsprechen. Abbildung 38 zeigt das generische Modell von Porter und beschreibt die einzelnen Wertschöpfungsaktivitäten mittels Beispielen genauer.

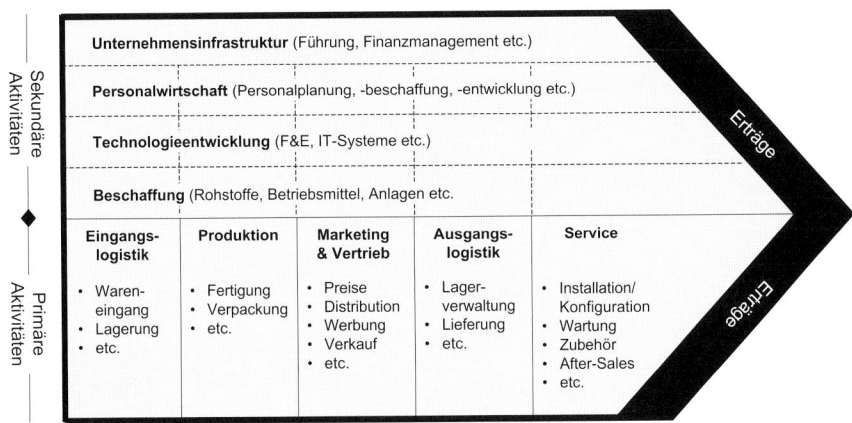

Abbildung 38: Generische Wertkette (Porter, 1986)

Die unterschiedlichen Wertketten aller Unternehmen einer Branche bilden in ihrer Gesamtheit ein Wertschöpfungssystem. Deshalb muss die Wertkettenanalyse für eine Unternehmung auch die Leistungsbeziehungen zwischen den vor- und nachgelagerten Wertketten der Mitbewerber berücksichtigen, um am Ende sämtliche strategischen Optionen aufzeigen zu können.

Die eigentliche Analyse mit dem Ziel der Identifikation der eigenen Wettbewerbsvorteile beinhaltet die kritische Bewertung der isolierten Unternehmensaktivitäten. In vollem Umfang würde die Analyse je Wertschöpfungsstufe erstens die Untersuchung der relativen Kostenposition, zweitens die Ermittlung der Differenzierungsmöglichkeiten und drittens die Einschätzung der relativen Technologieposition beinhalten. Unter Berücksichtigung dieser einzelnen Ergebnisse kann die relative Wettbewerbsstärke der einzelnen Wertschöpfungsaktivitäten bestimmt und somit eine Aussage über ihren Beitrag zum Unternehmensergebnis getroffen werden. Neben identifizierten Verbesserungspotenzialen bei der bisherigen Leistungserstellung bieten sich Optionen zur Bestimmung der optimalen Wertschöpfungstiefe an, indem beurteilt werden kann, welche Bereiche einerseits unabdingbar und welche andererseits verzichtbar sind. Zusammenfassend seien hier drei wesentliche Varianten betont: Integration, Outsourcing oder Kooperation. Eine detaillierte Erläuterung zu diesen Optionen folgt in Abschnitt 1.9.4 Vorgehensweise.

1.9.3 Voraussetzungen und notwendiger Input

Die detaillierte Kenntnis der Leistungserstellung im Unternehmen ist Grundvoraussetzung für die Wertkettenanalyse. Unabhängig von der Analysetiefe basieren sämtliche Schritte auf der Isolierung, d. h. der gesonderten Betrachtung der einzelnen Wertaktivitäten innerhalb des Unternehmens, welche dieses Wissen benötigt. Die nötigen Prozesskenntnisse können gegebenenfalls mittels Experteninterviews oder Workshops mit Verantwortlichen verschiedener Geschäftsbereiche erhoben werden.

Zusätzliche Teilanalysen machen weiteren Input notwendig. Für eine detaillierte Feststellung der relativen Kostenposition sind beispielsweise entsprechende Daten aus dem Controlling, mindestens aber der Buchhaltung notwendig.

Die größte Herausforderung im Rahmen notwendigen Inputs für die Anwendung einer soliden Wertkettenanalyse bildet in der Regel die Beschaffung von Daten über die Wettbewerber. Problem dabei ist vor allem, dass auch diese Daten den Wertaktivitäten zuzuordnen sind. Sobald die Wettbewerbsbetrachtung über den einfachen Vergleich hinausgeht, welche Leistungen am Markt angeboten werden, also interne Daten benötigt werden, erschwert sich die Datenbeschaffung erheblich.

1.9.4 Vorgehensweise

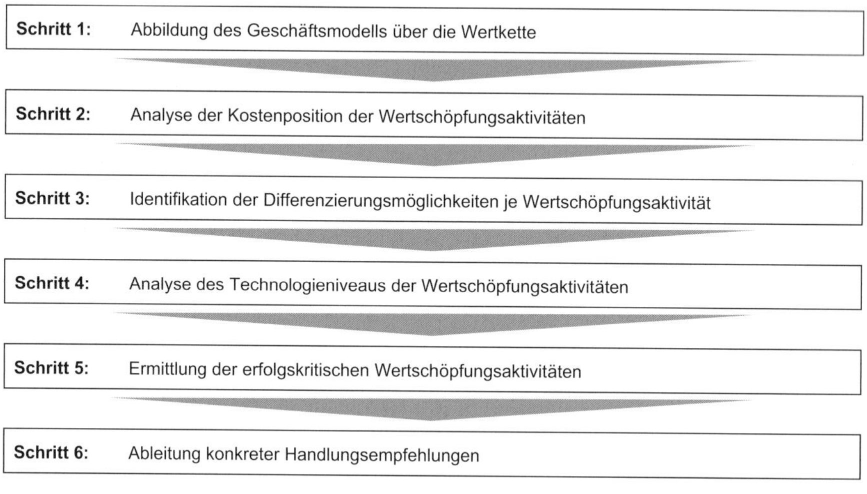

Schritt 1:	Abbildung des Geschäftsmodells über die Wertkette
Schritt 2:	Analyse der Kostenposition der Wertschöpfungsaktivitäten
Schritt 3:	Identifikation der Differenzierungsmöglichkeiten je Wertschöpfungsaktivität
Schritt 4:	Analyse des Technologieniveaus der Wertschöpfungsaktivitäten
Schritt 5:	Ermittlung der erfolgskritischen Wertschöpfungsaktivitäten
Schritt 6:	Ableitung konkreter Handlungsempfehlungen

Abbildung 39: Vorgehensweise bei der Wertkettenanalyse (in Anlehnung an Eschenbach, 1996)

Schritt 1: Abbildung des Geschäftsmodells über die Wertkette

TIPP:
Versuchen Sie, die eigenen primären Wertaktivitäten mittels Individualisierung des generischen Modells von Porter zu bestimmen.

Zur Identifikation der Ursachen für Wettbewerbsvorteile reicht die isolierte Betrachtung der Aufbau- und Ablauforganisation nicht aus. Wie oben beschrieben, müssen hierfür alle für die Wertschöpfung relevanten Aktivitäten differenziert und in ein System gebracht werden. Da die Wertkette auf einer prozessualen Unternehmenssicht basiert, hilft es, sich bei der Bestimmung der eigenen Wertkette am generischen Modell, beginnend mit den **primären Aktivitäten,** zu orientieren. Hierbei müssen die dort verwendeten Begrifflichkeiten individuell auf die eigene Situation übertragen werden. Die entsprechende Prozesskenntnis vorausgesetzt, ist es in den meisten Fällen zweckmäßig, die verschiedenen angebotenen Kundenleistungen zu identifizieren und deren Weg zum Kunden, dem Verrichtungsprinzip folgend, abzubilden. Die **sekundären Aktivitäten** können im Anschluss mit Hilfe der Leitfrage, was zu einem reibungslosen Ablauf der primären Aktivitäten notwendig ist, bestimmt und angeordnet werden.

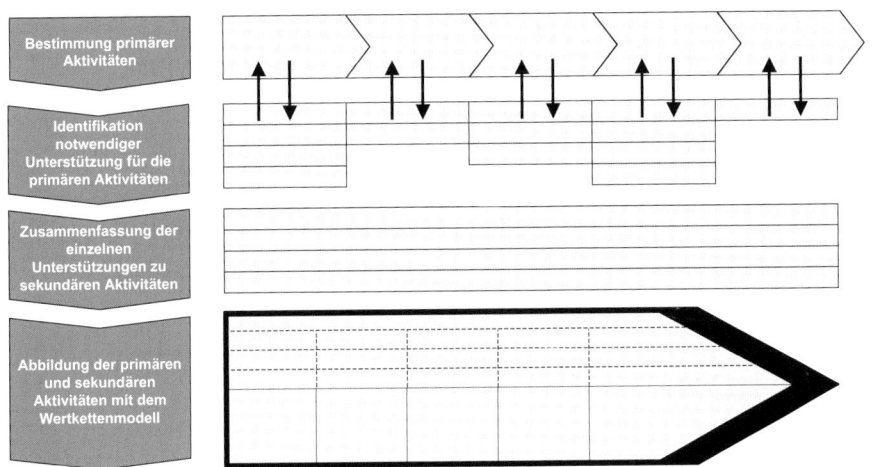

Abbildung 40: Grundsätzliches Vorgehen bei der Abbildung des Geschäftssystems über die Wertkette

Die Verbindungen zwischen den Aktivitäten können dabei selbstverständlich unternehmensindividuell, also vom generischen Modell abweichend, definiert und auch visualisiert werden. Zum Beispiel wäre eine sekundäre Aktivität denkbar, die sich nicht als Querschnittsfunktion über alle primären Aktivitäten zieht, sondern nur über ausgewählte. Neben dieser klassischen Darstellungsform nach Porter können die einzelnen wertschöpfenden Aktivitäten auch einfacher oder komplexer dargestellt werden. Im einfachsten Fall werden die zentralen Aktivitäten zur Leistungserstellung in Ablaufphasen abgebildet und mit Einflussfaktoren je Phase angereichert. Andererseits können die einzelnen Wertschöpfungsaktivitäten der Wertkette auch noch in ihre jeweiligen Prozessschritte (Schritte innerhalb der einzelnen primären Aktivitäten) differenziert werden. Der angestrebte Detaillierungsgrad sollte sich durch den Untersuchungszweck ergeben. Entsprechende Visualisierungsvorschläge finden Sie auf der beigefügten CD.

MERKE:

Die Visualisierung der Wertkette kann vom generischen Modell abweichen.

Die Wertkette muss nicht mit der Aufbauorganisation übereinstimmen.

Schritt 2: Analyse der Kostenposition der Wertschöpfungsaktivitäten

Die Analyse der Kostenposition in den Wertschöpfungsstufen basiert im Wesentlichen auf einer aktivitätsorientierten Kostenzuordnung sowie der Identifizierung der Kostentreiber für die einzelnen Positionen (Porter, 1986). Im nächsten Schritt müssen die quantifizierten Kosten in Relation zur Unternehmensgröße betrachtet werden, um das Optimierungspotenzial beurteilen zu können.

An diesem Punkt ist die Ist-Situation weitestgehend abgebildet. Darüber hinaus sollte eine Schätzung von Entwicklungstendenzen hinsichtlich der einzelnen Kosten vorgenommen werden. Zum Beispiel könnte man davon ausgehen, wenn die Vertriebsausgaben hauptsächlich durch den Außendienst verursacht werden, dass sich diese Kostenposition im Zuge ständig steigender Benzin- und Kfz-Unterhaltskosten tendenziell verschlechtern wird, hingegen könnten Kosten für Telekommunikation durch vermehrten Einsatz von Internettelefonen mittelfristig gesenkt werden.

Vor der endgültigen Beurteilung sollte außerdem ein Vergleich mit dem Wettbewerb erfolgen. Um Vergleichbarkeit herzustellen, müssen die Aktivitäten unternehmensübergreifend so einheitlich wie möglich abgegrenzt werden.

MERKE:

1. Kosten den Wertaktivitäten zuordnen.

2. Kostentreiber identifizieren.

3. Kostenentwicklung prognostizieren.

4. Kostenvergleich mit Wettbewerb.

Unter Berücksichtigung der Kostenstruktur in Relation zur Unternehmensgröße, der Trends und eines Wettbewerbervergleichs lässt sich die relative Kostenposition der Wertaktivität ableiten. Vor- und Nachteile gegenüber den Wettbewerbern in puncto Kosten können unterschiedliche Ursachen haben, z.B. aus unterschiedlichen Ressourcen bzw. Fähigkeiten sowie aus Größeneffekten, dem Leistungsportfolio, der Effizienz oder Sonstigem resultieren. Für einen gründlichen Wettbewerbervergleich bietet sich der Einsatz von Stärken- und Schwächenprofilen an (siehe auch Kapitel 1.13). Eine allgemeine Checkliste zur Analyse der Kostenposition befindet sich in den PowerPoint-Vorlagen zu diesem Kapitel, in welcher auch die Ergebnisse des Wettbewerbsvergleichs eingetragen werden können.

Schritt 3: Identifikation der Differenzierungsmöglichkeiten je Wertschöpfungsaktivität

MERKE:

Was der Kunde nicht registriert und honoriert, ist hinsichtlich der Wettbewerbsposition wertlos!

Der analysierten Kostenstruktur muss die Wertschöpfung, also der für den Kunden erzielte Mehrwert, entgegengestellt werden, um Rückschlüsse auf die Wettbewerbsfähigkeit ziehen zu können. Im ersten Schritt müssen hierfür zunächst die Kunden der einzelnen Wertschöpfungsphasen identifiziert werden. Dabei muss beachtet werden, dass die einzelnen Wertschöpfungsaktivitäten unterschiedlich intensiv von den tatsächlichen Käufern des Produkts oder der Dienstleistung wahrgenommen werden. Teilweise entsprechen die Abnehmer der einzelnen Wertaktivitäten nicht den tatsächlichen Kunden des Unternehmens. Unter Umständen entspricht die nächste Wertschöpfungsstufe einem internen Kunden. Die Wünsche der tatsächlichen Endkunden werden rückwärts durch die Wertschöpfungskette bis hin zum Rohstofflieferanten portiert. Entscheidend ist, dass Differenzierungsmöglichkeiten am Markt nur bei den Wertschöpfungsaktivitäten identifiziert werden können, welche einen für den Endabnehmer relevanten Nutzen schaffen, unabhängig davon, wer der Kunde der einzelnen Wertschöpfungsstufe ist (vgl. Porter, 1986).

Im Anschluss müssen Präferenzen der Zielgruppe ermittelt werden, um die Kriterien bestimmen zu können, die den Kauf entscheiden. Idealerweise können die Kaufkriterien noch priorisiert werden, um das eigene Leistungsportfolio an den wichtigsten messen zu können. Sind die Kunden und ihre Kaufkriterien eindeutig festgestellt, werden die einzelnen Wertaktivitäten nach Differenzierungsmöglichkeiten untersucht. Vorrangig werden die Differenzierungsmerkmale durch den Vertrieb gesteuert, jedoch werden sie von dort entsprechend durch die Wertschöpfungskette kanalisiert. Die einzelnen Wertschöpfungsstufen haben unterschiedlich viel Einfluss auf die Differenzierungsmerkmale, was es zu untersuchen gilt.

Diese Differenzierungsmöglichkeiten können dann einem detaillierten Wettbewerbsvergleich unterzogen werden und dienen der Beurteilung, ob innerhalb des Unternehmens die Anstrengungen in den kundenrelevanten Bereichen eingesetzt werden oder ob man die eigenen Ressourcen zu wenig zielgerichtet verwendet.

Schritt 4: Analyse des Technologieniveaus der Wertschöpfungs- aktivitäten

Im Fokus der Wertkettenanalyse stehen die Schritte 2 und 3. Jedoch kann auch die Technologieentwicklung Einfluss auf die Beurteilung der einzelnen Wertschöpfungsaktivitäten haben. Know-how und fortschrittliche Technologien können sowohl die Kostenposition durch effiziente Prozesse stärken als auch zusätzliche Differenzierungen am Markt ermöglichen. Insofern sollte im Rahmen einer fundierten Analyse das Innovationspotenzial der einzelnen Wertschöpfungsaktivitäten beurteilt und in die Abschlussbewertung mit einbezogen werden. In der Praxis können entsprechende Recherchen mittels Experteninterviews, Workshops oder Prozessanalysen durchgeführt werden. Die Abbildung des Innovationspotenzials kann auf der Wertkette geschehen. Blankovorlagen finden Sie auf der CD.

Schritt 5: Ermittlung der erfolgskritischen Wertschöpfungs- aktivitäten

Im Schritt 5 wird eine Aggregation der durchgeführten Teilanalysen durchgeführt. Die Ergebnisse der Schritte 2 bis 4 werden übereinander gelegt und für jede Wertschöpfungsaktivität einzeln miteinander verglichen. Besonders erfolgskritische Wertaktivitäten bieten zahlreiche Profilierungsmöglichkeiten am Markt, verfügen über eine vorteilhafte Kostenposition (insbesondere in Relation zu den Mitbewerbern) und idealerweise über ein hohes und somit für die Zukunft wertvolles technologisches Entwicklungspotenzial. Die Bedeutung der einzelnen Wertaktivitäten für den Unternehmenserfolg nimmt ab, wenn einzelne der genannten Faktoren weniger positiv ausgeprägt sind. Diese Auswertung kann mit Hilfe einer Matrix erfolgen, welche ebenfalls als Vorlage zur Verfügung steht.

MERKE:
Erfolgskritische Wertaktivitäten bieten eine vorteilhafte Kostenposition, Möglichkeiten der Differenzierung und Innovationspotenzial.

Schritt 6: Ableitung konkreter Handlungsempfehlungen

Die Wertkettenanalyse zeigt einerseits operative Verbesserungspotenziale auf. Insbesondere durch die Kostenstrukturanalyse (Schritt 2) wird Einsparungspotenzial identifiziert, das durch geeignete Optimierungsmaßnahmen realisiert werden kann (siehe auch Kapitel 1.4).

Andererseits dient die Wertkettenanalyse zur strategischen Entwicklung der eigenen Wertkette, mit dem Ziel, die Wettbewerbsfähigkeit zu steigern. Die Analyseergebnisse liefern hierfür wichtige Hinweise, da sie eindeutig aufzeigen, welche Wertaktivitäten als erfolgskritisch einzustufen sind. Die Ressourcen des Unternehmens sollten dann primär auf diese konzentriert werden.

Im Folgenden werden die drei wesentlichen strategischen Optionen zur Modifikation der Wertkette vorgestellt und Kriterien zur Auswahl erläutert:

Option 1: Integration

Unter Integration wird das Erbringen von Leistungen durch das Unternehmen selbst („make") statt Fremdvergabe von Aufträgen („buy") verstanden. Hierbei wird zwischen vertikaler und horizontaler Integration unterschieden.

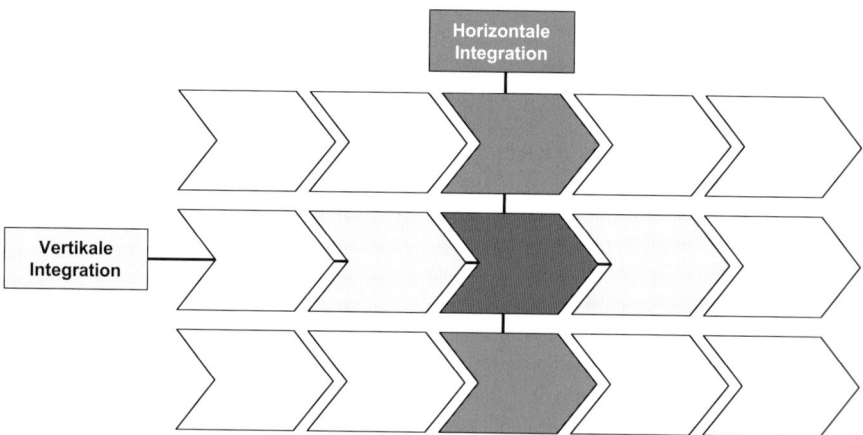

Abbildung 41: Unterscheidung zwischen vertikaler und horizontaler Integration

Unter **vertikaler Integration** versteht man die Zusammenfassung von nach dem Verrichtungsprinzip aufeinander folgender Wertschöpfungsstufen innerhalb des Branchenwertschöpfungssystems. Werden dabei Aktivitäten selbst geleistet, die zuvor durch einen Lieferanten übernommen wurden, spricht man von Rückwärtsintegration. Vorwärtsintegration entspricht der Übernahme von Aktivitäten, die vormals von Kunden abgedeckt wurden. **Horizontale Integration** bezeichnet die Hinzunahme von Aktivitäten auf der gleichen Wertschöpfungsstufe, z.B. die Produktion ergänzender Produkte mit dem bestehenden Produktionssystem (siehe auch Kapitel 4.1).

Integration bietet sich grundsätzlich dann an, wenn das Unternehmen über Wettbewerbsvorteile in der jeweiligen Wertschöpfungsstufe verfügt, also die entsprechende Tätigkeit kostengünstiger „hergestellt" werden kann, als der Zukauf kosten würde. Know-how-Bündelung im Unternehmen sowie Autonomie gegenüber Lieferanten wären weitere Motive.

Gemäß der Vorgehensweise eignet sich die Integration außerdem auch insbesondere für Aktivitäten, welche Profilierungsmöglichkeiten am Markt oder besondere Innovationspotenziale bieten. In beiden Fällen sollte den Wettbewerbern nicht das gewinnträchtige Feld überlassen werden.

Option 2: Outsourcing

Outsourcing bezeichnet das Gegenteil zur Integration. Hier werden gezielt Wertaktivitäten abgestoßen, welche keine Wettbewerbsvorteile versprechen oder explizit Wettbewerbsnachteile aufweisen. Die Kompensation erfolgt über Zukauf der entsprechenden Leistungen und die dabei verfolgte Strategie entspricht einer Konzentration auf die Schlüsselfähigkeiten des Unternehmens (siehe auch Kapitel 1.7).

Option 3: Kooperation

Kooperation bezeichnet eine Mischform zwischen den ersten beiden strategischen Optionen. Einzelne Wertschöpfungsaktivitäten werden von mehreren Partnern gemeinsam durchgeführt, die jeweils eigenständig bleiben und sich nur per Kontrakt (langfristig) aneinander binden. Für erfolgreiche, d.h. für alle Parteien gewinnträchtige Kooperationen sollten sich die Ressourcen und Fähigkeiten optimal ergänzen. Grundsätzlich sind Kooperationen immer dann von hoher Bedeutung, wenn eine Wertschöpfungsaktivität zwar Wettbewerbsvorteile verspricht, aber durch unterschiedliche Gründe eine Selbstherstellung ausgeschlossen ist. Diese Gründe können z.B. auch rechtlicher Natur sein, haben aber in der Regel ihre Ursache in nicht ausreichender finanzieller, technischer oder personeller Ressourcenausstattung.

1.9.5 Vor- und Nachteile

Vorteile	Nachteile

• Vollständige Abbildung des Geschäftssystems als Wertschöpfungsprozess
 	
• Abbildung aller Aktivitäten, die dem Kunden Nutzen stiften
 	
• Sehr umfangreiche Identifikation von Wettbewerbsvorteilen mittels Analyse verschiedenster Parameter:
  • Kostenstruktur
  • Differenzierungsmöglichkeiten
  • Schlüsselkompetenzen
 	
• Förderung des Verständnisses für Unternehmensprozesse
 	
• Aufgrund der Vollständigkeit kann die Wertkette auch zu anderen Zwecken genutzt werden, wenn eine Übersicht der gesamten Unternehmung benötigt wird
	• Darstellung der Wertkette bei heterogenen, weitläufig diversifizierten Unternehmen sehr komplex
	
	• Hoher Zeit- und Arbeitsaufwand
	
	• Zuordnung der Kosten zu den Wertaktivitäten schwierig, da die übliche Einteilung nach Kostenarten, -stellen und -trägern nicht einfach übertragbar ist
	
	• Vergleichsdaten der Wettbewerber schwer zu beschaffen

Tabelle 14: Vor- und Nachteile der Wertkettenanalyse

1.9.6 Praxisbeispiel

Starbucks ist eine Kaffeehauskette aus den USA und wurde 1971 in Seattle im US-Bundesstaat Washington gegründet. Zunächst langsam wachsend, hat Starbucks sein Expansionstempo vor allem nach dem Börsengang 1992 rasant gesteigert. Mittlerweile gibt es weltweit mehr als 7.000 Filialen.

Starbucks ist international tätig und mit Ausnahme Afrikas mittlerweile auf allen Kontinenten zu Hause. Für die Expansion nach Deutschland hat Starbucks ein Joint Venture mit der KarstadtQuelle AG, die KarstadtCoffee GmbH, gegründet. An derzeit 22 Standorten in Deutschland ist Starbucks zu finden (Stand 2004).

Für die Bewertung von Wachstumsoptionen konnte neben weiteren Analyseinstrumenten auf die Wertkettenanalyse zurückgegriffen werden. Abbildung 42 zeigt die Wertkette von Starbucks.

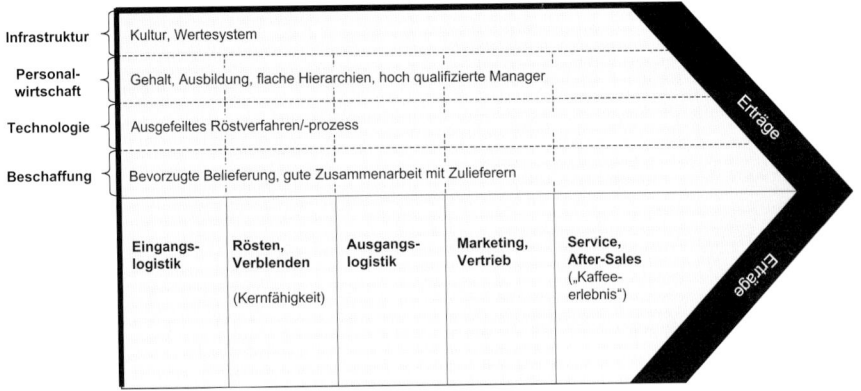

Abbildung 42: Wertkette bei Starbucks

Aus den primären Aktivitäten werden die Stärken herausgearbeitet. Ungewöhnlich ist, dass sämtliche primären Aktivitäten als Stärke bezeichnet werden können und die sekundären Aktivitäten präzise auf die primären abgestimmt sind. Darüber hinaus bildet die Aktivität „Rösten, Verblenden" eine Kernfähigkeit, die in dieser Form nur bei Starbucks eingesetzt wird.

Zur Beurteilung möglicher Wachstumsoptionen wurde u. a. überprüft, inwieweit die jeweilige Option auf die primären Aktivitäten zurückgreift und Wettbewerbsvorteile nutzt. Diese Zuordnung ist in Tabelle 15 dargestellt.

Bewertung von Wachstumsstrategien		Wachstumsoptionen				
		Neue Filialen innerhalb USA	Neue Artikel, dieselben Filialen	Neue Filialen im Ausland	Kooperation mit McDonald's	Franchising
Primäre Wertschöpfungsaktivitäten	Eingangslogistik	X	–	X	X	X
	Rösten, Verblenden	X	–	X	X	X
	Ausgangslogistik	X	X	Evtl. kann Konzept übertragen werden	Abhängig von Kooperationsdetails	X
	Marketing, Vertrieb	X	X	Abhängig vom Hintergrund, ob übertragbar	–	(X)
	Service, After-Sales	X	X	Abhängig vom Hintergrund, ob übertragbar	–	(X)

Tabelle 15: Bewertung der Wachstumsoptionen

Durch die vorhergehende Analyse kann beurteilt werden, inwieweit die Stärken auf die jeweilige Wachstumsoption übertragbar sind. Unter Berücksichtigung weiterer Faktoren (rechtliche Rahmenbedingungen, finanzieller Aufwand etc.) können die Wachstumsoptionen nun priorisiert werden. So wurde die Kooperation mit McDonald's als nicht relevant eingestuft, da u. a. ein resultierender Imagewandel (Fastfood versus Kaffeeerlebnis) und eingeschränkte Perspektiven diese Wachstumsoption uninteressant erscheinen ließen. Stattdessen expandierte man weltweit und nahm zusätzliche Produkte ins Sortiment (z. B. Starbucks-Coffeemug). Der Aufwand dieser letztgenannten Option hielt sich in Grenzen und verstärkte das bedeutende „Kaffeeerlebnis", welches eine wesentliche Eigenschaft des After-Sales in den primären Aktivitäten ist.

1.9.7 Vorlagen auf CD

In den PowerPoint-Vorlagen zu diesem Kapitel befinden sich verschiedene Visualisierungsvorschläge zu Wertketten sowie diverse Vorlagen zur Unterstützung der sechs skizzierten Vorgehensschritte bei der Anwendung der Wertkettenanalyse.

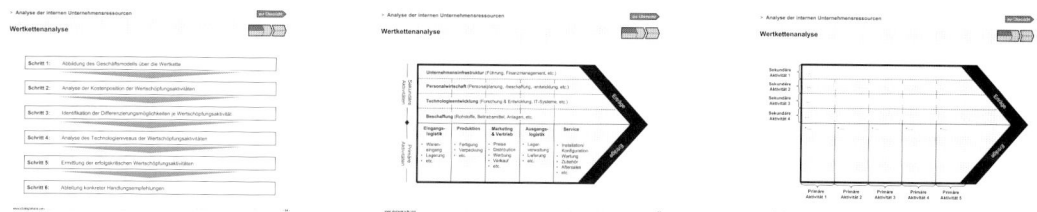

1.9.8 Verwandte und weiterführende Themen

Aufgrund des Umfangs und der Komplexität der Wertkettenanalyse bestehen Verwandtschaften zu zahlreichen anderen Analyseinstrumenten. Hervorzuheben sind hier insbesondere die bereits erwähnte Kostenstruktursowie die Stärken- und Schwächenanalyse. Weiterhin können die Ansätze des Benchmarkings im Rahmen des Wettbewerbervergleichs Anwendung finden.

1.9.9 Literaturhinweise

ESCHENBACH, R. (1996): *Controlling*, 2. überarb. und erw. Aufl., Schäffer-Poeschel Verlag, Stuttgart 1996, S. 256–263

MÜLLER-STEWENS, G. / LECHNER, C. (2003): *Strategisches Management*, Schäffer-Poeschel Verlag, Stuttgart 2003

PORTER, M. E. (1985): Competitive *Advantage: creating and sustaining superior performance*, Free Press, New York 1985

PORTER, M. E. (1986): *Wettbewerbsvorteile: Spitzenleistungen erreichen und behaupten* (deutsche Übersetzung von Competitive Advantage), 3. Aufl., Campus Verlag, Frankfurt am Main/New York 1986

1.10 Marktwachstum-Marktanteils-Portfolioanalyse (BCG)

LEITFRAGEN:
- Wie erfolgversprechend ist das eigene Geschäftsportfolio am Markt positioniert?
- Wie vergleiche ich unterschiedliche Geschäftseinheiten miteinander?
- Wie sollen begrenzte Mittel auf die einzelnen, bestehenden Produkt-Markt-Segmente verteilt werden?
- Wie entscheide ich über die Aufnahme ergänzender Produkt-Markt-Segmente?

1.10.1 Zielsetzung und Anwendungsgebiet

Der Portfolioansatz ist die vielleicht am weitesten verbreitete Methode im strategischen Management und die Marktwachstum-Marktanteils-Portfolioanalyse, besser bekannt als BCG-Matrix, repräsentiert die bekannteste Ausgestaltungsform.

MERKE:
Die BCG-Matrix analysiert:
1. Cashflow
2. Deckungsbeitrag
3. Kapitalbedarf
4. Relativer Marktanteil
5. Wachstumsrate

Die BCG-Matrix unterstützt das Management diversifizierter Unternehmen bei der Steuerung des eigenen Leistungsangebots, indem sie eine Analyse der Produkt-Markt-Positionen ermöglicht. Diese erfolgt über die Beschreibung der strategischen Position von einzelnen, unabhängigen Geschäftsbereichen mittels einer 4-Felder-Matrix. Dabei werden Cashflow, Deckungsbeiträge, Kapitalbedarf, relative Marktanteile und Wachstumsraten der Geschäftsbereiche offen gelegt.

Somit können mit Hilfe der BCG-Matrix unterschiedliche Bereiche des Unternehmens miteinander verglichen werden, so dass eine Steuerung der Geschäftseinheiten ermöglicht wird, mit dem Ziel der Ausbalancierung. Dabei bezieht sich die Ausbalancierung im Wesentlichen auf die Abstimmung kapitalbedürftiger mit kapitalerzeugenden Geschäftsbereichen, um eine ausgewogene Struktur aller Geschäftsbereiche zu erreichen.

MERKE:
Ziel der BCG-Matrix ist die finanzielle Ausbalancierung des Leistungsangebots.

Gemäß der Gliederung des Buches wird der Fokus dieses Kapitels auf den Analysemöglichkeiten und den daraus ableitbaren Implikationen der BCG-Matrix liegen. Im Kapitel 5 (strategische Planung) werden darüber hinaus auf der BCG-Matrix basierende Normstrategien vorgestellt und diskutiert.

1.10.2 Beschreibung

CHECKLISTE:
Die zu untersuchenden Geschäftseinheiten müssen unabhängig voneinander sein.

Die Portfolioanalyse geht auf die Portfeuille-Theorie des Nobelpreisträgers Markowitz zurück, der sich mit Wertpapierportfolios und deren optimaler Mischung nach Rendite-Risiko-Gesichtspunkten beschäftigte (vgl. Markowitz, 1952). Der Analogieschluss der Entscheidungssituation von Finanzmodellen auf den Anwendungsbereich des strategischen Managements wurde Ende der 60er Jahre von dem Unternehmen The Boston Consulting Group (BCG) geleistet (vgl. Henderson, 1973). Analog zum Wertpapierportfolio wird hierbei das Unternehmen als Bündel von Investitionsentscheidungen interpretiert, welches es so zu gestalten gilt, dass ökonomische Werte im Interesse der Anteilseigner geschaffen werden. Im Wesentlichen besteht der Ansatz von BCG in der Darstellung eines Unternehmens als Portfolio von Geschäftseinheiten. Jede dieser Geschäftseinheiten leistet einen Beitrag zum Erfolg des Unternehmens, und durch die Differenzierung in unabhängige Geschäftseinheiten bzw. Produkt-Markt-Segmente kann die strategische Position feiner analysiert werden.

Die BCG-Matrix basiert auf drei grundlegenden Hypothesen:

1. Gewinn und Cashflow steigen mit zunehmendem Marktanteil durch die Wirksamkeit des Erfahrungskurveneffekts.
2. Das Wachstum auf einem Produkt-Markt-Segment folgt weitestgehend der für das Produktfeld geltenden Lebenszykluskurve.
3. Umsatzwachstum ist mit Kapitalbedarf verbunden.

Diese Hypothesen zu Grunde gelegt, gliedert der BCG-Ansatz die Geschäftsbereiche mittels einer Umwelt- und einer Unternehmensachse in eine zweidimensionale 4-Felder-Matrix. Auf der Umweltachse werden dabei die externen, wenig beeinflussbaren Kräfte über das Marktwachstum als zentrales Merkmal charakterisiert. Alle umweltrelevanten Erfolgsfaktoren werden in dieser einzigen Dimension aggregiert abgebildet. Gemäß der oben geschilderten Hypothese folgt das Marktwachstum dem entsprechenden Produkt- respektive Branchenlebenszyklus (siehe auch Kapitel 1.2). Die interne Situation wird wiederum verdichtet durch ein einziges Merkmal in Form des relativen Marktanteils auf der Unternehmensachse abgebildet. Der absolute Marktanteil würde keine ausreichende Vergleichbarkeit der einzelnen Geschäftsbereiche zulassen (z.B. branchenspezifische Unterschiede), so dass sich der relative Marktanteil als Maß der internen Stärke eines Geschäftsfeldes durchgesetzt hat. Dieser kann im Gegensatz zu den externen Faktoren durch das Unternehmen über entsprechende Maßnahmen beeinflusst werden. Im Zusammenhang des relativen Marktanteils wirkt die oben erstgenannte Hypothese im Sinne der mit wachsenden Ausbringungsmengen sinkenden Stückkosten als Kernaussage der Erfahrungskurve (siehe Kapitel 1.3). Abbildung 43 visualisiert die skizzierten Wirkungen auf die BCG-Matrix.

MERKE:
Zwei verdichtete Indikatoren reichen aus, die Koordinaten auf der BCG-Matrix zu identifizieren:
1. Marktwachstum
2. Relativer Marktanteil

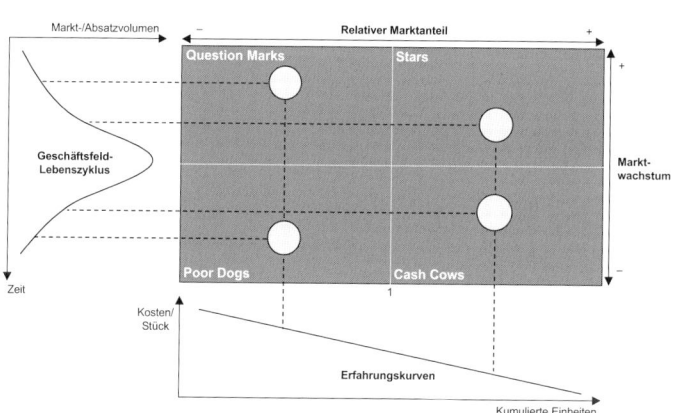

Abbildung 43: Die BCG-Matrix unter Einfluss der Erfahrungs- und Lebenszykluskurve

Neben den zwei Achsen wird die Darstellung der BCG-Matrix um eine dritte Dimension ergänzt. Der Durchmesser der Kreise, die jeweils eine Geschäftseinheit repräsentieren, symbolisiert die Leistung der jeweiligen Einheit, gemessen durch den Umsatz. Im Ergebnis bildet die BCG-Matrix komplexe Geschäftsportfolios, diversifiziert in beliebig vielen Märkten und Produktfeldern, verblüffend simpel über zwei mal zwei Kategorien ab. Dies ist auch der Grund für die weite Verbreitung und Beliebtheit dieses Instruments – auf Berater- wie auf Managementseite.

MERKE:
4-Felder-Matrix:
1. Question Marks
2. Stars
3. Cash Cows
4. Poor Dogs

Aus den vier Quadranten des Marktwachstum-Marktanteils-Portfolios lassen sich bestimmte Implikationen ableiten, die anfangs bereits erwähnt wurden. Im Zentrum steht dabei der Kapitalfluss, d.h. die Feststellung, ob die Geschäftseinheit Kapitalbedarf aufweist oder selbiges generiert, wobei hier noch zu differenzieren ist, ob auch welches freigesetzt wird. Neben dem Cashflow können außerdem Aussagen über Deckungsbeiträge, Wachstumsraten und Marktanteile getroffen und in Zusammenhang gebracht werden.

Fragezeichen (Question Marks):

Geschäftseinheiten der Kategorie Fragezeichen unterliegen auf der einen Seite einem hohen Marktwachstum, allerdings konnte bislang nur ein in Relation zu den Wettbewerbern unbedeutender Marktanteil erreicht werden. Das heißt, in diesem Bereich liegen Potenziale für das Unternehmen, die bislang nicht genutzt wurden. Ein aufgrund der schwachen Marktposition niedriger Cashflow trifft auf einen hohen finanziellen Mittelbedarf (hohe Wachstumsraten: Hypothese drei). Im Allgemeinen kann man bei Fragezeichen von niedrigen bis negativen Deckungsbeiträgen ausgehen, so dass mit Verlusten zu rechnen ist. Hinsichtlich der strategischen Planung ergibt sich für die Fragezeichen eine besonders erfolgskritische Entscheidungssituation, da erhebliche Kapitalmengen nötig sind, um diese Geschäftseinheiten am Markt zu stärken (z.B. sehr hoher Marketingaufwand in der Wachstumsphase der Lebenszykluskurve), diese potenziellen Engagements aber noch mit hohen Stückkosten und einem hohen Risiko versehen sind. Das Kapitel 5.2 (Portfolio-Normstrategien) wird detaillierter auf die Schlüsselrolle der Fragezeichen eingehen.

Sterne (Stars):

Die als Sterne bezeichneten Geschäftseinheiten weisen ebenso hohes Wachstumspotenzial auf, da sie auch noch am Anfang ihres Lebenszyklus stehen. Allerdings kann das Unternehmen hier eine starke Wettbewerbsposition in attraktiven Branchen vorweisen, d.h. es verfügt über einen höheren relativen Marktanteil als seine Konkurrenten und ist folglich Marktführer. Gemäß Hypothese eins können aufgrund des hohen Marktanteils hohe Deckungsbeiträge (Stückkostendegression) und Gewinne erreicht werden. Jedoch treffen diese auf einen hohen Kapitalbedarf, um die Marktposition bei hohen Marktwachstumsraten halten bzw. ausbauen zu können, wodurch ein relativ neutraler Cashflow resultiert. Häufig reicht dieser nicht einmal aus, um den Kapitalbedarf des Geschäftsfelds zu decken.

Melkkühe (Cash Cows):

Die als Melkkühe identifizierten Geschäftsbereiche erzeugen in hohem Maße Kapital und bilden damit eine Art Stütze für das Unternehmen im Sinne einer Kapitalabsicherung für Investitionen. Melkkühe verfügen über einen hohen relativen Marktanteil, d.h. eine besondere Wettbewerbsstärke. Dies führt zu hohen Deckungsbeiträgen und Gewinnen. Der Markt stagniert jedoch oder ist tendenziell rückläufig, da sich die Branche oder das Produktfeld in der Lebenszyklusreife bzw. dem -rückgang befindet. Aus diesem Grund wird unter rationalen Gesichtspunkten wenig reinvestiert, so dass Kapital im Sinne eines hohen Cashflows freigesetzt wird.

Arme Hunde (Poor Dogs):

Die armen Hunde definieren sich einerseits über eine schwache Wettbewerbsposition, bedingt durch verschwindend geringe relative Marktanteile, und befinden sich andererseits in unattraktiven Produktfeld-Markt-Segmenten, die durch niedrige bis negative Marktwachstumsraten gekennzeichnet sind. Arme Hunde werden auch als Kapitalfallen bezeichnet, da das durch niedrige Deckungsbeiträge wenige generierte Kapital häufig gerade ausreicht, um den Betrieb zu wahren.

Abbildung 44 fasst die Implikationen der vier Quadranten der BCG-Matrix zusammen.

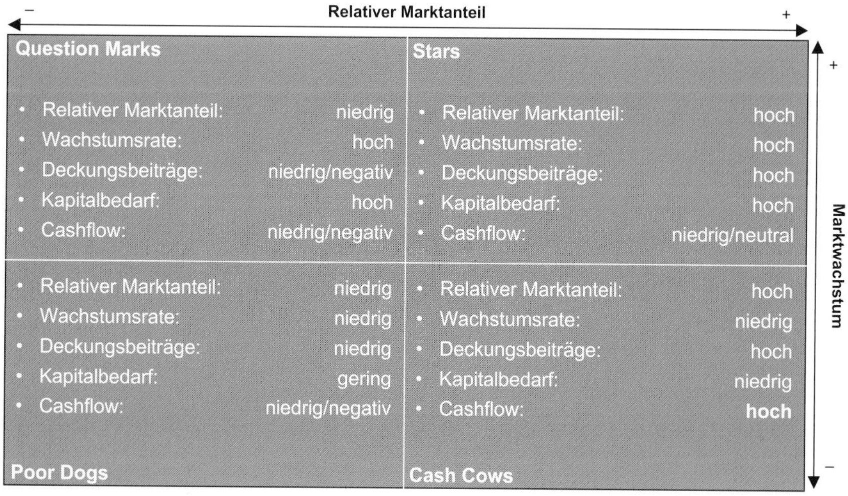

Abbildung 44: Die Implikationen für die vier Quadranten der BCG-Matrix

1.10.3 Voraussetzungen und notwendiger Input

Wie oben beschrieben, konzentriert sich die BCG-Matrix für jede ihrer Dimensionen auf ein zentrales Merkmal. Somit reduziert sich der notwendige Input auf drei Indikatoren, was den vielleicht größten Vorteil dieses Konzepts ausmacht: Eine sehr übersichtliche Darstellungsform ermöglicht relativ weit reichende Analyseergebnisse.

Für die hier fokussierte BCG-Matrix als Ist-Analyse-Instrument sind folgende Daten nötig: Marktwachstumsdaten der Produkt-Markt-Segmente, Marktanteile der einzelnen Marktteilnehmer sowie deren Umsätze. Grundvoraussetzung für die Anwendung der BCG-Matrix sind total unabhängige Geschäftsbereiche. Ansonsten würde der Kerngedanke einer Ausbalancierung aufgrund von gegenseitigen Abhängigkeiten ad absurdum geführt.

1.10.4 Vorgehensweise

CHECKLISTE:
1. Abgrenzung
2. Markt-attraktivität
3. Relative Wettbewerbsposition
4. Leistungsbeitrag
5. Analyse/Implikationen

Die Vorgehensweise der Marktwachstum-Marktanteils-Portfolioanalyse kann in zwei Module gegliedert werden, wobei sich dieses Kapitel gemäß dem Buchaufbau auf den Analyseteil konzentriert. Dieser kann wiederum in fünf Phasen unterteilt werden, wie Abbildung 45 verdeutlicht.

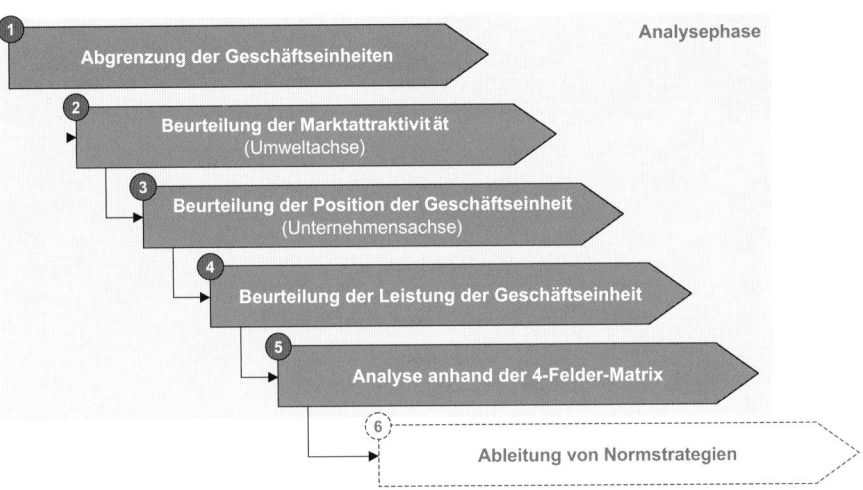

Abbildung 45: Vorgehensweise bei der Marktwachstum-Marktanteils-Portfolioanalyse

Schritt 1: Abgrenzung der Geschäftseinheiten

Die konsequente Abgrenzung der zu untersuchenden Geschäftsbereiche ist absolute Grundvoraussetzung für die Anwendung der BCG-Matrix. Besteht beispielsweise diese Abgrenzung nicht durch die organisatorische Struktur des Unternehmens, muss sie zumindest für diesen Zweck vorgenommen werden. Im Falle lateral diversifizierter Unternehmen stellt sich dieses Problem in der Regel nicht, da die einzelnen Geschäftsbereiche sowohl auf unterschiedlichen Märkten als auch auf anderen Produktfeldern agieren. Soll jedoch mit Hilfe der BCG-Matrix ein Produktportfolio gesteuert werden, ist die Abgrenzung der einzelnen Produktgruppen/-felder erfolgskritisch. Es ist unbedingt darauf zu achten, dass sich die einzelnen Geschäftsbereiche oder z.B. diese Produktgruppen untereinander nicht beeinflussen, d.h. Änderungen im Management des einen dürfen keine Wirkung auf das des anderen haben.

Schritt 2: Beurteilung der Marktattraktivität

Die Marktattraktivität wird mit Hilfe der Marktwachstumsrate als zentraler Indikator auf der vertikalen Ordinate abgetragen. Die Marktwachstumsrate ist dabei vollkommen unabhängig von der Stärke der betrachteten Geschäftseinheit und orientiert sich an dem Branchen- oder Produktlebenszyklus. Beziehungsweise umgekehrt formuliert, lässt sich über das Marktwachstum in Kenntnis branchenspezifischer Vergleichsdaten relativ zuverlässig identifizieren, in welcher Lebenszyklusphase sich das Produkt-Markt-Segment befindet. Die Marktwachstumsrate lässt sich über das Marktvolumen des aktuellen und des Vorjahres errechnen: Marktwachstumsrate gleich Marktvolumen minus Marktvolumen des Vorjahres, geteilt durch das Marktvolumen des Vorjahres mal 100. Abbildung 46 zeigt die Gleichung.

Beurteilung der Marktattraktivität über das Marktwachstum
$\text{Marktwachstum} = \dfrac{\text{Marktvolumen} - \text{Marktvolumen Vorjahr}}{\text{Marktvolumen Vorjahr}} \times 100$

Abbildung 46: Berechnung der Marktwachstumsrate

Das absolute Marktvolumen bietet sich nicht als geeignetes Maß der Attraktivität des Marktes an. Es würde beispielsweise nicht zwangsläufig etwas darüber aussagen, ob dort noch Marktanteile zu gewinnen sind, ohne dabei darauf angewiesen zu sein, dass die Mitbewerber Federn lassen. Weiterhin wären höchst unterschiedliche Produkt-Markt-Segmente eines diversifizierten Unternehmens womöglich nicht aufgrund absoluter Werte miteinander vergleichbar.

Neben der Errechnung der Marktwachstumsraten muss eine adäquate Trennlinie zur Kategorisierung schnell oder langsam wachsender Produkt-Markt-Segmente definiert werden. Prinzipiell kann dieser Wert individuell bestimmt werden. Um das Beispiel von oben aufzugreifen: Werden mittels der BCG-Matrix Produktportfolios einer Branche gesteuert, wird es in diesem Fall ein Leichtes sein, eine Trennlinie zu identifizieren. Man könnte z. B. einfach den Median heranziehen, so dass die Trennlinie entsprechend unter- und überdurchschnittliche Wachstumsraten differenziert. Bei stark diversifizierten Unternehmen muss eine individuelle Regelung gefunden werden. Praktikabel ist beispielsweise die Verwendung des definierten Wachstumsziels der Gesamtunternehmung, welches z.B. auch zur Bewertung potenzieller Investitionen herangezogen oder als Referenzwert im Bereich des Kennzahlen-Controllings verwendet wird. Alternativ könnte analog zum ersten Fall ein branchenübergreifender Mittelwert gebildet werden, welcher die Trennlinie repräsentiert. Die Einheiten der Ordinate (y-Achse) sind somit Prozentwerte.

TIPP: Berücksichtigung der Wachstumsziele bei der Definition der kritischen Trennlinie zwischen „hohen" und „niedrigen" Wachstumsraten.

Schritt 3: Beurteilung der Position der Geschäftseinheit

Die Wettbewerbsstärke des Geschäftsbereichs am Markt wird über den relativen Marktanteil gemessen und auf der Abszisse (x-Achse) der BCG-

Matrix abgetragen. Es wird auch hier der relative Wert als verdichtetes Merkmal zur Beurteilung der Wettbewerbsstärke herangezogen, weil der absolute Marktanteil nicht zwangsläufig eine fundierte Auskunft über die Position am Markt gibt, könnte es doch sein, dass ein Wettbewerber einen noch höheren Marktanteil besitzt. Dieser Umstand zeigt sich insbesondere beim Vergleich der einzelnen Geschäftsbereiche diversifizierter Unternehmen, die auf unterschiedlichen, hinsichtlich des Marktanteils nicht vergleichbaren Branchen agieren. Die BCG-Matrix hat jedoch den Anspruch, genau diesen Vergleich solide zu berücksichtigen. Deshalb wird der relative Marktanteil als zentraler Indikator herangezogen und errechnet sich aus dem Umsatz des eigenen Geschäftsbereichs, geteilt durch den des stärksten Konkurrenten (alternativ der drei stärksten Konkurrenten), wie Abbildung 47 zeigt.

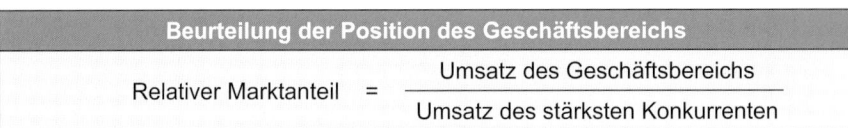

Abbildung 47: Berechnung des relativen Marktanteils

Nach dieser Formel ergibt sich für alle Marktführer ein relativer Marktanteil größer eins, für alle Nicht-Marktführer ein relativer Marktanteil zwischen null und kleiner eins. Auf der Erfahrungskurve basierende Zusammenhänge zwischen hohem relativem Marktanteil und damit ansteigenden Gewinnen aus sinkenden Stückkosten wurden oben ausführlich erläutert.

Die Bestimmung einer adäquaten Trennlinie muss auch im Schritt 3 erfolgen, allerdings weist die Berechnungsformel bereits den Weg: Die natürliche Trennlinie wird bei dem Wert eins liegen und trennt, wie beschrieben, Marktführer von Nicht-Marktführern. Alternativ postulieren einige Autoren auch eine kritische Trennlinie bei 1,5, da erst ab einem erheblichen Marktanteilsvorsprung von etwa 50 % Größenvorteilen wesentliche Wirkungen zeigten. Später wird in einer Abbildung deutlich, dass sogar beide Trennlinien in einer Darstellung realisiert werden könnten.

Schritt 4: Beurteilung der Leistung der Geschäftseinheit

Die dritte Dimension in der BCG-Matrix berücksichtigt die Leistung der einzelnen Geschäftseinheiten und damit ihren Beitrag zum gesamten Unternehmensergebnis. Richtigerweise müssten an dieser Stelle Rentabilitätsaussagen getroffen werden. Allerdings würde dies einen nicht unerheblichen Aufwand bedeuten, weil entsprechende Vergleichszahlen von der Konkurrenz sicher nicht offen gelegt werden. Man verwendet darum standardmäßig den Umsatz als Vergleichskriterium, da dieser schlicht und einfach leichter zu erheben ist. Die Darstellung in der BCG-Matrix erfolgt über unterschiedlich große Kreise, die jeweils eine Geschäftseinheit repräsentieren. Der Durchmesser des Kreises muss sich dabei proportional am Umsatz orientieren, d. h. wenn ein Kreis einen doppelt so großen Durchmesser hat wie ein anderer, generiert der Geschäftsbereich, der durch den ersten Kreis visualisiert wurde, doppelt so viel Umsatz wie ein zweiter. Abbildung 48 zeigt eine beispielhafte BCG-Matrix, wie sie nach den Schritten 1 bis 4 aussehen könnte.

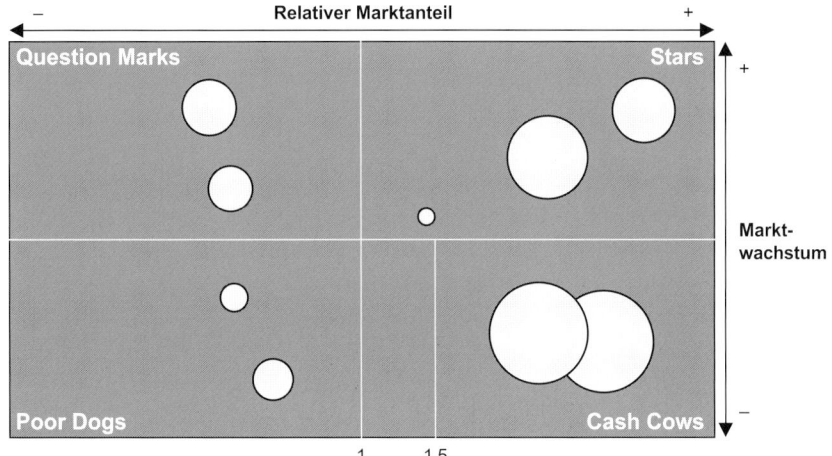

Abbildung 48: Beispielhafte BCG-Matrix

Schritt 5: Analyse anhand der 4-Felder-Matrix

Ausgehend von den oben genannten Grundannahmen hinsichtlich relativen Marktanteils, Wachstumsrate, Deckungsbeitrag, Kapitalbedarf und Cashflow für die einzelnen Quadranten können einzelne Geschäftsbereiche im fünften Schritt eingeordnet und entsprechende Implikationen abgeleitet werden. Zur besseren Übersicht können die Implikationen für alle Geschäftsbereiche tabellarisch zusammengefasst werden. Diese Tabelle wäre dann eine optimale Basis zur Entwicklung bzw. Ableitung entsprechender Normstrategien zur Steuerung des Leistungsportfolios. Dies wird detailliert im Kapitel 5.2 beschrieben.

1.10.5 Vor- und Nachteile

Vorteile	Nachteile
• Einfaches Modell	• Auf Marktführer abgestellt (es müssen Cash Cows im Portfolio sein)
• Unkomplizierte Datenbeschaffung	• Unterstellte Beziehung zwischen Gewinn und relativem Marktanteil in Realität unter Umständen nicht bestätigt
• Klare Visualisierung/hohes Kommunikationspotenzial	
• Solide Abbildung komplexer Strukturen mittels weniger, verdichteter Indikatoren	• Abgrenzung der Geschäftseinheiten ggf. schwierig: müssen unabhängig sein
• Sehr anerkanntes, etabliertes Strategieinstrument	• Nur zwei stark vereinfachte Kategorien pro Dimension/unklare Trennlinie
	• Starke Vereinfachung der Erfolgstreiber auf Marktwachstum und Marktanteil

Tabelle 16: Vor- und Nachteile der Marktwachstum-Marktanteils-Portfolioanalyse

1.10.6 Praxisbeispiel

Das folgende Beispiel stellt ein fiktives Unternehmen dar, das im Technolo-
giesektor tätig ist und dort mit fünf verschiedenen Geschäftsfeldern agiert.
Für die weitere Strategie sind die Geschäftsfelder auf die Potenziale zu
untersuchen, um die Investitionen erfolgsorientiert einzusetzen.

Um diese Aufgabenstellung mit der BCG-Matrix zu lösen, sind zunächst
die Kennzahlen aus Tabelle 17 zu erfassen.

• Kennzahlen			
• Produktbereich	• Relativer Marktanteil	• Marktwachstum	• Umsatz
• Medizintechnik	• 27 %	• 34 %	• 2.000.000 EUR
• Telekommunikation	• 19 %	• 4 %	• 23.000.000 EUR
• Automobiltechnologie	• 5 %	• - 4 %	• 12.000.000 EUR
• Computer	• 18 %	• 3 %	• 6.000.000 EUR
• Unterhaltungselektronik	• 4 %	• 14 %	• 1.000.000 EUR

Tabelle 17: Kennzahlen der Geschäftsbereiche

Visualisiert man diese Werte mit Hilfe der Portfoliotechnik, so kommt man
zu dem Ergebnis, das in Abbildung 49 dargestellt ist.

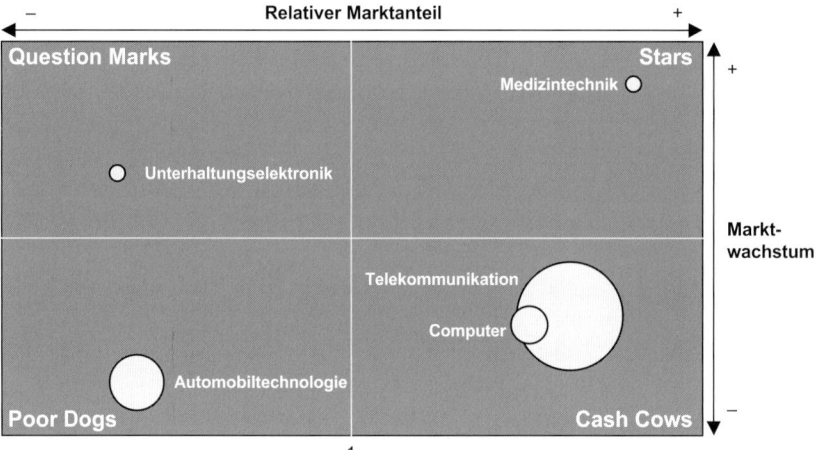

Abbildung 49: Abgeleitete BCG-Matrix

Setzt das Unternehmen die empfohlenen Normstrategien um, so kommt es
zu folgendem Ergebnis:

● Die Medizintechnik ist ein eindeutiger Star. Umsatz ist zwar noch gering,
  aber durch das Marktwachstum hat dieser Bereich gute Erfolgsaussich-
  ten. Der komplette Cashflow aus der Medizintechnik sollte zur Stärkung
  derselben verwendet werden.

● Die Bereiche Telekommunikation und Computer dienen als Cash Cows
  der Finanzierung der Stars und Question Marks, hier also Medizintechnik und Unterhaltungselektronik.

● Der Bereich der Automobiltechnologie ist ein Poor Dog und sollte noch
  abgeschöpft werden, ohne weitere Investitionen zu tätigen. Alternativ
  kann ein Verkauf statt der Schließung angestrebt werden, um einen ma-

ximalen Cashflow zu generieren. Falls sich die Produktbereiche techno-logisch und vom Know-how ähneln, so können die frei werdenden Ressourcen auch auf die anderen Produktbereiche, insbesondere auf die Stars, übertragen werden.

- Die Unterhaltungselektronik ist ein Question Mark, so dass noch nicht klar ist, wie sich der Bereich weiterentwickelt. Durch gezielte Förderun-gen (z.B. besondere Innovationen) kann der Bereich gestärkt werden, um ihn zu einem Star zu machen.

Das Portfolio ist ausgeglichen und ausgewogen. Das Unternehmen hat es verstanden, einen guten Mix zwischen allen Feldern herzustellen. Die Zu-kunft scheint mit solch einem Portfolio gesichert.

1.10.7 Vorlagen auf CD

Auf der Beilagen-CD befinden sich zum einen die vorgestellten Beispiel-Matrizen und weiterhin eine Vorlage in Excel, welche bei der Datenbe-schaffung behilflich sein kann. Weiterhin sei wiederum auf das Kapitel 5.2 (Portfolio-Normstrategien) verwiesen, in dessen Zusammenhang weitere Grafiken zur BCG-Matrix abgelegt sind.

1.10.8 Verwandte und weiterführende Themen

- Lebenszyklusanalyse
  Wie ausführlich beschrieben, basiert die BCG-Matrix auf einer Hypo-these, die besagt, dass sich das Marktwachstum am Lebenszyklus orien-tiert. Die Abtragung des unternehmensexternen Einflusses auf das Marktwachstum-Marktanteils-Portfolio, also die Bewertung der Attrakti-vität des Produkt-Markt-Segments, setzt die Kenntnis über den entspre-chenden Branchen- oder Produktfeldlebenszyklus voraus.

- Erfahrungskurvenanalyse
  Die Erfahrungskurve hat Einfluss auf die Beurteilung des relativen Marktanteils, indem sie eine positivere Wettbewerbsposition mit stei-

genden Ausbringungsmengen prophezeit. Eine besondere Bedeutung erhält die Erfahrungskurve im Hinblick der Ableitung von Normstrategien, die im Kapitel 5.2 behandelt werden.

- SWOT-Analyse
  Die SWOT-Analyse ist von daher als verwandt zu betrachten, da sie in klassischer Weise eine externe und eine interne Sicht zur Analyse heranzieht. Die BCG-Matrix geht mit der Berücksichtigung einer Umfeld- und einer Unternehmensachse analog vor. Sie ist zwar nicht so universell einsetzbar wie die SWOT-Analyse, liefert dafür aber spezifischere Ergebnisse.

1.10.9 Literaturhinweise

DUNST, K. (1983): *Portfolio Management,* 2. Aufl., de Gruyter, Berlin/New York 1983, S. 47–52, 65–79, 94–100

HAX, A. C. / MAJLUF, N. S. (1991): *Strategisches Management,* Campus Verlag, Frankfurt am Main/New York 1991, S. 152–179

WELGE, K. M. / AL-LAHAM, A. (2001): *Strategisches Management,* 3. Aufl., Gabler Verlag, Wiesbaden 2001, S. 336–349

1.11 Marktattraktivität-Wettbewerbs-stärken-Portfolioanalyse (McKinsey)

LEITFRAGEN:
- Wie erfolgversprechend ist das eigene Geschäftsportfolio am Markt positioniert?
- Wie sollen Investitionen auf die einzelnen, bestehenden Produkt-Markt-Segmente verteilt werden?
- Wie entscheide ich über die Aufnahme ergänzender Produkt-Markt-Segmente?

1.11.1 Zielsetzung und Anwendungsgebiet

Die Branchenattraktivität-Wettbewerbsstärken-Portfolioanalyse, bekannt unter der einfacheren Bezeichnung McKinsey-Portfolio oder -Matrix, stellt eine Weiterentwicklung der BCG-Matrix (vgl. Kapitel 1.10) dar und verfolgt grundsätzlich die gleichen Ziele. Analog unterstützt auch die McKinsey-Matrix das Management bei der Fragestellung, vorhandene Ressourcen optimal auf die einzelnen Geschäftseinheiten zu verteilen, und bezieht dafür ebenfalls interne und externe Faktoren ein.

Weniger steht hier der einfache Vergleich der Geschäftseinheiten im Vordergrund, da die Methodik der McKinsey-Matrix komplexer ist. Vielmehr ist es das Ziel, geschäftsbereichsindividuelle Strategien zur Planung des eigenen Leistungsangebots abzuleiten. Dadurch, dass deutlich mehr Indikatoren einbezogen werden, eignet sich die McKinsey-Matrix, um zukünftige Entwicklungen zu analysieren und zu berücksichtigen.

Die McKinsey-Matrix beurteilt (wie auch schon die einfachere BCG-Variante) abgegrenzte Geschäftseinheiten und dient somit vorrangig diversifizierten Unternehmen als Steuerungsinstrument. Die McKinsey-Matrix fokussiert weitaus weniger einen Kapitalflussausgleich, sondern fungiert rein als Empfehlungsinstrument für Investitionen anhand der Kriterien Branchenattraktivität und Wettbewerbsstärke.

Auch dieses Kapitel wird sich der Struktur des Buches unterordnen und ausschließlich die Analysefunktion der McKinsey-Matrix beschreiben. Der Ableitung entsprechender Normstrategien ist ein eigener Abschnitt im Bereich der strategischen Planung gewidmet (Kapitel 5.2). Weiterhin setzen wir für dieses Kapitel ausnahmsweise zur Vermeidung übertriebener Redundanzen die Inhalte des vorangegangen über die Marktwachstum-Marktanteils-Portfolioanalyse voraus, da einiges aufeinander aufbaut.

MERKE:
Das McKinsey-Portfolio ist eine Weiterentwicklung der BCG-Matrix.

MERKE:
Das McKinsey-Portfolio gibt Investitionsempfehlungen auf Basis der Branchenattraktivität und der Wettbewerbsstärke.

1.11.2 Beschreibung

Das McKinsey-Portfolio unterscheidet sich von der BCG-Variante formal durch eine differenziertere Strukturierung des Portfolios mit Hilfe einer 9-Felder-Matrix, um der komplexen Wirklichkeit gerechter zu werden. Weiterhin werden die beiden Dimensionen der McKinsey-Matrix, Branchenattraktivität und relative Wettbewerbsstärke, durch eine Vielzahl von gewichteten Faktoren beschrieben. Diese Faktoren werden zu einem Gesamtwert aggregiert, der das jeweilige Produkt-Markt-Segment charakterisiert.

Der grundsätzliche Aufbau mit der Betrachtung der zwei Dimensionen, bestehend aus einer externen und einer internen Perspektive, bleibt jedoch erhalten. Die Umfeldachse repräsentiert dabei wie bei der BCG-Matrix die externen Faktoren, die auf das Unternehmen wirken, aber im Wesentlichen nicht aktiv beeinflussbar sind. In ihrer Summe geben sie Aufschluss über Charakteristika der Branche und bilden die Attraktivität des Produkt-Markt-Segmentes ab, in welchem die Geschäftseinheit agiert. Das Marktwachstum wird hier nicht mehr als einziger verdichteter Indikator verwendet. Vielmehr fügt sich die Branchenattraktivität aus Marktwachstum, Marktqualität, Versorgungslage bezüglich der Ressourcen und sonstiger Umweltsituationen zusammen. Die interne Unternehmensachse repräsentiert wiederum direkt beeinflussbare, kritische Erfolgsfaktoren. Die Wettbewerbsstärke setzt sich dabei nicht mehr allein aus dem relativen Marktanteil, sondern aus der relativen Marktposition, dem relativen Produktionspotenzial, dem relativen Forschungs- und Entwicklungspotenzial sowie der relativen Qualifikation der Führungskräfte und Mitarbeiter zusammen. Eine jeweils detaillierte Untergliederung wird im Rahmen der Vorgehensweise vorgestellt. Das Mehr an berücksichtigten Indikatoren wird weiterhin vor dem Abtragen auf der 9-Felder-Matrix zu einer zentralen Größe verdichtet.

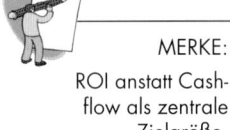

Die Matrix differenziert die beiden Dimensionen jeweils in die Kategorien gering, mittel und hoch. Die Geschäftseinheiten werden analog zur Vorgehensweise bei der BCG-Matrix unter Berücksichtigung einer dritten Dimension, welche Ausdruck in der Größe bzw. Form des Feldes auf der Matrix findet, abgetragen. Allerdings müssen die Geschäftseinheiten im Rahmen des McKinsey-Portfolios nicht zwangsläufig exakt, d.h. genau auf den Achsen beziffert, eingetragen werden. Es reicht unter Umständen, den Geschäftseinheiten jeweils eines der neun Felder zuzuordnen, um Handlungsempfehlungen ableiten zu können. Die genauere Variante erfolgt indes ähnlich dem BCG-Vorbild. Hierbei repräsentiert jedoch der Kreisdurchmesser das gesamte Marktvolumen und der eigene Marktanteil ist gemäß einer herkömmlichen Kuchengrafik darauf abgetragen.

Die 9-Felder-Matrix des McKinsey-Portfolios bezieht sich auf der horizontalen x-Achse auf die Branchenattraktivität und auf der vertikalen y-Achse auf die Wettbewerbsstärke. Dabei weisen logischerweise die Felder besonders eindeutige Implikationen auf, deren Dimensionen gleichartig und extrem bewertet wurden, worauf im Kapitel 5.2 genauer eingegangen wird.

Hinsichtlich der eigentlichen Analyse der verschiedenen, abgegrenzten Geschäftseinheiten ersetzt der Return on Investment (ROI) den Cashflow als zentrale Zielgröße.

Abbildung 50 zeigt ein exemplarisches Branchenattraktivität-Wettbewerbsstärken-Portfolio.

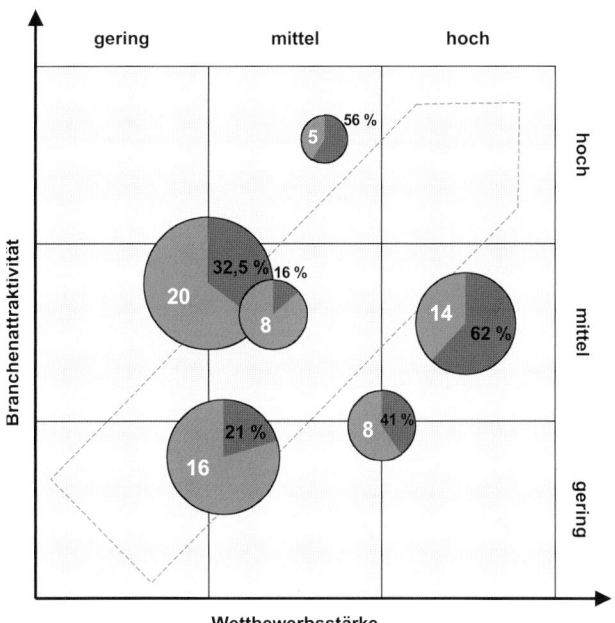

Abbildung 50: Die McKinsey-Matrix mit exemplarischen Geschäftseinheiten

1.11.3 Voraussetzungen und notwendiger Input

Die McKinsey-Matrix funktioniert wie die BCG-Schwester nur, wenn die betrachteten Geschäftseinheiten klar voneinander abgegrenzt sind und sich gegenseitig nicht beeinflussen.

Neben den auch für den Aufbau einer BCG-Matrix benötigten Daten hängt der notwendige Input für eine Branchenattraktivität-Wettbewerbs-stärken-Portfolioanalyse von der Anzahl und dem Detaillierungsgrad der berücksichtigten internen und externen Faktoren ab. Weiterhin werden Zielkriterien sowie Gewichtungen dieser Faktoren gebraucht, um per Nutzwertanalyse die berücksichtigten Daten auf einen verdichteten Ziel-wert je Dimension zu bringen.

1.11.4 Vorgehensweise

Aufgrund der stark verwandten Struktur kann die Vorgehensweise im Ab-lauf von der Marktwachstum-Marktanteils-Portfolioanalyse übernommen werden. Abbildung 51 verdeutlicht, dass wir wiederum zwei Phasen unter-scheiden und sich dieses Kapitel mit der Analyse befasst.

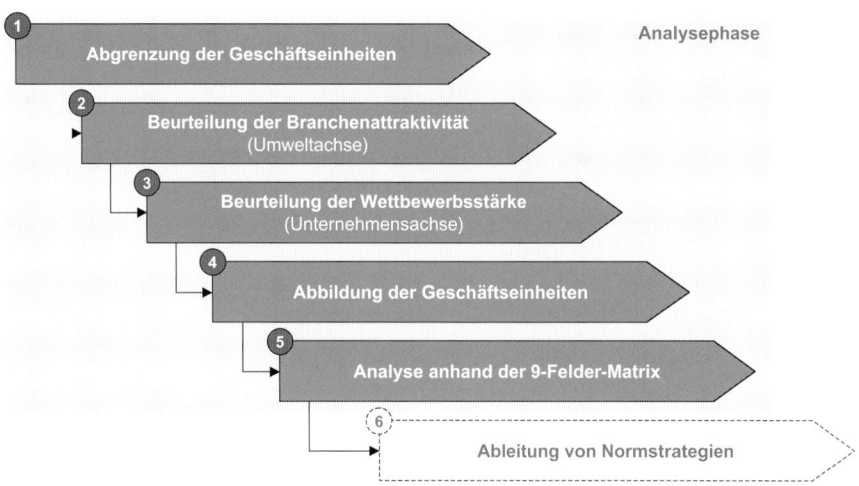

Abbildung 51: Vorgehensweise bei der Branchenattraktivität-Wettbewerbsstärken-Portfolio-analyse

Schritt 1: Abgrenzung der Geschäftseinheiten

Der erste Schritt gleicht dem ersten Schritt im Abschnitt 1.10.4 (BCG-Matrix).

Schritt 2: Beurteilung der Branchenattraktivität

Die Beurteilung der Branchenattraktivität ist, wie skizziert, deutlich umfangreicher gehalten als bei der BCG-Matrix. Um der Komplexität wirtschaftlicher Entscheidungsprozesse in der Realität Rechnung zu tragen, werden unbegrenzt viele Faktoren in die Betrachtung mit einbezogen. Abbildung 52 zeigt eine Übersicht (siehe auch Kapitel 2.1).

Abbildung 52: Faktoren zur Bewertung der Branchenattraktivität

Hinsichtlich der Auswahl der jeweils relevanten Faktoren kann kein grundsätzliches Schema angeboten werden. Für jedes Unternehmen kann die Auswahl der Kriterien, vermutlich aber zumindest deren Gewichtung unterschiedlich sein. Führungskräfte und unter Umständen Mitarbeiter müssen mittels Erfahrungswerten und Branchenexpertise die Auswahl übernehmen. Als Anregung kann an dieser Stelle die Verwendung der Branchenstrukturanalyse nach Porter genannt werden. Über sie können von extern auf das Unternehmen wirkende Kräfte identifiziert und quantifiziert werden (siehe auch Kapitel 2.7).

Nach der Auswahl der Kriterien müssen die Ausprägungen dieser nicht beeinflussbaren Faktoren beziffert werden. Hierfür ist eine geeignete Bewertungsskala zu definieren, und für eine gute Übersicht bieten sich so genannte Profile an, wie sie detailliert im Kapitel 1.13 (Stärken- und Schwächenanalyse) beschrieben werden.

Zur abschließenden Verdichtung der verschiedenen Faktoren zu einer zentralen Größe, welche der Abtragung in der 9-Felder-Matrix dient, kann eine Nutzwertanalyse herangezogen werden (siehe Kapitel 5.3). Die Bewertung der einzelnen Faktoren bzw. vor allem deren Gewichtung wird immer subjektiv bleiben, jedoch gewährleistet eine Nutzwertanalyse zumindest eine intersubjektive Nachvollziehbarkeit. Das heißt, die Aggregation zu einer zentralen Zielgröße geschieht transparent und kann bei entsprechender Dokumentation regelmäßig nachvollzogen werden. Manche Autoren empfehlen explizit eine diskussionsbasierte Verdichtung der Indikatoren seitens der verantwortlichen Führungskräfte, um einerseits eine breite Akzeptanz zu erzielen und andererseits die etwas versteckte Subjektivität der Nutzwertanalyse zu umgehen. Die Entscheidung, welche Methode an dieser Stelle passend ist, ist vom Einzelfall abhängig. Die Beilagen-CD stellt sowohl für die Bewertung der Kriterien standardisierte Tabellen als auch Vorlagen für Profile und Nutzwertanalysen zur Verfügung, die in Abbildung 53 angedeutet sind.

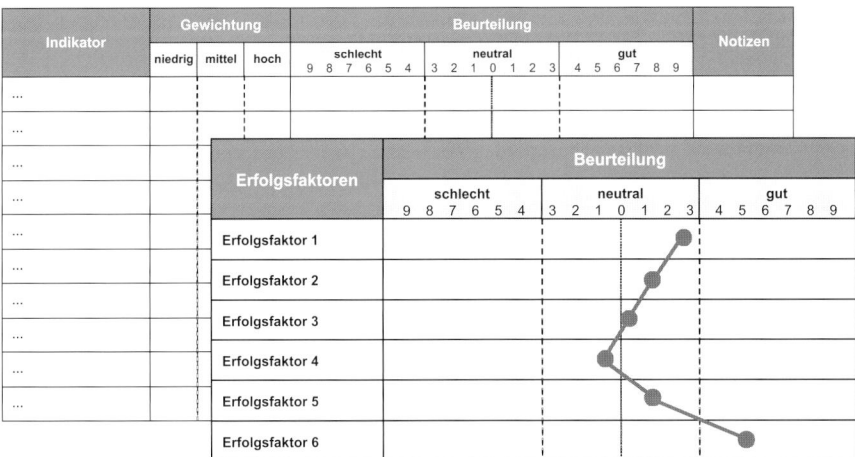

TIPP:
Das Kapitel „Stärken- und Schwächenanalyse" schildert den Aufbau von hier hilfreichen Vergleichsprofilen.

Abbildung 53: Vorlagen zur Verdichtung der betrachteten Indikatoren zu einer zentralen Zielgröße

Schritt 3: Beurteilung der Wettbewerbsstärke

Die Beurteilung der internen Wettbewerbsstärke zur Abtragung auf der horizontalen Unternehmensachse der McKinsey-Matrix erfolgt ebenfalls unter Berücksichtigung unterschiedlich vieler verschiedener Indikatoren. Analog zum Vorgehen bei der BCG-Matrix werden auch sie in Relation zu den Wettbewerbern bewertet, um aussagekräftige, marktbezogene Ergebnisse zu erzielen. Entsprechend der im Schritt 2 vorgestellten Überlegung möchte die McKinsey-Matrix auch bei den internen, direkt beeinflussbaren Erfolgsfaktoren der komplexen unternehmerischen Wirklichkeit Rechnung tragen und betrachtet verschiedenste unternehmerische Stellhebel, die die Wettbewerbsposition der Geschäftseinheit positiv wie negativ beeinflussen können. Leider kann auch an dieser Stelle keine allgemein gültige Liste genannt werden. Die angesprochenen Stellhebel können theoretisch überall entlang der Wertschöpfungskette angesiedelt sein (siehe Kapitel 1.9). Hinsichtlich einer zielgerichteten Auswahl der besonders relevanten Faktoren sei auf die Vorgehensweise der Stärken- und Schwächenanalyse verwiesen. In diesem Kapitel (siehe Kapitel 1.13) wird eine ausführliche Übersicht potenzieller Erfolgsfaktoren, funktional differenziert, präsentiert. Im Rahmen von Workshops sollten Fach- und Machtpromotoren die für die eigene Situation relevanten Faktoren selektieren und priorisieren. Im Folgenden (Abbildung 54) sind ausgewählte maßgebliche Indikatoren dargestellt, die entsprechend der in der Beschreibung vorgestellten Gliederung geordnet sind.

> **TIPP:**
> Das Kapitel „Stärken- und Schwächenanalyse" liefert eine Übersicht potenzieller Einflussgrößen auf die Wettbewerbsstärke.

Abbildung 54: Faktoren zur Bewertung der relativen Wettbewerbsstärke

Analog zur Bewertung der Branchenattraktivität müssen die einzelnen kritischen Erfolgsfaktoren bewertet und anschließend zu einem zentralen Zielwert aggregiert werden. Die dafür im Schritt 2 vorgestellten Wege gelten hier ebenso.

Schritt 4: Abbildung der Geschäftseinheiten

Nachdem Branchenattraktivität und Wettbewerbsstärke bewertet und zu einer Aussage verdichtet wurden, können die Werte auf der 9-Felder-Matrix abgetragen werden. Zwei Methoden sind hierfür im Rahmen der Vorgehensweise zum McKinsey-Portfolio bekannt.

Die einfachere von beiden sieht ausschließlich die Auswahl des entsprechenden Feldes der neun verfügbaren vor. In diesem einfachen Fall ist demzufolge auch die Verdichtung der beiden zentralen Merkmale weniger komplex. Es muss nur jeweils eine Einordnung in eine der drei Kategorien stattfinden, die genauen Abstände verlieren an Bedeutung und können im Resultat nicht mehr abgelesen werden. Der linke Teil der Abbildung 55 visualisiert dieses Vorgehen für eine Geschäftseinheit, die über eine mittlere Branchenattraktivität und eine hohe Wettbewerbsstärke verfügt.

Die komplexere Variante entspricht im Wesentlichen dem Vorgehen bei der BCG-Variante. Die Koordinaten werden für beide Dimensionen genau bestimmt und entsprechend auf der Matrix abgetragen. Hierfür ist die Festlegung zweier adäquater Skalen für die beiden Dimensionen der Matrix Bedingung, welche sich an den verdichteten Merkmalen der Wettbewerbsstärke und Branchenattraktivität orientieren und eine Ausprägungsspanne bereitstellen muss, die alle analysierten Geschäftseinheiten berücksichtigt. Die Werte und Abstände dieser Skalen hängen also grundsätzlich vom Einzelfall ab. Nach Festlegung der Skalen ist die genaue Positionierung der Geschäftseinheiten mittels der x- und y-Koordinatenabschnitte möglich. Folglich können so auch messbare Abstände zwischen den einzelnen Koordinatenwerten abgebildet werden – unter Umständen ein deutlicher Vorteil gegenüber der einfachen Variante, aber natürlich auch mit erheblichem Mehraufwand verbunden.

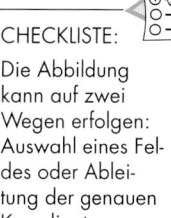

CHECKLISTE:
Die Abbildung kann auf zwei Wegen erfolgen: Auswahl eines Feldes oder Ableitung der genauen Koordinaten.

Wie oben bereits angedeutet, werden die Geschäftseinheiten üblicherweise differenzierter abgetragen, als dies die BCG-Matrix vorsieht. Der Durchmesser der kreisartig symbolisierten Geschäftseinheiten repräsentiert das gesamte Volumen des Marktes, auf dem die Geschäftseinheit agiert, und in diesem Kreis wird der entsprechende Marktanteil visualisiert. Der rechte Teil der Abbildung 55 zeigt das Ergebnis, wobei die Ausprägungen der beispielhaften Geschäftseinheiten in der Bewertung der Branchenattraktivität und Wettbewerbsstärke denen der linken, nach dem einfachen Muster abgetragenen Geschäftseinheit gleichen. Es wird deutlich, dass die rechte, komplexere Variante wesentlich feinere Aussagen trifft.

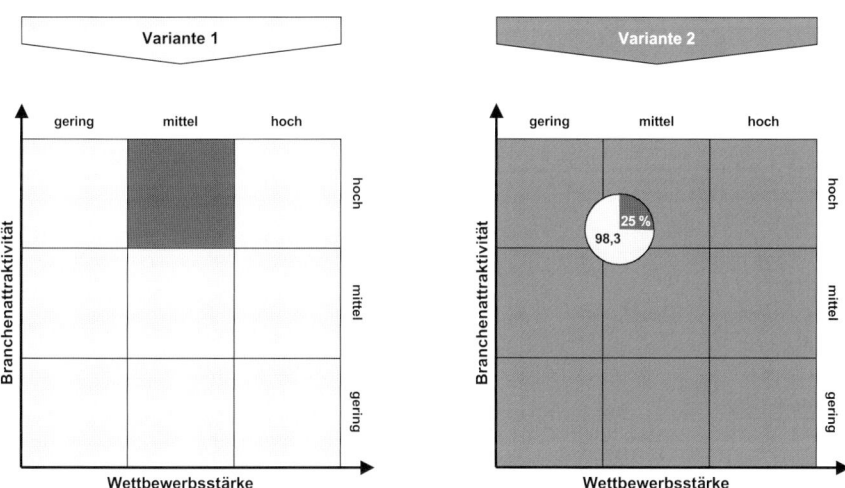

Abbildung 55: Möglichkeiten der Darstellung von McKinsey-Portfolios

Schritt 5: Analyse anhand der 9-Felder-Matrix

Ohne bereits auf die Normstrategien einzugehen, bieten sich verschiedene Analysemöglichkeiten an. Zunächst haben die im Kapitel zur BCG-Matrix beschriebenen Implikationen Bestand, weil auf den Achsen die gleichen Dimensionen abgebildet werden. Das heißt, es können fundierte Aussagen zum Mittelbedarf, zum Ertrag oder zu anderen Merkmalen von Geschäftseinheiten getroffen werden.

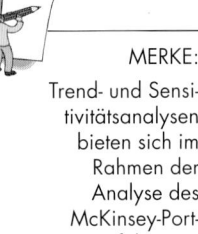

Darüber hinaus eignet sich die McKinsey-Matrix besser als das BCG-Portfolio zu Trendanalysen. Da sich hier der auf dem Portfolio festgehaltene Wert zu den Dimensionen aus verschiedenen, dokumentierten Einflussfaktoren zusammensetzt, können Trends über diese genauer bestimmt werden. Die Schätzung der Entwicklung eines einzigen Faktors ist mit großer Unsicherheit verbunden, erst recht, wenn es sich um zentrale Merkmale handelt, die von vielen Seiten Beeinflussung empfinden. Geht man jedoch die Schritte 2 und 3 rückwärts und reduziert die Komplexität des zentralen Merkmals, indem man es in seine einzelnen Bestandteile zerlegt, können für diese isoliert Trends prognostiziert werden. Der Vorteil liegt vor allem darin, dass die Einzelfaktoren spezifischer sind und somit weniger Einflussfaktoren unterliegen. Weiterhin existieren gegebenenfalls Vergleichsdaten, die herangezogen werden können. Die einzelnen Prognosen können danach wieder unter Berücksichtigung der festgelegten Gewichtungen zu dem verdichteten Merkmal zusammengefasst und der Gesamttrend kann geschätzt werden. Das Ganze lässt sich beispielsweise mittels Pfeilen auf dem Portfolio kennzeichnen.

Ein weiteres bewährtes Instrument bilden Sensitivitätsanalysen. Hierbei wird untersucht, wie sich die Veränderung eines Einflussfaktors auf die Positionierung der Geschäftseinheit auswirkt. Hierbei ist ebenfalls die Komplexitätsreduzierung über die Einflussgrößen der beiden Dimensionen hilfreich. Beispielsweise könnte so versucht werden, die Wirkung variierender Wachstumsraten auf die Wettbewerbsstärke zu quantifizieren: „Wo stünden wir bei einer Wachstumsrate von x, wo bei einer Wachstumsrate von y?"

1.11.5 Vor- und Nachteile

Vorteile	Nachteile
• Berücksichtigung qualitativer Urteile durch die Scoring-Modelle möglich • Übersichtliche Darstellung komplexer Zusammenhänge • Berücksichtigung einer Vielzahl von Einflussfaktoren • Weniger simplifiziert als die BCG-Matrix und damit zumindest theoretisch solider in der Aussage • Zwingt Management zur systematischen Betrachtung interner und externer Kräfte auf die Unternehmung	• Komplexität höher • Abgrenzung der Geschäftseinheiten erfolgskritisch und schwierig • Subjektivität bei der Verdichtung der Einflussfaktoren • Hoher Aufwand, z. B. Analyse von Expertenwissen zur Bewertung und Gewichtung der Einflussgrößen • Kategorisierung in drei Stufen führt häufig zu mittleren Bewertungen • Kein automatischer Vergleichsmaßstab zur Beurteilung der Branchenattraktivität

Tabelle 18: Vor- und Nachteile der Branchenattraktivität-Wettbewerbsstärken-Portfolioanalyse

1.11.6 Praxisbeispiel

Um das Vorgehen bei der McKinsey-Matrix zu verdeutlichen, wird ein fiktives Unternehmen analysiert, das drei Geschäftsbereiche gebildet hat, um die unterschiedlichen Technologien entsprechend zu bündeln. Da das Unternehmen bei begrenzten finanziellen Mitteln hauptsächlich in aussichtsreiche Wachstumsbereiche investieren möchte, wurde von der Unternehmensentwicklung das McKinsey-Portfolio herangezogen. Es bietet im Gegensatz zur BCG-Matrix eine Vielzahl von Indikatoren, die zur Einordnung des jeweiligen Geschäftsbereichs führen. Dazu sind in einem ersten Schritt die Indikatoren auszuwählen und zu bewerten. Die folgenden Abbildungen 56 und 57 zeigen die Bewertung der Wettbewerbsstärke und der Branchenattraktivität des Geschäftsbereichs 1 anhand ausgewählter Kriterien.

Nr.	Kriterien (Beobachtungsbereiche)	Vergleich zum Mitbewerber								
		schlechter			gleich			besser		
		1	2	3	4	5	6	7	8	9
1	Relativer Marktanteil							●		
2	Investitionsintensität				●					
3	Wertschöpfung							●		
4	Qualität								●	
5	Kostenstruktur/Kostenvorteil						●			
6	Fachkompetenz								●	
7	Marketing-Know-how								●	
8	Finanzielle Potenz					●				
9	Standort- und andere Vorteile		●							
10	Effizienz des Managements					●				
Gesamtbeurteilung							●			

Abbildung 56: Ermittlung der Wettbewerbsstärke des Geschäftsbereichs 1

Nr.	Kriterien (Beobachtungsbereiche)	Attraktivität des Marktes								
		unattraktiv			neutral			attraktiv		
		1	2	3	4	5	6	7	8	9
1	Marktvolumen			●						
2	Marktwachstum						●			
3	Ertragspotenzial des Marktes							●		
4	Innovationspotenzial des Marktes							●		
5	Konkurrenzverhalten								●	
6	Konjunkturanfälligkeit				●					
7	Substitutionsmöglichkeit						●			
8	Kundenverhalten							●		
9	Beschaffungssicherheit				●					
10	Staatliche Einflüsse								●	
Gesamtbeurteilung							●			

Abbildung 57: Ermittlung der Branchenattraktivität des Geschäftsbereichs 2

Um die Einzelkriterien entsprechend zu gewichten, sind die Ergebnisse in ein Scoring-Modell zu überführen, aus dem sich die gemittelten Durchschnittsergebnisse ableiten lassen. Die Ergebnisse sind für jeden Geschäftsbereich einzeln in das McKinsey-Matrixmodell einzufügen. Abbildung 58 veranschaulicht – ergänzt um die Geschäftsbereiche 2 und 3 – die abgeleitete Matrix.

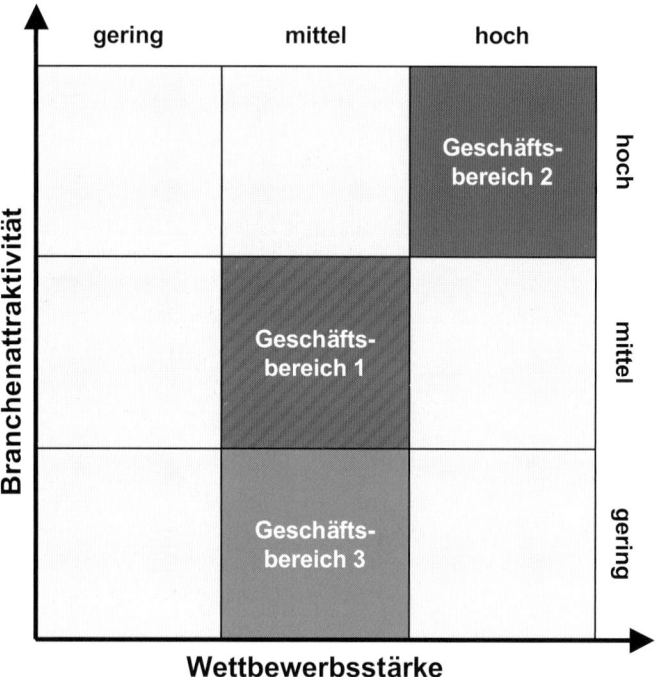

Abbildung 58: Abgeleitete McKinsey-Matrix (vereinfachte Darstellung)

Werden nun die Ergebnisse mit den Normstrategien verbunden, leiten sich die konkreten Empfehlungen ab:

- In den Geschäftsbereich 2 sollte investiert werden, da die eigenen Stärken ausgebaut werden und die Chancen des Marktes genutzt werden sollten (Investitionsstrategie).
- Geschäftsbereich 1 sollte weiter untersucht werden, da er sich in der Zone der Selektionsstrategie befindet. Hierzu sind die Chancen und Risiken im Markt und die internen Stärken und Schwächen durch detaillierte Analysen zu betrachten.
- Geschäftsbereich 3 sollte lediglich als Cashflow-Quelle dienen. Die Investitionen in diesen Bereich sollten eingestellt werden. Zusätzlich sollten die frei werdenden Ressourcen überprüft werden, ob sie in die aussichtsreicheren Geschäftsbereiche überführt werden oder aber durch Verkäufe weitere Cashflows generieren. Falls beide Exit-Strategien keinen Erfolg versprechen, so ist der Geschäftsbereich 3 abzubauen.

Das Unternehmen hat mit seinen drei Geschäftsbereichen ein schwaches Portfolio von Technologien. Zusätzlich zu den Investitions- bzw. Desinvestitionsstrategien der bestehenden Geschäftsbereiche sollten weitere Geschäftsfelder erschlossen werden, um das Unternehmen zu stärken.

1.11.7 Vorlagen auf CD

Die Beilagen-CD zum Buch stellt für dieses Kapitel insbesondere Vorlagen zur Visualisierung von McKinsey-Matrizen zur Verfügung. Darüber hinaus werden aber auch standardisierte Tabellen zur Beurteilung der Branchenattraktivität und Wettbewerbsstärke angeboten, welche jedoch in den meisten Fällen für den konkreten Fall inhaltlich angepasst werden müssen.

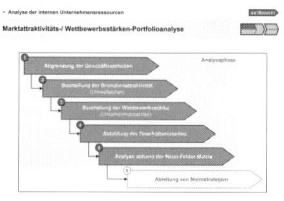 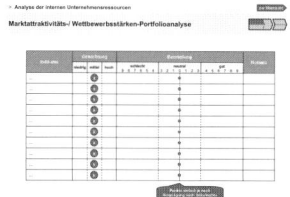 

1.11.8 Verwandte und weiterführende Themen

- Marktwachstum-Marktanteils-Portfolioanalyse
  Das Branchenattraktivität-Wettbewerbsstärken-Portfolio repräsentiert eine Weiterentwicklung des Ansatzes von BCG und wurde von der Unternehmensberatung McKinsey & Company im Rahmen eines Projektes in den 70er Jahren für GE entwickelt. Die Verwandtschaft basiert auf der gleichen Herangehensweise an die Optimierung der Ressourcenallokation eines diversifizierten Unternehmens und unterscheidet sich vorrangig in der etwas höheren Komplexität der McKinsey-Variante. Die abgeleiteten Normstrategien weisen grundsätzlich in vergleichbare Richtungen, siehe Kapitel 5.2.

- Stärken- und Schwächenanalyse
  Die McKinsey-Matrix bezieht mehrere Dimensionen in die Beurteilung der relativen Wettbewerbsstärke ein. Die Identifikation hierfür denkbarer kritischer Erfolgsfaktoren gleicht der entsprechenden Auswahl im Rahmen der Stärken- und Schwächenanalyse (Kapitel 1.13), welche auch ihrerseits unternehmensinterne Stärken und Schwächen gegenüber den Marktteilnehmern untersucht.

- Umweltanalyse
  Die Umweltanalyse (Kapitel 2.1) betrachtet diverse Einflussfaktoren, die von externer Seite auf die Unternehmung wirken und somit Einfluss auf die Attraktivität des Produkt-Markt-Segmentes nehmen, auf welchem das Unternehmen agiert. Diese Vorgehensweise lässt sich im Rahmen der Branchenattraktivität-Wettbewerbsstärken-Portfolioanalyse auf die Beurteilung der Branchenattraktivität hinsichtlich einer Geschäftseinheit übertragen.

- SWOT-Analyse
Analog zur BCG-Matrix kann auch eine Verwandtschaft der SWOT-Analyse zum McKinsey-Portfolio hergeleitet werden. Alle drei Methoden fußen auf der Grundidee, eine unternehmensinterne und eine -externe Perspektive zu berücksichtigen, um Normstrategien für Geschäftseinheiten respektive Unternehmen abzuleiten.

1.11.9 Literaturhinweise

CLIFFORD, D. et al. (1975): *„The game has changed"*, in: McKinsey Quarterly, Fall 1975, S. 2 ff.

HAX, A. C. / MAJLUF, N. S. (1991): *Strategisches Management*, Campus Verlag, Frankfurt am Main/New York, S. 181–198

1.12 Weitere Portfolioanalysen

LEITFRAGEN:
- Wie lassen sich mehrdimensionale Einflüsse übersichtlich darstellen und interpretieren?
- Wie können grundverschiedene Objekte in einem einheitlichen
- Analyseraster miteinander verglichen werden?

1.12.1 Zielsetzung und Anwendungsgebiet

Da Portfolioanalysen, wie in den letzten zwei Kapiteln hinreichend erläutert, auf einem äußerst pragmatischen Ansatz basieren und sich darüber hinaus mit ihrer übersichtlichen Darstellungsform behaupten, hat sich eine unübersehbare Vielzahl von Varianten herausgebildet. Manager und deren interne wie externe Berater wählen nicht selten einen Portfolioansatz, um komplexe Zusammenhänge anschaulich zu aggregieren und normative Behauptungen zur Ableitung konkreter Strategien zu nutzen.

Das folgende Kapitel wird einige weitere Portfolioansätze kurz vorstellen, nicht um einen ohnehin nicht erfüllbaren Anspruch auf Vollständigkeit zu postulieren, sondern um die grundsätzliche Vorgehensweise greifbar zu machen. Es handelt sich vielmehr um eine Art Übersicht und nicht um die ausführliche Vorstellung eines konkreten Instruments.

1.12.2 Beschreibung

Portfolioanalysen verfolgen grundsätzlich die gleiche Idee: Betrachtungsobjekte (welche nicht zwangsläufig Geschäftseinheiten sein müssen) werden nach zwei Kriterien hin beurteilt und entsprechend auf einer Matrix abgebildet. Im Rahmen der Betrachtung der McKinsey-Matrix wurde skizziert, dass die Beurteilung der Geschäftseinheiten auch gegenüber sehr viel mehr Dimensionen erfolgen kann (multifaktorieller Ansatz), jedoch müssen diese dann immer auf zwei zentrale Größen verdichtet werden. Dieses Prinzip gilt für alle Portfolioansätze. Die diversen Ansätze unterscheiden sich im Wesentlichen nur durch die untersuchten Dimensionen und Betrachtungsobjekte. BCG- und McKinsey-Matrix analysieren jeweils Geschäftseinheiten, theoretisch können aber auch einzelne Produkte, Projekte bis hin zu Mitarbeitern mittels verschiedener Ansätze untersucht und in einem Portfolio eingeordnet werden. Im Folgenden werden repräsentativ für alle weiteren Portfolioanalysen drei spezielle Ausprägungen kurz vorgestellt.

Technologie-Portfolio-Matrix: Ausgehend von der Annahme, dass Technologielebenszyklen langfristiger und träger verlaufen als Produktlebenszyklen, wird der Portfolioansatz auf Technologiepotenziale angewendet (vgl. Pfeiffer/Dögl, 1999). Hierbei werden Produkt- und/oder Prozesstechnologien entlang der einen Achse nach ihrer Ressourcenstärke und entlang der anderen Achse nach ihrer Technologieattraktivität bewertet und positioniert. Die Ressourcenstärke repräsentiert analog zum bekann-

MERKE:
Es können nicht nur Geschäftseinheiten betrachtet werden, sondern ebenso Produkte, Personen, Projekte oder anderes.

MERKE:
Hinsichtlich der Komplexität werden der zweifaktorielle und der multifaktorielle Ansatz unterschieden.

ten Vorgehen die unternehmensinterne Finanz- und Know-how-Stärke in Relation zu den Mitbewerbern. Als Technologieattraktivität wird die externe Umfeldsituation mit den daraus erwachsenden Bedarfsnotwendigkeiten im entsprechenden Technologiebereich bezeichnet, welche wiederum nicht vom Unternehmen selbst beeinflussbar ist. Wie bei der McKinsey-Matrix wird zur Einordnung eine 9-Felder-Matrix gewählt. Abbildung 59 zeigt diese und beinhaltet bereits der Einfachheit halber die mit den Feldern verbundenen Normstrategien.

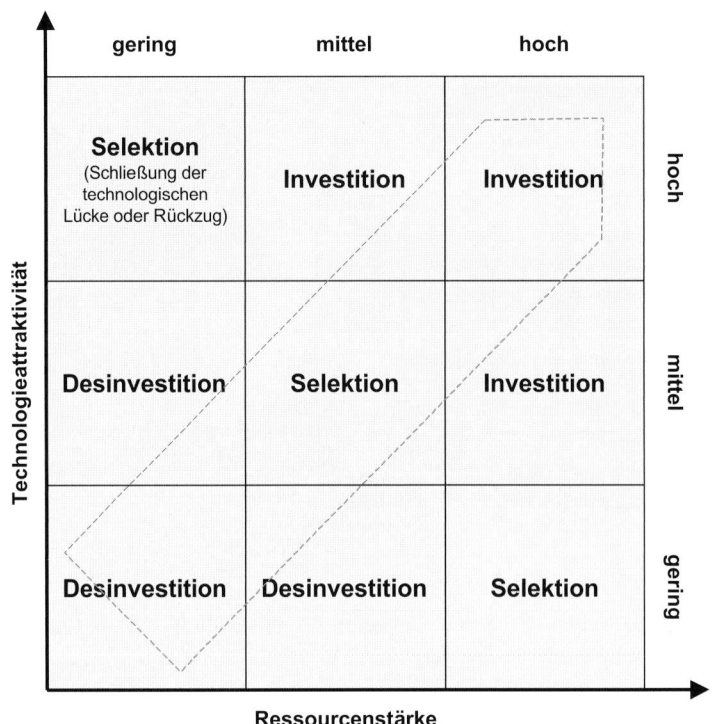

Abbildung 59: Die Technologie-Portfolio-Matrix

Geschäftsfeld-Ressourcen-Portfolio: Dieser Ansatz bezieht die Beschaffungssituation in die Betrachtung mit ein. Die Ressourcenbeurteilung für einzelne Produkte nach Verfügbarkeit und Kostenentwicklung ersetzt hierbei die interne Wettbewerbsstärke und besetzt somit den Platz auf der Unternehmensachse. Die Ressourcen werden wiederum analog zur McKinsey-Matrix in drei Kategorien von kritisch bis nicht kritisch eingeteilt. Die Umweltachse beurteilt die Produkte weiterhin nach ihrer Marktattraktivität unter Berücksichtigung des Produktlebenszyklus und teilt sie ebenfalls in die Kategorien kritisch, neutral und nicht kritisch ein. Abbildung 60 zeigt wiederum das entsprechende Portfolio inklusive der strategischen Beurteilung für die resultierenden Matrixfelder.

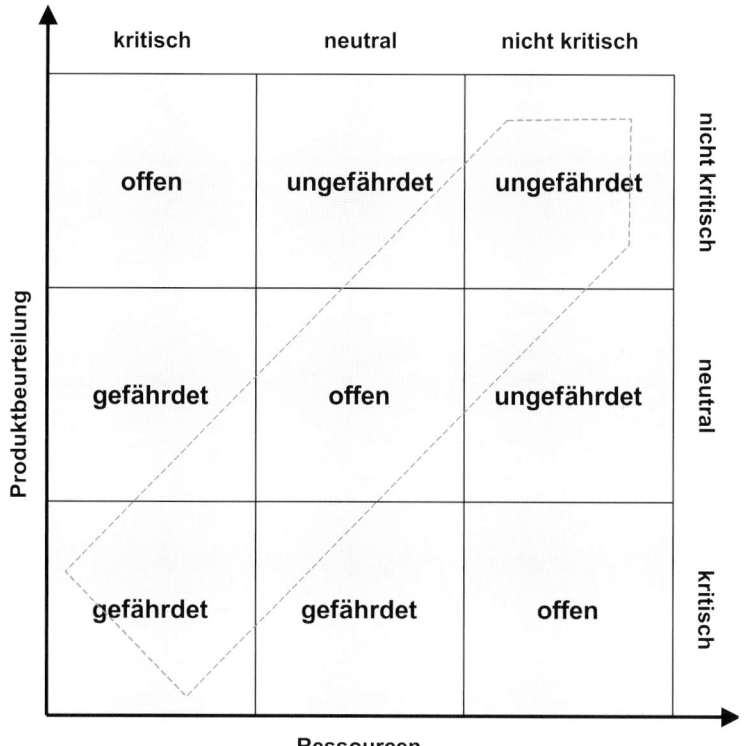

Abbildung 60: Das Geschäftsfeld-Ressourcen-Portfolio

Humanressourcen-Portfolio: Das Humanressourcen-Portfolio ist inhaltlich nun deutlich von den anderen Ansätzen entfernt und soll u.a. verdeutlichen, wie vielseitig der Portfolioansatz nutzbar ist (vgl. Duch, 1984). Das Humanressourcen-Portfolio wird zur Identifikation vorhandener und potenzieller Mitarbeiterressourcen eingesetzt und dient damit sowohl der Ermittlung des Personalbeschaffungs- als auch des Personalentwicklungsbedarfes. Auf der einen Achse werden das derzeitige Leistungsverhalten und/oder das derzeitige Qualifikationsniveau abgetragen, auf der anderen Achse wird das zukunftsorientierte Entwicklungspotenzial beurteilt. Der Matrixaufbau führt beide Dimensionen zusammen. Beide Achsen werden in zwei Kategorien eingeteilt, so dass eine 4-Felder-Matrix resultiert. Die Abbildung 61 visualisiert diesen Aufbau und skizziert weiterhin die Bezeichnungen der Felder sowie die auf sie bezogenen generischen Strategien im Bereich des Personalmanagements.

MERKE:
Das Human-
ressourcen-Port-
folio ordnet
Humanressourcen
nach aktuellem
und potenziellem
Leistungsstand.

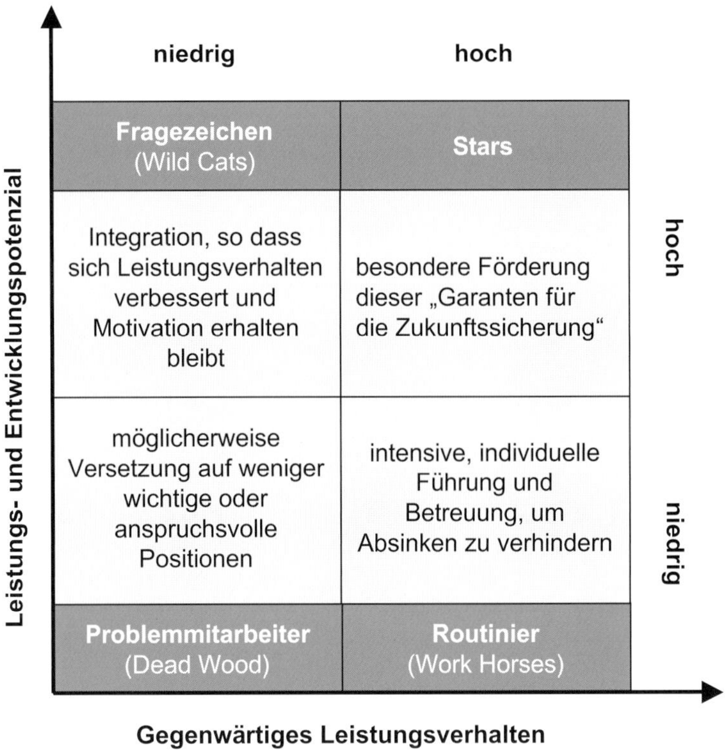

Abbildung 61: Das Humanressourcen-Portfolio

1.12.3 Vorgehensweise

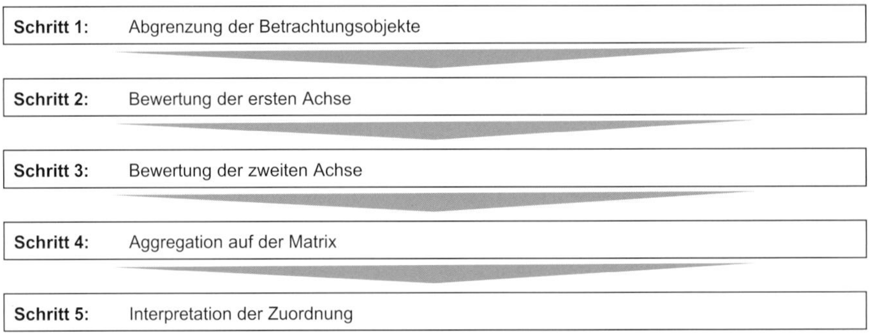

Schritt 1:	Abgrenzung der Betrachtungsobjekte

Schritt 2:	Bewertung der ersten Achse

Schritt 3:	Bewertung der zweiten Achse

Schritt 4:	Aggregation auf der Matrix

Schritt 5:	Interpretation der Zuordnung

Abbildung 62: Verallgemeinertes Vorgehen bei Portfolioanalysen

Das im Folgenden skizzierte Vorgehen ist stark verallgemeinert, um eine Gültigkeit für sämtliche Portfolioansätze zu erreichen.

Schritt 1: Abgrenzung der Betrachtungsobjekte

Wie oben bereits erwähnt, muss an dieser Stelle mit dem abstrakten Begriff „Betrachtungsobjekt" operiert werden, da die Portfolioanalyse in unterschiedlichen Kontexten Anwendung finden kann. Grundsätzlich ist hinsichtlich einer fundierten Interpretation der finalen Zuordnung auf eine konsequente Abgrenzung der Betrachtungsobjekte untereinander zu achten. Weiterhin müssen sie voneinander unabhängig sein, da sonst keine Normstrategien isoliert Anwendung finden dürften.

CHECKLISTE:
Die Betrachtungsobjekte müssen klar abgegrenzt und voneinander unabhängig sein.

Schritte 2 und 3: Bewertung der Achsen

Unter Bewertung der Achsen wird an dieser Stelle die Beurteilung des Betrachtungsobjektes nach den beiden Dimensionen verstanden. Zu unterscheiden sind im Grunde nur zwei Fälle. Entweder es kann eine direkte Beurteilung aufgrund eines vorab definierten, zentralen Merkmals erfolgen (siehe BCG-Matrix) oder die Betrachtungsobjekte werden über mehrere Faktoren beurteilt (multifaktorieller Ansatz), wobei diese Teilergebnisse dann über eine entsprechende Gewichtung zu einem Gesamturteil verdichtet werden müssen, um dieses auf der Matrix abtragen zu können.

CHECKLISTE:
Wie viele Faktoren werden zur Bewertung einbezogen?
Wie werden sie zu einem Merkmal verdichtet?

Schritt 4: Aggregation auf der Matrix

Nach erfolgten Beurteilungen können die Betrachtungsobjekte gemäß ihren Ausprägungen auf der Matrix zugeordnet werden. Im Vorfeld müssen jedoch noch die Achseneinteilungen definiert werden. Häufig besteht die Schwierigkeit in der Festlegung der entsprechenden Übergänge von einer Kategorie zur nächsten. Die Definition muss in der Regel für den Einzelfall erfolgen, die Komplexität dieses Vorgangs wurde im Kapitel zur BCG-Matrix hinreichend beschrieben.

CHECKLISTE:
In wie viele Kategorien werden die Achsen eingeteilt?
Wie werden die Übergänge definiert?

Schritt 5: Interpretation der Zuordnung

Im letzten Schritt vor der Ableitung adäquater Normstrategien müssen die zugeordneten Betrachtungsobjekte interpretiert werden. Optimalerweise werden hierfür im Vorfeld übliche Ausprägungen für jedes Matrixfeld charakterisiert. Dies hat in der Regel den Vorteil, dass ohne konkret zugeordnete Betrachtungsobjekte diese Charakterisierung unvoreingenommener und objektiver möglich sein sollte. Die entsprechenden Normausprägungen können dann für die zugeordneten Elemente angewendet werden.

1.12.4 Vor- und Nachteile

Im Folgenden werden allgemeine Vor- und Nachteile von Portfolioansätzen gelistet, welche sich in den vorangegangenen Kapiteln zur BCG- und McKinsey-Matrix ebenfalls wieder finden und dort spezifiziert sind.

Vorteile	Nachteile
• Einfaches Modell • Übersichtliche, verdichtete Darstellung komplexer Zusammenhänge • Klare Visualisierung/hohes Kommunikationspotenzial • Sehr anerkannte, etablierte Vorgehensweise: Empfänger kennt die Methodik im Zweifel und kann sich auf die Interpretation konzentrieren • Geeignet zur Entscheidungsvorbereitung • Systematische Clusterung	• Abgrenzung der Ausprägungen je Achse schwierig und/oder subjektiv • Abgrenzung der betrachteten Dimension erfolgskritisch: müssen voneinander unabhängig sein • Beide Dimensionen häufig zu stark aggregiert, um fundierte Entscheidung im Einzelfall zu treffen • Starke Vereinfachung der Zusammenhänge

Tabelle 19: Allgemeine Vor- und Nachteile von Portfolioansätzen

1.12.5 Praxisbeispiel

Das Praxisbeispiel zeigt eine weitere sehr anschauliche Ausprägung der Portfoliomethodik. Der amerikanische General und spätere Präsident Dwight D. Eisenhower gab einem simplen Prinzip seinen Namen, welches dabei hilft, Wesentliches und Unwesentliches zu differenzieren. Das Eisenhower-Prinzip ist von faszinierender Einfachheit und ermöglicht effektives und effizientes Zeitmanagement, indem es sämtliche anfallenden Aufgaben und Projekte sinnvoll strukturiert. Hierbei werden alle anstehenden Tätigkeiten hinsichtlich Dringlichkeit (Achse eins) und Wichtigkeit (Achse zwei) bewertet. Für beide Achsen sind jeweils nur zwei Ausprägungen vorgesehen: dringend und nicht dringend sowie wichtig und unwichtig. Dringlichkeit ist an dieser Stelle rein zeitlich zu interpretieren. Das heißt, dringliche Tätigkeiten sind in der Regel zeitnah terminiert und eine Nichteinhaltung dieses Termins ist mit Sanktionen belegt, die sich nutzenmindernd auswirken. „Wichtig" ist sachlich zu verstehen. Wichtige Tätigkeiten sind erfolgskritisch und somit mit relativem Risiko behaftet. Die Erfüllung wichtiger Aufgaben spendet in der Regel hohen Nutzen. Werden demnach für alle anfallenden Aufgaben und/oder Projekte die Fragen, ob sie (a) dringlich und (b) wichtig sind, beantwortet, können sie im Anschluss innerhalb der 4-Felder-Matrix eingeordnet werden. Abbildung 63 visualisiert eine solche Matrix:

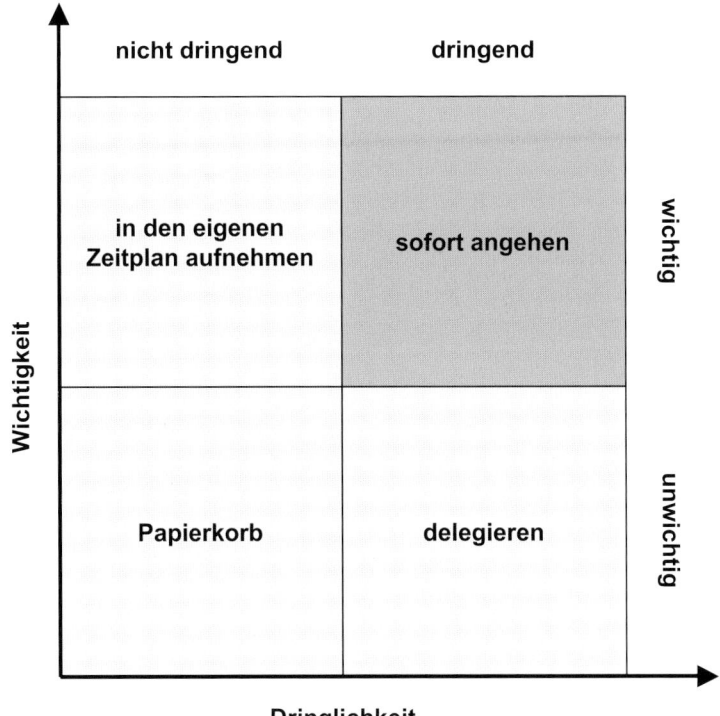

Abbildung 63: Zeitmanagement nach dem Eisenhower-Prinzip

Tätigkeiten, die sowohl wichtig und dringlich sind, besitzen höchste Priorität und sollten umgehend selbst erledigt werden. Dringende Aufgaben, die weniger wichtig sind, sollten delegiert werden, wobei wichtige, aber weniger dringende Tätigkeiten im persönlichen Zeitplan vermerkt werden sollten. Unwichtige und nicht dringende Aufgaben können komplett vernachlässigt bzw. zumindest ganz hinten angestellt werden, soweit eine Vernachlässigung praktisch ausgeschlossen ist.

1.12.6 Vorlagen auf CD

Auf der CD zum Buch finden Sie Vorlagen zur Darstellung der hier angesprochenen Portfolios sowie weiterer denkbarer Ansätze.

1.12.7 Literaturhinweise

DUCH, K. C. (1984): *„Strategisches Management der Human-Ressourcen"*, in: Wieselhuber, N. / Töpfer, N. (Hrsg.): *Handbuch Strategisches Marketing*, Landsberg am Lech 1984, S. 373–390

PFEIFFER, W. / DÖGL, R. (1999): *„Das Technologie-Portfolio-Konzept zur Beherrschung der Schnittstelle Technik und Unternehmensstrategie"*, in: Hahn, D. / Taylor, B. (Hrsg.): *Strategische Unternehmensplanung, Strategische Unternehmensführung*, 7. Aufl., Physica-Verlag, Heidelberg/Wien 1999, S. 440–468

1.13 Stärken-Schwächen-Analyse

?

LEITFRAGEN:
- Was sind meine Stärken?
- Was sind meine Schwächen?
- Wo liege ich diesbezüglich gegenüber meinen Wettbewerbern?
- Wo muss ich mich verbessern?

1.13.1 Zielsetzung und Anwendungsgebiet

Die Identifikation unternehmensspezifischer Stärken und Schwächen und damit die eigene relative Wettbewerbsstärke sind essenziell für ein erfolgreiches Management. Die Stärken- und Schwächenanalyse steht hierfür als Instrument zur Verfügung. Dieses Wissen über die eigenen Fähigkeiten und Grenzen, differenziert nach Unternehmensbereichen, kann entweder zur Bewertung alternativer Strategien oder zur ständigen Weiterentwicklung der eigenen unternehmerischen Fähigkeiten herangezogen werden, indem Verbesserungspotenziale offen gelegt und gezielt Lösungsansätze angesetzt werden können.

Die Stärken- und Schwächenanalyse kann sowohl zu bestimmten Zwecken einmalig durchgeführt werden als auch im Zuge kontinuierlicher Verbesserungsprozesse regelmäßig. Im zweiten Fall ist neben der zentralen Abbildung von Stärken und Schwächen auch die Identifikation und Visualisierung von Entwicklungspfaden denkbar, um Tendenzen festzustellen.

In der Regel werden die Stärken und Schwächen des eigenen Unternehmens in Relation zu den wichtigsten Wettbewerbern bewertet. Dies erhöht vorrangig die Aussagekraft der identifizierten Ergebnisse, denn eine festgestellte Stärke, die allerdings jeder Wettbewerber besitzt, wirkt nicht als Wettbewerbsvorteil.

1.13.2 Beschreibung

Die Stärken- und Schwächenanalyse besteht im Kern aus einem Profilvergleich. Ausgewählte Erfolgsfaktoren des eigenen Unternehmens werden zur Identifikation von Stärken und Schwächen in Relation zu den wichtigsten Wettbewerbern bewertet. Dabei basiert der Aufbau des Profilvergleichs im Wesentlichen aus der Auswahl aller erfolgskritischen Faktoren für die Wettbewerbsfähigkeit der eigenen Unternehmung sowie der Festlegung einer adäquaten Bewertungsskala. Die eigentliche Bewertung der Erfolgsfaktoren erfolgt durch systematischen Einbezug des Wissens und der Erfahrungen von Mitarbeitern verschiedener Verantwortungsbereiche, von Kunden sowie durch weitere externe Informationen (Studien, Geschäftsberichte etc.). Auf diese Weise kann eine weitestgehend objektive Bewertung des Unternehmens erreicht werden, die im gemittelten Ergebnis durch eine breite Basis gestützt ist.

Besonders interessant sind im Resultat des Profilvergleichs diejenigen Erfolgsfaktoren, bei denen ein besonderer Unterschied zu den Wettbewerbern festgestellt werden kann.

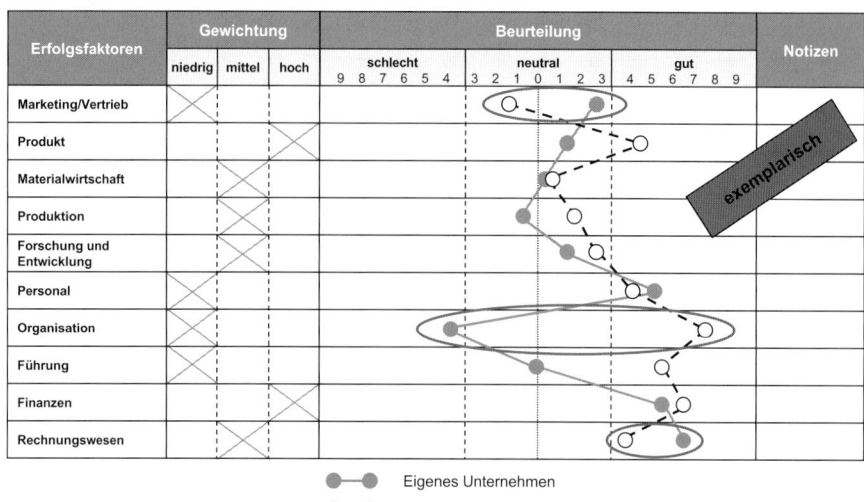

Abbildung 64: Exemplarisches Stärken- und Schwächenprofil

Sollten diese Unterschiede zu eigenen Gunsten ausfallen, d. h. unternehmensspezifische Stärken repräsentieren, sollten die entsprechenden Erfolgsfaktoren zu wertbringenden Wettbewerbsvorteilen ausgebaut werden. Im umgekehrten Fall hat man direkte Verbesserungspotenziale identifiziert.

Die Funktion festgestellter Stärken und Schwächen als Informationsgrundlage zur Bewertung strategischer Handlungsoptionen wurde bereits erwähnt. Allgemein können die Erkenntnisse aus einer soliden Stärken- und Schwächenanalyse außerdem zur Minimierung unternehmerischen Risikos eingesetzt werden, indem man sich einfach darüber bewusst wird, aus welchen Unternehmensbereichen wirtschaftliche Gefahren drohen. Entgegenwirkende Maßnahmen können gestaltet werden.

Sollten Stärken-/Schwächenanalysen in einem regelmäßigen Rhythmus durchgeführt werden, können zusätzlich Erkenntnisse aus den zeitlichen Entwicklungen gezogen werden. Eine regelmäßige Anwendung bietet somit eine Funktion der Steuerung, Planung und vor allem der Erfolgskontrolle.

Die folgende Tabelle bietet als Hilfestellung eine allgemein gültige Checkliste zur Festlegung der erforderlichen unternehmerischen Erfolgsfaktoren, die im Rahmen der Analyse bewertet werden sollten. Eine solche Checkliste erleichtert nicht nur die Auswahl der richtigen Bewertungskriterien, sondern besitzt den positiven Nebeneffekt, dass die Verantwortlichen mit ihrer Verwendung zu systematischen und umfassenden Ansätzen gezwungen werden.

Bereich	Erfolgsfaktoren/Bewertungskriterien
Marketing und Vertrieb	Leistungsangebot, Preisgestaltung, Image, Marktanteil, Marktwachstum, Absatzentwicklung, Distribution, Vertriebsnetz, Werbung, Beschwerdemanagement, Termintreue, Kundenstruktur, Auftragsbearbeitung, Konjunkturanfälligkeit, Kundenservice, Marktbearbeitung, Außendienst, Marktforschung, Absatzplanung, Kundentreue etc.
Produkt	Produktportfolio, Qualität, Produktimage, Produktlebenszyklus, Preis-Leistungs-Verhältnis, Design etc.
Materialwirtschaft	Lieferanten, Abhängigkeiten, Einkaufskosten, Qualitätskontrollen, Lagerhaltung, Bestandsüberwachung, optimale Bestellmengen, Bestellrhythmen, Logistik, Kapitalbindung, Lagerumschlag, Lagersystem etc.
Produktion	Anlagen, Technologien, Standort, Produktivität, Kostenstruktur, Auslastung, Flexibilität, Termintreue, Qualitätsmanagement, Grad der vertikalen Integration, Rohstoffversorgung, Arbeitsplatzgestaltung etc.
Forschung und Entwicklung	Prozesse, Know-how, Innovationen, Forschungsaufwand, Kooperationen, Lizenzen, Entwicklungspotenzial etc.
Personal	Fachliche Qualifikation, Professionalität, Aus- und Weiterbildung, Altersstruktur, Anreizstruktur, Entlohnung, Motivation, Lernbereitschaft, Mitarbeiterfluktuation, Betriebsklima, Image als Arbeitgeber etc.
Organisation	Aufbauorganisation, Ablauforganisation, Anpassungsfähigkeit, Strategiekonformität, Informationsmanagement, IT-Einsatz, Projektmanagement, Wissensmanagement etc.
Führung	Qualität der Entscheidungen, Führungsstil, Teamfähigkeit, Ziele, Dynamik, Motivation der Mitarbeiter, Marktorientierung, Transparenz, Delegation, Führungskräftenachwuchs, Altersstruktur der Führungskräfte etc.
Finanzen	Eigenkapitalausstattung, Verschuldungsgrad, Finanzkraft, Liquidität, Gewinnentwicklung, -verwendung, Rentabilität, Cashflow, Finanzplanung, Investitionsplanung etc.
Rechnungswesen	Kostenzuordnung, -kontrolle, -planung, Gewinn- und Umsatzplanung, Frühwarnsysteme etc.

Tabelle 20: Allgemeine Übersicht unternehmerischer Erfolgsfaktoren

1.13.3 Voraussetzungen und notwendiger Input

Zur Durchführung einer Stärken- und Schwächenanalyse sind weniger methodische denn detaillierte Kenntnisse über das eigene Unternehmen notwendig. Hierzu sollten Experten sämtlicher zu analysierender Geschäftsbereiche involviert werden, die im Idealfall über ein hohes Maß an Erfahrung verfügen.

Neben fundiertem Wissen über das eigene Unternehmen sind weiterhin vergleichbare Daten über die wichtigsten Wettbewerber notwendig, um die skizzierten Relationen herausarbeiten zu können. Diese Datenbeschaffung gleicht grundsätzlich den Vorgehensweisen bei einer Konkurrenzanalyse (Kapitel 2.3) oder einem Benchmarking (Kapitel 2.6).

1.13.4 Vorgehensweise

MERKE:
1. Kriterien
2. Prozess
3. Bewertung
4. Auswertung

Abbildung 65: Vorgehensweise bei der Stärken- und Schwächenanalyse

Schritt 1: Analyse und Festlegung relevanter Erfolgsfaktoren

Zentral sind die zwei Fragen: In welchen Bereichen müssen wir gut aufgestellt sein, um erfolgreich zu sein? Welche Faktoren sind für die eigene Wettbewerbsfähigkeit besonders relevant?

Grundsätzlich bestehen zwei Möglichkeiten bei der Erarbeitung sinnvoller Bewertungskriterien für die Stärken- und Schwächenanalyse. Die erste Alternative ist ein Brainstorming mit Führungskräften. Diese fassen alle für sie relevanten Erfolgsfaktoren des eigenen Unternehmens zusammen. Im Anschluss wird die Liste – der Kriterienkatalog – kategorisiert und mittels einer Checkliste auf Vollständigkeit hin überprüft. Alternative zwei verfolgt das gleiche Ziel, setzt aber an der anderen Seite an. Eine allgemein gültige Checkliste unternehmerischer Erfolgsfaktoren (siehe Tabelle 20) wird Punkt für Punkt analysiert und auf das eigene Unternehmen zugeschnitten, d.h. es werden diejenigen Punkte herausgefiltert und ergänzt, die individuell von Relevanz sind. Im Ergebnis liegt ebenfalls wie bei Alternative eins ein Kriterienkatalog vor.

Unabhängig davon, welcher Weg gewählt wird, ist das Ziel dieses ersten Schrittes die Abbildung sämtlicher Erfolgsfaktoren des eigenen Unternehmens, die Einfluss auf die eigene Wettbewerbsstärke haben. Diese sollen im Anschluss bewertet werden.

Die Auswahl der Erfolgsfaktoren muss unter Einbezug der Führungs-

TIPP:
Die Wertkette kann als sinnvoller Rahmen zur Identifikation der Erfolgsfaktoren dienen.

kräfte geschehen. Ob dies in der Praxis in Form von Besprechungen, Einzelinterviews oder Ähnliches abläuft, ist prinzipiell sekundär. Sollten keine allgemeinen Checklisten vorhanden oder diese für eine Individualisierung wenig hilfreich sein, sollte die eigene Wertschöpfungskette herangezogen werden. Anhand dieser können gemäß den primären und unterstützenden Aktivitäten entsprechende Erfolgsfaktoren heruntergebrochen werden (siehe auch Kapitel 1.9).

Schritt 2: Bestimmung des Beurteilungsprozesses

Wenn die Erfolgsfaktoren identifiziert sind, ist die Festlegung einer sinnvollen Bewertungsskala notwendig, mittels welcher die Bewertung der einzelnen Kriterien vorgenommen werden kann. Hierfür gibt es viele denkbare Varianten:

- Noten von Eins bis Sechs (vergleichbar mit Schulnoten),
- banale Kategorisierungen wie z.B. niedrig, mittel, hoch oder A bis C etc.,
- weitere Skalen mit unterschiedlichen Streuungen (z.B. prozentual oder individuelle Größen).

Als sehr geeignet hat sich eine Streuung von negativen Ausprägungen über einen neutralen Wert in positive Bereiche erwiesen. Wobei hier der Wert null als neutrale Beurteilung, der maximale negative Wert als besonders schlechte und der maximale positive als entsprechend optimale Beurteilung zu interpretieren ist, siehe Abbildung 66.

Die Bewertungsskala ist in jedem Fall auf den Einzelfall abzustimmen. Optional können neben dem vorbereiteten Bewertungsbereich auch die einzelnen Erfolgsfaktoren gesondert gewichtet werden, d.h. ihre jeweilige Relevanz zur Bestimmung von unternehmensspezifischen Stärken und Schwächen differenziert werden. Exemplarisch wurde dies in Abbildung 66 über die drei Kategorien niedrig, mittel und hoch vorgenommen. Auch hier sind verschiedenste Varianten denkbar.

Schritt 3: Relative Bewertung der Erfolgsfaktoren

Wie beschrieben, erfolgt die eigentliche Bewertung durch Mitarbeiter, Kunden und allgemeine Informationen. Ein empfehlenswertes Vorgehen ist eine isolierte und vor allem anonyme Befragung aller Beteiligten, um ein möglichst objektives Ergebnis zu erzielen. Bei der Befragung ist insbesondere auf die Klarstellung der Referenzwerte zu achten, damit die einzelnen Beteiligten nicht ausschließlich bestehende Selbstbilder wiedergeben, sondern gezwungen werden, die einzelnen Faktoren in einen einheitlichen Zusammenhang zu setzen.

MERKE:
Die Beurteilung der Bewertungskriterien erfolgt durch Führungskräfte, Mitarbeiter, Kunden und ergänzende Informationen.

Die einfachste Gesamtbewertung eines jeden Erfolgsfaktors geschieht dann durch die Errechnung des Durchschnittswertes. Diese repräsentativen Durchschnittswerte werden abgetragen, miteinander verbunden und man erhält das gewünschte Profil. Abbildung 66 stellt das Ergebnis dieses Vorgehens dar.

Erfolgsfaktoren	Beurteilung		
	schlecht 9 8 7 6 5 4	neutral 3 2 1 0 1 2 3	gut 4 5 6 7 8 9
Erfolgsfaktor 1			
Erfolgsfaktor 2			
Erfolgsfaktor 3		Durchschnittswerte	
Erfolgsfaktor 4			
Erfolgsfaktor 5			
Erfolgsfaktor 6			

Abbildung 66: Erstellung eines Stärken- und Schwächenprofils

Das Gleiche wird dann für ausgewählte Wettbewerber durchgeführt, um die Unterschiede hervorzuheben und die angesprochenen Schlüsse ziehen zu können. Auf die grafische Aufbereitung des Profilvergleichs sollte nicht verzichtet werden, da sie die Kommunikation erheblich erleichtert.

Schritt 4: Auswertung der Ergebnisse

Im Zuge der Auswertung des erstellten Profilvergleichs sollten insbesondere sowohl besonders positive als auch besonders negative Bewertungen mit den Führungskräften diskutiert werden. Dies erfolgt idealerweise im Rahmen eines gemeinsamen Seminars. Ausgehend von den Ergebnissen und der anschließenden kritischen Diskussion, welche gegebenenfalls Bewertungen näher erläutert und Resultate interpretiert, können Ziele definiert und Aktionsprogramme gestaltet werden.

Die Konsequenzen lassen sich bezüglich ihres zeitlichen Horizonts differenzieren. Zum einen unterstützt das Wissen um unternehmensinterne Stärken und Schwächen die Formulierung einer langfristigen, strategischen Ausrichtung auf den Markt, wobei resultierende Ausprägungen in veränderbare und feststehende Situationen unterschieden werden müssen. Zum anderen kann kurz- und mittelfristig Handlungsbedarf in Form von Verbesserungspotenzialen identifiziert werden.

Bei Wiederholungen der Stärken-/Schwächenanalyse sollte darauf geachtet werden, dass die Parameter des Profilvergleichs nicht grundsätzlich verändert werden, um eine Vergleichbarkeit der Ergebnisse zu gewährleisten. Zu den Parametern zählen hier insbesondere die Bewertungsskala, die definierten Erfolgsfaktoren im Wesentlichen, vor allem aber auch die Struktur der Beteiligten.

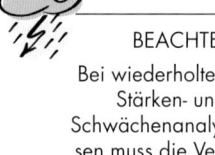

BEACHTE:
Bei wiederholten Stärken- und Schwächenanalysen muss die Vergleichbarkeit gewahrt werden.

1.13.5 Vor- und Nachteile

Vorteile	Nachteile
• Transparenter Aufbau • Nachvollziehbarkeit für Beteiligte und externe Empfänger der Analyse • Intuitive Umsetzbarkeit • Förderung ganzheitlicher Denkweise des Managements	• Generierung der Wettbewerberdaten oft schwierig

Tabelle 21: Vor- und Nachteile der Stärken- und Schwächenanalyse

1.13.6 Praxisbeispiel

Im Folgenden werden drei exemplarische Fragestellungen dargestellt, bei welchen die Stärken- und Schwächenanalyse nutzbringend eingesetzt werden kann.

Geschäftsfeldentwicklung: Die Auswahl aus verschiedenen strategischen Optionen ist in der Regel von einer Vielzahl von Einflussfaktoren abhängig. Unerlässlich ist aber grundsätzlich die Berücksichtigung interner Stärken und Schwächen. Eine Strategie muss realistisch sein, d.h. eigene Schwächen und damit ein gewisses Unvermögen berücksichtigen und Ziele nicht von ihnen abhängig machen. Aber die Strategie muss andererseits die Stärken des Unternehmens fordern und fördern, um Wettbewerbsvorteile gegenüber anderen Marktteilnehmern erst erzielen zu können.

Kommunikationspolitik: Im Bereich der Kommunikation, sei es gegenüber Investoren, dem Arbeitsmarkt, Kunden oder Geschäftspartnern, sollten besonders die unternehmensinternen Stärken betont werden. Die Stärken- und Schwächenanalyse liefert hierfür die nötigen Informationen. Gleiches gilt natürlich für die Produktwerbung in besonderem Ausmaß.

Kosteneinsparungsprojekte: Steht ein Unternehmen vor der Herausforderung, Kosten einsparen zu müssen, sollten die entsprechenden Hebel sorgfältig ausgesucht werden. Das Wissen um eigene Stärken und Schwächen, besonders jeweils in Relation zu den Wettbewerbern, unterstützt diesen Prozess erheblich. Abgesehen davon, dass Kosten zunächst unabhängig von vorhandenen Stärken und Schwächen im Bereich von Ineffizienzen eingespart werden sollten, geben jene doch Auskunft darüber, welche Stärken tunlichst nicht von Kosteneinsparungen gemindert werden sollten, um keine Nachteile am Markt hinnehmen zu müssen.

1.13.7 Vorlagen auf CD

Die PowerPoint-Vorlagen zu diesem Kapitel umfassen eine Vorlage für Stärken- und Schwächenprofile, zehn Checklisten zur Identifikation der Erfolgsfaktoren/Bewertungskriterien und einen Visualisierungsvorschlag zu dem allgemeinen Vorgehen bei der Stärken- und Schwächenanalyse.

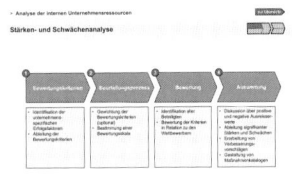 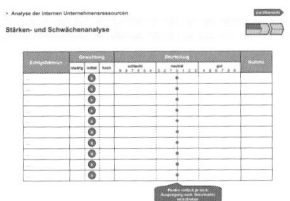 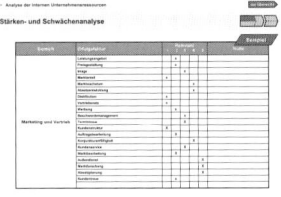

1.13.8 Verwandte und weiterführende Themen

- SWOT-Analyse
  Die SWOT-Analyse aggregiert die Analyse interner Unternehmensressourcen sowie die Analyse externer Marktkräfte zu einem Portfolio. Die Stärken- und Schwächenanalyse speist den unternehmensinternen Teil dieser Übersicht zur Bewertung der Möglichkeiten und Grenzen eines Unternehmens (siehe auch Kapitel 3).

- Konkurrenzanalyse
  Die Konkurrenzanalyse geht bei der Untersuchung der Wettbewerber ähnlich vor wie die Stärken- und Schwächenanalyse, nutzt beispielsweise ebenfalls Profilvergleiche. Sie kann hinzugezogen werden, um die identifizierten Stärken und Schwächen mit vergleichbaren Daten der Wettbewerber in Relation zu setzen (siehe auch Kapitel 2.3).

1.13.9 Literaturhinweise

Ansoff, H. I. (1965): „Checklist for Competitive and Competence Profiles", in: Corporate Strategy, McGraw-Hill, New York 1965, S. 98 ff.

Buchele, R. (1962): „How to Evaluate a Firm", in: California Management Review, Fall 1962, S. 5–16

PORTER, M. E. (1980): Competitive Strategy, Free Press, New York 1980

PORTER, M. E. (1999): Wettbewerbsstrategie: Methoden zur Analyse von Branchen und Konkurrenten (deutsche Übersetzung von Competitive Strategy), 10. Aufl., Campus Verlag, Frankfurt am Main/New York 1999, S. 105–109

2

Analyse der externen Marktkräfte

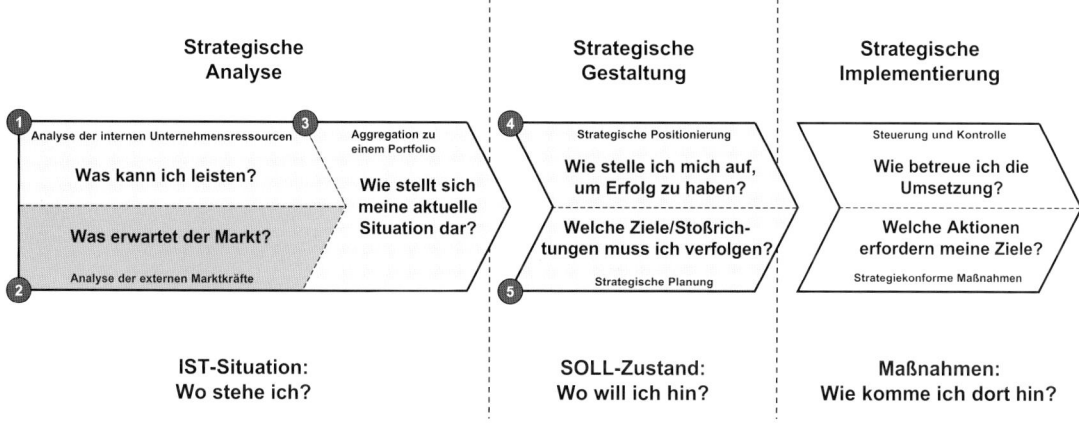

Strategische Analyse

Analyse der internen Unternehmensressourcen

Was kann ich leisten?

Was erwartet der Markt?

Analyse der externen Marktkräfte

Aggregation zu einem Portfolio

Wie stellt sich meine aktuelle Situation dar?

IST-Situation:
Wo stehe ich?

Strategische Gestaltung

Strategische Positionierung

Wie stelle ich mich auf, um Erfolg zu haben?

Welche Ziele/Stoßrichtungen muss ich verfolgen?

Strategische Planung

SOLL-Zustand:
Wo will ich hin?

Strategische Implementierung

Steuerung und Kontrolle

Wie betreue ich die Umsetzung?

Welche Aktionen erfordern meine Ziele?

Strategiekonforme Maßnahmen

Maßnahmen:
Wie komme ich dort hin?

1 – 5 : Kapitel des Buches

2.1 Umweltanalyse

LEITFRAGEN:
- Welche externen Faktoren beeinflussen unser Geschäft?
- Wie entwickeln sich die Trends?
- Wie können wir die Tendenzen für uns sicht- und nutzbar machen?

2.1.1 Zielsetzung und Anwendungsgebiet

Für jede Organisation ist es entscheidend, wichtige Einflussfaktoren zu beobachten und in die strategischen Entscheidungen mit einzubeziehen. Die Umweltanalyse dient dazu, Entwicklungen in einer vielschichtigen Umwelt abzuwägen und deren Bedeutung für das eigene Unternehmen zu beurteilen. Die laufenden Veränderungen der Unternehmensumwelt, der Branche sowie der Rahmenbedingungen können mit Hilfe des Konzepts beobachtet und erklärt werden. Ein entscheidender Vorteil liegt in der Schnelligkeit (S-Faktor): Dem Unternehmen wird ermöglicht, stets über ein breites Spektrum von Veränderungen informiert zu sein, zum Teil, noch bevor sie in seiner unmittelbaren Umwelt stattfinden. Die Unternehmensführung kann auf diese Weise rechtzeitig agieren und strategische Optionen entwickeln.

2.1.2 Beschreibung

Die Umweltanalyse (oftmals auch als PEST-Analyse bezeichnet; PEST = Political, Economical, Social, Technological) bietet einen analytischen Rahmen, der den Einfluss der folgenden sechs typischen makroökonomischen Faktoren betrachtet, die ein Unternehmen, eine Branche und einen Markt formen (vgl. Fahey, 1999). In der Literatur gibt es eine Reihe von Ansätzen, die auch eine andere Anzahl von Einflussfaktoren benennen. Beispielsweise zählen in der „PEST"-Analyse lediglich vier Faktoren zu der Unternehmensumwelt. Für eine umfassende Darstellung wurde auf den umfangreichsten, aber dennoch logischen Ansatz zurückgegriffen. Abschließend lässt sich sagen, dass die Anzahl und Art der Einflussfaktoren unternehmensspezifisch festgelegt werden müssen und nicht allgemein gültig benannt werden können.

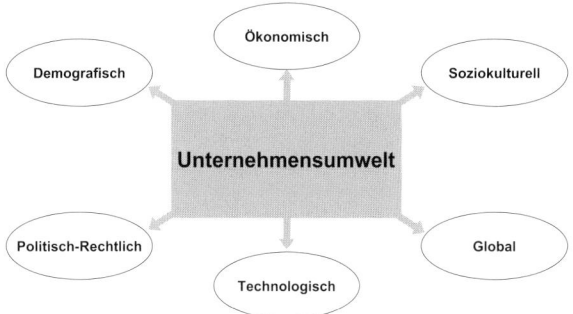

Abbildung 67: Faktoren der Unternehmensumwelt

- Ökonomische Faktoren beeinflussen die Güter- und Kapitalmärkte einer Volkswirtschaft und prägen dort das Nachfrage- und Angebotsverhalten (Fahey/Narayanan, 1986).
- Soziokulturelle Faktoren können zur Veränderung der Werte und Normen sowie der Struktur einer Gesellschaft beitragen.
- Demografische Faktoren verändern die Bevölkerungs- und Altersstruktur sowie die regionale Bevölkerungsverteilung.
- Globale Faktoren betrachten die internationalen Einflüsse wie die Globalisierung und ihren Einfluss auf die heimischen Märkte.
- Technologische Faktoren wirken auf den Einsatz und die Anwendung von Technologien sowie ihren Einfluss auf die Wertschöpfungsprozesse und die produzierten Güter.
- Politisch-rechtliche Faktoren bilden die rechtlichen Restriktionen für die Unternehmung (wie z. B. Gesetze und Verordnungen) ab.

Tabelle 22 zeigt beispielhaft die Einzelfaktoren der jeweiligen Kategorien.

Tabelle 22: Mögliche Einflussfaktoren der Umwelt

Die Mehrzahl dieser Einflussfaktoren verändert sich eher langfristig, so dass Unternehmen grundsätzlich die Chance haben, sich frühzeitig auf Veränderungen einzustellen. Dennoch sind gezielte Teilanalysen notwendig, um rechtzeitig Trends zu erkennen, die dazu führen, dass Produkte oder Verfahren (wie z. B. Vertrieb, Marketing) nicht mehr zeitgemäß sind und die Wettbewerbsposition des Unternehmens verschlechtern. Aufgabe der Führungskräfte ist es, den künftigen Entwicklungen zu begegnen durch (vgl. Allaire/Firsirotu, 1989):

- entsprechende Prognosen,
- das Beeinflussen der Umwelt,
- Flexibilität, um schnell und agil auf Veränderungen zu reagieren.

Die Faktoren sind stets regions- und landesspezifisch, so dass ein Faktor (z.B. politisch-rechtliche Sicherheit) abhängig von der Region unterschiedliche Ausprägungen annehmen kann.

Ein erfolgskritischer Faktor der Umweltanalyse ist die laufende Beobachtung der relevanten Unternehmensumwelt. Mit einer einmaligen Aktion ist es kaum möglich, die Faktoren richtig einzuschätzen und Trends zu erkennen.

2.1.3 Voraussetzungen und notwendiger Input

Will man die Umwelt auf mögliche Einflussfaktoren untersuchen, so ist es notwendig, den Einfluss von externen Faktoren auf das Unternehmen zu kennen, die Umweltfaktoren also benennen zu können.

Die folgenden Quellen eignen sich, Veränderungen und Einflüsse der Umwelt zu analysieren und zu bewerten.

MERKE:
Der wichtigste Aspekt bei der Beschaffung liegt in der fortlaufenden Beobachtung des allgemeinen politischen, wirtschaftlichen, technischen und gesellschaftlichen Geschehens.

- Analystenberichte,
- Branchenreports,
- statistische Ämter (IFO, Bundesamt für Statistik, …),
- Kammern und Verbände,
- Wirtschaftsforschungsinstitute,
- Landes- und Bundesministerien,
- Messen und Kongresse,
- Wirtschaftsdatenbanken,
- Tagespresse und Fachzeitschriften,
- Brancheneinschätzungen von Banken und Rating-Agenturen,
- internationale Organisationen und Nichtregierungsorganisationen (NGOs).

2.1.4 Vorgehensweise

Schritt 1: Überprüfung der Umwelt auf mögliche Auswirkungen auf das Unternehmen

Schritt 2: Auswahl der für die Zukunft des Unternehmens wichtigsten Einflussfaktoren

Schritt 3: Dokumentation und Auswertung der Einflussfaktoren

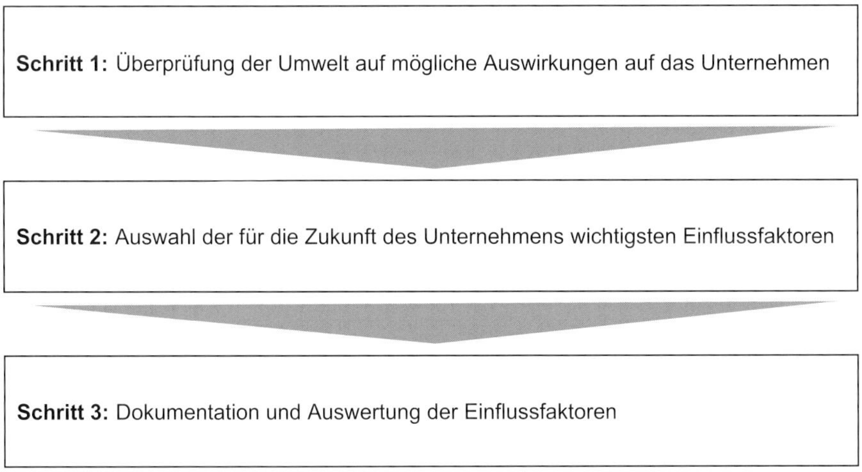

Abbildung 68: Vorgehensweise bei einer Umweltanalyse

TIPP:
Auf den wichtigsten Einflussfaktor fokussieren und diesen zunächst genau analysieren. Nach und nach Faktoren nach ihrer Wichtigkeit hinzufügen

BEACHTE:
Nie die wirklich wichtigen Faktoren aus den Augen verlieren und mit unwichtigen Faktoren verwechseln!

Schritt 1: Überprüfung der verschiedenen Umwelten auf mögliche Auswirkungen auf das untersuchte Unternehmen

CHECKLISTE:
Entwickeln Sie in einem Brainstorming mit Hilfe des vorgegebenen Rahmens die unternehmensrelevanten Einflussfaktoren.

Im ersten Schritt wird anhand einer Checkliste (siehe auch CD) untersucht, welche besonderen Herausforderungen in der Unternehmensumwelt bestehen. Dazu können die sechs oben skizzierten Faktoren als Rahmen dienen, müssen jedoch unternehmensspezifisch angepasst werden. Hierzu werden in Form eines Brainstormings sämtliche Einflussfaktoren aufgelistet, die zunächst ohne Diskussion aufgenommen und den Kategorien zugeordnet werden (z. B. Zuordnung des Einflussfaktors „Bruttoinlandsprodukt" zu der Kategorie „ökonomische Faktoren").

Schritt 2: Auswahl der wichtigsten Einflussfaktoren

Als nächster Schritt werden die gesammelten Faktoren in kleinen Teams bzw. in Workshops diskutiert und auf 15 bis 20 wichtige Einflussfaktoren reduziert. Die Faktoren sind dabei so zu wählen, dass sie die wichtigsten Einflüsse abbilden, die für den Erfolg des Unternehmens maßgeblich sein könnten. Es ist zu beachten, dass die Faktoren möglichst konkret benannt und bestimmt werden (z. B. statt „Gesetzesänderungen" lieber „Abschaffung des Rabattgesetzes")

CHECKLISTE:
In Workshops werden die Einflussfaktoren auf die wichtigsten 15 bis 20 Faktoren reduziert.

Die Teams sollten so zusammengestellt werden, dass sämtliche relevanten Interessengruppen (z. B. unterschiedliche Abteilungen und Hierarchien) vertreten sind. Damit wird gewährleistet, dass individuelle Einschätzungen und Präferenzen nicht zu stark dominieren. Soweit es möglich ist, können für diesen Schritt auch unabhängige Gruppen (z. B. externe Wissenschaftler oder Unternehmensberater) herangezogen werden. Dadurch entstehen meist neue Perspektiven, die von internen Experten nicht wahrgenommen werden (Betriebsblindheit).

Dieser Austausch ermöglicht zudem, dass in- und außerhalb des Unternehmens verteiltes Wissen in die Analyse einbezogen wird und ein abteilungs- und hierarchieübergreifender Wissenstransfer stattfindet.

Schritt 3: Dokumentation und Auswertung der Einflussfaktoren

Im letzten Schritt werden die gesammelten Erkenntnisse dokumentiert und ausgewertet. Da die Analyse fortlaufend weitergeführt werden sollte, müssen Entwicklungen und Trends aus der Dokumentation ableitbar sein. Eine gewissenhafte Dokumentation stellt somit eine Mindestvoraussetzung dar.

CHECKLISTE:
Dokumentieren Sie die Entwicklung der Faktoren und Ihre Entscheidungen über Veränderungen im „Einflussfaktoren-Pool."

Falls neue Faktoren hinzukommen, sollten die Faktoren auch so weit wie möglich für die Vergangenheit erfasst werden, um die Ableitung eines Trends zu ermöglichen.

Werden bestimmte Faktoren hingegen nicht weiter verfolgt, ist in der Dokumentation zu vermerken, warum der Faktor nunmehr als irrelevant angesehen wird.

Die Ergebnisse führen zu der Kernfrage, welche Chancen und Risiken sich für das Unternehmen aus den Einflussfaktoren ergeben. Diese werden in einer Tabelle (Vorlage auf CD) festgehalten, aus der dann entsprechende Maßnahmen und Konsequenzen abgeleitet werden.

2.1.5 Vor- und Nachteile

Vorteile	Nachteile
• Behandelt Faktoren (wie z. B. in der soziodemografischen Sicht), die in vielen Branchen eine wichtige, aber nur indirekte Rolle spielen und deshalb oft vernachlässigt werden	• Informationsflut birgt Gefahr der Falschbewertung von Informationen (Unter-/Überbewertung) und Berücksichtigung zu vieler Faktoren • Teuer und aufwendig, sämtliche Faktoren zu bewerten und eine Gruppe von wichtigen Faktoren genau zu analysieren • Als allein stehende Analyse nicht umfassend genug, ist durch z. B. Kunden-, Wettbewerbs- und Marktanalysen zu ergänzen

Tabelle 23: Vor- und Nachteile der Umweltanalyse

2.1.6 Praxisbeispiel

Exemplarisch ist an dieser Stelle die Untersuchung der Einflussfaktoren am Beispiel eines Automobilherstellers dargestellt:

Ökonomische Faktoren

	Umweltfaktoren	Bedeutung für unser Unternehmen	Auswirkungen auf unsere Zukunft
1.	Entwicklungen im Bereich der Automobilzulieferer	Eigenständigkeit/Unabhängigkeit der Zulieferer	Machtgefälle und Abhängigkeit sinken
2.	Entwicklungen volkswirtschaftlicher Größen	Indikatoren zukünftiger Absatzpotenziale	Steigende Frühindikatoren beleben Nachfrage
3.	Entwicklung der Wechselkurse	Währungsrisiken	Kalkulierbares Risiko durch Absicherung bzw. Global Sourcing prüfen
4.	Dynamik innerhalb der Absatzmärkte	Geringe Kundenbindung	Durch Konzepte Wiederholkäufer binden

Demografische Faktoren

	Umweltfaktoren	Bedeutung für unser Unternehmen	Auswirkungen auf unsere Zukunft
1.	Bevölkerungsentwicklung	Automobilnachfrage und Notwendigkeit eines Automobils	Funktionale Autos (bzw. Familienautos) gewinnen an Bedeutung

Globale Faktoren

	Umweltfaktoren	Bedeutung für unser Unternehmen	Auswirkungen auf unsere Zukunft
1.	Globalisierungstendenzen	Internationalisierung der Nachfrage	Global Sourcing und Währungsabsicherung, Prüfung der Möglichkeiten, Auslandsmärkte zu erschließen

Soziokulturelle Faktoren

	Umweltfaktoren	Bedeutung für unser Unternehmen	Auswirkungen auf unsere Zukunft
1.	Automobilproblematik in Ballungsräumen	Große Fahrzeuge sind für „Stadtfahrer" unattraktiver	Neue Entwicklungen bei Fahrunterstützung mit Fokus auf Stadtverkehr (Einparkhilfen, …), Kleinwagen (Smart, …)
2.	Neue Formen der Automobilnutzung (z. B. Car Sharing)	Erfordert günstige und vernünftige Alternativen	Fahrzeuge mit minimalen Anschaffungs- und Betriebskosten
3.	Soziopsychologische Veränderungen (Freizeitverhalten, Arbeitsmentalität, …)	Verbindung von Arbeit und Freizeit	Verbindung von z. B. Sportlichkeit, Funktionalität, Prestige und Lifestyle
4.	Trend zur Individualisierung	Erfordert Konzepte einer zielgruppenadäquaten Produktdifferenzierung	Differenzierung/Ausweitung der Sonderausstattungen und Motorisierungen

Politisch-rechtl. Faktoren

	Umweltfaktoren	Bedeutung für unser Unternehmen	Auswirkungen auf unsere Zukunft
1.	Entwicklungstendenzen im ÖPNV	Veränderung der Notwendigkeit eines Automobils	Trend weg von allzu funktionalen Fahrzeugen
2.	Zunehmende Belastung der Halter durch Steuern und Kraftstoffpreise (ggf. Maut)	Da Fahrzeugnebenkosten steigen, auf mögliche „Schlupflöcher" prüfen	Alternative Kraftstoffkonzepte und Lösungen
3.	Zunehmende Abriegelung der Innenstädte	Geringere Attraktivität von Stadtfahrzeugen – Extremfall: Sinken der Nachfrage	Nachfrage entweder nach reinrassigen Stadtfahrzeugen oder Nicht-Stadtfahrzeugen
4.	Verschärfung der Abgasnormen	Anpassung der Konkurrenten an den von uns bereits verwendeten Standard	Geringerer Wettbewerbsvorteil, Prüfen, ob auf andere Technologien übertragbar bzw. ob ausbaubar
5.	Mögliche Verschärfung des Produkthaftungsgesetzes	Garantie- vs. Gewährleistungsregelungen	Genaue Prüfung von Ansprüchen und Haftungsfragen

Technologische Faktoren

	Umweltfaktoren	Bedeutung für unser Unternehmen	Auswirkungen auf unsere Zukunft
1.	Steigende Ansprüche der Kunden an Sicherheit	Bedeutung von passiven und aktiven Sicherheitskonzepten steigt	Orientierung an neuen Sicherheitskonzepten
2.	Forderung nach neuen Antriebskonzepten	Prüfen von neuen Konzepten auf Umsetzbarkeit und Relevanz (Biodiesel, Erdgas, Solar, Brennstoffzellen, Hybrid, …)	Anbieten von Fahrzeugen mit einem neuen Antriebskonzept als Alternative
3.	Günstigere Produktion von Technologien bzw. ausgereifte Technologien	Nutzbarmachung von Technologien durch Telematik, Navigationssysteme, Selbstdiagnosesysteme, …	Technologieorientierung und vermehrter Einsatz von Elektronik auch in Werkstätten und After-Sales
4.	Entwicklung von neuen, zuverlässigeren Werkstoffen	Zunehmender Einsatz neuer Werkstoffe	Leichtere und zuverlässigere Fahrzeuge: Image wird bestätigt

Ökologische Faktoren		
Umweltfaktoren	**Bedeutung für unser Unternehmen**	**Auswirkungen auf unsere Zukunft**
1. Zunehmendes Umweltbewusstsein sämtlicher Käuferschichten	Einbeziehen von entsprechenden Standards und Anforderungen in alle Klassen	Sämtliche Klassen sollten den Ansprüchen der Kunden gerecht werden
2. Einführung verursachungsgerechter Umweltsteuern	Zunahme der Attraktivität, da unsere Autos relativ günstiger werden (da niedrige Emissionen)	Höhere Nachfrage nach unseren Fahrzeugen/Technologien
3. Forderungen nach 3-Liter-Auto	Verstärkung der F&E, um auch in diesem Segment vertreten zu sein	Breites Spektrum an ökologischen Alternativen
4. Neue Vorschriften bei Wiederverwertung/Recycling	Langfristig Recyclingrate auf 90 % erhöhen	Konkurrenzfähige Fahrzeuge ohne Zusatzkosten bei Verschrottung/Nutzung von Recycling-Ressourcen

Aufgrund der Relevanz von ökologischen Einflussfaktoren für die Automobilindustrie wurden die konventionellen Faktoren um diese Kategorie ergänzt.

2.1.7 Vorlagen auf CD

Auf der Beilagen-CD befinden sich eine Muster-Checkliste zu Umweltfaktoren bzw. der Einflüsse im eigenen Unternehmen, Formulare zur Erörterung der Umwelteinflüsse, eine Trendliste mit typischen Faktoren für einen „Schnellcheck" sowie eine Chancen-und-Risiken-Tabelle für Schritt 3 inklusive Spalte für Maßnahmenableitung.

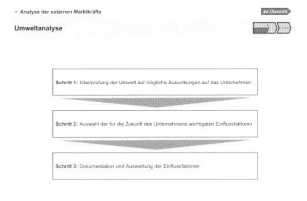 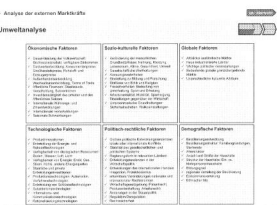 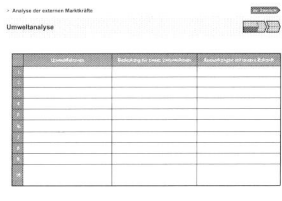

2.1.8 Verwandte und weiterführende Themen

- Konkurrenzanalyse
  Beurteilung und Analyse der Wettbewerber und deren Stärken und Schwächen als weiterer Einflussfaktor.

- Substitutionsanalyse
  Bewertung von Bedrohungen durch Substitution eigener Produkte durch neue Technologien.

- Stakeholderanalyse
  Analyse des Einflusses von relevanten Anspruchsgruppen des Unternehmens.

- Szenariotechnik
  Prognose und Berücksichtigung von politischen Veränderungen bei der Ausarbeitung von möglichen Zukunftsentwicklungen.

2.1.9 Literaturhinweise

ALLAIRE, Y. / FIRSIROTU, M. E. (1989): „*Coping with strategic uncertainty*", in: *Sloan Management Review*, Spring 1989, S. 7–16

FAHEY, L. (1999): *Competitors*, John Wiley & Sons, New York 1999

FAHEY, L. / NARAYANAN, V. K. (1986): *Macroenvironmental Analysis for Strategic Management*, West Publishing Company, St. Paul 1986

2.2 Zielgruppenanalyse

LEITFRAGEN:
- Wer sind unsere Kunden?
- Welche Kundentypen wollen wir für unser Produkt gewinnen?
- Wen wollen wir mit unseren Marketingaktivitäten erreichen?

2.2.1 Zielsetzung und Anwendungsgebiet

Zielgruppenanalysen werden in erster Linie durchgeführt, um Hinweise für Marketingentscheidungen wie z.B. die Zielgruppenbestimmung, die Positionierung und die kundenorientierte Gestaltung des Marketingmix zu erhalten. Ein Unternehmen würde nicht wirtschaftlich arbeiten, wenn es nicht die Wünsche aller denkbaren Kunden zufrieden stellen wollte. Einzelne Angebote, z.B. solche für Eltern mit kleinen Kindern oder für Jugendliche, sind nur an diesen einen begrenzten Personenkreis gerichtet. Aus diesem Grund ist es meist nicht vorteilhaft, ein einheitliches, zielgruppenübergreifendes Angebot auf den Markt zu bringen. Ehe man mit der Planung von Werbe- und Öffentlichkeitsmaßnahmen beginnt, muss man klären, welche Zielgruppen man theoretisch erreichen kann und welche man tatsächlich ansprechen möchte. Mit der Zielgruppenanalyse schafft man somit eine Basis für Marketing- und Vertriebsaktivitäten.

Eine andere Aufgabe der Zielgruppenanalyse liegt darin, bereits festgelegte Zielgruppen zu beobachten und die Werbe- und Marketingkampagnen auf die aktuellen und sich verändernden Bedürfnisse auszurichten und ein entsprechendes Marketingcontrolling einzurichten. Damit können die spezifischen Anknüpfungspunkte zum Kunden genutzt werden, um ihn direkt anzusprechen.

BEACHTE:
Oftmals basiert das Wissen über vermeintliche Zielgruppen nur auf Annahmen und Vermutungen. Wichtig ist zu wissen, wer der Kunde ist und wie er sich beeinflussen lässt.

2.2.2 Beschreibung

Als Zielgruppe werden Gruppen von Personen verstanden, die als wahrscheinliche Käufer für ein Produkt angesehen werden. Sie sind die Gesamtheit all jener Personen, die mit einer bestimmten Marketingaktivität angesprochen werden sollen.

Unter dem Begriff der Zielgruppenanalyse wird die Methode verstanden, ein Bündel von marketingrelevanten Merkmalen, Eigenschaften und Verhaltensweisen einzelner Zielgruppen analytisch zu betrachten und zu interpretieren. Damit soll ein detailliertes Bild der Bedürfnisse und Wünsche dieser Käufer ermittelt werden, damit die richtigen Entscheidungen für zukünftige Marketingaktivitäten getroffen werden können. Dabei sind nicht nur die ökonomischen Merkmale einer Zielgruppe zu untersuchen (z.B. Einkommen, Kaufkraft, verfügbare Zeit), sondern auch qualitative Aspekte (z.B. aus den Bereichen der Psychologie und Soziologie) zu betrachten. Es ist eine möglichst genaue Definition der Zielgruppe erforderlich, um die richtigen Anspraschewege sowie die passende Sprache und Erscheinungsform für diese Gruppe zu wählen.

MERKE:
Die Zielgruppenanalyse dient dazu, die begrenzten Mittel eines Unternehmens auf eine abgegrenzte Kundengruppe zu verwenden, um den Kunden zielgerichtet anzusprechen und zu berücksichtigen.

Die Marktsegmentierung dient dazu, die potenziellen und tatsächlichen Kunden in Zielgruppen aufzuteilen, die in ihrem Kaufverhalten und in ihren Kaufabsichten ähnlich sind (z.B. Internetnutzer, klassischer Kaufhauseinkäufer, Katalogbesteller). Die Zielgruppen eines Versandhandels könnten dann z.B. Internetnutzer und Katalogbesteller sein. Hierdurch können die Marketinginstrumente für die jeweilige Zielgruppe geplant werden.

MERKE:
Die Anforderungen an die unterteilten Zielgruppen sind:
- intern möglichst homogen,
- voneinander klar abgegrenzt,
- groß genug, damit sich eine Bearbeitung lohnt.

Die Voraussetzungen für die Einteilung in Kundengruppen bzw. Marktsegmente sind, dass die Käufergruppen intern so homogen wie möglich und extern so heterogen wie möglich sind (Homogenitäts- bzw. Heterogenitätsbedingung). Das heißt, dass innerhalb der Gruppen die Eigenschaften möglichst gleichartig sein müssen, zwischen den Gruppen aber klar erkennbare Merkmalsunterschiede bestehen müssen. Weiterhin sollten die Gruppen groß genug sein, damit sich eine gesonderte Bearbeitung der Segmente lohnt (Wirtschaftlichkeitsprinzip). Zur Segmentierung verwendete Variablen sind in Abbildung 69 dargestellt.

BEACHTE:
Praktisch besteht das Dilemma der Marktsegmentierung darin, dass mit der zunehmenden Differenzierung der Zielgruppen diese intern zwar homogener werden, jedoch die Abgrenzung zwischen ihnen umso schwerer fällt.

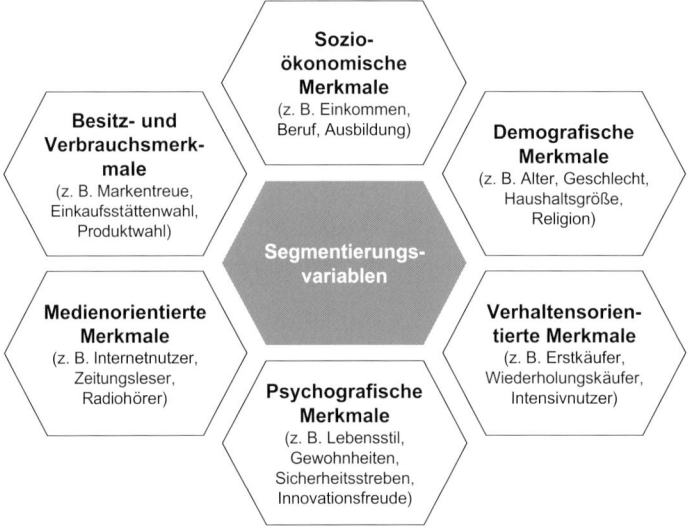

Abbildung 69: Mögliche Segmentierungsvariablen

Bei der Wahl der Segmentierungsvariablen lässt sich feststellen, dass die sozioökonomischen und demografischen Merkmale zwar leicht zu ermitteln sind, aber fraglich ist, ob die Kunden innerhalb einer solchen Zielgruppe auch tatsächlich dieselben Konsumziele haben. Beispielsweise können Jugendliche im Alter von 14 bis 18 Jahren in einer Segmentierungsgruppe zusammengefasst werden, sie haben aber nicht unbedingt dieselben Wünsche (denn die Wünsche sind eher abhängig von der Ausbildung, dem Einkommen der Eltern bzw. dem eigenen Einkommen, der Affinität zu den Medien wie Internet, Handy etc. und weiteren Variablen).

Bei der Segmentierung nach psychografischen Variablen wird zwar eine sehr genaue Eingruppierung möglich, allerdings sind die Merkmale nur mit hohem Aufwand zu erfassen. Zudem stellt die zeitliche Dynamik ein erhebliches Problem dar – die psychografischen Variablen unterliegen sehr schnellen und grundlegenden Änderungen.

Aufbauend auf diesen Einteilungen lassen sich die so genannten hybriden oder zwitterhaften Käufer als besondere Problematik herausstellen. So lässt sich z.B. beobachten, dass ein bestimmter Konsument bereit ist, für Lebensmittel relativ viel Geld auszugeben, wohingegen er bei dem Kauf von Schreibutensilien sehr geizig ist. Das bisher dargestellte stimmige und einseitige Verhalten von Konsumenten existiert in dieser Form lediglich in der Theorie. In der Praxis gibt es eine Fülle von unterschiedlichen hybriden Verhaltensmustern. So möchte der Käufer zwar den Luxus genießen, muss aber aufgrund seiner knappen Mittel sparen. Die Konsequenz dieses Ansatzes ist, dass der Kunde meist vernünftig handelt und sich bei seinen Käufen an zwei Leitfragen orientiert:

- Wie wichtig ist ihm das Produkt?
- Ist der Erwerb mit einem Risiko verbunden?

Ein mit dem Erwerb verbundenes Risiko kann sich ausprägen, indem z.B. der Käufer unsicher ist, ob sein soziales Umfeld das Produkt anerkennt (z.B. bei Kleiderkauf) oder ob er selbst die hohen Anforderungen an den Benutzer erfüllt (z.B. bei Computern und Elektrogeräten). Als anschauliches Beispiel, das eine Reaktion auf den hybriden Käufer verdeutlicht, dient der Lagerverkauf: Hier kann der Käufer anerkannte Markenartikel preisgünstig erwerben.

Letztendlich sind die Verhaltensmuster und gewählten Segmentierungsmerkmale in die Wahl der Marketinginstrumente einzubeziehen, so dass sich nur sehr zielgruppenspezifische Maßnahmen ableiten lassen.

Nur diejenigen Unternehmen, die ihr Sortiment, ihre Preisgestaltung, ihren Vertrieb und ihre Kommunikationspolitik an ihren Zielgruppen ausrichten, werden auf Dauer erfolgreich sein.

MERKE:
Der Marketingmix ist auf Dauer maßgeblich für den Erfolg der Unternehmung.

2.2.3 Voraussetzungen und notwendiger Input

Der beste Weg, Merkmale über Zielgruppen herauszufinden, ist, wenn man selbst Teil der Zielgruppe ist. Dies ermöglicht einen authentischen Einblick in die Wünsche und Bedürfnisse der Konsumenten.

Da dies allerdings oftmals nicht möglich ist, kann auch auf den direkten Dialog mit dem Kunden zurückgegriffen werden (z.B. wird man oft beim Einkaufen nach der Postleitzahl des Wohnortes gefragt oder nach dem Medium, durch das man auf das Unternehmen aufmerksam gemacht wurde).

Weiterhin bieten Konkurrenzanalysen und Benchmarking genaue Angaben über die Zielgruppen eines Vergleichsprodukts bzw. über die entsprechende Marketingstrategie, um die jeweilige Zielgruppe zu erreichen.

Ergänzend können Marktstudien und Statistiken herangezogen werden. Allerdings sind sie allein kein Garant für wirtschaftlichen Erfolg. Sie reflektieren die Realität nicht mit der notwendigen, spezifischen Gründlichkeit und basieren meist auf abstrakten Annahmen. Jedoch eignen sie sich zum Vergleich mit den selbst gewonnenen Erkenntnissen. Zahlenmaterial bieten z.B. die Statistiken auf der Internetseite des Statistischen Bundesamtes und Bundesinstituts für Bevölkerungsforschung (BIB). Dort wird ein kostenloser Zugang zu den Basisdaten und statistischen Grundzahlen zu Bevölkerung, Löhnen und Gehältern, Budget und Ausstattung privater Haushalte geboten.

2.2.4 Vorgehensweise

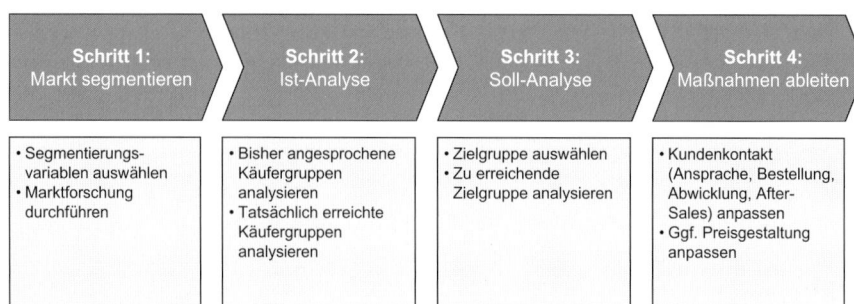

Abbildung 70: Vorgehensweise bei der Zielgruppenanalyse

BEACHTE:
Die des Öfteren
genannte Ziel-
gruppe „breite
Bevölkerung" gibt
es nicht.

Im **ersten Schritt** sind die potenziellen und tatsächlichen Käufer durch die **Marktsegmentierung** in Gruppen zu strukturieren, um eine gezielte Bearbeitung der jeweiligen Bedürfnisse zu ermöglichen. Die Auswahl der jeweiligen Segmentierungsvariablen geschieht spezifisch zum jeweiligen Produkt in Workshops oder durch Interviews mit Branchenexperten. Falls keine offensichtliche Unterscheidung der Kundengruppen möglich ist, kann zunächst eine Grobanalyse sämtlicher Segmentierungsvariablen vorgenommen werden, um Wirksamkeit und Ermittelbarkeit abschätzen zu können. Im Laufe der Grobanalyse sind die Segmentierungsvariablen auf die effektivsten Merkmale zu beschränken. Oftmals werden Segmentierungsvariablen auch miteinander kombiniert, um die Produktspezifität präzise abzubilden.

Im Anschluss wird mit Hilfe der gewählten Segmentierungsvariablen die Marktforschung betrieben, indem die Ausprägungen der Variablen untersucht und auf konkrete Recherchen gestützt werden.

In einem **zweiten Schritt** sind die bisher angesprochenen und tatsächlich erreichten Käufergruppen zu analysieren (**Ist-Analyse**). Hierbei können die folgenden Fragen Unterstützung bieten:

● Wer ist der Nachfrager und wer entscheidet über den Kauf?
● Müssen beide Gruppen angesprochen werden oder sind Nachfrager und Entscheider eine Person?
● An wen richtet sich das Produkt?

TIPP:
Visualisieren Sie
die Zielgruppen
mit Hilfe der Port-
foliomatrix. Damit
können Sie
verdeutlichen,
welche Zielgrup-
pen eine relativ
hohe Bedeutung
bzw. hohes
Wachstum auf-
weisen.

Die Ist-Analyse kann mit sehr einfachen Mitteln durchgeführt werden, z. B. durch interne Befragungen des Vertriebs bzw. durch Kundenbefragungen. Durch einen anonymisierten Fragebogen können ausführliche Daten wie z. B. Einkommen, verfügbare Zeit und Haushaltsgröße abgefragt werden. Dabei sollten hauptsächlich die gewählten Merkmale der Segmentierung ermittelt werden, um später die bisher erreichten Kunden mit den Zielgruppen zu vergleichen.

Nachdem die Ist-Analyse Aufschluss über die bisher erreichten Kundengruppen gegeben hat, sind im **dritten Schritt** die zukünftig zu erreichenden Käufer und damit die Zielgruppen zu analysieren (**Soll-Analyse**). Zunächst sind dafür die relevanten Zielgruppen auszuwählen. Die Auswahl der Zielgruppen erfolgt nach strategischen Gesichtspunkten. Oftmals geben die Produktspezifika und die besonderen Stärken des Produkts bzw. des Unternehmens schon erste Hinweise auf die Zielgruppen. Dennoch sind die Chancen und Risiken, insbesondere in Bezug auf die Wachstumsentwicklung zu untersuchen und zu bewerten. Um das Unternehmenswachstum zu gewährleisten, können bestehende Zielgruppen, die einen konstanten Umsatz erzeugen, durch neuere, wachsende Zielgruppen ergänzt werden.

Sind die Zielgruppen anhand der eingeteilten Segmente ausgewählt, sind als Nächstes die Ausprägungen der gewählten Segmentierungsmerkmale zu erfassen und darüber hinaus durch weitere relevante Merkmale zu ergänzen. In diesem Schritt steht der Zweck im Vordergrund, die ausgewählte Zielgruppe „kennen zu lernen".

Aus den gewonnenen Erkenntnissen über die Zielgruppen sind im **vierten Schritt** die weiteren **Maßnahmen** abzuleiten. Dabei ist in Workshops mit Vertretern aus dem Vertrieb eine optimale Kommunikationsstrategie zu erarbeiten. Die Eigenarten, die Charakteristika und das Verhalten der Zielgruppe geben Anhaltspunkte, um neue Wege abzuleiten bzw. um bestehende Vorgehensweisen zu verifizieren. Kern der Kommunikations- und Werbestrategie ist Abstraktion, auf welche Weise sich welche Zielgruppe erfolgreich ansprechen lässt. Ein erfolgreiches Beispiel liefert ein amerikanisches IT-Unternehmen, das auf der Suche nach neuen Programmierern seine Jobanzeigen auf Pizzakartons von Lieferservices drucken ließ. Ein weiteres, sehr verbreitetes Beispiel ist die Gestaltung von individuellen Internetseiten für Investoren, Bewerber, Kunden und Geschäftspartner. Die Identität wird oftmals gleich zu Beginn beim Aufruf der Webseite geprüft und der Nutzer einer bestimmten Zielgruppe zugeordnet.

Zusätzlich ist denkbar, dass die Preisstruktur anzupassen ist. Zum Beispiel bei Unternehmensberatungen, die sich auf Start-ups konzentrieren, sind unkonventionelle Lösungen zu erarbeiten (z.B. Beteiligungsarten), da die Start-ups üblicherweise noch nicht über die entsprechenden Mittel verfügen.

2.2.5 Vor- und Nachteile

Vorteile	Nachteile
• Zielgerichtete Ansprache der Kunden • Differenzierte Befriedigung der Kundenwünsche • Ressourcenschonende Konzentration beim Marketing auf einen Teil der Bevölkerung	• Zweifelhafter Erfolg bei der differenzierten Kundenansprache

Tabelle 24: Vor- und Nachteile der Zielgruppenanalyse

2.2.6 Praxisbeispiel

Online-Strategie am Beispiel des Versandhandels

Nur jeder dritte Internetnutzer in Deutschland hat Erfahrungen mit E-Commerce. Der Internetshopper unterscheidet sich noch deutlich vom „Otto Normalbürger". Unternehmen, die an Endverbraucher (Business-to-Consumer) verkaufen und Investitionen für einen Internetauftritt planen, fragen sich deshalb: Sind meine Kunden auch schon im Netz? Wenn ja, kaufen sie auch online? Wenn nein, wer ist bereits im Internet und kauft? Können neue Zielgruppen im Internet erschlossen werden? Welche Anforderungen stellen diese neuen Zielgruppen an unser Unternehmen? Und wie können diese neuen Märkte im Internet erschlossen werden, ohne traditionelle Kunden zu vernachlässigen oder gar zu verlieren?

Segmentierungsmerkmale

Zwei Faktoren entscheiden üblicherweise über die Annahme und Nutzung neuer Technologien:

Das Einkommen: Für Menschen mit niedrigem Einkommen bedeutet die Anschaffung eines PC ein größeres Kaufrisiko. Die Gefahr, einen vergleichbaren Rechner schon bald sehr viel günstiger zu erhalten, ist groß. Technologie ist für Menschen mit hohem Einkommen erschwinglicher, sie besitzen mehr „Spielraum" beim Konsum. Diejenigen mit niedrigem Einkommen werden das Internet deshalb verstärkt nutzen, wenn die Kosten für den Zugang und/oder die Gefahr eines schnellen Veraltens des PC sinken.

Die Einstellung zu Technologie: Neben dem Einkommen ist die Einstellung gegenüber Technologie entscheidend für die Annahme des Internets. Sie entscheidet außerdem über die Art und Häufigkeit der Nutzung. Technologie polarisiert Menschen in Technologieoptimisten und -pessimisten. Technologieoptimisten empfinden Technologie als hilfreich im Alltag, sie sind in Bezug auf Technologie ständig gewillt, dazuzulernen. Technologiepessimisten bleiben lange auf dem einmal gelernten Stand und haben Angst, Fehler zu machen. Optimisten nutzen deshalb früher komplizierte Anwendungen, die Lernaufwand erfordern, als Pessimisten.

Die Nutzung: Es lässt sich beobachten, dass die Hauptmotive der Nutzung die Karriere oder Familie betreffen bzw. zur Unterhaltung beitragen.

Anhand der Segmentierung nach Einkommen, Einstellungen und Motiven werden die Merkmale miteinander kombiniert, um entsprechende Zielgruppen zu identifizieren, die Online-Shopping unterschiedlich schnell annehmen.

Technologieoptimisten mit hohem Einkommen sind „frühe Übernehmer" von neuen Technologien und Internetangeboten wie Online-Shopping. Sie sind sicher im Umgang mit EDV, erfahren im Umgang mit dem Internet und wenig preissensitiv. Frühe Übernehmer, die bereits online einkaufen, erhöhen ihre Ausgaben schnell, im Durchschnitt geben sie im zweiten Online-Jahr doppelt so viel Geld aus wie im ersten. Unter ihnen befinden sich viele Trendsetter und Innovatoren, die Trends auslösen und den Mainstream beeinflussen.

Technologieoptimisten mit niedrigem Einkommen und -pessimisten mit hohem Einkommen bilden zusammen jenen Mainstream. Im Gegensatz zu frühen Übernehmern fehlt dem Mainstream entweder die Einstellung oder das Einkommen, um Online-Shopping schnell anzunehmen, er folgt frühen Übernehmern ungefähr zwei Jahre später.

Technologiepessimisten mit niedrigem Einkommen sind Nachzügler und die Letzten, die im Internet einkaufen. Optimistische Prognosen rechnen damit, dass höchstens 30 % aller Nachzügler ins Internet gehen werden.

Für den Versandhandel ergeben sich große Chancen im Internet, denn eine Kundenbasis für den so genannten Fernabsatz existiert bereits. Die traditionelle Kundenbasis des Versandhandels besteht allerdings häufig aus Nachzüglern bei der Annahme von Online-Shopping. Dem Versandhandel bietet sich im Internet aber auch die Möglichkeit, neue Zielgruppen aus dem Mainstream und den frühen Übernehmern zu erschließen.

Der Versandhandel sollte sein Online-Geschäft an den heutigen Internetkunden ausrichten und traditionelle Kunden nach und nach an das Online-Angebot heranführen. Eine Konzentration auf traditionelle Kunden im Internet hieße vor allem, auf Nachzügler zu fokussieren, bei denen die Wahrscheinlichkeit zu einem Online-Kauf am geringsten ist. Die Strategie sollte folglich sein, frühe Übernehmer sowie den bereits kaufenden Mainstream mit zusätzlichem und speziellem Angebot zu erreichen, während es Nachzüglern so einfach wie möglich gemacht werden muss, aus dem traditionellen Angebot online zu bestellen.

Dieses Beispiel soll aufzeigen, dass sehr detaillierte Marketingstrategien auf Basis der Zielgruppenanalyse erarbeitet werden können. Die Auswirkungen können sich über die gesamte Wertschöpfungskette (Angebotsdarstellung, Bestellung, Lieferung, Zahlung, Feedback, Service) erstrecken, so dass sehr zielgruppenspezifische Konzepte entwickelt werden können.

2.2.7 Vorlagen auf CD

In den PowerPoint-Vorlagen auf der Beilagen-CD ist eine entsprechende Checkliste abgelegt.

2.2.8 Verwandte und weiterführende Themen

- Konkurrenzanalyse
  Im Rahmen der Konkurrenzanalyse können die relevanten Zielgruppen abgeleitet werden. Zusätzlich gibt sie Aufschluss über die Kommunikationsstrategie der Wettbewerber.

- Substitutionsanalyse
  Die Substitutionsanalyse gibt Anregungen zur Wahl der Zielgruppen bzw. zu den Chancen und Risiken der bestehenden Zielgruppen.

- Ansoff-Portfolio
  Zum Ableiten der Wachstumsoptionen und zur anschließenden Bewertung der Optionen dient das Ansoff-Portfolio.

2.2.9 Literaturhinweise

KOTLER, P. / BLIEMEL, F.: *Marketing Management*, 10. Aufl., Schäffer-Poeschel Verlag, Stuttgart 2001

MEFFERT, H.: *Marketing*, 9. Aufl., Gabler Verlag, Wiesbaden 2000

RAMME, I.: *Marketing – Einführung mit Fallbeispielen, Aufgaben und Lösungen*, Schäffer-Poeschel Verlag, Stuttgart 2000

2.3 Konkurrenzanalyse

(?)

LEITFRAGEN:
- Wer sind unsere Wettbewerber?
- Welcher Konkurrent bewegt sich wo auf dem Markt/in welchem Marktsegment?
- Wie sieht sein Produktportfolio aus?
- Welche Stärken und Schwächen haben die Wettbewerber?

2.3.1 Zielsetzung und Anwendungsgebiet

Ziel eines jeden Unternehmens ist es, langfristig wettbewerbsfähig zu bleiben. Dafür ist es erforderlich, sich über die Konkurrenz und damit die Wettbewerber bewusst zu sein und diese einschätzen zu können. Als Instrument hilft die Konkurrenzanalyse, relevante Wettbewerber zu identifizieren, sie zu klassifizieren sowie die Stärken und Schwächen der Konkurrenz zu ermitteln. Diese Kenntnisse über die Strategien und das voraussichtliche zukünftige Verhalten der Konkurrenz dienen als eine wichtige Grundlage bei der Entwicklung eigener Strategien und sind zu berücksichtigen, um langfristige Wettbewerbsvorteile zu sichern.

2.3.2 Beschreibung

Wettbewerber bzw. Konkurrenten sind Unternehmen, die mindestens in einem Geschäftsfeld auf denselben Marktzweck wie das eigene Unternehmen ausgerichtet sind. Im Rahmen der Konkurrenzanalyse werden allerdings nicht nur die zu dem Zeitpunkt aktiven Wettbewerber untersucht, sondern auch Unternehmen, die durch Wachstum oder Strategieänderung zu wichtigen Wettbewerbern werden könnten. Hierzu eignet sich z. B. das Instrument der Radarscreenanalyse (vgl. Abschnitt 2.4.5). Typische Strategien sind dafür z. B.: Markt- oder Produktexpansion, Vorwärts- oder Rückwärtsintegration sowie Fusionen und Akquisitionen (vgl. Kapitel 4.1). Dabei ist es hilfreich, auch die Markteintrittsbarrieren zu untersuchen, um daraus die Konkurrenzstärke ableiten zu können. Die Branchen- und Wettbewerbsdynamik wird durch die Branchenstrukturanalyse weiter analysiert (vgl. Kapitel 2.7).

In einem ersten Schritt sollte man sich jedoch zunächst auf die wirklich relevanten Konkurrenten konzentrieren. Meist sind es zwei bis vier Wettbewerber, welche die Dynamik des jeweiligen Marktes stark beeinflussen, während viele andere lediglich Nachahmer sind.

Bei der Durchführung der Analyse sind die in Abbildung 71 dargestellten Elemente zu betrachten, um eine Aussage über die Bedrohung durch Wettbewerber bei verstärkter Konkurrenz zu treffen.

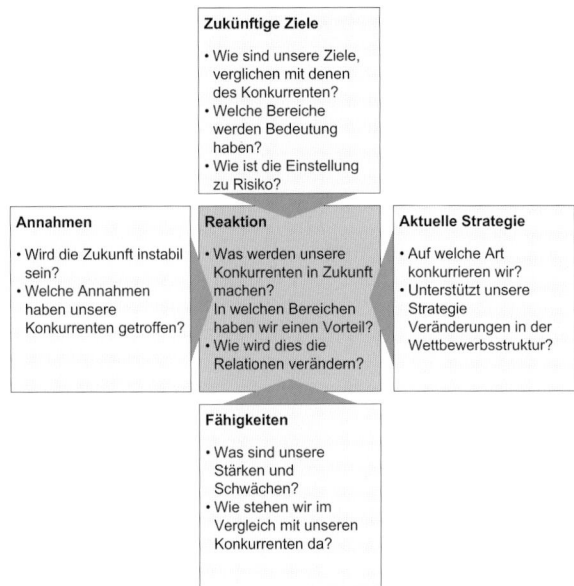

Abbildung 71: Elemente der Konkurrenzanalyse

2.3.3 Voraussetzungen und notwendiger Input

Voraussetzung für die Konkurrenzanalyse ist eine Analyse der eigenen Stärken und Schwächen. Sie gibt im Verlauf der Analyse Aufschluss über die eigene Position im Vergleich zur Konkurrenz.

Im Rahmen der Quellenanalyse kann zwischen Primärquellen und Sekundärquellen unterschieden werden. Primärquellen liefern Informationen, die in erster Linie (primär) für diese Marktuntersuchung ermittelt und interpretiert werden. Sekundärquellen umfassen dagegen außer- und innerbetriebliches Quellenmaterial, das ursprünglich für andere Zwecke geschaffen wurde, sich aber in zweiter Linie (sekundär) für die beabsichtigte Marktuntersuchung auswerten lässt.

Relevante Primärquellen	Relevante Sekundärquellen
• Gemeinsame Kunden und Lieferanten • Messen, Ausstellungen und Kongresse • Marktforschungsinstitute, Branchenverbände, Kammern, Unternehmensberatungen etc. • Banken und Finanzanalysten • So genannte Pressure Groups, wie Gewerkschaften, Umweltverbände etc. • Ehemalige Mitarbeiter • „Kunden"-Anfragen bei der Konkurrenz, Aufkauf von Konkurrenzprodukten • Patentämter und -datenbanken • Handelsregister	• Veröffentlichungen der Konkurrenten, wie z. B. Geschäftsberichte, Kataloge und Prospekte, Preislisten, Stellenausschreibungen, Internetseiten, Mitarbeiter- und Kundenzeitschriften sowie Pressemitteilungen • Massenmedien, wie Tages-, Wirtschafts- und Fachpresse sowie Rundfunk und Fernsehen • Elektronische Datenbanken • Foren und Beschwerdeseiten im Internet • Fallstudien (angefertigt von z. B. internationalen Business Schools und Hochschulen) • Verbände und staatliche Institutionen • Informationen aus dem eigenen Unternehmen (z. B. Marktforschungsabteilung, Vertrieb, Außendienst)

Tabelle 25: Relevante Primär- und Sekundärquellen für die Konkurrenzanalyse

Soweit die zu analysierenden Wettbewerber keinerlei Publizitätspflichten (z.B. Veröffentlichung von Geschäftsberichten) unterliegen, kann es sich als schwierig erweisen, Informationen auf einfachen Wegen wie z.B. über Internet zu beschaffen.

2.3.4 Vorgehensweise

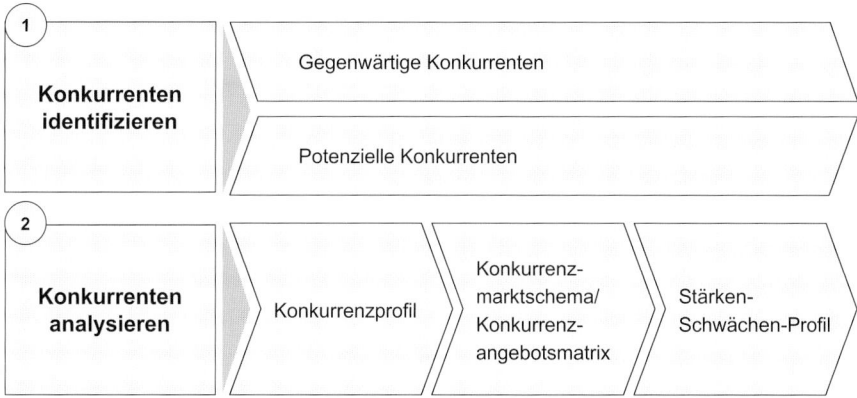

Abbildung 72: Vorgehensweise bei einer Konkurrenzanalyse

Schritt 1: Konkurrenten identifizieren

Im ersten Schritt werden die gegenwärtigen und potenziellen Konkurrenten identifiziert. Dabei sollte die Branche zunächst kriterienbasiert in verschiedene Konkurrenzgruppen eingeteilt werden. Damit wird eine bessere Transparenz und Trennschärfe erzielt, da nicht alle Unternehmen derselben Branche in gleicher Intensität im Wettbewerb zueinander stehen. Als Kriterien eignen sich z. B.:

- die Art der Produkte,
- die genutzten Vertriebswege,
- das Produktspektrum,
- die Technologiestrategie,
- die verfolgte Wettbewerbsstrategie,
- die Preispolitik,
- die Zielgruppe.

Eine Identifikation aller potenziellen Konkurrenten ist in der Regel nicht möglich bzw. mit einem kaum vertretbaren Arbeitsaufwand verbunden. Allerdings ist es hilfreich, wenn diejenigen Unternehmen als potenzielle Konkurrenten einbezogen werden, die auf dasselbe Kundenbedürfnis oder dieselbe Kundengruppe abzielen. Dadurch erkennt man auch diejenigen Unternehmen, die Kundenbedürfnisse mit völlig anderen Produkten zufrieden stellen können.

Um potenzielle Konkurrenten zu identifizieren, sollten zunächst die Markteintrittsbarrieren untersucht werden, die potenziellen Wettbewerbern den Zugang zum Markt erschweren. Das können z. B. sein:

- Hoher Kapitalbedarf
  Für den Eintritt in einen neuen Markt sind erhebliche Investitionen notwendig (z. B. in der Automobilindustrie für F&E, Produktionsanlagen, Imageaufbau durch Werbung etc.).

BEACHTE:
Die Konkurrenzanalyse erfordert einen nicht zu unterschätzenden Zeitaufwand. Daher ist zunächst die Konzentration auf wirklich relevante Mitbewerber empfehlenswert.

TIPP:
Analysieren Sie zunächst nur grob die Konkurrenten und vervollständigen Sie nach und nach Ihre Analyse.

Das schafft in kurzer Zeit einen ersten Überblick, den Sie später detaillieren.

- Hohe Umstellungskosten
  Für den Kunden entstehen einmalige Kosten, wenn er auf ein neues Produkt umstellt, beispielsweise durch Umschulung von Mitarbeitern oder Integration (z. B. IT-Branche).

- Erschwerter Zugang zu Vertriebskanälen
  Wenn etablierte Unternehmen bereits effiziente Vertriebswege aufgebaut haben, so ist es für neue Konkurrenten sehr schwierig, eine vergleichbare Vertriebsstruktur zu erlangen (z. B. bei Einzelhandelsketten).

- Größenunabhängige Kostennachteile
  Faktoren wie mangelndes Know-how bei Produkttechnologien, fehlender Zugang zu Rohstoffen oder Standortnachteile können bei potenziellen Konkurrenten erhebliche Kostennachteile verursachen.

- Betriebsgrößenersparnisse bei etablierten Unternehmen
  Etablierte Unternehmen können durch hohe Produktionsmengen Betriebsgrößenersparnisse (so genannte Skaleneffekte oder Economies of Scale) realisieren, z. B. durch Mengenrabatte bei Materialbeschaffung. Neue Wettbewerber werden gezwungen, entweder mit hohen Produktionsvolumina einzusteigen oder einen Kostennachteil zu akzeptieren (Problematik z. B. im Bereich der Halbleiterindustrie).

- Ausgeprägtes Image und Marke
  Ein etabliertes Unternehmen kann durch Werbung Kundenbindung erzeugen, so dass die Produkte aus Sicht des Kunden nicht ersetzbar erscheinen.

Mit Hilfe der Kenntnisse über die Markteintrittsbarrieren können potenzielle Wettbewerber bzw. Bedrohungen durch branchenfremde Unternehmen identifiziert werden.

BEACHTE:
Prüfen Sie stets, ob Ihre Angaben relevant sind. Vermeiden Sie irrelevante Angaben. Sie kosten Recherchezeit und lenken von dem eigentlich wichtigen Inhalt ab.

Schritt 2: Konkurrenten analysieren

Im nächsten Schritt werden die identifizierten Konkurrenten analysiert. Bei der Konkurrenzanalyse ist festzustellen, welches Stärken-Schwächen-Profil die einzelnen Firmen im Vergleich zum eigenen Unternehmen haben.

Zur Analyse eignet es sich, **Wettbewerberprofile** zu erstellen (entsprechende Vorlage sowie eine Checkliste auf CD). Ziel des Profils ist es, einen detaillierten Einblick in das Konkurrenzunternehmen zu erhalten, um Ansatzpunkte für strategische Maßnahmen zu ermitteln.

Tabelle 26 zeigt typische Inhalte eines Wettbewerberprofils, gegliedert nach „harten" und „weichen" Faktoren.

Zahlen und Fakten	**Weiche Faktoren**
✓ Umsatz	✓ Erkennbare Strategien
✓ Marktanteil	✓ Managementqualitäten
✓ Rechtsform	✓ Mitarbeiterzusammensetzung
✓ Standorte/Niederlassungen	✓ Image/Ruf
✓ Gesellschafter/Anteilseigner	✓ Markenportfolio
✓ Mitarbeiterzahl	✓ Qualität
✓ Finanzkraft	✓ Service/Wartung
✓ Produkte/Leistungen	✓ Marketingmix
✓ Stärken/Schwächen	✓ Kunden/Referenzkunden
✓ Beteiligungen	✓ Stärken/Schwächen
✓ Unternehmenswert	✓ Kooperationen
	✓ Lizenzen
	✓ Patente

Tabelle 26: Kriterien zur Erstellung eines Wettbewerberprofils

Häufig bietet die Vergangenheit des Unternehmens Ansatzpunkte für die Ableitung eines Profils. Dabei können folgende Kriterien die Untersuchung leiten:

- Aktuelle Situation des Wettbewerbers im Vergleich zu seiner jüngeren Vergangenheit, Beobachten der positiven und negativen Veränderungen.
- Misserfolge aus der Historie des Wettbewerbers, die eine Offenheit für sinnvolle strategische Optionen behindern könnten.
- Erfolgsgeschichte des Wettbewerbers, da oftmals an bewährte Konzepte angeknüpft wird.
- Reaktion des Konkurrenten auf bestimmte Branchenereignisse.

> **TIPP:**
> Nehmen Sie auch die Stärken, die der Konkurrent als solche bezeichnet, auf – ganz gleich, ob sie der Wahrheit entsprechen.
>
> Eventuell kann die Falscheinschätzung aus eigener Sicht auch eine Schwäche des Konkurrenten sein.

Die Strategie der Konkurrenz spiegelt sich in ihrem Verhalten auf dem Markt wider. Zu klären ist somit, welche Strategie der jeweilige Wettbewerber im jeweiligen Einzelfall einschlagen würde. Aus der Identifikation und Prognose der strategischen Stoßrichtung der Konkurrenz kann auf Art, Richtung, Intensität und Gewichtung des Marketinginstrumentariums des Wettbewerbers (Produkt-, Preis-, Kommunikations- und Distributionspolitik) geschlossen werden. Abbildung 73 zeigt mögliche Strategien der Konkurrenz. Können solche prognostiziert werden, besteht die Chance, geeignete Gegenmaßnahmen zielgerichtet zu planen und einzuleiten.

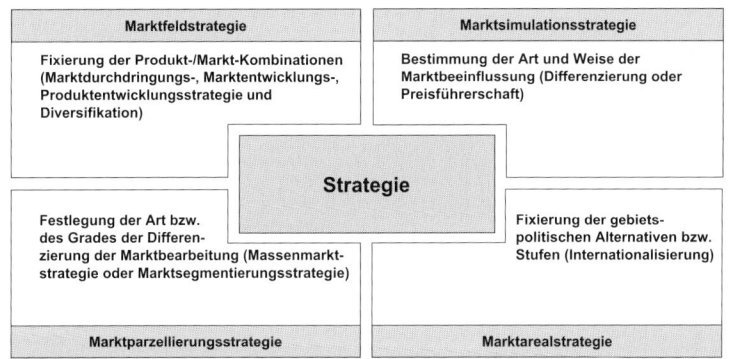

Abbildung 73: Mögliche Einordnung der Strategien

Die Kenntnis über die Ziele der Konkurrenz hilft zusätzlich bei der Vorhersage der Strategie und den daraus resultierenden Maßnahmen. Dabei können auch die Unternehmensgrundsätze Auskünfte über die Ziele geben.

- Werte und Überzeugungen (z. B. Marktführer, risikofreudig versus konservativ),
- Selbstverständnis (z. B. im Hinblick auf die Stellung im Markt),
- finanzielle Ziele (gemessen z. B. am angestrebten Umsatz, Kapitalrentabilität),
- Marketingziele (gemessen z. B. am angestrebten Marktanteil),
- Macht- und Prestigeziele (z. B. Unabhängigkeit, Image, Marke, politischer Einfluss),
- soziale Ziele (z. B. Vergütung, Sozialleistungen, Arbeitszufriedenheit),
- persönliche Ziele des Managements (Art der Manager, z. B. Charakterzüge, Hintergründe, Erfahrungen),
- Kontroll- und Anreizsysteme (insbesondere in Bezug auf die finanziellen Ziele, da Manager z. B. die Rentabilität maximieren könnten, wenn ihr Gehalt davon abhängt).

Mit Hilfe des **Konkurrenz-Markt-Schemas** wird die Stellung der Wettbewerber im Vergleich zum eigenen Unternehmen analysiert und verglichen. Zwei zu untersuchende Dimensionen sind frei wählbar und werden anschließend in einem Diagramm visualisiert. Abbildung 74 zeigt ein exemplarisches Konkurrenz-Markt-Schema mit den Dimensionen Anzahl der Mitarbeiter und Image.

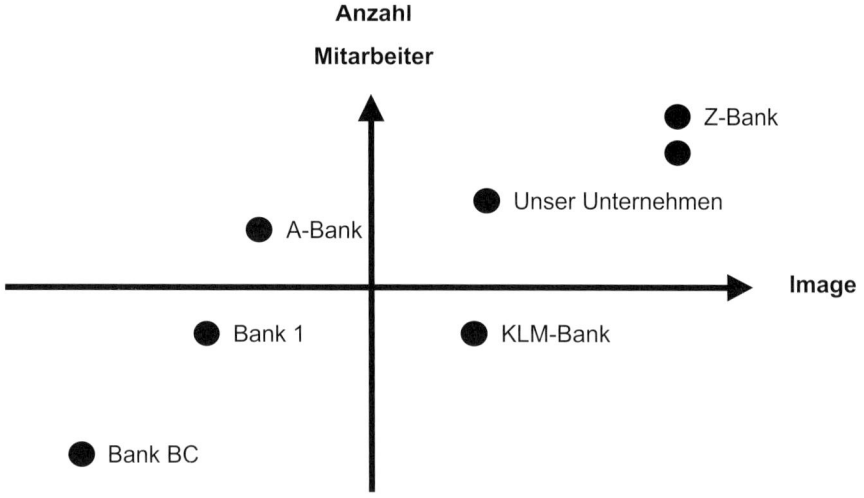

Abbildung 74: Beispielhaftes Konkurrenz-Markt-Schema

Weitere mögliche Dimensionen bzw. Achsenbezeichnungen sind:

- Größe des Unternehmens (z. B. Umsatz, Börsenkapitalisierung),
- Marktanteil,
- Firmenbestand (z. B. in Jahren),
- räumliche Nähe,
- Markenwert,

- Image,
- Kooperationsbereitschaft (z. B. durch Anzahl der Kooperationen und Joint Ventures),
- Internationalisierungsgrad (z. B. durch Anteil des Auslandsumsatzes),
- Investitionsschwerpunkte (z. B. Höhe der F&E-Ausgaben, Schulungsaufwendungen).

Durch die Veranschaulichung kann die eigene Position und Stärke im Vergleich zum Wettbewerber aufgezeigt werden. Wählt man zwei produktspezifische Dimensionen, die nicht wie im oben genannten Beispiel implizit mit einer Stärke bzw. Schwäche verbunden werden, können auch Marktlücken identifiziert werden.

Die **Konkurrenz-Angebots-Matrix** stellt dar, welcher Wettbewerber sich in welchem Angebotssegment bewegt, welches Portfolio er also hält. Hierzu sind z. B. die möglichen Geschäftsfelder in einer Tabelle abzutragen und den identifizierten Wettbewerbern zuzuordnen. Tabelle 27 zeigt eine beispielhafte Konkurrenz-Angebots-Matrix.

	Unser Unternehmen	Bank XY	Z-Bank
Kreditgeschäft	X	X	
Einlagengeschäft (befristete Einlagen, Spareinlagen, Kontokorrent, …)		X	
Wertpapierhandel/ -beratung	X	X	X
Absicherungsgeschäfte/ Derivate	X		X

Tabelle 27: Beispielhafte Konkurrenz-Angebots-Matrix

Durch die Zuordnung erhält man einen Überblick über die Geschäftstätigkeiten und Produktpaletten der Konkurrenten.

Außerordentliche Merkmale des Wettbewerbers können mittels eines **Stärken-Schwächen-Profils** herausgearbeitet werden. Im ersten Schritt wird dabei eine Liste der Stärken und Schwächen erzeugt. Tabelle 28 zeigt eine kurze Darstellung einer solchen Liste.

Stärken	Schwächen
• hervorragende Qualität der Produkte • wiederholter Testsieger • gute Reputation als Arbeitgeber • ausgeprägte Kundenorientierung	• nur lokaler Markt • Schwäche After-Sales durch lokale Präsenz • kleiner Marktanteil • hohe Konkurrenz

Tabelle 28: Beispiel eines Stärken-Schwächen-Profils

Bei der Beurteilung des Konkurrenzunternehmens können in diesem Zusammenhang folgende Bereiche betrachtet werden:

- Marktstellung,
- Produktportfolio,
- regionale Ausdehnung,
- Strategie,
- Kundensegmente,
- funktionale Prozesse (z.B. Service/Vertrieb, Marketing, Einkauf, F&E)
- horizontale bzw. vertikale Integration.

Im nächsten Schritt wird das eigene Profil über das des Wettbewerbers gelegt, um Stärken und Schwächen im Vergleich zu verdeutlichen. Abbildung 75 zeigt ein exemplarisches Stärken-Schwächen-Diagramm.

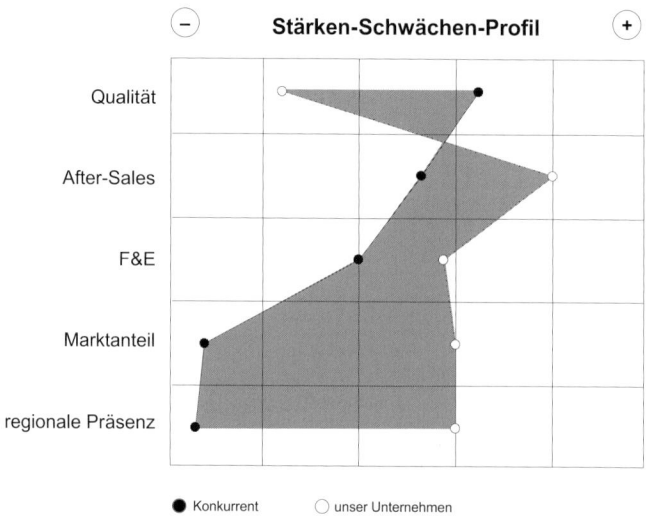

Abbildung 75: Exemplarisches Stärken-Schwächen-Diagramm

Abschließend können aus dem Stärken-Schwächen-Diagramm Zielwerte für das eigene Unternehmen abgeleitet werden, um die Lücke zum Konkurrenten zu schließen bzw. einen Wettbewerbsvorteil auszubauen (vgl. Kapitel 1.13).

Die Instrumente der Konkurrenzanalyse sollen einen Überblick über die allgemeine Konkurrenzsituation und einzelne Wettbewerber im Detail geben. Die Ergebnisse können in der Branchenstrukturanalyse oder im SWOT-Portfolio weiterverarbeitet werden (vgl. Kapitel 2.7 und 3).

2.3.5 Vor- und Nachteile

Vorteile	Nachteile
• Gibt einen klaren Überblick über die Basisfakten eines Unternehmens • Notwendig, um Konkurrenten einschätzen zu können • Flexibel ausbaubare Module, je nach Notwendigkeit • Analyse von einfach bis komplex möglich: schneller Überblick in kurzer Zeit bis hin zum detaillierten Einblick	• Es sind noch weitere Analysen notwendig (z. B. Benchmarking), um die Konkurrenz verlässlich einzuschätzen • Standardaussagen sind als Ergebnis nicht möglich – es gibt viel Spielraum bei der Interpretation der strategischen Zukunft des Wettbewerbers • Aufwendige Methode, um einen detaillierten Einblick zu erhalten • Korrektheit und Verlässlichkeit der Daten sind nicht immer gegeben

Tabelle 29: Vor- und Nachteile der Konkurrenzanalyse.

2.3.6 Praxisbeispiel

Klein, leicht und immer beliebter: Organizer, auch PDA (Personal Digital Assistent) genannt, sind der momentane Verkaufsrenner. Vor allem für den mobilen Einsatz gebaut, speichern sie Termine, verschicken E-Mails, bearbeiten Textdokumente und führen Tabellenkalkulationen durch. Gerade einmal so schwer wie ein Handy, ersetzen sie auf Reisen immer öfter den schweren Laptop. Das Thema Betriebssystem für PDAs wird mit fortschreitender Leistungsfähigkeit der jeweiligen Geräte immer wichtiger, da es vor allem von der eingesetzten Software abhängt, inwiefern man die Leistung der Geräte ausschöpft. Des Weiteren ist das Einsatzgebiet ein wichtiger Aspekt, das der Anwender verfolgt. Im Laufe der Zeit haben sich drei Betriebssysteme durchgesetzt. Die Hauptvertreter sind Palm, Windows und Symbian. Daneben existieren noch verschiedene Ableger und herstellerspezifische Betriebssysteme für PDAs. Von der folgenden Analyse wurden weitere potenzielle Wettbewerber ausgeschlossen.

Für einen Wettbewerbsvergleich spielt weniger das Unternehmen bzw. Konsortium (wie bei Symbian) eine Rolle, sondern vielmehr die Produkteigenschaften. Von der Entwicklung der Produkte geht der hauptsächliche Verdrängungswettbewerb aus.

Tabelle 30 zeigt eine abgewandelte Konkurrenz-Angebots-Matrix, die um Erläuterungen ergänzt wurde.

Ausstattung	Pocket-PC und Windows CE 23 % Marktanteil	Palm 31 % Marktanteil	EPOC und Symbian 6 % Marktanteil
Vollständige E-Mail-Funktionen, einschließlich der Standards POP3 und IMAP4	Ja	Nein	Nein, POP3-E-Mail und AOL separat erhältlich
Vollständiges Surfen im Web	Enthält Microsoft Pocket Internet Explorer	Nur Webausschnitte (nur Palm VII) und textbasiertes Websurfen	Ohne integrierte Möglichkeiten zum Websurfen
Farben und Bildschirmauflösung	320 × 240 16-Bit-Aktiv-Matrixanzeige mit 65.000 Farben und 76.800 Pixel	60×160 8-Bit, mit 256 Farben (nur Palm IIIc) und 25.600 Pixel	160×160, nur schwarz-weiß, 16 Graustufen
Industriestandard gemäßer Erweiterungssteckplatz	Compact-Flash- oder Multimedia-Karte	Eingeschränkte Erweiterung mit Compact-Flash-Karte oder herstellerunabhängige Springboard-Module	Nur herstellerunabhängige Springboard-Module
Synchronisation	Schnell und automatisch mit ActiveSync	HotSync – Tastendruck erforderlich	HotSync – Tastendruck erforderlich
Erkennung von natürlicher Handschrift	Erkennung natürlicher Handschrift einschließlich Transcriber	Nein, Erlernen der so genannten Graffiti-Sprache erforderlich	Nein, eingebautes Mikrofon und Lautsprecher, doch keine Sprachaufzeichnung oder Audiowiedergabefunktion
Sprachmemo	Sprachaufzeichnung, Mikrofon und Lautsprecher enthalten	Nein	Nein
Musik	MP3- und Windows Media-Player in Stereoqualität	Nein	Nein, nur über herstellerunabhängiges zusätzliches Springboard-Modul
Reader-Anwendung integriert	Microsoft Reader mit ClearType-Technologie zur scharfen und klaren Anzeige von Text	Nur Text mit niedriger Auflösung	Nur Text mit niedriger Auflösung

Tabelle 30: Vergleich der drei führenden Betriebssysteme (Microsoft)

Darüber hinaus lassen sich folgende Stärken-Schwächen-Profile beispielhaft ableiten:

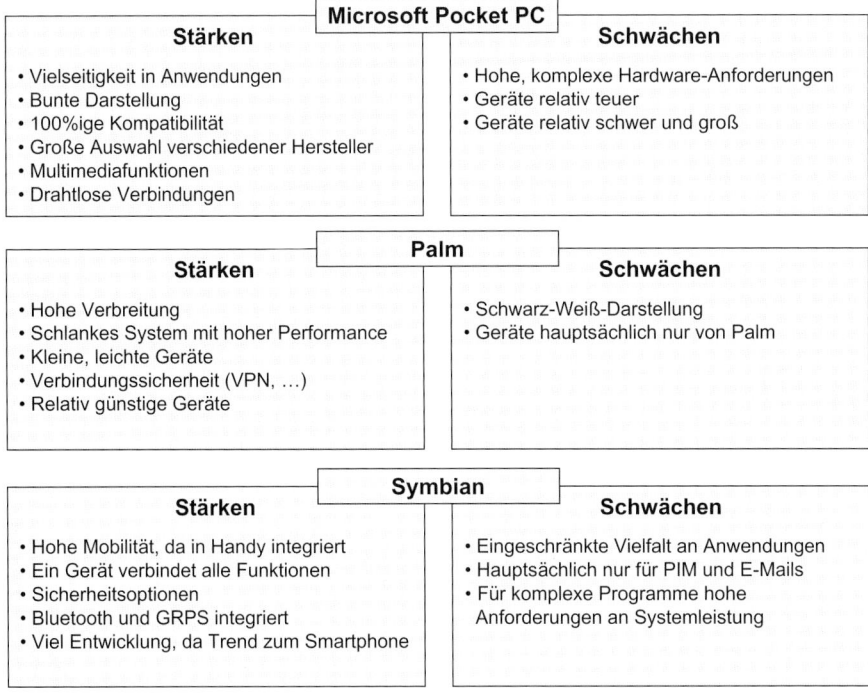

Microsoft Pocket PC

Stärken

- Vielseitigkeit in Anwendungen
- Bunte Darstellung
- 100%ige Kompatibilität
- Große Auswahl verschiedener Hersteller
- Multimediafunktionen
- Drahtlose Verbindungen

Schwächen

- Hohe, komplexe Hardware-Anforderungen
- Geräte relativ teuer
- Geräte relativ schwer und groß

Palm

Stärken

- Hohe Verbreitung
- Schlankes System mit hoher Performance
- Kleine, leichte Geräte
- Verbindungssicherheit (VPN, …)
- Relativ günstige Geräte

Schwächen

- Schwarz-Weiß-Darstellung
- Geräte hauptsächlich nur von Palm

Symbian

Stärken

- Hohe Mobilität, da in Handy integriert
- Ein Gerät verbindet alle Funktionen
- Sicherheitsoptionen
- Bluetooth und GRPS integriert
- Viel Entwicklung, da Trend zum Smartphone

Schwächen

- Eingeschränkte Vielfalt an Anwendungen
- Hauptsächlich nur für PIM und E-Mails
- Für komplexe Programme hohe Anforderungen an Systemleistung

Abbildung 76: Verkürzte Stärken-Schwächen-Profile

Fortführend können weitere Informationen über die Konkurrenzprodukte erhoben werden. Bedeutend ist gerade für die Hersteller im IT-Bereich, dass die aktuellen Entwicklungen zeitnah beurteilt werden, um auf Trends und Neuentwicklungen von den Konkurrenten flexibel reagieren zu können.

2.3.7 Vorlagen auf CD

Auf der CD zum Buch finden Sie eine Vorlage für die Erstellung eines Konkurrentenprofils.

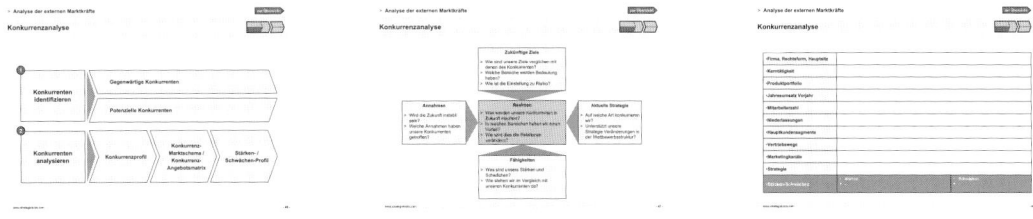

2.3.8 Verwandte und weiterführende Themen

- Radarscreenanalyse
  Bei der Identifizierung der Konkurrenten kann die Radarscreenanalyse Aufschlüsse über mögliche Gefahren durch neue Konkurrenten geben.

- Branchenstrukturanalyse
  In der Branchenstrukturanalyse werden die Ergebnisse der Konkurrenzanalyse zusammengeführt und geben – zusammen mit anderen Analysen – einen Überblick über die Branchendynamik.

- Substitutionsanalyse
  Potenzielle Konkurrenten können durch die Einführung von Substituten zu Konkurrenten werden. Durch das Beobachten der Entwicklung von Substitutionsprodukten können neue Konkurrenten erkannt werden.

- Benchmarking
  Im Rahmen des Benchmarkings können auch Konkurrenzunternehmen als Partner herangezogen werden. Dies ermöglicht einen tiefen Einblick in das Konkurrenzunternehmen.

- Stärken-/Schwächen-Analyse
  Die Erkenntnis der eigenen Stärken und Schwächen bilden einen Anknüpfungspunkt bei der Gegenüberstellung mit den Stärken und Schwächen des Wettbewerbers.

- Kernkompetenzanalyse
  Das Erkennen der eigenen Kernkompetenzen eröffnet neue Perspektiven. Unternehmen, die vormals nicht als Konkurrenten betrachtet wurden, können so als Bedrohung erkannt und als relevanter Wettbewerber eingestuft werden.

2.3.9 Literaturhinweise

DELTL, J. (2004): *Strategische Wettbewerbsbeobachtung – So sind Sie Ihren Konkurrenten laufend einen Schritt voraus*, Gabler Verlag, Wiesbaden 2004

FULD, L. M. (1995): *The new competitor intelligence – the complete resource for finding, analyzing, and using information about your competitors*, John Wiley & Sons, New York 1995

KAIRIES, P. (2001): *So analysieren Sie Ihre Konkurrenz – Konkurrenzanalyse und Benchmarking in der Praxis*, expert verlag, Renningen 2001

KUNZE, C. W. (2000): *Competitive Intelligence: Ein ressourcenorientierter Ansatz strategischer Frühaufklärung*, Shaker Verlag, Aachen 2000

LUX, C. / PESKE, T. (2002): *Competitive Intelligence und Wirtschaftsspionage – Analyse, Praxis, Strategie*, Gabler Verlag, Wiesbaden 2002

PORTER, M. E. (1992): *Wettbewerbsvorteile – Spitzenleistungen erreichen und behaupten*, Campus Verlag, Frankfurt am Main 1992

2.4 Substitutionsanalyse

LEITFRAGEN:
- Wie können wir damit umgehen, dass ständig neue Entwicklungen und Technologien aufkommen?
- Was können wir tun, um unser Sortiment trotz Trends zeitgemäß zu halten?

2.4.1 Zielsetzung und Anwendungsgebiet

Die Substitutionsanalyse untersucht in erster Linie, wie leicht die eigenen Produkte am Markt durch andersartige Produkte ersetzt und dadurch vom Markt verdrängt werden können. Dazu sind detaillierte Kenntnisse über die Dynamik der Produktgruppe bzw. über die relevante Branche erforderlich. Mit diesen Kenntnissen kann man einerseits die Gefahr der Nachfrageerosion und andererseits die Sensibilität gegenüber Preissteigerungen ermitteln.

Zusätzlich erhält man durch die Analyse potenzieller Ersatzprodukte (Substitute) detaillierte Kenntnisse über die „wahren" Kundenbedürfnisse. So können weitere Produktentwicklungen konsequent an den Kundenwünschen ausgerichtet werden.

Ergänzend können neue Wettbewerber schnell identifiziert und frühzeitig Abwehrstrategien entwickelt werden.

2.4.2 Beschreibung

Substitute sind Güter bzw. Dienstleistungen, die (meist von außerhalb einer bestimmten Branche) ähnliche oder gleiche Funktionen erfüllen wie das betrachtete Produkt. Klassische Beispiele sind Alcopops und Bier sowie MP3 und Audio-CDs.

Der typische Substitutionsprozess gliedert sich in vier Schritte: Informations-, Test-, Startphase sowie die Phase der oberen Grenze. Abbildung 77 veranschaulicht den Zusammenhang zwischen diesen Phasen, der sich üblicherweise als S-Kurve darstellen lässt.

MERKE:
Substitute sind Ersatzprodukte, welche die gleichen Funktionen erfüllen wie das betrachtete Produkt.

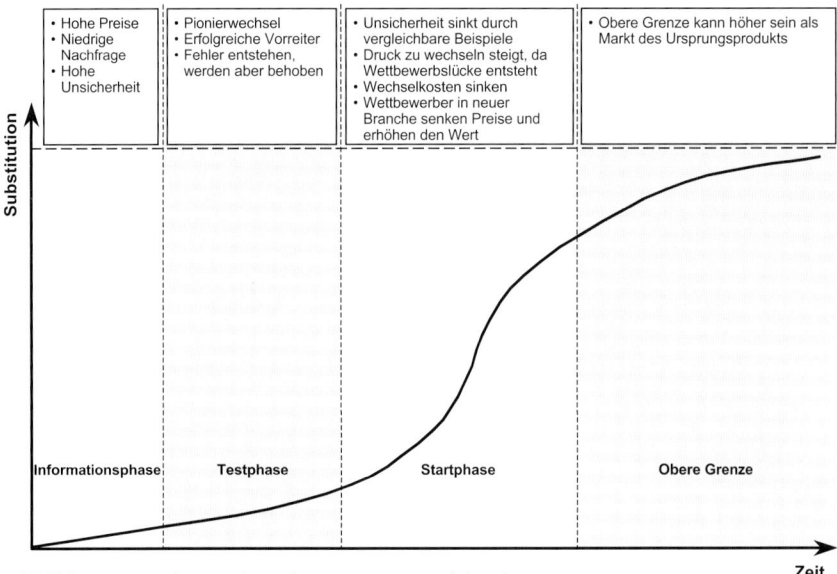

Abbildung 77: Phasen der Substitution aus Produktsicht

Um die Substitutionsgefahr zu bewerten, gibt es eine Reihe von Indikatoren, die eine Einschätzung zulassen. So gilt, dass die Substitutionsgefahr umso höher ist,

- je niedriger die Wechselkosten des Konsumenten sind,
- je niedriger der Preis ist,
- je höher die Qualität bzw. der Kundennutzen des Substituts ist,
- je weniger das Produkt in den Dimensionen des Kundenwertes (z.B. Preis, Qualität, Beschaffenheit, Verfügbarkeit, Service) differenziert wird.

BEACHTE:
Nur was der Kunde registriert und ihm Nutzen stiftet, wird von ihm honoriert. Eigene Leistungen sollten sich nur auf diese registrierbaren und registrierten Eigenschaften konzentrieren.

Aus diesem Grund sollte das Kundenproblem an der Spitze der strategischen Planung stehen: Die originären Bedürfnisse des Kunden sind durch eine besondere Dauerhaftigkeit gekennzeichnet, unabhängig von den Technologien und Techniken, mit denen Unternehmen diese Nachfrage befriedigen. Wenn die Vorteile des Kunden durch die Produkte bzw. Dienstleistungen in den Mittelpunkt des unternehmerischen Handelns gerückt werden, wird im Vergleich zur Konkurrenz meistens eine bessere Produkt- und Servicequalität erzielt.

Daraus entsteht die Notwendigkeit nach einer Analyse, bei der die aktuellen und zukünftigen Bedürfnisse des Kunden im Mittelpunkt stehen.

2.4.3 Voraussetzungen und notwendiger Input

Um potenzielle Substitute aufzuspüren und die direkte Substitutionsgefahr bewerten zu können, kann man sich folgender Quellen bedienen:

- Marktanalysen,
- Branchenberichte,
- Fachzeitschriften,
- Experteninterviews.

Um Substitute zu bewerten und die Substitutionsgefahr für die eigenen Produkte einzuschätzen, sollten ergänzend folgende Quellen herangezogen werden:

- interne Zahlen, z. B. aus dem Vertrieb,
- Interview mit Fokusgruppen (z. B. Kunden, Verkäufer, Lieferanten),
- Kundenzufriedenheitsanalysen.

2.4.4 Vorgehensweise

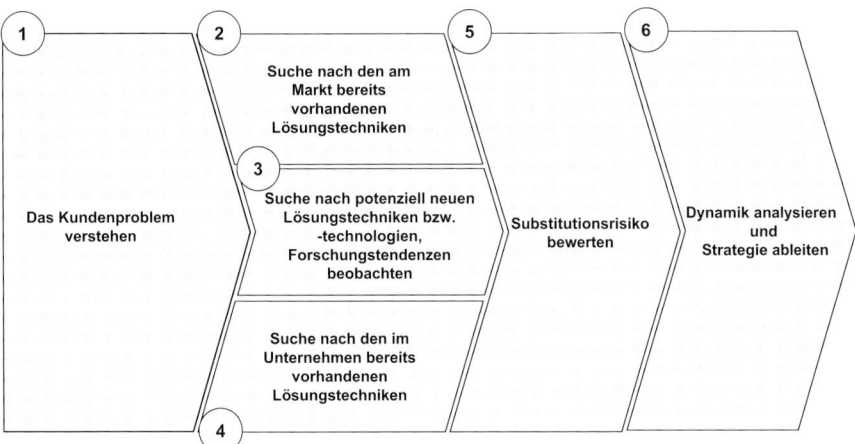

Abbildung 78: Vorgehensweise bei der Substitutionsanalyse

Schritt 1: Das Kundenproblem verstehen

Ausgangspunkt der Analyse ist das Verständnis für das originäre Kundenproblem. Dafür ist es notwendig, das Problem der Kunden mit seinen Ausprägungen zu definieren. Tabelle 31 zeigt eine Checkliste für mögliche Analysefragen im ersten Schritt.

✓ Welches Problem hat der Kunde? Wie lässt sich sein Bedürfnis definieren? In welcher ursprünglichen Ausprägung tritt es auf?
▪ Ist das Problem bei unterschiedlichen Nutzergruppen auch unterschiedlich ausgeprägt?
▪ Ist das Problem ein dauerhaftes („invariant"), oder tritt es nur temporär auf?
▪ Welche Lösungsansätze bietet der Markt an?
▪ Welche Techniken sind bereits vorhanden?
▪ Dominieren bestimmte Lösungsansätze bestimmte regionale oder kundenspezifische Märkte?

Tabelle 31: Checkliste für Schritt 1

Als Hilfestellung für diesen Schritt dienen die Kaufkriterien des typischen Kunden. Es werden die wichtigsten Kriterien herausgefiltert, mit denen er die angebotenen Produkte bzw. Dienstleistungen beurteilt.

TIPP:
Ziehen Sie bei der Beurteilung zunächst den Preis nicht in die Überlegung mit ein, sondern konzentrieren Sie sich auf die Merkmale Ihrer Produkte (z. B. Qualität, Design, Funktionen).

Schritt 2: Suche nach am Markt bereits vorhandenen Lösungstechniken

Im nächsten Schritt wird der Markt auf Produkte bzw. Dienstleistungen untersucht, welche die im Schritt 1 formulierten Bedürfnisse befriedigen.

Hierbei wird analysiert, welche Lösungstechniken zu dem definierten Problem derzeit im Markt existieren. Dabei können Schwerpunkte gebildet werden, um einzelne Lösungstechniken in bestimmten Märkten entweder nach Anwendergruppen oder Marktregionen zu ordnen. Hierzu bietet sich die Radarscreenanalyse an (vgl. Abschnitt 2.4.5).

Schritt 3: Suche nach potenziell neuen Lösungstechniken

Die weitere Entwicklung von Substitutionsgefahren kann eingeschätzt werden, indem Experten zu ihrer Einschätzung alternativer Lösungstechniken befragt werden. Sind die Alternativen in der Lage, das Kundenproblem kostengünstiger oder besser zu lösen, sollte der voraussichtliche Zeitpunkt der Markteinführung abgeschätzt werden. Im Anschluss sind die Auswirkungen dieser neuen Lösungstechniken auf die eigenen Produkte und auf bestehende Fertigungsverfahren zu analysieren. Tabelle 32 zeigt die Checkliste für die dargestellte Teilanalyse.

✓ **Worin könnten potenzielle neue Lösungstechniken bestehen?**

- Sind Lösungstechniken absehbar, mit denen das Problem des Kunden besser und billiger gelöste werden kann – bei uns, bei der Konkurrenz, in anderen Branchen, im Ausland?

- Wann könnten derartig neue Lösungsansätze auf den Markt kommen? Und welche Konsequenzen hätte das für unsere derzeitigen Produkte und unsere bestehenden Fertigungskapazitäten?

Tabelle 32: Checkliste für Schritt 3

Ein weiterer Ansatz, um potenzielle neue Lösungstechniken zu erkennen, ist die Beobachtung von Trends in der Forschung. Dabei werden die Forschungsvorhaben im eigenen Unternehmen, bei der Konkurrenz, aber auch in anderen Branchen und unabhängigen Forschungsinstituten analysiert. Anschließend sind Erfolgswahrscheinlichkeiten abzuschätzen, so dass mögliche Auswirkungen auf die eigenen Marktanteile abgeleitet werden können. Tabelle 33 bildet die Kernfragen zu der Analyse der Forschungstrends ab.

✓ **Welche Tendenzen zeichnen sich in der Forschung ab?**

- Was haben wir vor? Welche Forschungsvorhaben der Konkurrenz sind uns bekannt? Was machen Forschungsinstitute und andere Branchen im In- und Ausland, das für uns relevant werden könnte?

- Wie wahrscheinlich ist diesen Forschungsvorhaben Erfolg beschieden? Und welche Bedeutung könnten die Ergebnisse für den Markt bekommen?

- Welche Auswirkungen könnten erfolgreiche Forschungsaktivitäten auf die Verteidigung und den Ausbau bestehender Marktanteile haben?

Tabelle 33: Checkliste für Schritt 3

Schritt 4: Suche nach den im Unternehmen bereits vorhandenen Lösungstechniken

Die bisherigen Untersuchungen werden auf das eigene Unternehmen fokussiert, indem analysiert wird, welche Lösungsansätze im Unternehmen zur Befriedigung der Kundenbedürfnisse existieren. Dabei wird das eigene Sortiment analysiert und direkt mit den wichtigsten Wettbewerbern verglichen (hierzu bietet sich das Stärken-Schwächen-Profil an, vgl. Kapitel 1.13). Zusätzlich ist die Marktentwicklung abzuschätzen, um die Attraktivität von Substituten zu beurteilen. Ist der Markt sehr klein und begrenzt, erscheint es für Konkurrenten nicht rentabel, ein aufwendiges Substitut zu entwickeln. Tabelle 34 fasst einen möglichen Fragenkatalog für den vierten Schritt zusammen.

✓ Welche Lösungstechniken sind im Unternehmen bereits vorhanden?

- Wie sehen bei uns die relativen Sortimentsbreiten und Sortimentsschwerpunkte aus? Und wie bei unseren wichtigsten Konkurrenten?
- Wie werden die Märkte, die für unsere Lösungsansätze relevant sind, im Verhältnis zum Gesamtmarkt vermutlich wachsen? Wie entwickeln sich die Märkte für Lösungsansätze, über die wir nicht verfügen?
- Welche Konsequenzen sollten diese Entwicklungen auf unsere Sortimentspolitik haben?

Tabelle 34: Checkliste für Schritt 4

Schritt 5: Substitutionsrisiko bewerten

Im fünften Schritt wird das Substitutionsrisiko durch Kennzahlenanalyse bewertet.

Der **relative Wert bzw. relative Preis** wird durch die Nutzungsrate und -dauer, die Finanzierungskosten, den Kaufpreis, das Lohn- und Zinsniveau (bei internationalen Vergleichen) sowie das Image beeinflusst. Je höher der relative Wert und je niedriger der relative Preis, desto geringer ist die Substitutionsgefahr.

Wechselbereitschaft bzw. -barrieren werden durch Wechselkosten (Haltekosten, Ersetzungskosten, Schulungskosten) sowie das Ressourcenprofil und die Risikobereitschaft des Kunden geprägt. Je niedriger die Wechselbereitschaft und je höher die Wechselbarrieren, desto niedriger ist das Substitutionsrisiko.

Schritt 6: Dynamik analysieren und Strategie ableiten

Abschließend wird aus den gewonnenen Ergebnissen eine Strategie abgeleitet. Dabei wird zwischen defensiven und offensiven Strategien unterschieden.

Defensive Strategien bedeuten: Kosten reduzieren, Produkt aufgeben bzw. auslaufen lassen und durch neue Produkte ersetzen.

Produkte, mit denen hervorragend die (vom Kunden als unwichtig empfundenen) Bedürfnisse des Kunden abgedeckt werden, sind auf Möglichkeiten zu Kosteneinsparungen zu untersuchen.

Offensive Strategien bedeuten: Produkt differenzieren, Produktnutzen erhöhen und parallel neue Produkte entwickeln mit der Absicht, einen höheren Nutzen zu erzielen als das Substitut.

Produkte, welche kaum die (vom Kunden als wichtig empfundenen) Bedürfnisse des Kunden abdecken, müssen auf Verbesserungspotenziale untersucht werden. Eine Differenzierungsstrategie sollte verfolgt werden, wenn die Möglichkeit besteht, das Produkt bei einzelnen Kaufkriterien (z.B. Design, Qualität) von der Konkurrenz deutlich abzuheben.

2.4.5 Exkurs Radarscreen

An dieser Stelle wird der so genannte Radarscreen im Rahmen eines Exkurses als probates Instrument im Kontext der Substitutionsanalyse kurz vorgestellt.

Die Schritte 2 bis 4 der skizzierten Vorgehensweise beinhalten zusammenfassend die Identifikation von Lösungstechniken, die zur Befriedigung des Kundenbedürfnisses führen. Sie sind unabhängig davon, ob sie im eigenen Unternehmen beherrscht und angeboten werden oder ob sie der gleichen Gattung angehören wie die eigene Leistung, welche bisher angeboten wird.

Zum Beispiel könnte eine Kreuzfahrt ein Substitut für eine neue Golfausrüstung sein, gesetzt den Fall, die Kundenanforderung wäre ausschließlich auf Freizeitvergnügen bezogen. Weiterhin müssen Luxushersteller wie die Uhrenmanufaktur Rolex unter Umständen bei der eigenen Produktpositionierung potenzielle Substitute wie hochwertige Audiogeräte oder auch Schmucke berücksichtigen, sollten diese in ein ähnliches Preissegment fallen. Am Beispiel der Luxusartikel wird deutlich, dass Substitute auch fernab der eigentlichen reinen Produktfunktion gesucht werden müssen. Die Kernfrage lautet dabei: In welches Produkt könnten die Kunden das Geld alternativ investieren? Im Endeffekt muss man sich in die Lage des Kunden versetzen (vgl. Schritt 1 der Vorgehensweise). Dieser hat spezielle Bedürfnisse und im Regelfall begrenzte Mittel, so dass er sich nicht alle Wünsche erfüllen kann. Wer sind die Wettbewerber? Diese Beispiele sind zwar nicht alltäglich, verdeutlichen aber, wie abstrakt die Identifikation potenzieller Wettbewerber in der Praxis sein kann.

Der Radarscreen bietet eine einfache Technik, die Identifikation potenzieller Substitute zu strukturieren. Das Kernelement dieser Methode ist der Radarschirm selbst. Dieser besteht aus einer beliebigen Anzahl von konzentrischen Kreisen, wobei zur besseren Übersichtlichkeit eine Anzahl von drei bis fünf gewählt werden sollte. Im Zentrum des Radarschirms wird das eigene Produkt/die eigene Leistung eingetragen. Der Abstand der einzelnen Kreise zum Zentrum wird im Folgenden die Nähe zum Ursprungsprodukt symbolisieren. Das heißt, potenzielle Substitute, welche die Kundenanforderung in sehr ähnlichem Maße befriedigen, werden nahe dem Zentrum positioniert, diejenigen, die einen komplett anderen Ansatz verfolgen und nur peripher den gleichen Anforderungen nachkommen, entsprechend weiter außen. Im Ergebnis erhält man eine übersichtliche Visualisierung der relevanten Substitute sowie eine Veranschaulichung der bestehenden Bedrohung.

Um die Komplexität der Identifikation von Substituten zu reduzieren, wird der Radarschirm üblicherweise in vier Bereiche unterteilt. Ausgehend von der Ursprungsleistung, die im Zentrum notiert wurde, werden Bereiche definiert, in welchen nach potenziellen Substituten gesucht wird.

Wichtig ist, dass der Radarschirm an sich keine Relationen der Substitute untereinander abbildet, sondern ausschließlich versucht, die Abstände zum eigenen Angebot darzustellen. Es ist demnach unbedeutend, wie weit die einzelnen Elemente auf dem Radarschirm voneinander entfernt sind, sondern es interessiert nur der Abstand zum Mittelpunkt.

Der Radarschirm eignet sich aufgrund der eingängigen Visualisierung besonders zur Aufbereitung von Ergebnissen oder zur Durchführung von Workshops. Das Vorgehen kann durch die vorgelagerte Entwicklung des Schirms vor der eigentlichen Identifikation der Substitute den Workshopverlauf strukturieren. Die Teilnehmer werden sozusagen abgeholt, können der Vorgehensweise folgen und somit hochwertigen Input liefern.

Abbildung 79 zeigt einen exemplarischen Radarschirm. Hier wurde für eine kostenlose Regionalzeitung untersucht, welche Substitute sich aus Sicht der eigenen Anzeigenkunden ergeben (hier ist der Kunde also der Auftraggeber der Anzeigen). Gemäß der geschilderten Vorgehensweise ist demnach im Zentrum des Radarschirms das eigene Magazin notiert und sind die Bereiche (kostenpflichtige Zeitungen, kostenlose Zeitungen, Internet, TV und Radio) definiert. Auf dem Radarschirm sind im Ergebnis sämtliche Medien abgetragen, in denen die Kunden alternativ ihre Anzeigen schalten könnten.

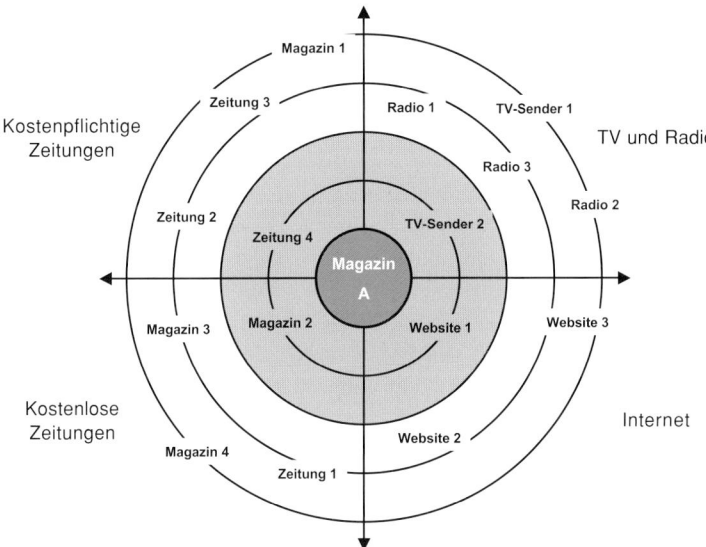

Abbildung 79: Exemplarischer Radarscreen für eine Regionalzeitung

2.4.6 Vor- und Nachteile

Vorteile	Nachteile
• Absolute Kundenorientierung: Was will der Kunde wirklich? • Gibt anhand von Neuentwicklungen Einblicke in den Lebenszyklus • Stellt einen wichtigen Faktor für die Branchenstrukturanalyse dar	• Die laufende Analyse der Kundenbedürfnisse ist sehr aufwendig • Nicht allein stehend als Instrument zur Strategieentwicklung geeignet, da die Ergebnisse nur im Zusammenhang mit anderen Analysen sinnvoll auswertbar sind

Tabelle 35: Vor- und Nachteile der Substitutionsanalyse

2.4.7 Praxisbeispiel

Seit dem 19. Jahrhundert galt die Schallplatte als Audiomedium schlechthin. Erst mit Einführung der digitalen Compact Disc (CD) gingen 1983 die Verkäufe und Produktionszahlen von Schallplatten rasch zurück. 1990 wurden doppelt so viele CDs verkauft wie LPs. Anfang der 1990er verkündeten die wichtigsten Konzerne der Phonoindustrie gemeinsam den Tod der Schallplatte. Bis auf einzelne Liebhaber der Vinylplatten sowie DJs wurde fortan nur noch auf die CD gesetzt.

Die CD wurde Anfang der 80er zur digitalen Speicherung von Musik von Philips und Sony eingeführt und sollte von Anfang an die Schallplatte ablösen. Später wurde das Format der CD erweitert, um nicht nur Musik, sondern auch andere Informationen, z. B. Computerdateien, abspeichern zu können. Diese bewusste Substitution gelang durch die technischen Entwicklungen und veränderten Bedürfnisse.

In den 90er Jahren sollte dann die nächste Substitution gelingen – mit der Einführung der MiniDisc (MD). Die Vorteile der MD sind ihre Größe, die Robustheit sowie Schmutzunanfälligkeit, eine erhöhte Akkulaufzeit der Geräte sowie die zahlreichen technischen Möglichkeiten der Aufnahmegeräte. Dennoch setzte sich die MD nie vollständig durch, sondern blieb ein paralleles Medium ohne den gewünschten Substitutionserfolg. Dies lag maßgeblich an der Entwicklung des MP3-Standards. MP3, eigentlich MPEG Audio Layer-3, ist ein Dateiformat zur verlustbehafteten Audiokompression, entwickelt am Fraunhofer-Institut für Integrierte Schaltungen in Erlangen. Viele der Vorteile der MD konnten durch den MP3-Standard sogar noch erweitert werden (z. B. geringer Speicherbedarf und damit geringe Größe der Geräte), so dass der MP3-Standard von Anfang an attraktiver war. Damit wurde die MD verdrängt. Durch die zahlreichen Internettauschbörsen und den wachsenden Markt an kostenpflichtigen Download-Portalen für Musikdateien im MP3-Format hat der Prozess der Substitution der CD begonnen.

Durch den regelmäßigen Einsatz der Substitutionsanalyse können diese Entwicklungen und die davon ausgehenden Gefahren für die betroffenen Branchen identifiziert werden. Aus den gewonnenen Erkenntnissen und Trends können rechtzeitig Gegenstrategien oder Handlungsoptionen abgeleitet werden.

2.4.8 Vorlagen auf CD

In den PowerPoint-Vorlagen befindet sich eine Checkliste mit Leitfragen.

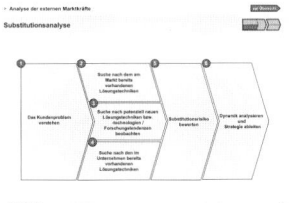  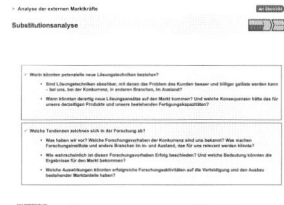

2.4.9 Verwandte und weiterführende Themen

- Branchenstrukturanalyse
  Die Branchenstrukturanalyse bringt die Substitutionsanalyse in einen Kontext mit weiteren Marktkräften, um die Wettbewerbsposition des Unternehmens insgesamt zu bewerten.

- Kundenzufriedenheitsanalyse
  Erlaubt Aussagen über den Bedürfnisdeckungsgrad der eigenen Produkte bzw. Serviceleistungen.

- Konkurrenzanalyse
  Bietet einen Einblick in die Wettbewerbssituation und analysiert einzelne Konkurrenten, von denen Substitutionsgefahren ausgehen können.

- Lebenszyklusanalyse
  Analysiert ein Produkt auf Basis seines Lebenszyklus. Dies ermöglicht Aussagen über das Substitutionsrisiko.

- Szenariotechnik
  Bewertet unterschiedliche Szenarien, so dass Strategien abgeleitet werden können, um ein negatives Szenario positiv zu beeinflussen und positive Szenarien zu unterstützen. Einflüsse, die ein Szenario bezüglich der Produktsubstitution prägen, sind z.B. Änderungen im Patentrecht und das Abschaffen von Handelshemmnissen.

- Radarscreenanalyse
  Analysiert mehrere Eintrittswege in den eigenen Markt und damit die Substitutionsgefahr auch von branchenfremden Unternehmen.

2.4.10 Literaturhinweise

DAY, G. S. / SHOCKER, A. D. / SRIVASTAVA, R. K. (1979): *„Customer-Oriented Approaches to Identifying Product-Markets"*, in: Journal of Marketing, Vol. 43, Fall 1979, p. 8–19

ENGELHARDT, W. H. (1989): *„Produkt-Lebenszyklus- und Substitutionsanalyse"*, in: Szyperski, N. (Hrsg.): *Handwörterbuch Planung,* Stuttgart 1989, Spalte 1591–1602

GÄLWEILER, A. (1986): *Strategische Unternehmensführung,* 2. Aufl., Campus Verlag, Frankfurt am Main 1986

PORTER, M. E. (1999): *Wettbewerbsstrategie,* 10. Aufl., Campus Verlag, Frankfurt am Main/New York 1999, S. 34

2.5   Stakeholderanalyse

LEITFRAGEN:
- Welches sind die wichtigsten Spieler für den Erfolg unseres Unternehmens?
- Wie stark schätzen wir die Einflussnahme des Stakeholders auf unser Unternehmen?
- Wo liegen Risikopotenziale?
- Welche Chancen ergeben sich für uns?

2.5.1   Zielsetzung und Anwendungsgebiet

Vor dem Hintergrund begrenzter Ressourcen ist es für das Management eines Unternehmens von Bedeutung, auf welchen Personenkreis und welche Erwartungen das Unternehmen seine Aufmerksamkeit richten sollte.

Die Stakeholderanalyse zielt darauf ab, Interessengruppen zu identifizieren und in Entscheidungen einzubinden, damit die Unternehmensziele definiert und leichter erreicht werden können. Es wird die Bedeutung der jeweiligen Interessengruppe für das Unternehmen untersucht, woraus Anregungen für den Umgang mit Forderungen und Bedürfnissen bezogen werden können. Dieses Instrument ermöglicht, zu Beginn des Strategiefindungsprozesses sehr konsequent eine Außenperspektive einzunehmen und dadurch Betriebsblindheit durch eine umfassende Sicht auf das Unternehmen vorzubeugen.

Oftmals wird die Stakeholderanalyse bei sensiblen Projekten (z.B. Integrations- oder Veränderungsprojekten) eingesetzt, um die beteiligten bzw. betroffenen Gruppen zu erkennen und angemessen einzubeziehen.

2.5.2   Beschreibung

MERKE:
Stakeholder sind Gruppen, die Interessen bzw. Ansprüche gegenüber dem Unternehmen haben. Typische Stakeholder sind Mitarbeiter, Aktionäre, Staat, Zulieferer, Kunden etc.

Als Stakeholder werden Gruppen bezeichnet, die Interessen oder Ansprüche gegenüber einem Unternehmen haben (z.B. Aktionäre, Staat, Arbeitnehmer, Verbände, Kunden, Zulieferer). Stakeholder können sowohl Personengruppen als auch Einzelpersonen sein. Sie nehmen aktiv Einfluss auf Entscheidungen im Unternehmen und stellen im Gegenzug Ressourcen zur Zielerreichung und Strategieverwirklichung zur Verfügung. Häufig fallen die Interessen der Stakeholder nicht mit denen des Managements zusammen (z.B. könnten die Aktionäre eine hohe Dividende wollen, das Management hingegen eine Erhöhung der Rücklagen). So entstehen leicht Spannungen, die durch geeignete Gegenmaßnahmen zu vermindern sind.

Die Stakeholderanalyse gibt Aufschluss darüber, gegenüber welchen Stakeholdern das Unternehmen positioniert werden sollte und worauf das Management dabei achten muss. Oftmals werden gegenseitige Erwartungen und das Verständnis über Nutzenverhältnisse verzerrt und wenig realitätsgerecht wahrgenommen. Resultat ist, dass fehlerhafte Prioritäten gesetzt oder wichtige Gruppen nicht beachtet werden. Aus diesem Grund ist es notwendig, sich seiner Stakeholder und deren Einflüsse durch die Stakeholderanalyse bewusst zu werden.

Aus der Sicht der einzelnen Geschäftsbereiche können bedeutende Stakeholder z.B. Kunden, Zulieferer und die eigene Holding sein. Aus der Sicht des Gesamtkonzerns setzen sich die wichtigen Stakeholder oft aus den einzelnen Geschäftseinheiten, den Gewerkschaften, staatlichen Stellen, Investoren und Gläubigern zusammen.

Der aktuelle Trend ist eine Vermehrung der Stakeholder, so dass unternehmerisches Handeln immer anspruchsvoller wird und mehr Sensibilität erfordert. Bei der Analyse bezieht man deshalb nur die wichtigen Stakeholder mit ein.

TIPP:
Weniger bedeutsame Stakeholdergruppen können grober analysiert werden.
Wichtigere Gruppen sollten detaillierter betrachtet werden, um ein besseres Verständnis zu gewinnen.

2.5.3 Voraussetzungen und notwendiger Input

Voraussetzung für eine Stakeholderanalyse sind allgemeine Kenntnisse über die vorhandenen Stakeholder und ein Verständnis für die verschiedenen Ansichten und Interessen.

Als Quelle können Workshops genutzt werden, die neben eigenen Mitarbeitern und Führungskräften auch externe Vertreter (z.B. Berater oder auch reale Stakeholder) umfassen. In diesen Workshops werden dann entweder durch Gespräche oder aber durch Rollenspiele (falls keine Stakeholder anwesend sind) die Erwartungen und Befürchtungen definiert.

2.5.4 Vorgehensweise

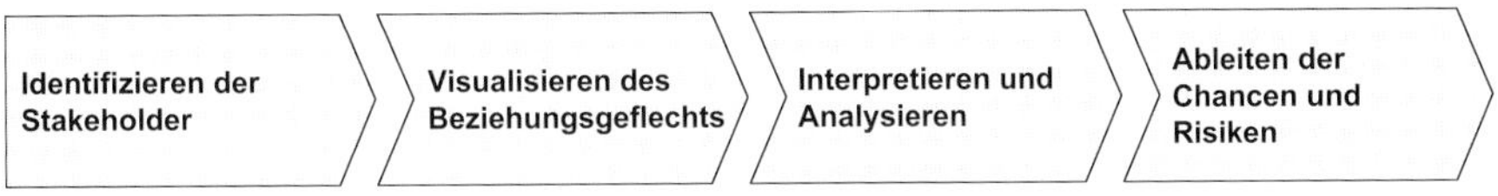

Abbildung 80: Vorgehensweise bei der Stakeholderanalyse

Schritt 1: Identifizieren der Stakeholder

Im ersten Schritt sind die relevanten Stakeholder zu identifizieren und gruppieren. Tabelle 36 zeigt beispielhaft einige Fragen, die das Entdecken der Stakeholdergruppen anleiten.

TIPP:
Auch die internen Stakeholder (z.B. Mitarbeiter oder Management) sollten explizit berücksichtigt werden.
Oftmals entsprechen die Interessen nicht den Unternehmenszielen.

✓ Welche Gruppierungen nehmen **formell oder informell Einfluss auf die Formulierung der Unternehmenspolitik** bzw. -strategie (z.B. Vorstand, Aufsichtsrat)?

✓ Existieren Gruppierungen, von denen das **Unternehmen täglich abhängt**, die aber im Gegenzug **an der Entwicklung des Unternehmens** interessiert sind (z.B. Lieferanten, Kunden)?

✓ Gibt es Gruppierungen, von denen **Aktionen im Zusammenhang mit der Unternehmenspolitik** ausgehen können (z.B. Gewerkschaften)?

✓ Bestehen **enge Beziehungen zu Organisationen**, die das Unternehmen beeinflussen (z.B. Verbände, Arbeitnehmervertretungen)?

✓ Welche Gruppierungen haben **Interessen am Unternehmen und seinen Geschäften** (z.B. Kartellbehörde, Finanzamt)?

✓ Gibt es Gruppierungen, die in Bezug auf die Unternehmenspolitik **Aufmerksamkeit erregen** können (z.B. Bürgerinitiativen, Aktionärsschützer)?

✓ Gibt es Gruppierungen, die sich aus **demografischen Kriterien** ableiten lassen (z.B. Aufsichtsämter bzgl. Jugendschutz, Gleichbehandlung)?

Tabelle 36: Fragenkatalog zum Identifizieren der Stakeholder

Dabei ist darauf zu achten, zwischen externen und internen Stakeholdern zu unterscheiden, um beide Gruppen explizit in ihrer Bedeutung zu berücksichtigen. Alternativ können die Gruppen auch in sinnvolle Einheiten klassifiziert werden (z. B. Kapitalmarkt, Produktmarkt, organisatorisch).

Schritt 2: Visualisieren des Beziehungsgeflechts

Im zweiten Schritt werden die Beziehungen zwischen den Stakeholdern und dem Unternehmen visualisiert. Dabei kann man zur Verdeutlichung von Beziehungsintensität und -bedeutung nach folgenden Prinzipien gliedern:

Die Bedeutung des Stakeholders für das Unternehmen wird durch die Größe des Kreises dargestellt. Die Intensität der Beziehung mit diesem Stakeholder wird durch die Nähe zum Unternehmen verdeutlicht. Dabei kann es sich sowohl um eine besonders positive, aber auch um eine konfliktreiche oder gestörte Beziehung handeln. Gegebenenfalls können auch durch unterschiedliche Linientypen die entsprechenden Beziehungen des Stakeholders zum Unternehmen verdeutlicht werden. Abbildung 81 zeigt die Visualisierung eines beispielhaften Beziehungsgeflechts.

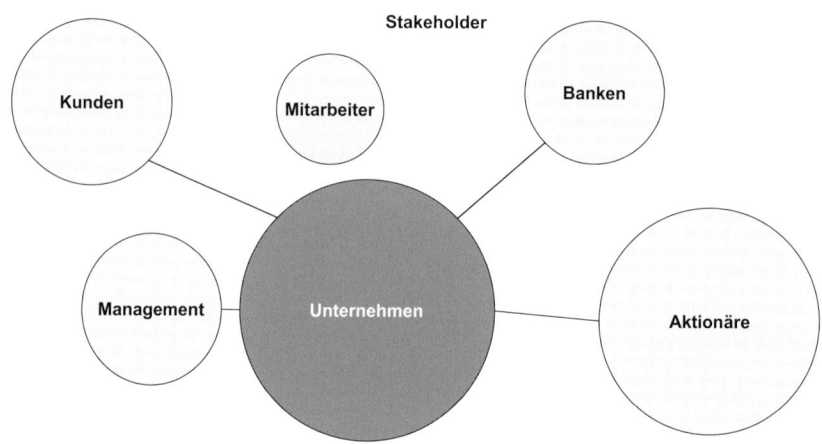

Abbildung 81: Visualisierung eines beispielhaften Beziehungsgeflechts zwischen Stakeholdern und Unternehmen

Schritt 3: Interpretieren und Analysieren

Im dritten Schritt werden Erwartungen und Nutzen gegenübergestellt. Dabei ist für jeden Stakeholder zu analysieren, welche Erwartungen er an das Unternehmen und welche Maßnahmen er ergreifen könnte, falls diese Erwartungen nicht erfüllt werden.

Stakeholder	Mögliche Erwartungen und Nutzen
Mitarbeiter	Einkommen, Arbeitsplatzsicherheit, Status, Verantwortung
Management	Kontrolle, Macht, Einkommen, Status
Aufsichtsrat	Kontrolle, Macht, Information, Loyalität, Leistung
Aktionäre	Wertsteigerung, Information, Investitionen, Dividende, Kursgewinne
Kunden	Abnehmermacht, Qualität, Service, Preis/Leistung, Image
Lieferanten	Abnahmesicherheit, Zahlungsmoral
Banken	Bonität, Einfluss, kalkulierbares Risiko
Öffentlichkeit	Arbeitsplätze, Spenden, Umweltschutz
Staat	Steuern, Gebühren, Einhaltung von Rechtsvorschriften

Tabelle 37: Beispiele von Erwartungen bzw. Nutzen ausgewählter Stakeholder (Müller-Stevens/Lechner, 2003)

Die Beziehungen zwischen Stakeholdern und Unternehmen sind darauf hin zu untersuchen, in welcher Form jeder einzelne Stakeholder sowohl mit dem Unternehmen als auch mit anderen Stakeholdern kooperieren könnte.

Im Anschluss ist zu prognostizieren, welchen Nutzen das Unternehmen den jeweiligen Stakeholdern bringen wird bzw. welche Erwartungen nicht erfüllt werden können.

CHECKLISTE:
✓ Stellen Sie Erwartungen und Nutzen gegenüber.
✓ Prüfen Sie die Möglichkeiten der Kooperation.
✓ Prognostizieren Sie den tatsächlich erbrachten Nutzen.

Schritt 4: Ableiten von Chancen und Risiken

Im letzten Schritt werden auf Basis der gewonnenen Erkenntnisse Risikopotenziale und Chancen eingeschätzt. Bei der Ausarbeitung der Strategie sind die Stakeholder entsprechend ihrer Bedeutung zu priorisieren und gegebenenfalls mit einzubinden (z.B. ist bei einem Projekt zur Veränderung der Vergütungssysteme die Mitarbeitervertretung als Stakeholder besonders zu berücksichtigen). Ziel ist, die gegenseitigen Abhängigkeiten auf eine transparente und vertrauenswürdige Basis zu stellen, um bei den Parteien eine Win-Win-Situation herzustellen.

2.5.5 Vor- und Nachteile

Vorteile	Nachteile
• Einbeziehung aller Stakeholder in die Strategiefindung bzw. in Entscheidungen	• Die größte und mächtigste Interessengruppe – wie z. B. Kapitalgeber oder Kunden – setzt sich meist durch
• Ermöglicht die Bestimmung der Wichtigkeit eines jeden Stakeholders für ein Unternehmen bzw. spezielles Projekt	• Komplexe Entscheidungsfindungen
• Nutzen der Chancen, die sich durch die bewusste Berücksichtigung der Stakeholder bieten können	• Gefahr, dass man sich in der Zielableitung auf den kleinsten gemeinsamen Nenner aller Stakeholder einigt
• Ansatz eines Ausdrucks von gesellschaftlicher Verantwortung	• Gefahr, dass Entscheidungsdiskussionen durch Komplexität zum Selbstzweck werden

Tabelle 38: Vor- und Nachteile der Stakeholderanalyse

2.5.6 Praxisbeispiel

Die Dresdner Bank gehört seit 2001 zu der Allianz-Gruppe. Die Bank zählt mit ca. 1.050 Geschäftsstellen und 35.000 Mitarbeitern zu den führenden Kreditinstituten in Europa.Als Ergänzung zum Geschäftsbericht sollen Berichte der Bank über Nachhaltigkeit, Personal, Kunst und Wissenschaft sowie gesellschaftliches Engagement ein wesentliches Ziel erfüllen: Sie sollen den Partnern aus allen Bereichen der Gesellschaft, den Mitarbeitern, Kunden und kritischen Anspruchsgruppen wie beispielsweise Nichtregierungsorganisationen einen Überblick über das geben, was die Dresdner Bank über ihre eigentliche Geschäftstätigkeit hinaus tut und wofür sie sich einsetzt.

Beispielsweise setzt die Bank in der Förderung junger Talente in den Bereichen Kunst, Kultur und Sport die Schwerpunkte auf die Bildung und auf die Stärkung von Weltoffenheit und Toleranz. Bei der Förderung besonders begabter und leistungsbereiter junger Menschen als zukünftige potenzielle Mitarbeiter ist der Zukunftsbezug stets gegenwärtig. Genauso wie beim Umwelt- und Klimaschutz, durch welche auch das bankinterne Risikomanagement optimiert wird und neue Produktchancen offen gelegt werden.

Durch die Stakeholderberichte werden die strategisch wichtigen Stakeholder in die Informationspolitik der Bank besonders einbezogen. Dadurch entsteht eine nähere Beziehung zwischen Stakeholder und Unternehmen, was den Erfolg der langfristigen Strategieumsetzung erheblich prägen kann. Ergänzend könnten in diesem Beispiel für kurzfristige Projekte fokussierte Stakeholderanalysen Aufschluss über die Ansprüche und Erwartungen bei der Projektarbeit geben. Diese Analysen ermöglichen die entsprechende Berücksichtigung auf der kurzfristigen Strategie- und Zielerreichung.

2.5.7 Vorlagen auf CD

Auf der Beilagen-CD stehen eine Checkliste zur Identifikation der Stakeholder sowie Tabellenvorlagen zur Analyse der Stakeholder zur Verfügung.

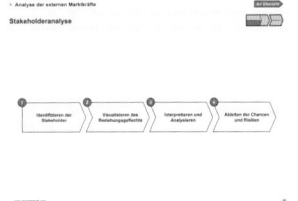 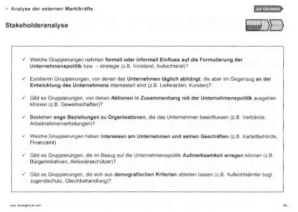 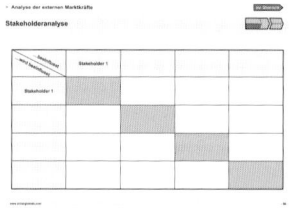

2.5.8 Verwandte und weiterführende Themen

* Konkurrenzanalyse
  Als mögliche Stakeholder sollten die Wettbewerber untersucht und gegebenenfalls Abhängigkeiten analysiert werden.

* Zufriedenheitsanalyse
  Bei Mitarbeitern, Kunden und Lieferanten können Zufriedenheitsanalysen darüber Aufschluss geben, inwieweit die jeweiligen Erwartungen
  gedeckt werden bzw. in welchen Punkten Unzufriedenheit herrscht.

2.5.9 Literaturhinweise

HILL, W. (1999): *„Der Shareholder Value und die Stakeholder"*, in: *Sozialwissen-
schaftliche Grundlagen der Organisation und Führung*, Steinmann/Schreyögg,
1997/1999, Kapitel 3.

ohne Verfasser (2004): *„Stakeholder Value: Ein Konzept, von dem alle profitieren
können"*, Financial Times Deutschland vom 24. 7. 2000 im Internet
http://www.ftd.de/bm/ma/1054629.html?nv=se

2.6 Benchmarking

LEITFRAGEN:
- Was können wir tun, um zu den Besten zu gehören?
- Wie können wir den Bedarf und die Ziele festlegen, um zum Welt-
  klassestandard aufzuschließen?
- Wie können wir einzelne Unternehmensprozesse auf Verbesserungs-
  potenziale untersuchen?
- Wie können wir unsere Verbesserungsmaßnahmen überprüfen?

2.6.1 Zielsetzung und Anwendungsgebiet

Für die Beurteilung der eigenen Stellung im Markt ist es für ein Unternehmen wichtig zu wissen, in welcher Position die eigenen Produkte und betrieblichen Prozesse im Vergleich zu den besten Wettbewerbern stehen. Mittels Benchmarking werden bei der eigenen Zieldefinition die Besten der Branche bzw. so genannte Weltklassestandards als Orientierung herangezogen, um auf diese Weise von den besten Unternehmen zu lernen. Ziel ist es, über diesen Vergleich eine Verbesserung des Unternehmens zu erreichen bzw. so genannte „Best Practices" (führende Geschäftspraktiken) zu übernehmen.

2.6.2 Beschreibung

Das Verfahren des Benchmarkings (von englisch benchmark = Maßstab) ist ein Instrument der Wettbewerbsanalyse, mit dessen Hilfe die Marktposition eines Unternehmens festgelegt, kontrolliert und verbessert werden soll. Explizit wurde das Benchmarking 1979 entwickelt, als der Kopiergerätehersteller Xerox die japanischen Unternehmen, die eine zunehmende wettbewerbliche Bedrohung darstellten, durch ein Beobachtungsteam analysieren ließ. Die gewonnenen Erkenntnisse und „Erfolgsgeheimnisse" wurden als Maßstab definiert und die Ziele an diesem ausgerichtet.

Das Objekt des Benchmarkings können Produkte bzw. Dienstleistungen, Methoden bzw. Verfahren (z. B. Fertigungsverfahren oder Know-how) oder innerbetriebliche Prozesse (z. B. Marketing, interne Kommunikation oder Auftragsabwicklung) sein.

Benchmarking-Objekt		
Produkte	Methoden	Prozesse

Tabelle 39: Mögliche Benchmarking-Objekte

Des Weiteren kann nach der Zielgröße des Benchmarkings differenziert werden. Das Benchmarking-Objekt kann nach den Kosten (z. B. Kosten der Produktion), der Qualität (z. B. Ausschuss bei der Produktion oder Anzahl der Reklamationen), Kundenzufriedenheit (z. B. gemessene Kundenzufriedenheit oder Kundentreue; vgl. Kapitel 1.5) oder nach der Zeit (z.B. Durchlaufzeit bei der Produktion) analysiert werden.

Benchmarking-Zielgröße			
Kosten	Qualität	Kundenzufriedenheit	Zeit

Tabelle 40: Mögliche Zielgrößen eines Benchmarkings

Als Vergleichspartner sollte stets der „Beste" gewählt werden. Das grenzt allerdings nicht ein, in welchem Bereich diese Leistungen gelten – unternehmensweit, branchenweit oder gar branchenübergreifend. Das heißt, der „Beste" muss in Bezug auf das Benchmarking-Objekt führend sein. Das ist nicht zwangsläufig und sogar eher selten ein direkter Wettbewerber. Oftmals ist ein branchenübergreifendes Benchmarking sehr wertvoll, da es den höchstmöglichen Erkenntnisgewinn freisetzt. So kann bezüglich der Vergleichspartner unterschieden werden in das interne Benchmarking, das die Vorgehensweise auf das eigene Unternehmen beschränkt (Abgrenzung z.B. über Abteilungen, Standorte, Unternehmensbereiche, Tochterunternehmen), sowie das extern ausgerichtete Benchmarking, dessen Analyse bei Fremdunternehmen ansetzt. Das externe Benchmarking kann dabei sein:

BEACHTE: Benchmarking ist nicht der Vergleich mit dem Durchschnitt, sondern nur mit dem Besten.

- Ein Wettbewerbsbenchmarking, das sich auf den besten Konkurrenten konzentriert (Vergleich der Produkte eines Kreditinstitutes mit einem anderen Kreditinstitut).
- Ein funktionales Benchmarking, welches das beste Unternehmen branchenübergreifend mit funktionsgleichen Prozessen analysiert (z.B. Vergleich der Online-Auftragsabwicklung bei einem Buchhändler mit einem Sportartikelversand).
- Ein generisches Benchmarking, das branchenfremde Unternehmen mit gleichen Abläufen untersucht (z.B. Vergleich der Bodenabfertigung bei einer Fluggesellschaft mit dem Boxenstopp bei der Formel 1).

BEACHTE: Ziel des Benchmarkings ist nicht das Aufschließen zum führenden Unternehmen, sondern das Überholen. Ansonsten bleibt das eigene Unternehmen immer ein Nachzügler.

Form des Benchmarkings	Benchmarking-Vergleichspartner			
	Internes Benchmarking	Wettbewerbsbenchmarking	Funktionales Benchmarking	Generisches Benchmarking
Benchmarking-Partner	Andere Abteilungen im Unternehmen	Konkurrenten	Unternehmen anderer Branchen mit funktionsgleichen Prozessen	Unternehmen anderer Branchen mit vergleichbaren Abläufen

Tabelle 41: Benchmarking-Formen und -Partner.

Ergänzend kann zwischen kooperativem (mit einem Unternehmen, das für das Vorhaben gewonnen werden konnte) und nicht kooperativem Benchmarking (mit einem Unternehmen, das nicht freiwillig die notwendigen Informationen zur Verfügung stellt) unterschieden werden, wobei sich der Unterschied hauptsächlich in der Informationsbeschaffung widerspiegelt. Beim kooperativen Benchmarking können direkt die primären Quellen verwendet werden, wobei beim nicht kooperativen Benchmarking auf Se-

TIPP:

Branchenfremde
Unternehmen sind
oftmals eher zur
Herausgabe von
Daten geneigt, da
sie keine Befürch-
tungen haben,
„ausspioniert" zu
werden.

kundärquellen als Hauptinformationsquelle zurückgegriffen werden muss. Sollten Wettbewerber Informationen nicht austauschen wollen, ist auch ein verdeckter Vergleich möglich, der über eine Clearingstelle organisiert wird. Die beteiligten Organisationen erhalten dann meist anonymisierte Ergebnisse, die nicht einzelnen Konkurrenten zuzuordnen sind. Clearingstellen können z. B. von Unternehmen gegründete Benchmarking-Clubs, Unternehmensberatungen, Wirtschaftsverbände oder wissenschaftliche Institute sein.

Abschließend veranschaulicht Abbildung 82 die unterschiedlichen Formen des Benchmarkings im Vergleich.

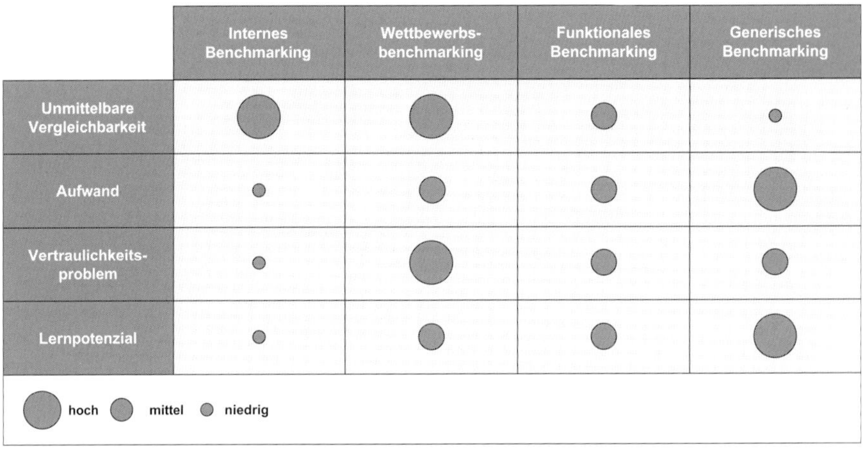

	Internes Benchmarking	Wettbewerbs-benchmarking	Funktionales Benchmarking	Generisches Benchmarking
Unmittelbare Vergleichbarkeit	hoch	mittel	mittel	niedrig
Aufwand	niedrig	mittel	mittel	hoch
Vertraulichkeits-problem	niedrig	hoch	mittel	mittel
Lernpotenzial	niedrig	mittel	mittel	hoch

hoch ● mittel ● niedrig ●

Abbildung 82: Vergleich der Benchmarking-Arten (Weber/Wertz, 1999)

2.6.3 Voraussetzungen und notwendiger Input

Das Durchführen eines Benchmarkings setzt einige Einstellungen und Denkweisen im Unternehmen voraus. So muss eine unbedingte Bereitschaft zu Veränderungen unter den Mitarbeitern herrschen. Nur wer flexibel ist, Verbesserungen unterstützt, eigene Verbesserungspotenziale akzeptiert und diese proaktiv durch Veränderung lösen möchte, treibt den Erfolg des Benchmarkings voran. Am besten lässt sich diese Einstellung verinnerlichen, wenn Benchmarking zu einem Teil der Unternehmensstrategie zählt, der sich in den Unternehmens- und Mitarbeiterzielen wieder findet. Weiterhin muss das Management die eigene Situation realistisch einschätzen können. Zu optimistische Einschätzungen verzerren den Vergleich und verfälschen das Ergebnis.

Die für ein Benchmarking relevanten Informationsquellen werden in Tabelle 42 dargestellt.

Primärquellen		Sekundärquellen	
Intern	Extern	Intern	Extern
• Fragebögen und Umfragen • Interviews • Unternehmensrundgänge • Diskussionsrunden • Produktuntersuchungen • Workshops	• Beschreibungen des Benchmarking-Objekts • Evtl. vom Partner gelieferte Dokumentationen	• Eigene Mitarbeiter • Bestehende Geschäftsbeziehungen • Betriebszeitungen	• Unternehmensverbände • Datenbanken • Fachzeitschriften, Zeitungen • Testberichte • Firmenveröffentlichungen/ _broschüren • Geschäftsberichte • Konferenzen, Vorträge • Fachmessen • Kunden und Lieferanten • Berater

Tabelle 42: Mögliche Quellen- und Inputarten beim Benchmarking

2.6.4 Vorgehensweise

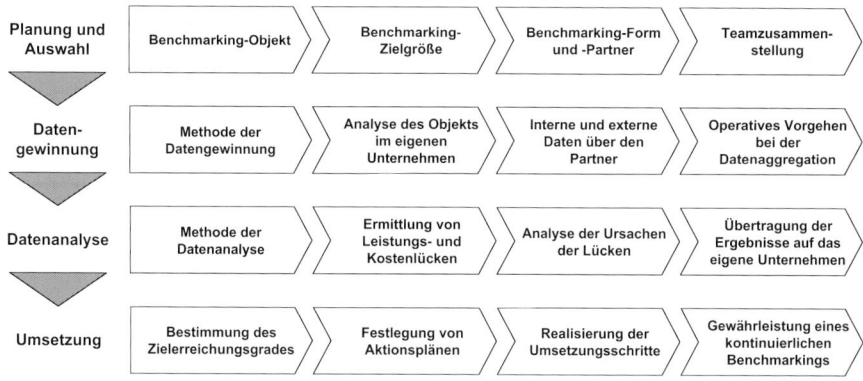

Abbildung 83: Vorgehensweise beim Benchmarking

Phase 1: Planung und Auswahl

Zunächst muss das Management die Zielsetzung des Benchmarkings definieren. Hierzu sind konkrete Projektziele herauszuarbeiten, um die Wirksamkeit des Benchmarking-Prozesses zu überprüfen. Gleichzeitig wird das **Benchmarking-Objekt** festgelegt (siehe oben konkretes Produkt, konkrete Methode oder konkreter Prozess). Hierbei können die Ergebnisse aus der SWOT-Analyse Verbesserungspotenziale aufdecken, die als Objekt herangezogen werden können (vgl. Kapitel 3). Zur Festlegung der **Benchmarking-Zielgrößen** ist es zunächst erforderlich, das Benchmarking-Objekt genau zu analysieren. Dabei ist darauf zu achten, dass das Objekt aus einer neutralen Perspektive präzise verstanden wird. Erst im Anschluss werden in einem Brainstorming alle interessanten Kenngrößen aufgelistet. Diese Kenngrößen können sowohl qualitativer als auch quantitativer Art sein. In Diskussionsrunden wird nacheinander der Umfang der gewählten Kenngrößen auf diejenigen reduziert, die sinnvoll und notwendig sind, um das Benchmarking-Objekt zu beschreiben. Daraus sind diejenigen Kennzahlen besonders hervorzuheben, die bei der Erreichung des definierten Projektziels weiterhelfen könnten. Die optimale Anzahl der verbleibenden Kenngrößen kann nicht genau festgelegt werden. Wichtig ist aber, den zeitlichen Aspekt im Auge zu behalten und nur die dem Objekt angemessene Zeit zu investieren. Geht man von einer durchschnittlichen Bearbei-

CHECKLISTE:
Für ein Benchmarking sind im ersten Schritt festzulegen:
✓ Objekt,
✓ Zielgrößen,
✓ Partner,
✓ internes Team.

tungszeit von fünf bis zehn Minuten pro Kenngröße aus, so sollte man nicht mehr als zehn Größen in den Katalog aufnehmen. Beispiele für Kennzahlen eines Benchmarkings können für Prozessanalysen sein: Durchlaufzeit, Fehlerquote, Energieverbrauch, Ausschuss, Maschinenlaufzeit, Höhe der Bestände usw.

Im nächsten Schritt ist der **Benchmarking-Partner** zu definieren. Je nach Zielsetzung und Problemstellung kann die notwendige bzw. sinnvolle Form des Benchmarkings abgeleitet werden. Dabei gilt sowohl für interne als auch für externe Partner, dass es sich um führende Unternehmen han-deln muss, die bezogen auf das Benchmarking-Objekt hohe Professiona-lität aufweisen sollten. Es eignet sich, mit dem ausgewählten Unternehmen direkt in Kontakt zu treten, um die notwendigen Informationen im besten Falle ohne Verzerrungen zu erhalten. Dabei ist darauf zu achten, dass dem Benchmarking-Partner Vorteile für ihn verdeutlicht werden, z. B. könnten ihm die Ergebnisse zur Verfügung gestellt werden, so dass eine Win-Win-Situation entsteht.

Im Anschluss ist das **Team zusammenzusetzen**. Dabei sollten Mitarbeiter mit entsprechenden Fachkenntnissen sowie Führungskräfte die Analysen bewerten, um ein fachgerechtes Urteil zu erzeugen.

Phase 2: Datengewinnung

In der zweiten Phase werden die definierten Kenngrößen sowohl für das ei-gene Unternehmen als auch für den Benchmarking-Partner ermittelt. Da-bei ist mit den aus Phase 1 resultierenden Datenquellen zu arbeiten und sind diese gegebenenfalls durch weitere Analysen und eigene Schätzun-gen auf Verlässlichkeit und Vertrauenswürdigkeit zu überprüfen.

Phase 3: Datenanalyse

In der Phase 3 werden die ermittelten Daten verglichen und ausgewertet. Dabei sind Ziel- bzw. Idealwerte abzuleiten. Aus der Differenz zwischen ei-genem Ist-Wert und Idealwert leitet sich die Kosten- bzw. Leistungslücke ab. Dabei gilt es, mögliche Interpretationsfehler (z. B. unterschiedliches Verständnis einer Bezugsgröße oder unterschiedliche Betrachtungszeit-räume) im Vorhinein zu bereinigen. Abbildung 84 veranschaulicht mögli-che Quellen für Interpretationsfehler, die es zu beachten gilt.

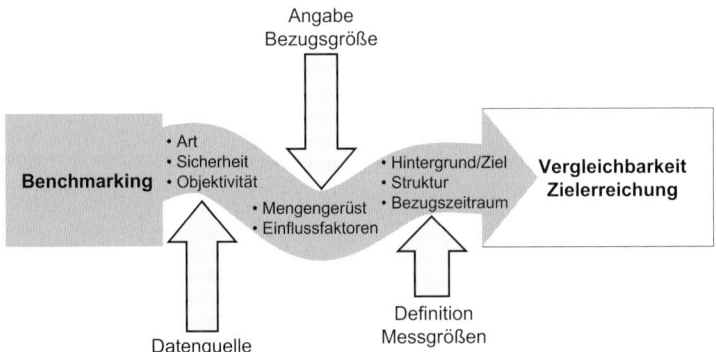

Abbildung 84: Mögliche Missverständnisse bei der Interpretation

Zu analysieren sind die wesentlichen Erfolgsfaktoren, die für die führende Position des Benchmarking-Partners verantwortlich sind. Oftmals sind es mehrere zusammenhängende, teilweise auch komplexe Faktoren, die nicht beim ersten Benchmarking zu erkennen sind. Die gewonnenen Erkenntnisse erfordern oftmals eine weiterführende Analyse, z. B. Kundenbefragungen. Zudem ist zu erörtern, warum die Kosten- bzw. Leistungslücke zum eigenen Unternehmen überhaupt besteht.

Im Anschluss sind die Ergebnisse weniger einfach zu kopieren, als vielmehr auf die eigene Situation individuell zu übertragen. Erst durch die Integration der Erfolgsfaktoren in das eigene Unternehmen und den eigenen Kontext können Verbesserungen entstehen. Das heißt, dass die Ergebnisse eines Benchmarkings keine „Anleitung" für eine Verbesserung sind, sondern nur Hinweise geben, wie und in welchen Bereichen Verbesserungen möglich sind.

Zur Erfolgskontrolle des Verbesserungsprozesses sind die zuvor gesammelten Daten sowie der definierte Idealwert zu dokumentieren.

Phase 4: Umsetzung

Als abschließende Phase werden Zielwerte abgeleitet, um sich mit den Ergebnissen dem Zielwert anzunähern. Der Zielwert muss zunächst aber nicht dem Idealwert entsprechen, denn für eine motivierende und realistische Veränderung sind erreichbare Werte als Ziel festzulegen.

Im Anschluss ist ein ideales Benchmarking-Objekt (also ein idealer Prozess, ein ideales Produkt bzw. eine ideale Methode) zu modellieren, um daraus die Maßnahmen gemeinsam mit den Fachkräften der betroffenen Bereiche abzuleiten.

Außerdem ist im Falle eines kooperativen Benchmarkings ein abschließendes Gespräch mit dem Benchmarking-Partner zu führen. Dabei wird ein gemeinsames Fazit über das durchgeführte Benchmarking und die sich daraus ergebenen Möglichkeiten gezogen und werden die Verbesserungspotenziale bzw. die entwickelten Maßnahmen vorgestellt.

Um neue Potenziale aufzudecken und immer für Verbesserungen und Veränderungen offen zu bleiben, ist stets der Wettbewerb im Auge zu behalten und zudem festzulegen, wie der Benchmarking-Prozess weitergeführt wird. Benchmarking ist weniger eine einmalige Analyse als vielmehr ein sich wiederholender Prozess.

BEACHTE:
Benchmarking ist weniger eine einmalige Analyse als vielmehr ein sich wiederholender Prozess.

2.6.5 Vor- und Nachteile

Vorteile	Nachteile
• Beim Wettbewerbsbenchmarking ist die Bestimmung der Wettbewerbsposition leicht möglich • Vergleichbarkeit von Produkten und Prozessen ist beim Wettbewerbsbenchmarking gegeben • Bewährte Methoden oder Prozesse (bzw. Best Practices) können auf das eigene Unternehmen übertragen werden • Hohes Innovationspotenzial bei funktionalem und generischem Benchmarking	• Umfangreiche Datenermittlung und Auswertung • Gefahr des Kopierens statt des Übertragens von Erfolgsfaktoren • Teilweise schwieriger Transfer von branchenfremden Methoden oder Prozessen, erfordert viel Kreativität • Wenn nicht Wettbewerbsbenchmarking: Probleme der Vergleichbarkeit des Benchmarking-Objekts

Tabelle 43: Vor- und Nachteile des Benchmarkings

2.6.6 Praxisbeispiel

Im Folgenden werden zwei typische Benchmarking-Projekte dargestellt, die durch ihren enormen Erfolg immer wieder als „Vorzeige-Benchmarking" präsentiert werden.

Anwendungsbeispiel für **generisches Benchmarking:**
Henry Ford, Gründer der Ford Motor Company, führte als einer der Ersten die Fließbandtechnik im Automobilbau ein und schuf damit das Konzept der modernen Fertigung von Fahrzeugen. Inspiriert durch Besuche bei einer Großschlachterei in Chicago, wo Schweinehälften auf Haken an einer Einschienenhängebahn von Arbeitsplatz zu Arbeitsplatz transportiert wurden, führte Henry Ford 1916 das Fließband in der Automobilindustrie ein. Diese Errungenschaft revolutionierte nicht nur die industrielle Produktion, sondern hatte auch starken Einfluss auf die moderne Kultur (so genannter Fordismus). Das 1908 entwickelte legendäre Ford T-Modell („Tin Lizzy") konnte nur so erfolgreich werden, weil man mit Hilfe dieser Fließbandfertigung erhebliche Produktionssteigerungen ermöglichte.

Anwendungsbeispiel für **funktionales Benchmarking:**
1981 beschloss das Management des amerikanischen Kopiergeräteherstellers Xerox, Benchmarking in allen Geschäftsbereichen durchzuführen. Zuvor hatte das Unternehmen mit Wettbewerbsbenchmarking große Erfolge im Fertigungsbereich erzielt. Daraufhin wurde ein branchenunabhängiges, funktionales Benchmarking-Projekt mit dem Unternehmen L.L. Bean im Bereich Logistik und Distribution durchgeführt. Bei L.L. Bean handelt es sich um ein viel kleineres Unternehmen als Xerox, das führend im Bereich des Textilversands war. L.L. Bean schaffte es, die Waren dreieinhalb Mal so schnell herauszusuchen und zu versenden als die Ersatzteillogistik bei Xerox. Hauptsteuerungsinstrument war dabei ein selbst entwickeltes Computerprogramm, das im Verlauf des Benchmarking-Projekts von Xerox als maßgeblicher Erfolgsfaktor erkannt wurde und entsprechend ange-

passt übernommen werden konnte. Auf diese Weise lernte ein wesentlich größeres Unternehmen einer Branche von einem viel kleineren Unternehmen einer völlig fremden Branche. Mittlerweile hat Xerox das Benchmarking zu einem festen Bestandteil der Unternehmensphilosophie gemacht und misst sich seitdem mit Unternehmen wie z.B. American Express (im Rechnungswesen), Hewlett-Packard (in der Technologieentwicklung), Toyota (in der Fertigung) und Procter & Gamble (im Marketing). Bestätigt wurden die Erfolge mehrfach durch das Verleihen unterschiedlicher Qualitätspreise.

2.6.7 Vorlagen auf CD

Auf der CD zum Buch sind Vorlagen für Benchmarking-Kenngrößen und für Idealwert, Ist-Wert und Lücke abgelegt.

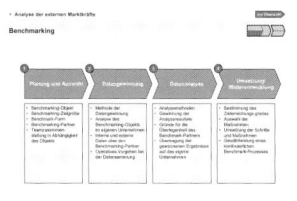 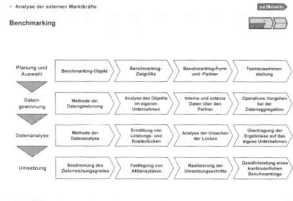 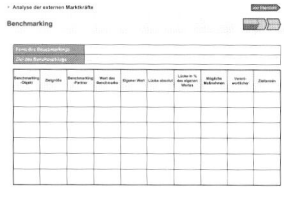

2.6.8 Verwandte und weiterführende Themen

- SWOT-Analyse
  Mit der SWOT-Analyse können Schwachstellen im Unternehmen aufgedeckt werden, die durch den Benchmarking-Prozess optimiert werden können.

- Konkurrenzanalyse
  Im Rahmen des Wettbewerbsbenchmarkings ist eine Konkurrenzanalyse durchzuführen, um den besten Wettbewerber in der Branche zu identifizieren und zu analysieren.

2.6.9 Literaturhinweise

HORVÁTH, P. / HERTER, R. (1992): „Benchmarking", in: Controlling, 4. Jg., Heft 1, 1992, S. 4–11

HORVÁTH, P. (2003): Controlling, 9. Aufl., Vahlen, München 2003

SIEBERT G. / KEMPF, S. (2002): Benchmarking – Leitfaden für die Praxis, 2., vollständig überarb. Aufl., Carl Hanser Verlag, München 2002

WEBER, J. / WERTZ, B. (1999): Benchmarking-Excellence, Vallendar, 1999

2.7   Branchenstrukturanalyse

2.7.1   Zielsetzung und Anwendungsgebiet

Um als Unternehmen im Wettbewerb zu bestehen, ist es erforderlich, die Struktur der Branche, d. h. die Wettbewerbssituation zu untersuchen, in der man agiert. Durch die Branchenstrukturanalyse gewinnt man Klarheit darüber, wie sich die gesamte Branche entwickelt, in der man tätig ist bzw. tätig sein möchte, und beschreibt damit ihre Attraktivität. Dies ermöglicht es, Maßnahmen abzuleiten, damit das Unternehmen in der jeweiligen Branchenbeschaffenheit in eine langfristig wettbewerbsfähige Position gebracht werden kann.

2.7.2   Beschreibung

MERKE:

Die Branchenstrukturanalyse betrachtet die wichtigsten Einflusskräfte eines Unternehmens:

- potenzielle Konkurrenten,
- bestehender Wettbewerb,
- Substitutionsprodukte,
- Lieferanten,
- Kunden.

Die Branchenstrukturanalyse (auch „five forces" = englisch fünf Kräfte) beschreibt die fünf entscheidenden Wettbewerbskräfte einer Branche, um die Attraktivität einer Branche und damit die langfristig potenzielle Profitabilität eines Unternehmens zu bewerten. Der Begriff Branche wird als eine Gruppe von Unternehmen verstanden, deren Produkte sich gegenseitig nahezu ersetzen können. Alle Faktoren werden einzeln untersucht und ergeben ein umfassendes Bild der gegenwärtigen Branchensituation. Das von Michael E. Porter entwickelte Analyseraster hilft, die Logik der jeweiligen Branche zu untersuchen und zu verstehen (vgl. Porter, 1990). Die zu untersuchenden Einflusskräfte sind dabei:

- potenzielle neue Konkurrenten und die davon ausgehende Bedrohung,
- bereits etablierte Wettbewerber innerhalb der Branche,
- Bedrohung durch Substitutionsprodukte,
- Lieferanten,
- Kunden und Abnehmer.

Abbildung 85 stellt den Zusammenhang der Wettbewerbskräfte grafisch dar.

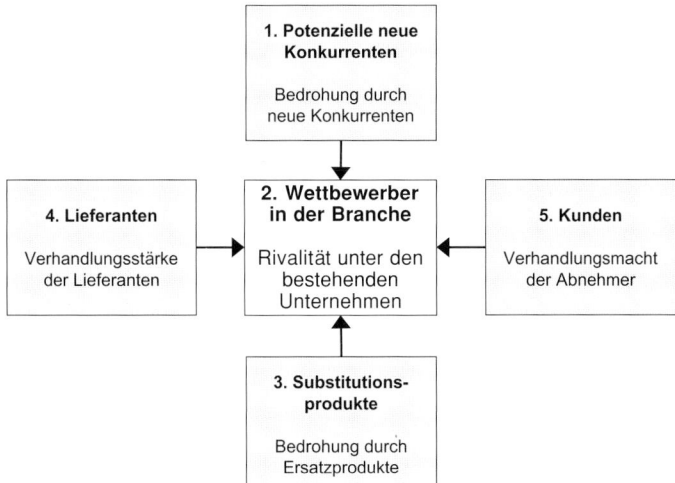

Abbildung 85: Faktoren der Wettbewerbsdynamik nach Porter (Porter, 1990)

Bei der Analyse wird jeder Faktor einzeln auf seine Treiber hin untersucht. Die Treiber können dabei sehr vielfältig sein, so dass an dieser Stelle nur beispielhafte Einflüsse beschrieben werden können.

1. Potenzielle neue Konkurrenten

Hierbei steht die Wahrscheinlichkeit im Vordergrund, mit der neue Konkurrenten in den Markt eintreten. Dazu sind im Besonderen die Markteintrittsbarrieren zu untersuchen. Zusätzlich muss berücksichtigt werden, dass auch etablierte Wettbewerber mit abwehrenden Maßnahmen auf neue Konkurrenten reagieren. Die Analyse der Bedrohung durch neue Konkurrenten beinhaltet folglich sowohl die Abschätzung der Konsequenzen zusätzlicher Marktteilnehmer als auch die Bewertung der daraus resultierenden Aktionen etablierter Konkurrenten. Die Frage lautet hierbei grundsätzlich, welche Gefahren für die eigene Wettbewerbsposition erwachsen.

Typische Eintrittsbarrieren sind (siehe auch Kapitel 2.3):

- hoher Kapitalbedarf,
- hohe Umstellungskosten,
- erschwerter Zugang zu Vertriebskanälen,
- größenunabhängige Kostennachteile,
- Betriebsgrößenersparnisse bei etablierten Unternehmen,
- ausgeprägtes Image und Marke bei etablierten Unternehmen.

2. Bereits etablierte Wettbewerber innerhalb der Branche

Die zweite Wettbewerbskraft bilden die derzeitigen Konkurrenten und die momentane und zukünftige Rivalität unter ihnen. Zudem werden die Beziehungen zwischen den Wettbewerbern (z. B. gemeinsame F&E-Kooperationen, gemeinsame Vertriebskanäle oder stille Absprachen) untersucht. Intensive Rivalität entsteht durch:

TIPP:

Häufig ist es sinnvoll, bei der Operationalisierung ein separates quantitatives Modell für jeden Faktor aufzubauen.

- viele ähnliche Wettbewerber,
- schwaches Branchenwachstum,
- hohe Fixkosten bei hohen Kapazitätsreserven,
- Differenzierung zwischen den Konkurrenten nur über den Preis,
- hohe strategische Einsätze (Marktanteilsgewinne um jeden Preis),
- hohe Austrittsbarrieren.

3. Substitutionsprodukte

Der dritte Einflussfaktor sind die Substitutionsprodukte (bzw. Ersatzprodukte). Im Vordergrund der Untersuchung stehen dabei diejenigen Produkte, die aus Kundensicht trotz anderer Beschaffenheit die gleiche Funktion erfüllen und damit das Kundenbedürfnis mindestens genauso gut wie das eigene Produkt befriedigen. Das bedeutet nicht, dass diese Produkte dieselbe Funktion erfüllen müssen (z. B. Sägen eines Metallstücks), sondern lediglich das Bedürfnis befriedigen (z. B. Ausschneiden einer Metallform – das kann z. B. durch Sägen, Lasern oder Schneiden gelöst werden). Zusätzlich sind die Entwicklungen der Technologien zu beobachten, um frühzeitig die Wahrscheinlichkeit einer Bedrohung zu erkennen (siehe auch Kapitel 2.4).

Substitutionsgefahr entsteht z. B. durch:

- reale oder potenzielle attraktive Ersatzprodukte,
- offensives Marketing für Ersatzprodukte und -dienstleistungen,
- unmögliche Abwehr von Substitutionsprodukten etwa durch einheitliche Standards, Besetzen von Vertriebskanälen etc.,
- neue Produkte durch die Technologieentwicklung.

4. Lieferanten

Die Lieferanten stellen ebenfalls einen entscheidenden Einflussfaktor auf die Branche dar. Die momentanen und zukünftigen Lieferanten sind insbesondere auf die Beziehung mit dem eigenen Unternehmen zu untersuchen (z. B. ist die Beziehung von Lieferanten bei Bauunternehmen auf der Seite der großen Bauunternehmen, die Lieferanten werden oft gezwungen, sich den Forderungen zu unterwerfen, somit ist die Verhandlungsstärke der Lieferanten verschwindend gering).

Faktoren, welche die Verhandlungsmacht der Lieferanten erhöhen, können z. B. sein:

- große Wettbewerbsvorteile des gelieferten Produkts,
- geringe Zahl der potenziellen Lieferanten,
- große Bedeutung des Produkts für die Qualität des Produkts des Kunden,
- hohe Umstellungs- bzw. Wechselkosten der Lieferanten,
- geringe Bedeutung des Kunden für den Lieferanten,
- glaubhaftes Interesse an einer Vorwärtsintegration des Lieferanten.

5. Kunden und Abnehmer

Die letzte Analyse betrifft die Abnehmer der Produkte. Hierbei werden die momentanen und zukünftigen Abnehmer auf die Beziehung mit dem eigenen Unternehmen betrachtet und ausgewertet, auf welcher Seite Verhandlungsstärke gegeben ist. Faktoren, welche die Verhandlungsmacht der Abnehmer erhöhen, sind z.B.:

- hohe Marktmacht auf der Seite der Abnehmer,
- eine große Zahl alternativer Anbieter für den Käufer (durch z.B. standardisierte austauschbare Produkte),
- Kosten- und Markttransparenz für die Abnehmer (z.B. durch Online-Marktplätze),
- wenige Abnehmer treten konzentriert auf,
- geringe Umstellungskosten und Risiken für den Käufer beim Wechsel des Lieferanten,
- hoher Anteil der Branchenprodukte an den Gesamtkosten der Abnehmer (strategische Einkaufspolitik),
- Ertragsprobleme auf Seiten der Abnehmer, die sie auf ihre Lieferanten überwälzen wollen,
- glaubhafte Drohung mit Rückwärtsintegration in der Wertschöpfungskette durch den Kunden.

Jede Wettbewerbskraft ist für sich zu analysieren und auszuwerten. Dementsprechend muss sehr individuell bewertet werden, welche Maßnahmen aus den Erkenntnissen abzuleiten sind. Die Branchenstrukturanalyse ermöglicht damit lediglich, ein umfassendes Bild der Branchensituation, Gefahren und Chancen zu geben, jedoch keine quantitativ messbaren Analyseergebnisse zu erreichen.

2.7.3 Voraussetzungen und notwendiger Input

Die Wettbewerbskräfte können durch entsprechende Detailanalysen sehr gründlich untersucht werden, z.B. durch die Substitutions- oder Konkurrenzanalyse (siehe auch Kapitel 2.3 und 2.4).

Entscheidet man sich für eine grobe Analyse, geben Interviews sowohl mit unternehmensinternen als auch -externen Experten die Chance, sehr schnell einen kompetenten Einblick in die Marktkräfte zu erhalten.

2.7.4 Vorgehensweise

Abbildung 86: Vorgehensweise bei der Branchenstrukturanalyse

CHECKLISTE:
Verschaffen Sie sich einen Überblick über die Branchenstruktur in den Bereichen

✓ potenzielle Konkurrenten,
✓ bestehende Wettbewerber,
✓ Substitutionsprodukte,
✓ Lieferanten,
✓ Kunden.

Schritt 1: Branchenstruktur analysieren

Im ersten Schritt ist die Branchenstruktur auf die Wettbewerbskräfte hin zu untersuchen. Dadurch wird das Potenzial einer Bedrohung durch die jeweiligen Wettbewerbskräfte (also potenzielle Konkurrenten, bestehende Wettbewerber, Substitutionsprodukte, Lieferanten und Kunden) für das eigene Unternehmen analysiert. Dazu gewinnt man die Erkenntnisse aus den einzelnen Detailanalysen, um am Ende ein Gesamtbild zu erzeugen (entsprechende Checklisten auf CD). Abbildung 87 zeigt beispielhaft eine Matrix zur Einschätzung der Wettbewerbskräfte.

			Sehr unattrakt.	Mäßig unattrakt.	Neutral	Mäßig attrakt.	Sehr attrakt.	
Verfügbarkeit Ersatzprodukte	Verfügbarkeit eng verwandter Einsatzprodukten	Hoch			●			Gering
	Umstellungskosten der Benutzer	Gering			●			Hoch
	Rentabilität und Aggressivität der Einsatzprodukt-Hersteller	Hoch			●			Gering
	Preis-Wert-Verhältnis der Einsatzprodukte	Hoch			●			Gering
Behördliche Maßnahmen	Branchenschutz	Unvorteilhaft			●			Vorteilhaft
	Branchenvorschriften	Unvorteilhaft			●			Vorteilhaft
	Politische Kontinuität	Gering			●			Hoch
	Internationaler Kapitaltransfer	Beschränkt			●			Unbeschränkt
	Zölle	Hoch			●			Gering
	Devisenverkehr	Beschränkt			●			Unbeschränkt
	Ausländischer Besitz	Beschränkt			●			Unbeschränkt
	Hilfe für Konkurrenten	Erheblich			●			Keine

Abbildung 87: Matrix zur Beurteilung der Branchenstruktur

Schritt 2: Spielregeln der Branche identifizieren und Chancen und Risiken ableiten

CHECKLISTE:
Ermitteln Sie fünf bis sieben Spielregeln der Branche und analysieren Sie, inwiefern Sie diese für das Unternehmen nutzbar machen können.

Im zweiten Schritt sind die Ergebnisse der Branchenstrukturanalyse in die Beschreibung von Wettbewerbsdynamik und die fünf bis sieben wichtigsten Spielregeln der Branche zu überführen. Spielregeln bedeuten konkret das Verständnis über die Logik des Geschäfts, die Gesetze der Branche (also wann ist man ein Gewinner, wann ein Verlierer) sowie die Entwicklung dieser Eigenschaften. Bedeutend können in diesem Zusammenhang nicht nur mehrere dominierende Marktteilnehmer, sondern durchaus auch einzelne Wettbewerber sein, welche das Potenzial haben, neue Regeln zu definieren und den übrigen Marktteilnehmern aufzuerlegen (z.B. Microsoft durch seine Monopolstellung).

Es ist entscheidend, diese Regeln geschickt zu verstehen und zu nutzen, da ein proaktives Handeln einen sehr viel höheren individuellen Erfolg ermöglicht als die bloße Reaktion.

Abschließend werden die identifizierten Spielregeln und die daraus resultierenden Kräfte der Branche auf Chancen und Risiken für das eigene Unternehmen untersucht. Hierzu sind die bestehenden Regeln zu prüfen, inwieweit sie bewusst genutzt werden können, um in die Position als Branchenführer zu gelangen. Auf der anderen Seite sind auch diejenigen Spielregeln zu berücksichtigen, die sich negativ auf die Unternehmensentwicklung auswirken können.

Schritt 3: Maßnahmen entwickeln und umsetzen

Aus den gewonnenen Erkenntnissen sind Maßnahmenpakete zu entwickeln, um die Wettbewerbsdynamik und identifizierten Spielregeln in die

Strategie zu integrieren bzw. bewusst zu nutzen. Meist ergibt sich aus der Branchenstrukturanalyse die Erkenntnis über notwendige, gezielte weiterführende Analysen. Ein denkbares Beispiel wäre die Prüfung, ob eine Internationalisierungsstrategie einen entsprechenden Vorsprung gegenüber den Konkurrenten verschaffen könnte.

Zudem sind die Ergebnisse über bestehende Bedrohungen und Marktkräfte im Rahmen von Investitionsvorhaben und Aktionsprogrammen heranzuziehen, um diese auf Chancen und Risiken zu beurteilen.

2.7.5 Vor- und Nachteile

Vorteile	Nachteile
• Betrachtung der wichtigsten Einflussfaktoren auf Attraktivität • Bedeutende Problemfelder innerhalb eines Faktors und dessen relative Stärke werden berücksichtigt • Bewertung des Gesamteinflusses aller Faktoren ist Grundlage für zukünftige strategische Entscheidungen • Umfassende Unternehmensumfeldanalyse • Übersichtlichkeit	• Stellt keine ausreichende Unternehmensanalyse dar, viele weitere Analysen notwendig • Modell schwer operationalisierbar • Modell stark an Produktunternehmen orientiert und nur bedingt auf komplexe Leistungsbündel anwendbar • Notwendige Abstrahierung der Begriffe Lieferant und Kunde bei der Anwendung auf Dienstleistungsunternehmen

Tabelle 44: Vor- und Nachteile der Branchenstrukturanalyse.

2.7.6 Praxisbeispiel

Die Deutsche Bahn AG ist mit 250.000 Mitarbeitern als ehemaliges Staatsunternehmen einer hohen Wettbewerbsdynamik unterlegen. 1994 wurde sie privatisiert und mit der Deregulierung der 1990er Jahre hat sie das staatliche Monopol für den Schienenverkehr verloren. Andere Unternehmen auf der Schiene sind z. B. Connex oder Rhenus. Seit der Privatisierung verfolgt die Bahn das Ziel, die Kapitalmarktfähigkeit zu erlangen. Abbildung 88 zeigt die Wettbewerbsdynamik der Bahn AG für den Bereich Personenverkehr.

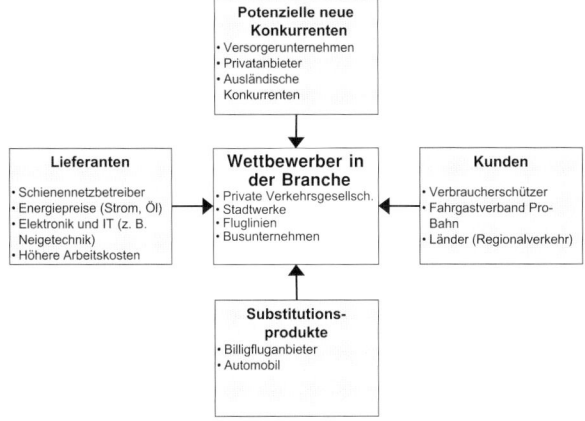

Abbildung 88: Branchenstruktur in der Branche Personenverkehr (Auswahl)

Analyse der externen Marktkräfte

Aus der Analyse der Branchenstruktur ergibt sich, dass die Bahn in der bestehenden Form mehr und mehr Wettbewerb ausgesetzt ist. Für das betrachtete Segment des Personenverkehrs bedeutet dies, dass ein weiteres Wachstum nur sehr schwer möglich ist, da neue Konkurrenten (hauptsächlich etablierte, kapitalstarke Unternehmen aus dem Ausland) den bestehenden Markt bedrohen und Verbraucherschützer mehr Leistungen und Transparenz (z.B. Pünktlichkeit, Haftung bei Verspätung) fordern. Auf der Seite der Lieferanten entstehen nach wie vor die Kosten, die mit den Ölpreisen überdies noch ansteigen. Die Billigfluganbieter gefährden darüber hinaus die Marktstellung, da sie dieselbe Leistung in weniger Zeit und mit weniger Kosten (so müssen sie z.B. keine Mineralölsteuer abführen) erbringen können.

Maßnahmen, welche aus den Erkenntnissen abgeleitet werden und die eigene Position stärken könnten, sind z.B. Wachstum durch Ausbau der Reisekette (bzw. Wertkette), Wachstum durch internationale Expansion oder Wachstum durch Übernahme der Konkurrenten.

2.7.7 Vorlagen auf CD

In den PowerPoint-Vorlagen befinden sich Modelle, Formulare und Checklisten zum Darstellen, Dokumentieren und Analysieren von Branchenstrukturen.

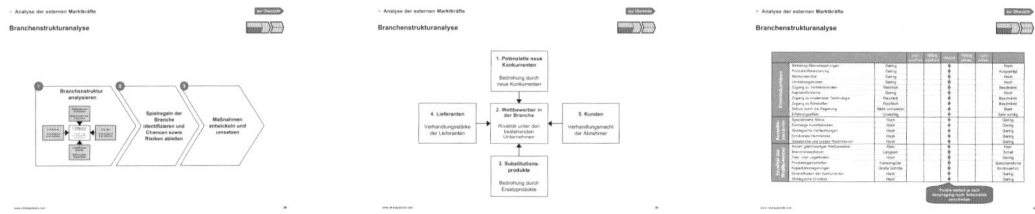

2.7.8 Verwandte und weiterführende Themen

- Substitutionsanalyse
  Die Substitutionsanalyse ist eine Detailanalyse der Branchenstrukturanalyse und stellt als alleinstehendes Analyseinstrument weitere Aspekte der Substitutionsgefahr dar.

- Konkurrenzanalyse
  Die Konkurrenzanalyse stellt eine der Detailanalysen der Branchenstrukturanalyse dar und ermöglicht als isoliertes Instrument tiefere Einblicke in die Wettbewerbsposition eines Unternehmens.

- SWOT-Analyse
  Die Ergebnisse der Branchenstrukturanalyse enthalten Aussagen über die Stärken und Schwächen sowie Chancen und Risiken eines Unternehmens, die mit Hilfe des SWOT-Ansatzes analysiert werden.

- Umweltanalyse
  Die Einflüsse der Unternehmensumwelt wirken auf die Dynamik der Branche. Bei jeder Teilanalyse kann die Umweltanalyse daher wichtige Informationen liefern.

- Lebenszyklusanalyse
  Der Fortschritt des Produktlebenszyklus wirkt auf Eintrittsbarrieren, auf Verhandlungsmacht von Kunde und Lieferant, auf die Entwicklung von Substitutionsprodukten sowie auf die Rivalität innerhalb der Branche, so dass die Erkenntnisse über den Lebenszyklus Hinweise auf die Branchendynamik geben können.

2.7.9 Literaturhinweise

PORTER, M. E. (1999): *Wettbewerbsstrategie (Competitive Strategy)*, 10. Aufl., Campus Verlag, Frankfurt am Main/New York 1999

3

Aggregation zu einem Portfolio

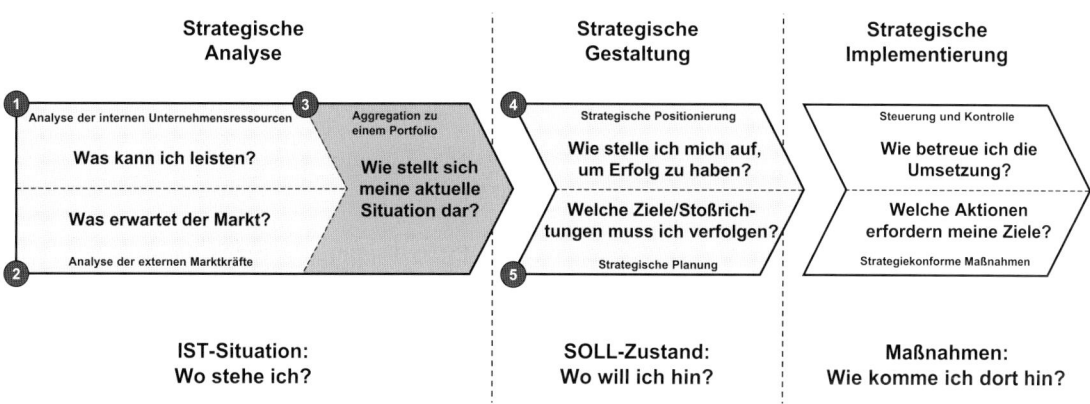

Strategische Analyse	Strategische Gestaltung	Strategische Implementierung

Analyse der internen Unternehmensressourcen

Was kann ich leisten?

Was erwartet der Markt?

Analyse der externen Marktkräfte

Aggregation zu einem Portfolio

Wie stellt sich meine aktuelle Situation dar?

Strategische Positionierung

Wie stelle ich mich auf, um Erfolg zu haben?

Welche Ziele/Stoßrichtungen muss ich verfolgen?

Strategische Planung

Steuerung und Kontrolle

Wie betreue ich die Umsetzung?

Welche Aktionen erfordern meine Ziele?

Strategiekonforme Maßnahmen

IST-Situation:
Wo stehe ich?

SOLL-Zustand:
Wo will ich hin?

Maßnahmen:
Wie komme ich dort hin?

1 – **5** : **Kapitel des Buches**

3.1 SWOT-Analyse

LEITFRAGEN:
- Welche Informationen müssen bei der Strategieentwicklung beachtet werden?
- Wie kann eine unternehmerische Ausgangssituation erfasst werden?
- Wie können verschiedene Analysen zu einem Gesamtüberblick zusammengefasst werden?

3.1.1 Zielsetzung und Anwendungsgebiet

SWOT ist ein Akronym und die Anfangsbuchstaben stehen für **S**trengths, **W**eeknesses, **O**pportunities and **T**hreats. Zu Deutsch bedeutet die SWOT-Analyse demnach Stärken-Schwächen-Chancen-Risiken-Analyse. Der SWOT-Analyse kommt im Kontext dieses Buches eine Schlüsselfunktion zu. Die SWOT-Analyse verkörpert die auch diesem Buch zu Grunde gelegte Struktur in besonders einfacher und plakativer Weise. Sie bietet ein Analyseraster zur Entwicklung strategischer Optionen und berücksichtigt dabei unternehmensinterne wie -externe Rahmenbedingungen, siehe Abbildung 89.

MERKE:
SWOT =
- Stärken
- Schwächen
- Chancen
- Risiken

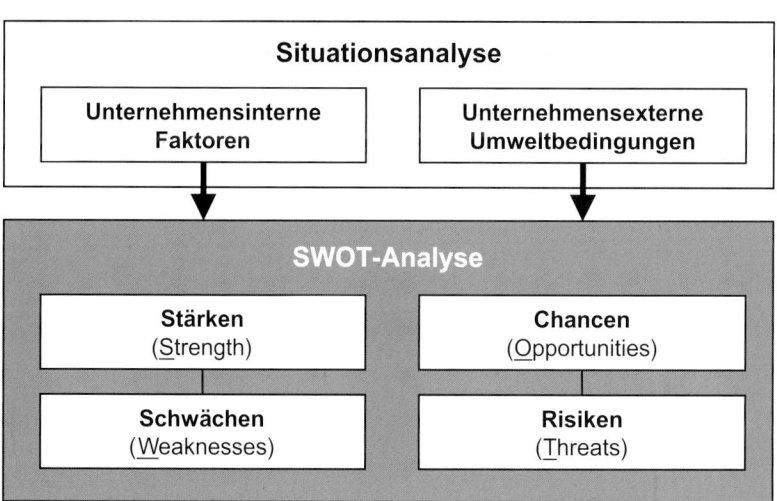

Abbildung 89: Aufbau der SWOT-Analyse

Diese allgemein gültige Vorgehensweise in Bezug auf strategische Fragestellungen wird in kaum einem anderen Ansatz ähnlich deutlich gemacht. Wie bei den Portfolioansätzen aggregiert die SWOT-Analyse sämtliche Informationen mittels einer Matrix und leitet individuelle strategische Handlungsempfehlungen ab. Die Anwendungsgebiete sind nicht einschränkbar. Die SWOT-Analyse kann im Grunde für sämtliche Fragestellungen angewandt werden, in denen ein Individuum in einem Umfeld agiert und Entscheidungen treffen muss.

MERKE:
Die SWOT-Analyse kombiniert die interne Wettbewerbsstärke mit externen Umweltbedingungen.

Die SWOT-Analyse kann sowohl isoliert und dann oberflächlicher als auch in Kombination mit anderen Instrumenten angewandt werden. Im letzteren Fall fungiert das SWOT-Portfolio dann eher als Analyseraster, welches Informationen aus spezifischen Analysen in einen Gesamtzusammenhang bringt, um konkrete Strategien und Maßnahmen ableiten zu können.

3.1.2 Beschreibung

Die SWOT-Analyse verknüpft ressourcenorientierte Denkmuster mit marktlichen Ansätzen, indem sie unternehmensinterne Stärken und Schwächen unternehmensexternen Chancen und Risiken gegenüberstellt. Der unternehmensinterne Teil der SWOT-Analyse vergleicht spezifische Stärken und Schwächen des Unternehmens mit denen der Wettbewerber, um Wettbewerbsvor- und -nachteile zu identifizieren. Wettbewerbsvorteile ermöglichen einem Unternehmen Gestaltungsmöglichkeiten und damit die Handlungsfähigkeit als Basis strategischen Handelns. Die allgemeinste Methode zur Identifikation unternehmensinterner Stärken und Schwächen ist die gleichnamige Stärken- und Schwächenanalyse (vgl. Kapitel 1.13). Gemäß der Struktur dieses Buches können aber sämtliche Instrumente im Rahmen der **Analyse der internen Unternehmensressourcen** (Kapitel 1) als Input-Quelle für die SWOT-Analyse fungieren. Daneben können Analyseergebnisse auch mit anderweitigen Informationen angereichert werden, die Aufschluss über unternehmerische Stärke und Schwäche geben – beispielsweise Erfahrungswissen langjähriger Mitarbeiter.

Neben den internen Faktoren werden auch die externen Rahmenbedingungen in Form der Unternehmensumwelt berücksichtigt. Analog kommen als Input-Quellen sämtliche Instrumente in Frage, die in diesem Buch unter dem Kapitelnamen **Analyse der externen Marktkräfte** (Kapitel 2) vorgestellt werden. Aus jedweden Umwelt- und Marktentwicklungen ergeben sich für die Unternehmung Chancen und Risiken, die sie im Rahmen strategischer Optionen beachten muss, um die eigenen Ressourcen effizient, d. h. hier erfolgsorientiert zu nutzen.

Erst das kombinierte Wissen von unternehmensinternen Stärken und Schwächen einerseits und unternehmensextern bedingten Chancen und Risiken andererseits gewährleistet solide strategische Überlegungen. Da die SWOT-Analyse für beide Dimensionen zwei grundsätzliche Ausprägungen berücksichtigt, ergeben sich in Summe vier Kombinationsmöglichkeiten, für welche Normstrategien abgeleitet werden können (auf diese wird gesondert im Rahmen der strategischen Planung, Kapitel 5, eingegangen).

3.1.3 Voraussetzungen und notwendiger Input

Die SWOT-Analyse kann in relativ oberflächlicher Form ohne speziellen Input angewendet werden, indem erfahrene Führungskräfte oder langjährige Mitarbeiter in Workshops und Diskussionsrunden eigenständig Stärken und Schwächen sowie Chancen und Risiken beziffern. Deren Wissen bildet dann den allein notwendigen Input. Im Rahmen detaillierter Analysen sollte ein SWOT-Portfolio allerdings der Fragestellung entsprechend mit spezifischen Analyseergebnissen gespeist werden. Hierfür kommen prinzipiell sämtliche Instrumente in Betracht, die nach der gleichen Struktur in diesem Buch vorgestellt werden. Abbildung 90 visualisiert die Instrumente in einer Übersicht, deren Ergebnisse mit Hilfe eines SWOT-Portfolios aggregiert und interpretiert werden können.

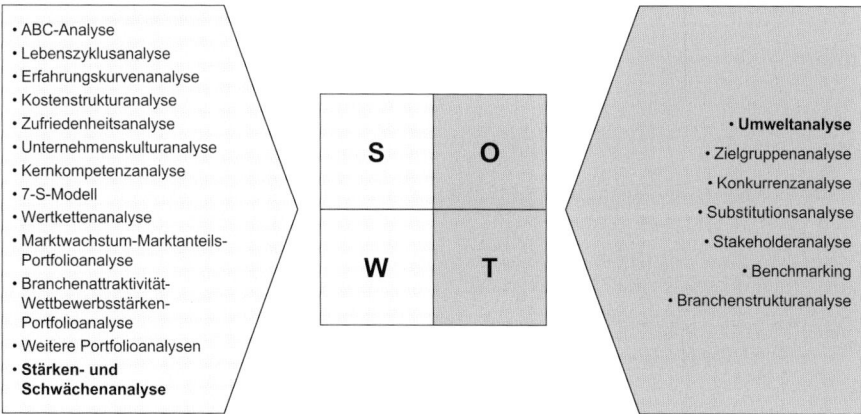

Abbildung 90: Übersicht der Input-Analysen eines SWOT-Portfolios

3.1.4 Vorgehensweise

Die Vorgehensweise gleicht vom Prinzip her dem Aufbau dieses Buches und gliedert sich in die Analyse interner und externer Kräfte sowie die finale Aggregation als Basis zur Ableitung strategischer Optionen.

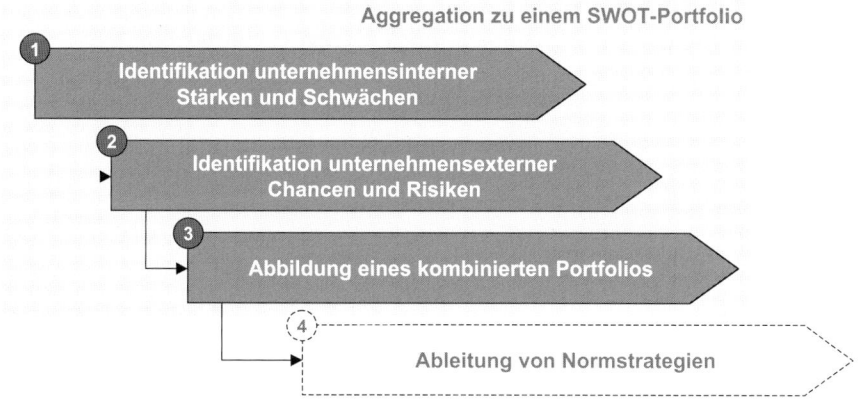

Abbildung 91: Vorgehensweise bei der SWOT-Analyse

Schritt 1: Identifikation von Stärken und Schwächen

Unabhängig davon, dass unterschiedliche Instrumente zur Identifikation der Stärken und Schwächen hinzugezogen werden können, wird an dieser Stelle beschrieben, was in jedem Fall in diesem ersten Schritt abgedeckt werden sollte.

   Stärken und Schwächen ergeben sich aus eigenen Leistungspotenzialen, die in Relation zu den Wettbewerbern gewertet werden sollten, um die nutzbare Potenzialhöhe zu erkennen. Eigene Leistungspotenziale können

CHECKLISTE:
1. Identifikation interner Stärken und Schwächen.
2. Identifikation extern bedingter Chancen und Risiken.
3. Kombination der beiden Dimensionen.

finanzielle, organisatorische, technologische, personelle oder zeitliche Hintergründe haben. Zur genauen Vorgehensweise mittels Profilvergleich sei auf die Stärken- und Schwächenanalyse verwiesen (Kapitel 1.13). Mit einer Wertkettenanalyse (Kapitel 1.9) würde man gar noch detailliertere Ergebnisse erhalten, indem dort die relative Wettbewerbsstärke bezüglich aller Wertschöpfungsstufen untersucht wird. Der Aufwand steigt jedoch überproportional.

Schritt 2: Identifikation von Chancen und Risiken

Chancen und Risiken ergeben sich aus dem Unternehmensumfeld. Gemäß den detaillierten Beschreibungen im Kapitel 2.1 über die Umweltanalyse können Chancen und Risiken demnach von ökonomischen, soziokulturellen, globalen, technologischen, politisch-rechtlichen und demografischen Faktoren bestimmt werden. Die genaue Vorgehensweise zur Bewertung der Umweltfaktoren wurde bereits vorgestellt, so dass darauf an dieser Stelle verzichtet wird. Eine alternative, in der Literatur häufig verwendete Differenzierung ist in diesem Kontext die zwischen Makro- und Mikroumwelt. Makroumwelt bezeichnet im Wesentlichen die oben aufgezählten Einflussfaktoren, wohingegen Mikroumwelt die Gesamtheit der Stakeholder umfasst. Ein entsprechendes Kapitel wird ebenfalls in diesem Buch vorgestellt (Kapitel 2.5).

Schritt 3: Abbildung eines kombinierten Portfolios

BEACHTE:
Bei der Aggrega-
tion muss konse-
quent auf die
Differenzierung
der externen und
internen Dimen-
sion geachtet wer-
den, was eine
hohe Aufmerksam-
keit des Work-
shop-Moderators
verlangt.

Der Kern der SWOT-Analyse ist die Zusammenfassung unternehmensinterner Stärken und Schwächen mit extern bedingten Chancen und Risiken in einem Portfolio. Aufgrund der nur vier Felder resultiert bei der Gegenüberstellung der beiden Dimensionen eine einfache Matrix, die in Abbildung 92 gezeigt wird. Je nach Umfang der Analyse sollte gegebenenfalls vor der Aggregation eine Priorisierung durchgeführt werden, so dass eine gewisse Übersicht gewahrt bleibt.

Stärken	Chancen
1. 2. 3.	1. 2. 3.
Schwächen	Risiken
1. 2. 3.	1. 2. 3.

Abbildung 92: Exemplarisches SWOT-Portfolio

Die Ableitung der Normstrategien wird im Kapitel 5.1 gesondert beschrieben.

3.1.5 Vor- und Nachteile

Vorteile	Nachteile
• Einfache Zusammenfassung möglicherweise komplexer Analysen • Übersichtliche Strukturierung • Universelle Anwendbarkeit	• Unterschiedlicher Zeitbezug der beiden Dimensionen: Die Analyse interner Ressourcen ist vorwiegend eine reine Ist-Betrachtung, wobei die externen Umweltbedingungen häufig für die Zukunft prognostiziert werden • Mitunter schwierige Datenbeschaffung (siehe vorgelagerte Kapitel) • Gefahr mangelnder Objektivität • Quantifizierbarkeit der Faktoren kann schwierig sein

Tabelle 45: Vor- und Nachteile der SWOT-Analyse.

3.1.6 Praxisbeispiel

Ein Praxisbeispiel wird im Rahmen der SWOT-Strategien geschildert.

3.1.7 Vorlagen auf CD

Die Beilagen-CD beinhaltet Vorlagen für SWOT-Matrizen: sowohl die einfache 4-Felder-Variante als auch die Vorlage zur Ableitung der im Kapitel 5.1 vorgestellten SWOT-Strategien. Die Vorlagen zur Unterstützung der Datenbeschaffung in den beiden Dimensionen sind bei den entsprechenden Kapiteln abgelegt.

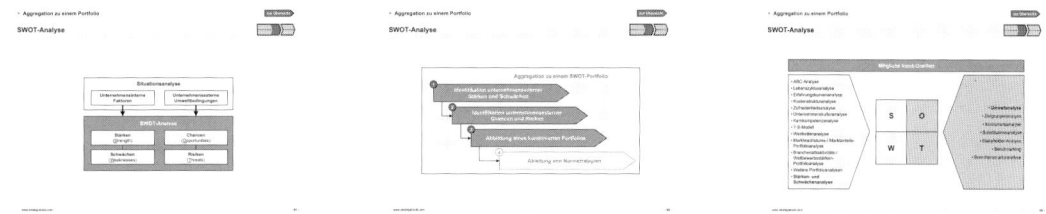

3.1.8 Verwandte und weiterführende Themen

Dieser Abschnitt könnte mit sämtlichen vor- und nachgelagerten Instrumenten gefüllt werden und hätte noch lange keinen Anspruch auf Vollständigkeit. Die anderen Instrumente bzw. deren Analyseergebnisse können jeweils entweder als Input für die SWOT-Analyse fungieren oder wiederum auf ihren Ergebnissen aufbauen (im Bereich der strategischen Positionierung und Planung). Auf lange, redundante Listen wird an dieser Stelle demnach verzichtet.

3.1.9 Literaturhinweise

HITT, M. A. / IRELAND, R. D. / HOSKISSON, R. E. (1999): *Strategic Management: Competitiveness and Globalization*, 3. Aufl., South-Western College Publishing 1999

4

Strategische Positionierung

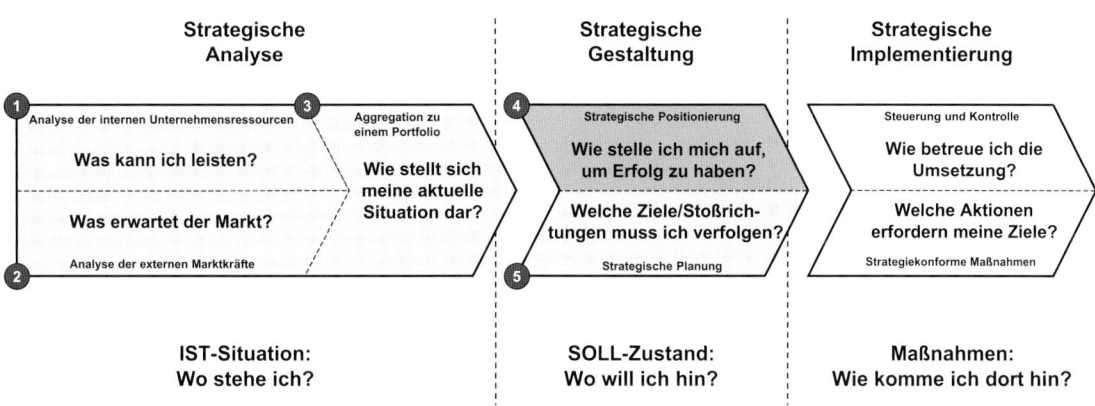

4.1 Marktfeldstrategien nach Ansoff

LEITFRAGEN:
- Welche verschiedenen Wachstumsstrategien bieten sich mir?
- Wie erfolgt die Auswahl?
- Wie plane ich die Ausweitung des Leistungsangebots?

4.1.1 Zielsetzung und Anwendungsgebiet

Die Produkt-Markt-Matrix nach Ansoff unterstützt die Konzeption von Wachstumsüberlegungen durch eine leicht nachvollziehbare Strukturierung der Weiterentwicklung des bestehenden Leistungsprogramms. Als theoretischer Rahmen bietet sie dem Management eine grundsätzliche Übersicht möglicher Marktfeldstrategie-Optionen sowie anschließend die Abbildung und Einordnung der ausgewählten Wachstumskurse.

Die Ansoff-Matrix findet insbesondere bei der Planung von Marketingstrategien Anwendung. Zwar dient sie grundsätzlich der Gestaltung allgemeiner Geschäftsstrategien, diese benötigen jedoch aufgrund der höheren Komplexität verschiedene Analysen, so dass die Ansoff-Matrix nur selten Verwendung finden kann. Hingegen lassen sich Marketingprogramme mittels der Ansoff-Matrix relativ übersichtlich auf verschiedene Wachstumsrichtungen abstimmen. Auch umgekehrt können Expansionsvorhaben an erfolgreichen Marketingstrategien ausgerichtet werden.

Vereinfacht dargestellt unterstützen die Marktfeldstrategien von Ansoff die Bearbeitung folgender Fragestellungen: warum, wo und wie wachsen?

4.1.2 Beschreibung

Die Ansoff-Matrix ordnet Wachstumsstrategien verschiedenen Kombinationen aus Märkten und Produkten zu. Die Gliederung erfolgt zweidimensional jeweils nach neuen und bestehenden Märkten zum einen sowie Produkten zum anderen. Im Ergebnis ergeben sich daraus vier allgemeine Wachstumsstrategien, die aus der Differenzierung hervorgehen und in Matrixform abgebildet werden können, siehe Abbildung 93.

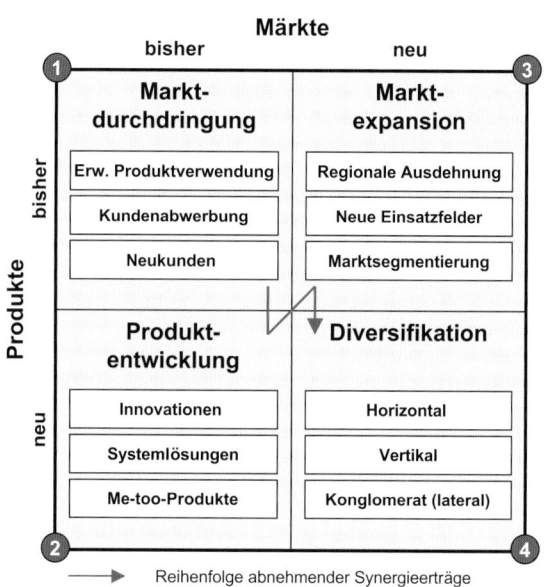

Abbildung 93: Produktfeld-Markt-Kombinationen nach Ansoff (Ansoff-Matrix)

Im Folgenden werden die einzelnen Wachstumsstrategien isoliert charakterisiert, um im Anschluss auf die Ordnung einzugehen.

Marktdurchdringung: Erhöhung des Marktanteils im bestehenden Produkt-Markt-Umfeld durch eine Intensivierung der Marktbearbeitung.

Intensivierte Marktbearbeitung kann über verschiedene Wege geschehen. Die **Erweiterung der Produktverwendung** bei bestehenden Kunden stellt eine Möglichkeit dar. Durch Produktverbesserungen in Form von Modifikationen im Design (Face-Lifting) oder ergänzenden Produkteigenschaften (Add-ons) kann eine breitere Anwendungspalette erreicht werden, um die Kundenzufriedenheit und damit infolgedessen die Kundenloyalität zu steigern. Mittels ständiger Produktverbesserungen, gesteigertem Werbeaufwand und intensiverer Nutzung bestehender Distributionskanäle wird der Ersatzbedarf des Kunden beschleunigt, d.h. die Lebensdauer der Produkte verkürzt, um den eigenen Absatz zu erhöhen. Die Veränderung der Verkaufseinheiten ist ein weiteres probates Mittel in diesem Zusammenhang (z.B. 1,5-Liter-PET-Getränkeflaschen anstatt herkömmlicher 1-Liter-Flaschen) wie auch der gezielte Relaunch bestehender Produkte.

Ein zweiter Weg intensivierter Marktbearbeitung ist die **Gewinnung zusätzlicher Kunden durch Abwerbung** von Wettbewerbern. Produktverbesserungen durch Zusatzeigenschaften, die gezielt auf Bedürfnisse der Kunden der Wettbewerber ausgerichtet sind, sollen die Neukundenakquisition unterstützen. Daneben ist bei der Abwerbung von Kunden eine konkurrenzfähige Preispolitik von entscheidender Bedeutung, da Kunden im Zuge transparenterer Märkte immer einfachere Möglichkeiten eines Preisvergleichs haben (z.B. über das Internet). Die Technologieorientierung „early follower", d.h. die zeitnahe Imitation von Konkurrenzprodukten, ist eine branchenübergreifend weit verbreitete, effiziente Strategieoption. Hierbei überlassen die Hersteller den ersten Boom, aber auch die Entwicklungsarbeit anderen, kopieren das Produkt weitestgehend und versuchen, die Kunden mit oben beschriebenen Maßnahmen für sich zu gewinnen. Direktvertrieb bzw. allgemein neue, ergänzende Absatzkanäle sowie die Beeinflussung von Ausschreibungen sind ebenfalls im Rahmen der Abwerbung von Kunden zu nennen.

Der dritte und hier letzte skizzierte Weg intensivierter Marktbearbeitung ist die Gewinnung neuer Kunden, indem **latenter Bedarf bisheriger Nichtverwender** aktiviert wird. Auch hier werden die Produkte gezielt modifiziert, um dem Bedarf der bisherigen Nichtanwender gerecht zu werden. Kombiniert mit darauf abgestimmten Werbeaktionen, Verkaufsförderungen (z.B. das kostenfreie Anbieten von Proben) sowie preis- und distributionspolitischen Maßnahmen wird versucht, die latente Nachfrage von Käufern zu wecken, die bislang gezögert oder auf Substitute zurückgegriffen haben (siehe auch Kapitel 2.4).

Produktentwicklung: das Anbieten ergänzender Erzeugnisse auf bestehenden Märkten.

Man unterscheidet zum einen echte Innovationen, d.h. **Marktneuheiten.** Weiterhin können Produktentwicklungen an bestehenden Produkten anknüpfen **(quasineue Produkte),** Systemlösungen sind hierfür ein Beispiel (Handheld als Navigationssystem), oder es werden Produkte entwickelt, die nicht für den Markt, wohl aber für das eigene Unternehmen eine Innovation darstellen. Produktneuentwicklungen, die sich von anderen, bereits am Markt befindlichen Produkten nur wenig unterscheiden, werden Metoo-Produkte oder auch **Pseudo-Neuheiten** genannt. Organisationen hinter Mee-too-Produkten können über folgende Merkmale charakterisiert werden: ausgeprägtes Kostenbewusstsein, geringer Forschungs- und Entwicklungsaufwand sowie eine hohe Imitationsfähigkeit. Beispielhaft können hier sämtliche No-Name-Computerhersteller genannt werden, die ihre Systeme kostengünstig und mit geringerem Anspruch an die Qualität fertigen, die Ausstattung bzw. die Produktspezifika aber an den gängigen Standards ausrichten.

Marktexpansion: Ausweitung des aktuellen Angebots auf neue Märkte bzw. ergänzende Marktsegmente.

Das Erschließen zusätzlichen Absatzpotenzials über neue Märkte kann wie folgt unterschieden werden: Als Erstes sei das Erschließen **zusätzlicher geografischer Märkte** aufgeführt. Dieses lässt sich wiederum in regionale, nationale, internationale oder konzentrische Ausdehnung differenzieren. Als Zweites bietet sich das Eindringen in **Zusatzmärkte durch Funktionserweiterungen** an. Das heißt, bestehende Produkte oder Technologien werden modifiziert, um neue Anwendungsbereiche und Einsatzfelder bearbeiten zu können. Ein typisches Beispiel ist hier die Übersetzung einer Software auf verschiedene Sprachen bzw. deren inhaltliche Anpassung für einen internationalen Einsatz. Außerdem können neue Teilmärkte erschlossen werden, indem **Variationen vorhandener Produkte** gefördert

werden. Hierunter fallen vorrangig abnehmergruppenspezifische Differen-
zierungen, entweder hinsichtlich der Produktausgestaltung (z.B. spezielle
Computer mit Lernsoftware für Kinder) oder bezüglich des Vertriebs (z. B.
Kundensegmentierungen oder Einsatz spezifischer Medien).

Diversifikation: Expansion des Unternehmens außerhalb des bestehenden Produkt-Markt-Umfelds.

Im Falle von Diversifikation wird das bestehende Leistungsangebot um
Produkte ausgeweitet, die (a) höchstens bedarfsverwandt sind und (b) in
keinem direkten Zusammenhang mit dem bisherigen Produkt-Markt-Umfeld des Unternehmens stehen. Ansoff unterscheidet hierbei horizontale,
vertikale und konglomerate Diversifikation.

Horizontale Diversifikation bezeichnet die Erweiterung des Leistungsprogramms um verwandte Produkte oder Dienstleistungen, um eigene
Kernfähigkeiten vielfältiger zu nutzen und Synergien freizusetzen. Beispielhaft ist hier, wenn ein Kfz-Motorenhersteller zusätzlich Boots- oder
Motorrad-Triebwerke herstellt. Grundsätzlich verspricht man sich dabei
eine Ertragssteigerung und/oder eine Risikominimierung. Speziellere Motive sind weiterhin finanzieller Natur:

- Aktivitäten auf gesättigten Märkten mit wenig Wachstum und geringen
  Renditen fordern die Ausweitung des bestehenden Leistungsprogramms.
- Das Konkursrisiko reduziert sich und somit kann mehr Fremdkapital eingesetzt werden.
- Horizontale Diversifikation gleicht Ertrags- und Nachfrageschwankun-
  gen aus.
- Innerbetrieblich können Gewinne steuerlich wirksam verschoben werden.

Synergien können insbesondere in produktions- und vertriebsnahen Bereichen erreicht werden, wenn z.B. der Auslastungsgrad gesteigert oder das
vorhandene Vertriebsnetz effizienter genutzt werden kann. Unter Umständen spielen auch individuelle Motive der Unternehmensleitung eine Rolle,
indem das Management über unternehmerisches Wachstum mehr Anse-
hen, Macht und damit auch persönliche Sicherheit erlangt.

Unter **vertikaler Diversifikation** wird die Ausweitung des eigenen Leistungsprogramms auf vormals vor- oder nachgelagerte Wertschöpfungsstufen verstanden (siehe auch Kapitel 1.9). Die Angliederung von Unternehmensbereichen, die bisher als Kunden beliefert wurden, wird **Vorwärtsintegration** genannt (z.B. ein Chiphersteller dehnt das Geschäft auf
fertige Computersysteme aus), wohingegen **Rückwärtsintegration** die
Selbstherstellung von Produkten bezeichnet, die ehemals von Lieferanten
bezogen wurden (z. B. ein Computerhersteller stellt Grafikkarten selbst her).
Hinter der Entscheidung des Grades vertikaler Integration steht im Grunde
die im Sprachgebrauch geläufige Make-or-buy-Entscheidung, d.h. ist es
wirtschaftlicher, bestimmte Wertschöpfungsstufen selbst herzustellen/zu
leisten (make) oder sie extern zu beziehen (buy).

Die Motive hinter vertikaler Integration sind unterschiedlicher Natur. Vereinfacht ausgedrückt, treffen Transaktionskostenvorteile häufig die Make-or-buy-Entscheidung. Liegen die Transaktionskosten, die bei der Vertragsanbahnung, -abwicklung, -anpassung und -kontrolle entstehen (vgl. Williamson, 1985), im Rahmen der eigenen Hierarchie (make) unter den Kosten, die durch eine Marktlösung (buy) resultieren, wird in der Regel integriert. Weiterhin ist die Sicherung von Beschaffungs- und Absatzmöglichkeiten häufig der strategische Beweggrund für vertikale Integration. Sollte die Qualität bezogener Produkte von hoher Relevanz sein, der eigene Bedarf steigen, sollte Rückwärtsintegration in Betracht gezogen werden. Besonders empfehlenswert erscheint eine Rückwärtsintegration, wenn die eigene Fertigung äußerst kapitalintensiv ist und von Unterauslastung aufgrund von Lieferengpässen bedroht ist (siehe auch Kapitel 2.7). Weitere Vorteile vertikaler Integration sind die Erhöhung der Wertschöpfung, welche Schutz vor feindlichen Übernahmen bietet und eine Steigerung der Verhandlungsmacht gegenüber Lieferanten und Kunden mit sich bringt, sowie Ertrags- und Wettbewerbsvorteile. Ertragsvorteile ergeben sich dabei besonders durch die gemeinsame Nutzung unternehmerischer Fähigkeiten und Ressourcen. Wettbewerbsvorteile resultieren aus erhöhten Markteintrittsbarrieren möglicher Konkurrenzunternehmen, erweiterten Spielräumen für Mischkalkulationen und internen Subventionierungsmöglichkeiten von Bereichen, die einem erhöhten Wettbewerbsdruck ausgesetzt sind.

Konglomerate bzw. laterale Diversifikation bezeichnet das Anbieten neuer, mit dem bestehenden Leistungsangebot nicht verwandter Produkte oder Technologien auf bis dahin nicht bearbeiteten Märkten (Konglomerat = Zusammenballung, Gemisch). Aufgrund der mangelnden Verwandtschaft zum angestammten Produktportfolio werden weniger funktionale, als vorrangig finanzielle Synergien freigesetzt. Diese äußern sich in einer Minimierung des unternehmerischen Risikos und einer Steigerung des Unternehmenswertes. Entsprechend bestimmen auch die Finanzen die Motive für konglomerate Diversifikation. Da der Cashflow aus grundsätzlich unterschiedlichen Unternehmensbereichen nicht miteinander korreliert ist, d.h. sich komplett unabhängig voneinander entwickelt und anderen Einflussfaktoren ausgesetzt ist, kann der gesamte Unternehmens-Cashflow durch konglomerate Diversifikation ausgeglichen werden, sprich er entwickelt sich konstanter. Außerdem ergibt sich durch die Diversifikation eine größere Fremdkapitalkapazität. Funktionale Synergien aus beispielsweise einer gemeinsamen Nutzung des Vertriebsnetzes hängen stark vom Einzelfall ab.

Ordnet man die vier Wachstumsstrategien der Reihe nach, entwickeln sich die Synergieerträge und das mit der Strategie verbundene Risiko gegenläufig: Die Synergieerträge nehmen ab, da funktionale Synergien mit abnehmender Verwandtschaft zwischen bestehendem und geplantem Produktangebot in geringerem Maße realisierbar werden. Das Risiko steigt aus dem gleichen Grund: je ferner das neue Produkt oder der neue Markt, desto weniger helfen die bestehenden Erfahrungswerte bei der Marktbearbeitung. Dieser Zusammenhang wird in Abbildung 94 dargestellt.

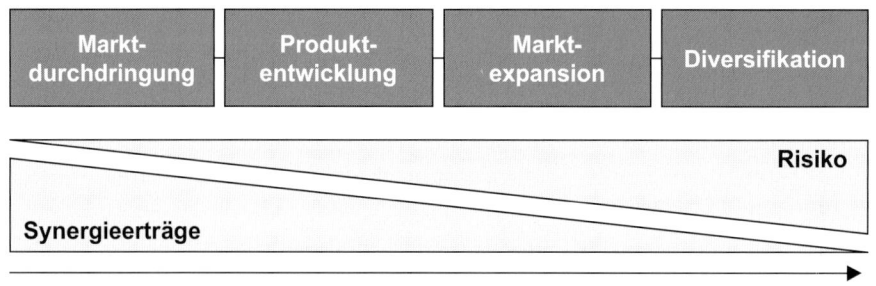

Abbildung 94: Reihenfolge der Wachstumsstrategien nach Ansoff gemäß Risiko und Synergie

4.1.3 Voraussetzungen und notwendiger Input

Die Ansoff-Matrix setzt als Instrument zur Konzeption von Wachstums-/ Marktstrategien, also zur strategischen Positionierung gemäß der in diesem Buch angewandten Gliederungsstruktur sowohl interne Unternehmensanalysen als auch Analysen der externen Marktkräfte voraus.

In der Praxis sind im Weiteren Kreativitätssitzungen mit Experten und Führungskräften notwendig, um Implikationen aus der Ansoff'schen Produkt-Markt-Matrix für die eigene unternehmerische Situation abzuleiten und weitere Schritte zu gestalten.

4.1.4 Vorgehensweise

MERKE:
Phase 2 bildet den Kern der Ansoff-Matrix im Sinne der Beschreibung strategischer Optionen. Die weiteren Phasen sind Erläuterungen zur Anwendung.

Die Anwendung der Ansoff-Matrix lässt sich in ein Phasenmodell gliedern. Die erste Phase bilden Analysen der Ist-Situation als grundsätzliche Anforderung an strategische Planungsinstrumente. In der zweiten Phase werden die sich anbietenden Wachstumsstrategieoptionen dargestellt und als Entscheidungsvorlage aufbereitet. Diese Phase beinhaltet somit im Wesentlichen die Theorie der Ansoff-Matrix. Phase drei umfasst die Auswahl zielgerichteter Wachstumsstrategien auf Basis der analysierten Ausgangssituation über eine Nutzwertanalyse. In der finalen Phase 4 wird die gesamte Wachstumsstrategie für die weiteren Schritte zusammengefasst und kompakt abgebildet.

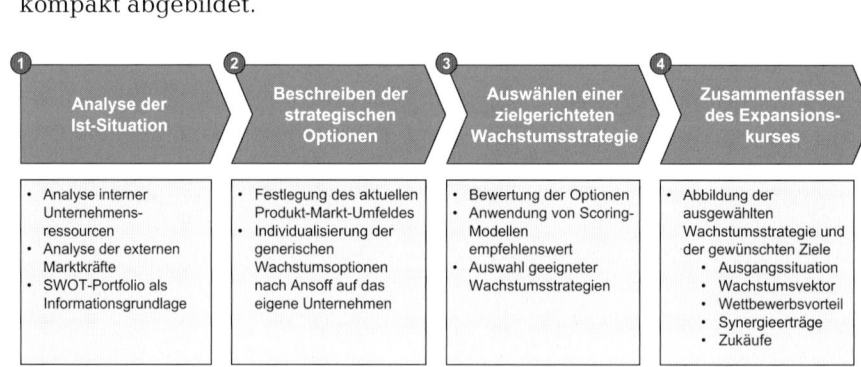

Abbildung 95: Vorgehensweise der Verwendung der Ansoff-Matrix

Schritt 1: Analyse der Ist-Situation

Die Notwendigkeit solider Analysen als Basis strategischen Managements ist ausreichend beschrieben (siehe Einleitung). Minimum ist die Abbildung der Ist-Situation in einem SWOT-Portfolio, um interne Stärken und Schwächen sowie externe Chancen und Risiken in die Planung mit einbeziehen zu können (siehe auch Kapitel 3). Die betrachtete Fragestellung bestimmt dann, inwieweit eine Verfeinerung der aggregierten SWOT-Übersicht notwendig wird. Je erfolgskritischer die zu erarbeitenden Wachstumsstrategien einzustufen sind, desto gründlicher und aufwendiger sollten die Analysen sein. Zum Beispiel wäre bezüglich der Erweiterung des eigenen Leistungsangebots die Verwendung von Portfoliotechniken zu empfehlen (vgl. Kapitel 1.10).

Schritt 2: Beschreiben der strategischen Optionen

Im Anschluss an die Analyse müssen die Strategieoptionen aufgezeigt werden, welche sich dem Unternehmen bieten. Zu diesem Zweck werden die vier skizzierten Wachstumsstrategien nach Ansoff auf das eigene Unternehmen übertragen und entsprechend abgebildet. Hinsichtlich des praktischen Vorgehens sollte zunächst das aktuell bearbeitete Produkt-Markt-Umfeld festgelegt werden, um die Ausgangsposition zu bestimmen. Im Anschluss kann jeder Quadrant, der eine allgemeine Wachstumsstrategie beschreibt, für das eigene Unternehmen individualisiert werden. Zur Erläuterung: Die Individualisierung der generischen Wachstumsstrategien muss beispielsweise die Festlegung im Bereich „Marktexpansion" umfassen, wie für das eigene Unternehmen zusätzliche geografische Märkte sowie Zusatz- oder Teilmärkte erreicht werden können. Im Ergebnis des zweiten Schritts sollten alle realistischen Wachstumsstrategien abgebildet sein, die sich dem Unternehmen zur Erweiterung des eigenen Leistungsprogramms bieten, um als Entscheidungsgrundlage für das Management dienen zu können.

Schritt 3: Auswählen einer zielgerichteten Wachstumsstrategie

In dieser Phase müssen die sich bietenden Optionen auf Grundlage der Analyseergebnisse priorisiert werden. Das heißt, die vier grundsätzlichen Wachstumsstrategien werden hinsichtlich der festgestellten Unternehmensstärken und schwächen sowie existierenden Chancen und Risiken des Marktes bewertet. Die Bewertung kann prinzipiell auf verschiedene Wege erreicht werden. Am eingängigsten ist die Anwendung einer Nutzwertanalyse bzw. eines Scoring-Modells (vgl. Kapitel 5.3). Zielsetzung beim Aufbau einer Nutzwertanalyse im vorliegenden Auswahlproblem ist die Bewertung der einzelnen Strategieoptionen gemäß ihrer Vorteilhaftigkeit hinsichtlich der analysierten Ausgangssituation. Das heißt, sämtliche Kriterien müssen in Bezug auf die vier Optionen bewertet werden. Die einzelnen Kriterien können dabei gewichtet werden. Die Bestimmung der Zielkriterien ergibt sich grundsätzlich aus den Inhalten des vorliegenden SWOT-Portfolios sowie Elementen des Unternehmensleitbildes. Konkret kann z. B. eine ausgeprägte Stärke des Unternehmens ein sinnvolles Krite-

MERKE:
Zur Abbildung der Strategieoptionen muss vorab das aktuelle Produkt-Markt-Umfeld bestimmt werden.

Potenzielle Wachstumsvektoren brauchen einen Startpunkt.

BEACHTE:
Wichtig bei der „Übersetzung" der Marktfeldstrategien auf das eigene Unternehmen ist die konsequente Beachtung der Ansoff'schen Gliederung nach Produkten/Technologien einerseits und Märkten andererseits.

MERKE:
Bei der Auswahl einer Option muss festgestellt werden, welche die eigenen Stärken und Schwächen nutzt und Chancen und Risiken berücksichtigt.

Daneben sollte die ausgewählte Option die unternehmerischen Ziele besonders unterstützen.

rium sein, so dass im Rahmen der Nutzwertanalyse für jede Wachstumsstrategie jeweils ein Wert festgelegt wird. Dieser bestimmt, in welcher Höhe diese Stärke unter Wahl der Wachstumsstrategie zur Geltung kommt. Andererseits sollten unternehmerische Ziele in den Kriterienkatalog aufgenommen werden, um jeweils zu bewerten, welche Wachstumsstrategie die Erreichung besonders begünstigt. Im Ergebnis werden die Teilbewertungen zusammengefasst. Es resultiert eine Priorisierung der Wachstumsstrategien für den konkreten Anwendungsfall.

In weniger komplexen Entscheidungssituationen kann die individuell richtige Wachstumsstrategie unter Berücksichtigung der Analyseergebnisse auch einfach im Rahmen von Workshops ausgewählt werden. Dafür können die einzelnen Wachstumsoptionen jeweils diskutiert und ihre Vor- und Nachteile erfasst werden.

Bei der Auswahl der Wachstumsstrategie sollten grundsätzlich einige Zusammenhänge berücksichtigt werden:

Das Risiko einer Strategie steigt mit abnehmendem Verwandtheitsgrad zwischen dem angestrebten und aktuellen Produkt-Markt-Feld. Ferner sinken die Synergieerträge. Jedoch sind je nach Ausgangssituation tief greifende Expansionen nötig, um die Wettbewerbsfähigkeit zu sichern/ auszubauen. Dieser gegenläufige Zusammenhang muss unbedingt beachtet werden. Das heißt, beispielsweise fordern gesättigte Märkte und rückläufige Margen die Ausweitung des Leistungsprogramms, allerdings bestehen keine wesentlichen Erfahrungswerte mit anderen Märkten oder Produkten. Zur Lösung solcher Fragestellungen gibt es keine allgemein gültige Antwort.

MERKE:
Kapitalstarke Unternehmen tendieren zur Produktentwicklung, kapitalschwache zur Marktentwicklung.

Weiterhin unterliegt die Wahl zwischen markt- oder produktpolitischer Expansion unternehmensindividuellen Charakteristika – z.B. der Risikobereitschaft oder den verfügbaren Ressourcen. Bei einem kapitalstarken Unternehmen erscheint es zweckmäßig, wegen der höheren Erfolgswahrscheinlichkeit auf Produktentwicklung zu setzen, während sich ein kapitalschwächeres Unternehmen für die Marktentwicklungsstrategie entscheiden sollte.

Schritt 4: Zusammenfassen des Expansionskurses

Im Ergebnis muss die ausgewählte Wachstumsstrategie so kompakt wie möglich, aber detailliert wie nötig zusammengefasst und abgebildet werden. Diese übersichtliche Zusammenfassung dient zum einen der Abstimmung und Fixierung der erarbeiteten Stoßrichtung sowie zum anderen der anschließenden Kommunikation der Wachstumsstrategie.

Die Zusammenfassung und endgültige Darstellung der Wachstumsstrategie kann in fünf Elemente gegliedert werden:

MERKE:
Abbildung der Wachstumsstrategie:
1. Ausgangssituation
2. Wachstumsvektor
3. Wettbewerbsvorteile
4. Synergieerträge
5. Make-or-buy

1. Das aktuelle *Produkt-Markt-Umfeld* (Ist) bildet im Wesentlichen die Ausgangssituation ab.
2. Der *Wachstumsvektor* stellt das Zielsystem (Plan) und die daraus abgeleiteten Aktionsprogramme – optimalerweise im Zeitablauf – dar. Eine Visualisierung des Wachstumsvektors auf der Ansoff-Matrix verdeutlicht das strategische Wachstumsziel.
3. Die angestrebten *Wettbewerbsvorteile* werden beschrieben, um die Motive der Ausweitung des Leistungsprogrammes aufzuzeigen.

4. Die Abbildung der angestrebten *Synergieerträge* verdeutlicht die Zusammenhänge und Effekte, welche die steigende Wettbewerbsfähigkeit zukünftig ermöglichen werden.
5. Abschließend sollte differenziert werden, ob das Wachstumsziel mittels *Eigenentwicklung oder Zukauf* realisiert werden soll (make-or-buy).

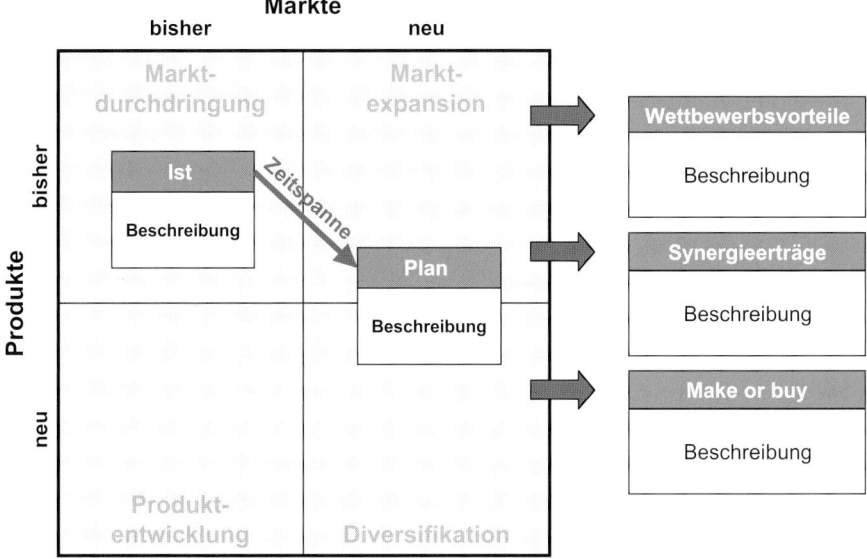

Abbildung 96: Beispielhafte Darstellung einer Wachstumsstrategie

4.1.5 Vor- und Nachteile

Vorteile	Nachteile

• Leicht einzusetzendes Instrument zur strategischen Planung des Leistungsprogramms
 	
• Gute Entscheidungsvorbereitung durch die übersichtliche Abbildung strategischer Optionen
 	
• Unmittelbare Handlungsempfehlungen
 	
• Große Akzeptanz und hoher Bekanntheitsgrad: Das Instrument wird seit Jahrzehnten erfolgreich in der Praxis eingesetzt
	• Unterstellung einer einseitigen Wachstumsorientierung
	
	• Keine Berücksichtigung der Marktteilnehmer durch die Strategieoptionen
	
	• Allgemeine Wachstumsstrategien mitunter stark vereinfacht dargestellt:
	   • Kosten steigen mit wachsender Marktdurchdringung exponentiell
	   • Die höhere Risikobewertung der Markt- gegenüber der Produktentwicklung ist nicht allgemein gültig
	
	• Nur zwei Dimensionen – keine Variationsmöglichkeiten
	
	• Keine allgemein gültigen Regeln zur Auswahl einer Strategie
	
	• Ausgewählte Wachstumsstrategien sind durch ergänzende Analysen zu verifizieren

Tabelle 46: Vor- und Nachteile der Marktfeldstrategien nach Ansoff.

4.1.6 Praxisbeispiel

Prinzipiell müssen defensive Wachstumsstrategien, ausgelöst durch mangelnde Perspektiven auf bestehenden Märkten, und offensive zur Realisierung von Chancen durch zusätzliche Absatzpotenziale unterschieden werden. In der Praxis muss diese Unterscheidung aber nicht immer trennscharf sein, wie auch im Folgenden. Am Beispiel der Automobilindustrie kann die Gestaltung des Leistungsportfolios mittels der Ansoff-Matrix dargestellt werden.

Zum einen identifiziert der Automobilhersteller gewisse Kundenbedürfnisse und somit Anforderungen an die eigenen Produkte. Diese Anforderungen werden spezifiziert und sollten die zukünftige Produktentwicklung maßgeblich bestimmen. Auf der anderen Seite werden bestimmte Märkte bearbeitet, ein entsprechendes Service- und Vertriebsnetz besteht dort bereits. Insofern lässt sich zum einen die Ist-Situation, zum anderen aber auch die Soll-Situation auf der Ansoff-Matrix darstellen. Abbildung 97 zeigt eine exemplarische Darstellung.

Abbildung 97: Exemplarische Modellpalettenplanung mit der Ansoff-Matrix

Weiterhin können verschiedene Detaillierungsgrade abgebildet werden. Zum Beispiel können entweder einzelne Produkte oder gesamte Modellpaletten behandelt werden oder es kann eine zeitliche Dimension ergänzt werden, indem Wachstumsvektoren mit entsprechenden Eintrittszeitpunkten versehen werden. Ob es sich jeweils um modifizierte oder vollkommen neue Produkte handelt, ergibt sich bereits aus der Matrix. Ebenfalls können und sollten auch die geplanten Marktexpansionen bereits auf der Matrix näher spezifiziert werden, um dem Betrachter ein möglichst umfangreiches Bild zu vermitteln. Außerdem könnte auch noch zwischen verschiedenen Leistungsarten differenziert werden: Produkte, Dienstleistungen, Technologien oder im vorliegenden Beispiel zwischen Neuwagen- versus Gebrauchtwagengeschäft, Service, Dienstleistungen etc.

Wie oben beschrieben, könnten solche Matrizen entweder als Entscheidungsgrundlage fungieren (man kann problemlos mehrere Alternativen gestalten) oder bereits beschlossene Wachstumskurse aufzeigen.

4.1.7 Vorlagen auf CD

Die PowerPoint-Vorlagen umfassen zu diesem Kapitel zum einen Grafiken inklusive Beschreibungen der 4-Felder-Matrix als auch eine Vorlage zur Nutzwertanalyse für die Auswahl der Wachstumsstrategie (Schritt 3 des Vorgehens). Außerdem finden Sie die Visualisierung der Vorgehensweise.

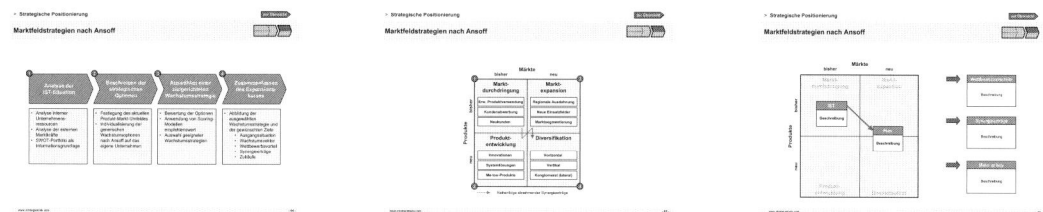

4.1.8 Verwandte und weiterführende Themen

- Diverse interne und externe Analyseinstrumente als notwendiger Input

- SWOT-Analyse
  Um die verschiedenen Wachstumsoptionen nach Ansoff beurteilen zu können, benötigt man sauber aufbereitete Stärken und Schwächen sowie Chancen und Risiken, die für das betrachtete Unternehmen gelten.

- Marktfeldstrategien nach Porter
  Die Marktfeldstrategien nach Porter bilden einen verwandten Ansatz, indem Porter ebenfalls Strategiealternativen hinsichtlich einer zielführenden Positionierung am Markt aufzeigt. Der Ansoff-Ansatz fokussiert hierbei jedoch mehr das unternehmerische Wachstum.

- Scoring-Modelle bzw. die Nutzwertanalyse
  Wie im Schritt 3 der Vorgehensweise beschrieben, benötigt man zur Auswahl einer geeigneten Wachstumsstrategie ein Instrumentarium zur möglichst objektiven Priorisierung der erarbeiteten Optionen: Scoring-Modelle bieten sich hierfür an.

- Synergie/Diversifikation
  Diversifikation im Allgemeinen sowie Synergien im Speziellen sind wesentliche Themen im Bereich des strategischen Managements und auch im Rahmen der Marktfeldstrategien nach Ansoff.

4.1.9 Literaturhinweise

ANSOFF, H. I. (1965): *Corporate Strategy: an analytical approach to business policy for growth and expansion*, New York 1965

ANSOFF, H. I. (1966): *Managementstrategie*, Verlag Moderne Industrie, München 1966

WILLIAMSON, O. E. (1985): *The Economic Institutions of Capitalism*, New York 1985

4.2 Wettbewerbsstrategien nach Porter

> LEITFRAGEN:
> - Wie profiliert man sich am Markt?
> - Welchen Fokus soll man setzen?
> - Worauf müssen sich die Prozesse konzentrieren, was sollten die Kernprozesse sein?

4.2.1 Zielsetzung und Anwendungsgebiet

„Competitive Strategy is about being different. It means deliberately choosing a different set of activities to deliver an unique mix of value." Dies ist die Definition von Strategie nach Michael E. Porter. Die beste Strategie für ein Unternehmen ist demnach eine einmalige Konstruktion, die auf individuelle Rahmenbedingungen Rücksicht nimmt. Trotz allem lassen sich nach Porter drei generische Grundstrategien extrahieren, die als Basis strategischer Unternehmensausrichtung Verwendung finden können. Diese Grundstrategien werden auch Wettbewerbsstrategien bezeichnet, weil sie auf vorteilhafte Positionen im Wettbewerb abzielen.

4.2.2 Beschreibung

Bei Porters Wettbewerbsstrategien handelt es sich um Geschäftsfeldstrategien. Auf Gesamtunternehmensebene wird die generelle Ausrichtung festgelegt, welche im Anschluss unter bestehenden Rahmenbedingungen für die Geschäftsfelder (-bereiche) konkretisiert werden muss. Zwei zentrale Fragen müssen bei der Entwicklung der Geschäftsbereichsstrategie beantwortet werden. Erstens, welcher Markt soll bearbeitet und wie soll dieser abgegrenzt werden, und zweitens, wie soll man sich auf diesem positionieren.

Bezüglich der ersten Fragestellung bieten sich zwei Alternativen. Entweder der zu bearbeitende Markt grenzt sich über die Branche ab oder er fokussiert eine so genannte Nische, d.h. einen engen, über bestimmte Kriterien abgegrenzten Absatzmarkt. Auch hinsichtlich der zweiten Fragestellung stehen zwei grundsätzliche Richtungen zur Auswahl. Ziel muss in beiden Fällen das Erlangen von Wettbewerbsvorteilen sein. Dies kann entweder über eine geschickte Differenzierung erreicht werden oder über eine vorteilhafte Kosten- und damit Preisstruktur. Aus diesen jeweils zwei Auswahlmöglichkeiten resultieren die drei von Porter postulierten generischen Wettbewerbsstrategien: umfassende Kostenführerschaft, Differenzierung und Konzentration auf Schwerpunkte, siehe Abbildung 98:

BEACHTE:
Porters Wettbewerbsstrategien beziehen sich auf Geschäftsfelder und weniger auf das Gesamtunternehmen.

MERKE:
Drei Wettbewerbsstrategien:
1. Umfassende Kostenführerschaft,
2. Differenzierung und
3. Konzentration auf Schwerpunkte.

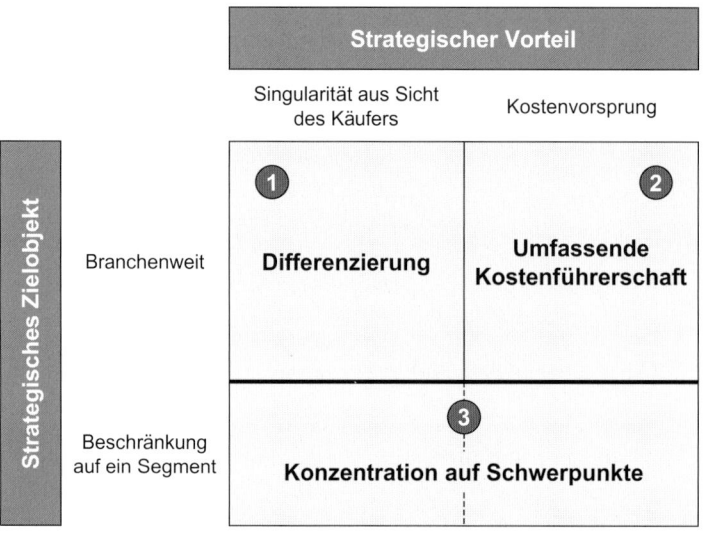

Abbildung 98: Die drei generischen Wettbewerbsstrategien nach Porter (Porter, 1999)

Differenzierung:

Bei der Differenzierung strebt ein Unternehmen danach, seine Produkte oder Dienstleistungen von den Angeboten der Konkurrenten abzuheben und damit etwas anbieten zu können, was in der Branche nahezu einzigartig und nicht gleichwertig substituierbar ist. Dabei ist es grundsätzlich irrelevant, auf welchen Bereichen die Differenzierung angestrebt wird. Beispielsweise differenzieren sich Unternehmen über das Design, den Service, die Technologie, technische Ausstattung, das Image oder weitere Felder. Optimal ist es ohnehin, wenn sich das Unternehmen auf verschiedenen Ebenen erfolgreich differenzieren kann. Aufgrund der erreichten Einzigartigkeit gelingt es, auf dem Markt höhere Preise durchzusetzen und somit überdurchschnittliche Margen zu realisieren. Je deutlicher die Differenzierung ausfällt, desto besser schirmt man sich gegen den Wettbewerb ab, da man eine ausgeprägte Kundenbindung erreicht, weil sich den Abnehmern keine adäquaten Alternativen bieten. Dies wiederum verringert zwangsläufig die Preisempfindlichkeit der Kunden und erhöht die Ertragsspannen weiter. Voraussetzungen für den Erfolg dieser Strategie sind ein exklusives Image des Unternehmens und die Durchführung kostenintensiver Maßnahmen wie ausgedehnte Forschung, ansprechendes Produktdesign, die Verwendung von Materialien hoher Qualität und intensive Kundenbetreuung.

Eine erfolgreiche Differenzierungsstrategie bewirkt Markteintrittsbarrieren, da die angebotenen Produkte nicht substituierbar sind. Sie äußert sich ebenfalls positiv gegenüber den restlichen Wettbewerbskräften (siehe auch Kapitel 2.7). Die Macht der Zulieferer sinkt durch eigene, komfortable Ertragsspannen und Abnehmer können aufgrund mangelnder Wettbewerber nicht woanders beziehen.

Wichtig ist, dass die Kostenseite nicht vernachlässigt werden darf, auch wenn sie weniger priorisiert werden muss, da es je nach Käufergruppen preisliche Schmerzgrenzen gibt. Die Kunden zahlen auch für das beste

Produkt nur einen begrenzten Preis. Dem Anbieter steht im so genannten monopolistischen Bereich der Preis-Absatz-Funktion (Abbildung 99) eine bestimmte Preisspanne nach oben zur Verfügung. Überschreitet er aber einen gewissen Preis, wandern die Abnehmer zum Wettbewerb ab.

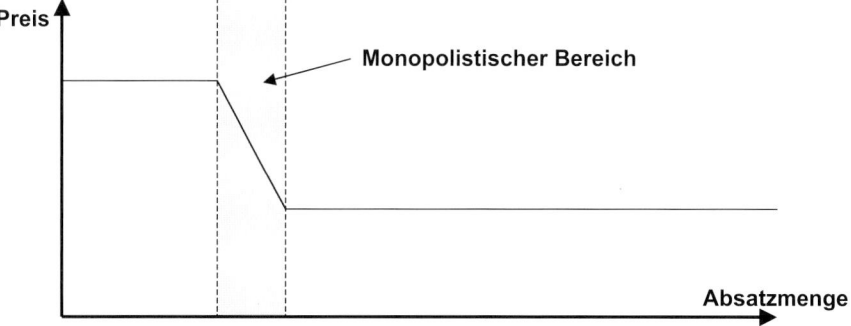

Abbildung 99: Preis-Absatz-Funktion mit monopolistischem Bereich

Die Risiken der Differenzierung knüpfen bei dem letzten Punkt an. Das zentrale Risiko besteht darin, dass die erfolgreiche Differenzierung nur zu einem marktunattraktiven Preis zu realisieren ist. Das heißt, der Kostenunterschied zwischen differenzierten Firmen und Billiganbietern wird zu groß und die Kunden sind nicht bereit, den daraus erwachsenden erheblichen Preisaufschlag für das durchaus bessere Produkt zu zahlen, und verzichten lieber auf bestimmte Produkteigenschaften. Weiterhin könnte der Bedarf des differenzierten Merkmals sinken oder es könnte zu gut imitiert werden.

Umfassende Kostenführerschaft:

Die Kernidee der umfassenden Kostenführerschaft besteht darin, durch primär kostenorientiertes Denken und Handeln in einem Unternehmen einen Leistungsvorsprung aufzubauen und zu verteidigen. Entscheidende Voraussetzung für das Erreichen einer umfassenden Kostenführerschaft sind nach dem Erfahrungskurvenkonzept ein hoher Marktanteil und die Existenz anderer erheblicher Vorteile. Diese können neben effizienten Mengen für die Produktion mit optimalen Losgrößen und einer gesteigerten Einkaufsmacht nur durch produktionsprozess- und arbeitskraftbedingte Erfahrungseffekte erreicht werden. Die umfassende Kostenführerschaft erfordert den Aufbau von modernsten Produktionsanlagen und eine stetige, konsequente Ausnutzung von Rationalisierungsmöglichkeiten, was einer dauerhaften Anstrengung gleichkommt.

MERKE:
Kostenführer streben nach Leistungsvorsprüngen durch effiziente Kostenstrukturen.

Ohne die Basisanforderungen zu verfehlen, stehen geringere Kosten als bei den Wettbewerbern im Zentrum des unternehmerischen Interesses. Eine vorteilhafte Kostenstruktur ermöglicht dem Unternehmen größere Gewinnspannen, die teilweise an die Kunden weitergereicht werden können, um Wettbewerbsvorteile auf dem Markt zu erzielen. Auch hier können wirksame Barrieren zum Schutz der eigenen Marktposition erwirkt werden. Die eigene, vorteilhafte Kostenstruktur ist nur über signifikant hohe Mengen und damit hohe Marktanteile zu erreichen, so dass potenziell neue Wettbewerber von vornherein meist unüberwindbare Wettbewerbsnachteile erfahren.

Im Folgenden sind die Risiken gelistet, die mit der umfassenden Kostenführerschaft verbunden sind:

- Mitbewerber kopieren die kostenoptimalen Verfahren und investieren ihrerseits in modernste Technik.
- Die Fokussierung der Kostenseite führt dazu, dass produktpolitisch und marketingtechnisch notwendige Aktionen nicht verfolgt werden.
- Kürzer werdende technologische Innovationszyklen können mühsam erreichte Erfahrungseffekte eliminieren.

Konzentration auf Schwerpunkte:

MERKE:
Die Nischenstrategie kann sich auf ausgewählte Abnehmergruppen, bestimmte Teile des Produktprogramms oder abgegrenzte Märkte beziehen.

Die Konzentration auf Schwerpunkte impliziert die gezielte Beschränkung der Marktbearbeitung auf eine oder mehrere Nischen, um in diesen umfassende Kostenführerschaft oder Differenzierung oder beides zusammen zu betreiben. Derartige Nischen können dabei beispielsweise selektierte Abnehmergruppen, bestimmte Teile des Leistungsprogramms oder geografisch abgegrenzte Märkte darstellen. Der Erfolg einer solchen Strategie setzt voraus, dass ein Unternehmen ein eng begrenztes Marktsegment wirkungsvoller bearbeiten kann als die Konkurrenten, die sich im Gesamtmarkt dem Wettbewerb stellen. Das heißt, man verspricht sich durch die Konzentration auf Schwerpunkte Spezialisierungseffekte, welche zu Wettbewerbsvorteilen ausgebaut werden können.

TIPP:
Eine Konzentration auf Schwerpunkte, die schwer substituierbar sind oder die Wettbewerbern Probleme bereiten sind unter Umständen besonders ertragreich.

Die Konzentration auf Schwerpunkte eignet sich auch im Besonderen zur Identifikation und Bearbeitung von abgegrenzten Zielobjekten, die entweder am wenigsten substituierbar sind oder bei denen die stärksten Konkurrenten Schwächen haben. Auf diese Weise können gezielt hohe Gewinnspannen realisiert werden.

Analog zu den anderen Wettbewerbsstrategien ist auch die Konzentration auf Schwerpunkte gewissen Risiken ausgesetzt. Unter Umständen sind die kritischen Mengen für eine hinreichend günstige Kostenstruktur zu hoch, um sich gezielt auf einzelne Nischen zu konzentrieren. Sämtliche Wettbewerbsvorteile wären dann kleiner als die Kostennachteile. Ein weiteres Risiko wäre, dass Massenhersteller ihr Produktportfolio ebenfalls erweitern, Nischen besetzen und dafür viel Kapital zur Verfügung haben (z.B. Mercedes-Benz). Außerdem könnten auch Nischen verschwinden, wenn sich die Bedarfsstruktur des Marktes ändert.

Folgen unpräziser Ausrichtung:

BEACHTE:
Eine nicht eindeutige strategische Ausrichtung führt meist zu einer unbefriedigenden Rentabilität.

Gelingt es einem Unternehmen nicht, sich konsequent gemäß einer der skizzierten Strategien auszurichten, muss es in der Regel mit einer niedrigen Rentabilität rechnen. Es fehlt gewollten Kostenführern einerseits an Marktanteilen und damit an Menge, um eine entsprechend günstige Kostenstruktur über beispielsweise günstige Einkaufskonditionen zu realisieren. Andererseits verfügen sie nicht über ein ausreichend differenziertes Leistungsangebot, um auch mit weniger niedrigen Kosten wünschenswerte Ertragsspannen zu erreichen. Gleiches gilt für die Konzentration auf

Schwerpunkte. Im Ergebnis spricht ein solches Unternehmen weder die kosten- noch die leistungsbewussten Kunden an und kann im Grunde nichts besonders gut. Entsprechend wenige Käufer werden gefunden. Abbildung 100 visualisiert das Spannungsfeld zwischen differenzierten und kostenoptimierten Unternehmen und zeigt, dass sich die Realität dazwischen durch niedrige Erträge auf das investierte Kapital charakterisiert.

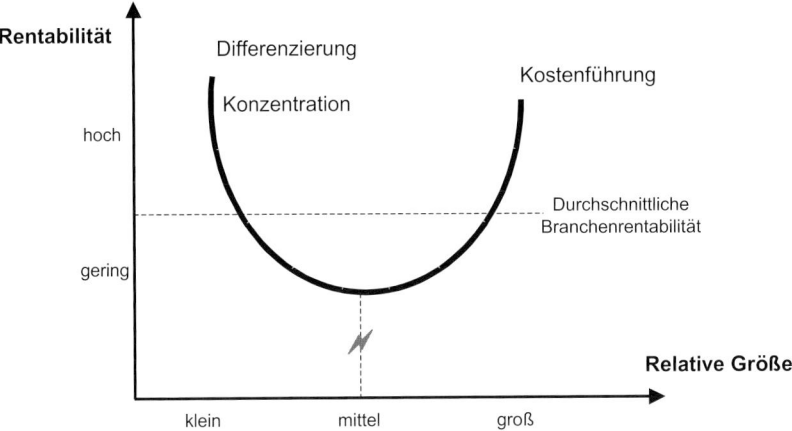

Abbildung 100: Rentabilität in Abhängigkeit von der relativen Größe

Im Folgenden sind die unterschiedlichen Anforderungen an die drei Wettbewerbsstrategien übersichtlich zusammengefasst:

Strategietypen:	Umfassende Kostenführerschaft	Differenzierung	Konzentration auf Schwerpunkte
Gewöhnlich erforderliche Fähigkeiten und Mittel	• Hohe Investitionen und Zugang zu Kapital • Verfahrensinnovationen und Verfahrensverbesserungen • Intensive Beaufsichtigung der Arbeitskräfte • Produkte, die im Hinblick auf einfache Herstellung entworfen sind • Kostengünstiges Vertriebssystem	• Gute Marketingfähigkeiten • Produktengineering • Kreativität • Starke Grundlagenforschung • Guter Ruf in Sachen Qualität und technologische Spitzenstellung • Lange Branchentradition oder einmalige Kombination aus Fähigkeiten anderer Branchen • Enge Kooperation mit Beschaffungs- und Vertriebskanälen	• Kombination der links genannten Maßnahmen, gerichtet auf das bestimmte strategische Zielobjekt
Übliche organisatorische Anforderungen	• Intensive Kostenkontrolle • Häufige detaillierte Kontrollberichte • Klar gegliederte Organisation und Verantwortlichkeiten • Anreizsystem, das auf der strikten Erfüllung quantitativer Ziele beruht	• Strenge Koordination von Tätigkeiten in F&E, Produktentwicklung und Marketing • Subjektive Bewertungen und Anreize anstelle von quantitativen Kriterien • Annehmlichkeiten, um hoch qualifizierte Arbeitskräfte, wissenschaftliche oder kreative Menschen anzuziehen	• Kombination der links genannten Maßnahmen, gerichtet auf das bestimmte strategische Zielobjekt

Tabelle 47: Anforderungen der Wettbewerbsstrategietypen (Porter, 1999)

4.2.3 Voraussetzungen und notwendiger Input

Das Festlegen auf eine Wettbewerbsstrategie bedarf in der Vorbereitung detaillierter Analysen (intern und extern), um möglichst das gesamte Spannungsfeld zu erfassen, in welchem das Unternehmen bzw. das Geschäftsfeld agiert. Weiterhin muss die Unternehmensstrategie fixiert sein und hinreichend über die Stoßrichtungen des Gesamtunternehmens Aufschluss geben. Die Entscheidung für eine Wettbewerbsstrategie und deren inhaltliche Ausgestaltung muss darüber hinaus in mehreren Workshops und Klausuren mit den verantwortlichen Entscheidungsträgern erfolgen. Strategien werden in der Regel top down entwickelt und kommuniziert.

4.2.4 Vorgehensweise

Porters generische Strategien sind mehr ein Denkmodell als eine Methode. Demzufolge kann an dieser Stelle keine herkömmliche Vorgehensweise präsentiert werden. Gemäß der Gliederung des Buches folgt auch in diesem Fall die Abbildung der strategischen Optionen mit anschließender Auswahl und Ausgestaltung zunächst vorgelagerter, möglichst detailscharfer Analysen. Als Analysen bieten sich wiederum die in den Kapiteln 1 und 2 vorgestellten Instrumente an. Hinzu kommt, dass die Unternehmensstrategie entweder bekannt sein muss oder vor der Fixierung der Geschäftsfeldstrategie erarbeitet werden muss. Abbildung 101 zeigt das allgemeine Vorgehen bei der Strategieentwicklung:

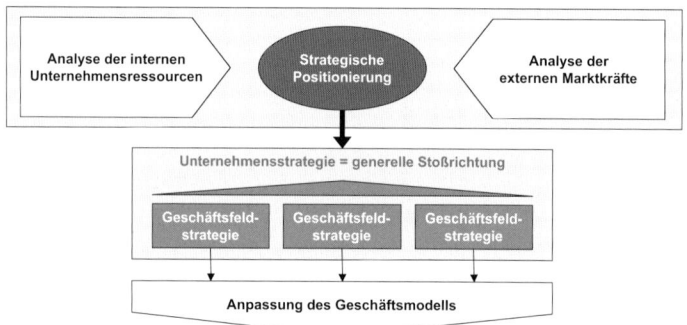

Abbildung 101: Allgemeine Vorgehensweise bei der Strategieentwicklung

4.2.5 Vor- und Nachteile

Vorteile	Nachteile
• Übersichtliche Anhaltspunkte für wichtige Alternativen der strategischen Positionierung • Vermeiden von unentschlossenen Durchschnittspositionen • Gezieltes Ansteuern eines eindeutigen Wertangebots für den Kunden • Zwang, das Geschäftsmodell bis auf die wesentlichen Faktoren zu reduzieren und zu durchdenken	• Eher ein Denkmodell: Die Operationalisierung ist u. U. schwierig und eher plausibilitätsgetrieben • Kostenführerschaft und Differenzierung lassen sich höchst erfolgreich kombinieren (Outpacing-Strategie, Beispiel ALDI) • Generische Strategien nur eine Grundlage: wären in ihrer Konsequenz unrealistisch, da eine Homogenisierung der Anbieterstrategien in Preiskämpfen enden würde

Tabelle 48: Vor- und Nachteile der Wettbewerbsstrategien (Porter, 1999)

4.2.6 Praxisbeispiele

Umfassende Kostenführerschaft: Die japanische Motorradindustrie (Kawasaki, Suzuki, Honda, Yamaha etc.) gilt als Paradebeispiel für erfolgreiche Kostenführerschaft. Einerseits wurde in hochmoderne Fertigungsmethoden investiert und dabei andererseits konsequent die Steigerung der Umsatzzahlen fokussiert, um Kostenvorteile durch höhere Stückzahlen zu generieren. Die japanischen Motorradhersteller drangen in immer mehr Märkte, verteilt über den gesamten Globus, ein. Durch die daraus resultierenden, in der Summe enorm hohen Stückzahlen konnte eine vorteilhafte Kostenstruktur realisiert werden. Diese wurden wettbewerbstechnisch gezielt eingesetzt, um etablierte, differenzierte Hersteller wie beispielsweise Harley Davidson oder Ducati mittels eines unschlagbaren Preis-Leistungs-Verhältnisses zu attackieren und ihnen Marktanteile zu rauben. Weitere prominente Beispiele für Kostenführer sind u. a. McDonald's oder das Computerhandelsunternehmen Vobis.

Differenzierung: Der dänische Elektronikhersteller Bang & Olufsen verfolgt die klassische Differenzierung. Ohne technische Basisfunktionalitäten aus den Augen zu verlieren, differenziert sich B&O erfolgreich über das Produktdesign und die eigene Marke. Aufgrund der Einzigartigkeit der Produkte kann Bang & Olufsen höhere Preise als der Wettbewerb verlangen, erreicht damit trotz sicher nicht bedingungslos optimaler Kostenstrukturen vorteilhafte Margen und ist nicht auf besonders hohe Stückzahlen angewiesen, um schwarze Zahlen zu schreiben.

Konzentration auf Schwerpunkte: Die Automobiltuningindustrie konzentriert sich auf die Bedürfniserfüllung einer eng abgegrenzten Zielgruppe. Viele Tuner verfolgen weniger das Ziel, auf einem bestimmten Gebiet das beste Produkt anzubieten, sondern sprechen mit ihren individuellen Lösungen eine bestimmte Käufergruppe an, die Vergleichbares bei den Massenherstellern nicht beziehen kann. So werden derzeit Flügeltürumbauten für diverse Großserienfahrzeuge angeboten und stoßen auf rege Nachfrage. Eine besonders günstige Kostenstruktur ist hier sicher nicht vorzufinden, da sie allein aufgrund der niedrigen Stückzahlen nicht zu realisieren wäre.

4.2.7 Vorlagen auf CD

Auf der Beilagen-CD befinden sich zu diesem Kapitel die tabellarische Übersicht der Anforderungen an die Wettbewerbsstrategien sowie die weiteren Visualisierungen zum Kapitel, die gegebenenfalls zur Kommunikation nützlich sein können.

4.2.8 Verwandte und weiterführende Themen

Im erweiterten Zusammenhang sind alle, in den Kapiteln 1 und 2 präsentierten Analyseinstrumente dahingehend mit Porters Wettbewerbsstrategien verwandt, indem sie vorgelagert Anwendung finden können/sollen und wertvolle Informationen liefern, die für die Auswahl der Geschäftsfeldstrategie relevant sind. Im Speziellen stehen den Wettbewerbsstrategien nach Porter folgende Themen nahe:

- Marktpositionierung nach Treacy und Wiersema
  Sowohl die Wettbewerbsstrategien nach Porter als auch die Marktpositionierung nach Treacy/Wiersema sind hauptsächlich durch den Markt und weniger durch Ressourcen gesteuert. Treacy und Wiersema entwickelten drei so genannte Nutzenstrategien, die den hier vorgestellten Wettbewerbsstrategien relativ ähneln.

- Erfahrungskurve
  Die Erfahrungskurve liefert Aussagen, die im Rahmen der Kostenführerschaft von hohem Interesse sind. Die Lebenszykluskosten sollen minimiert werden. Dieses wird aufgrund von Erfahrungskurveneffekten durch hohe Ausbringungsmengen tendenziell begünstigt.

- Branchenstrukturanalyse
  Die Definition der einzelnen Wettbewerbsstrategien nimmt engen Bezug zur Branchenstrukturanalyse, die ebenfalls von Michael E. Porter entwickelt wurde. Konsequent verfolgte Wettbewerbsstrategien (unabhängig welche) reduzieren die auf das Unternehmen wirkenden Kräfte (five forces) nachhaltig und verringern damit die unternehmerischen Risiken.

4.2.9 Literaturhinweise

PORTER, M. E. (1999): *Wettbewerbsstrategien*, (Competitive Strategy), 10. durchgesehene und erw. Aufl., Campus Verlag, Frankfurt am Main/New York 1999

4.3 Marktpositionierung nach Treacy und Wiersema

LEITFRAGEN:
- Wie gelangt man zur Marktführerschaft?
- Welche strategischen Optionen bieten sich an?
- Wie muss die Organisation für unterschiedliche Strategietypen angepasst werden?
- In welchen Bereichen müssen wir die Besten sein?

4.3.1 Zielsetzung und Anwendungsgebiet

Die Marktpositionierung nach Michael Treacy und Fred Wiersema unterstützt Unternehmen bei der strategischen Ausrichtung. Treacy und Wiersema bieten drei so genannte Nutzenstrategien zur Auswahl an, wobei sie den Schlüssel zum Erfolg in der Fokussierung sehen. Es wird zwischen der Kostenführerschaft, der Produktführerschaft sowie der Kundenpartnerschaft unterschieden. Marktführer wählen für ihren Weg an die Spitze eine dieser drei Strategien aus, um in einem selbst gewählten Leistungsgebiet die absolute Führungsposition gegenüber den Wettbewerbern zu markieren. Sie entscheiden sich entweder für die Option der geringsten Lebenszykluskosten, die der innovativsten Produkte oder die der besten Problemlösung.

MERKE:
Marktführer fokussieren eine von drei Nutzenstrategien und erreichen dort die Führungsposition.

Die Marktpositionierung nach Treacy und Wiersema bietet unternehmerischen Entscheidungsträgern im Rahmen der strategischen Positionierung somit die drei grundsätzlichen Strategien an und erläutert ihre Implikationen für das notwendige Geschäftsmodell.

4.3.2 Beschreibung

Die erfolgreiche Markpositionierung mit dem Ziel der Marktführerschaft von Treacy/Wiersema erfolgt nach wenigen Grundsätzen, die durch eine Kausalkette aufeinander aufbauen. Jedes Unternehmen bestimmt oder identifiziert Nutzenkategorien von Kunden bzw. Werte, die Kunden besonders schätzen. Zentrales Argument ist, dass die Erfüllung nur eines Kundennutzens angestrebt wird, dieses aber konkurrenzlos befriedigt werden muss. Das heißt, Marktführer bieten ihren Kunden besonderen Nutzen und verändern ihre Vorstellung von Nutzen. Durch die (Über-)Erfüllung werden sich die Kundenerwartungen kontinuierlich heben, was dem Marktführer entgegenkommt, da nur er diese erfüllen kann.

Der Gedanke, individuellen Kundennutzen zu erzeugen, wird durch die Marktentwicklungen der vergangenen Jahre gestützt. Früher definierte sich der Wert eines Angebots, d.h. eines Produkts oder einer Dienstleistung, vornehmlich aus der Kombination aus Preis und Qualität. Dieser Maßstab hat sich im Zuge weit reichender Produktdiversifikationen verschoben. Kunden beurteilen Angebote heute nach wesentlich differenzierteren Kriterien, z.B. nach Bequemlichkeit, Service oder Lieferzeiten (diese

Liste könnte beliebig fortgesetzt werden). Für Unternehmen ist es nicht möglich, hinsichtlich aller Kriterien das optimale Angebot hervorzubringen. Ein Handy kann beispielsweise das technisch beste und speziell auf bestimmte Anwendungsgebiete zugeschnitten sein, aber es ist üblicherweise damit nicht mehr das preisgünstigste Modell. Das heißt, Unternehmen müssen eine Nutzenstrategie fokussieren und sich damit bestimmten Käufergruppen zuwenden.

Die drei Nutzenstrategien sind nicht branchenspezifisch und basieren auf den Leistungsversprechen an die Kunden. Die Kostenführerschaft minimiert die Lebenszykluskosten (alle Kosten, die im Laufe des Lebenszyklus anfallen), um sich am Markt über die Preispolitik profilieren zu können. Die Produktführerschaft hat den Anspruch, die innovativsten Produkte und Dienstleistungen am Markt anzubieten. Die Kundenpartnerschaft orientiert sich an individuellen Kundenproblemen und möchte diese am besten lösen. Abbildung 102 visualisiert die drei Strategien.

MERKE:
Es existieren drei branchenunabhängige Nutzenstrategien:
1. Kostenführerschaft
2. Produktführerschaft
3. Kundenpartnerschaft

Abbildung 102: Drei Nutzwertstrategien nach Treacy/Wiersema

Kostenführerschaft

Unternehmen, die eine Kostenführerschaft anstreben, versuchen, ihre Leistungen am Markt zu einem konkurrenzlosen Preis-Leistungs-Verhältnis anzubieten. Die Kombination aus Preis, Qualität und Kaufbequemlichkeit muss die Wettbewerbsvorteile generieren. Demnach sind Kostenführer keine ausgesprochenen Innovatoren, sondern streben vielmehr nach Rationalisierungen, um Preisvorteile am Markt realisieren zu können. Gemäß den Implikationen der Erfahrungskurve (vgl. Kapitel 1.3) versuchen Kostenführer, Skaleneffekte über die Ausweitung des Marktanteils und somit über höhere Ausbringungsmengen zu erzielen. Hohe Einkaufs- und Produktionsmengen bilden die Basis für eine vorteilhafte Stückkostenstruktur und daraus resultierende Vorteile gegenüber den Wettbewerbern. Voraussetzung dafür ist, dass der Preisvorteil an den Kunden weitergeleitet werden kann, ohne die eigene Marge zu eliminieren.

MERKE:
Kostenführer bieten ein hervorragendes Preis-Leistungs-Verhältnis und streben nach Rationalisierung mittels Standardisierung.

Grundsätzlich versuchen Kostenführer, eine möglichst schlanke, kosteneffiziente Organisationsstruktur zu schaffen bzw. möglichst direkte Vertriebswege zu wählen und teure Bürokratie zu minimieren. Direktbanken verfolgen beispielsweise diese Strategie, indem sie auf teure Schaltergeschäfte verzichten, dafür aber dem Kunden günstige Konditionen bieten.

Weiterhin streben Kostenführer nach höchstmöglicher Standardisierung der Prozesse, um Synergien nutzen zu können.

Treacy und Wiersema führen Dell Computer als Kostenführerbeispiel an. Michael Dell gelang der eindrucksvolle unternehmerische Erfolg weder über außerordentlich innovative oder individuelle Produkte noch über ein besonderes Serviceangebot. Dell wählte gegenüber bestehenden Anbietern direktere und damit kostengünstigere Vertriebswege und konnte mittels dieser Strategie und aus den resultierenden Vorteilen im Preis-Leistungs-Verhältnis hohe Marktanteile und -erfolge erwirtschaften. Die Kunden mussten keine Einbußen im Service und bei der Qualität hinnehmen, brauchten aber weniger zu bezahlen, da eine Vertriebsebene eingespart wurde.

Produktführerschaft

Klassische Produktführer sind nie zufrieden mit ihrem Angebot und entwickeln es ständig weiter. Ziel der Produktführerschaft ist es, grundsätzlich die innovativsten Produkte und Dienstleistungen am Markt anbieten zu können. Produktführer richten sich damit insbesondere an so genannte „First Mover". Diese faszinieren sich für den neuesten Stand der Technik und sind bereit, mehr Geld zu investieren, um dafür das neueste oder das beste Produkt am Markt zu besitzen. Im Idealfall besetzen Produktführer regelmäßig unerschlossene Segmente. Sie entwickeln dafür entweder neue, moderne Produkte und leiten innovative Varianten bestehender Angebote ab. Nach Treacy und Wiersema charakterisieren sich erfolgreiche Produktführer über drei zentrale Eigenschaften:

MERKE:
Produktführer bieten die innovativsten Produkte an.

1. Produktführer sind kreativ. Sie haben selbst innovative Ideen und erkennen Trends/Entwicklungen, die sie schneller zur Marktreife bringen als ihre Konkurrenten.
2. Produktführer vermarkten wirksam ihre Ideen. Flexible Prozesse ermöglichen kurzfristige, effektive Marketingaktionen, um Zeitvorteile gegenüber dem Wettbewerb zu realisieren. Je länger das neue Angebot ohne Konkurrenz auf dem Markt ist, desto mehr Gewinne können abgeschöpft werden (Economies of Speed).
3. Produktführer streben permanent nach Verbesserungen. Sie besitzen den für ihre Ausrichtung notwendigen Ehrgeiz, die eigenen Produkte technologisch schneller selbst zu verbessern, als es die Konkurrenz im Stande wäre, um dieser mindestens einen Schritt voraus zu sein.

CHECKLISTE:
Produktführer sind kreativ, stark in der Vermarktung ihrer Innovationen und streben permanent nach Verbesserungen.

Von besonderer Bedeutung ist bei Produktführern die Unternehmenskultur. Um diese Strategie erfolgreich auszufüllen, benötigen entsprechende Unternehmen eine Atmosphäre, welche Mitarbeiter ermutigt, ihre Ideen zu äußern. Die Mitarbeiter sollten unternehmerisch denken und alle aufkommenden Ansätze diskutieren, mit welchen man Markterfolge erzielen könnte. Dabei sollten auch insbesondere scheinbar absurde Ideen diskutiert werden, aus ihnen entstammen im Kern nicht selten erfolgreiche Innovationen. Abbildung 103 verdeutlicht dies.

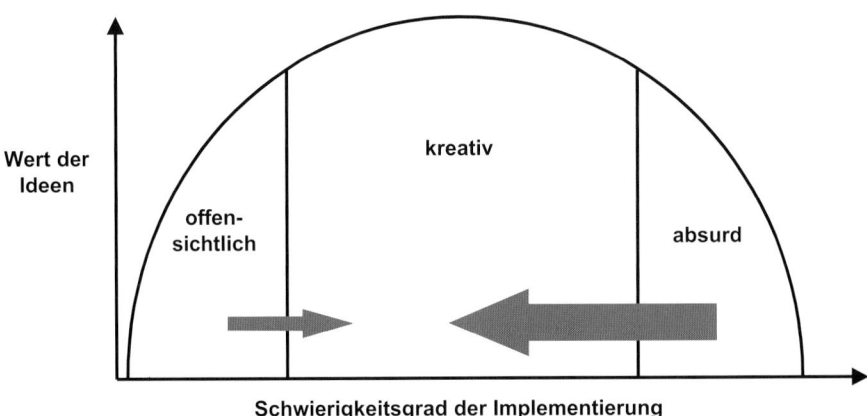

Abbildung 103: Ideenwert in Abhängigkeit von ihrem Schwierigkeitsgrad der Implementierung

Kundenpartnerschaft

Unternehmen, die die Nutzenstrategie Kundenpartnerschaft wählen, zeichnen sich durch sehr enge Beziehungen zum Kunden aus. Kundenpartner orientieren sich weniger am Markt als direkt an spezifischen Kunden. Der Erfolg erwächst aus der besonderen Problemlösefähigkeit der Kundenpartner, d.h. der Bedarfsdeckungsgrad der Kunden ist besonders hoch, ohne Leistungen in Anspruch nehmen zu müssen, die gar nicht gewünscht sind. Heutzutage muss man z.B. unter Umständen ein Handy mit Kamera und MP3-Player kaufen, wenn man spezielle Anforderungen an die Möglichkeit zur Synchronisation mit dem PC stellt. Diese erfüllen nur die hochwertigen, voll ausgestatteten Handys. Würden die Handyhersteller die Strategie der Kundenpartnerschaft verfolgen, könnte es Modelle geben, die der Kunde modular ausstatten könnte. Ob dies in dem gewählten Beispiel ertragreich wäre, sei an dieser Stelle dahingestellt.

Durch die sehr enge Kundennähe, die zwar kostspielig ist, erfährt das Unternehmen aber entsprechend viel über die eigentlichen Kundenanforderungen, welche bei der Produktentwicklung Berücksichtigung finden können. Die Nutzenstrategie der Kundenpartnerschaft bedingt eine langfristige Denkweise. Kundenpartner sind nicht an einzelnen Geschäften interessiert, sondern pflegen langfristige Kundenbeziehungen und messen ihren Erfolg u.a. am Kundenwert (Customer Lifetime Value, CLV). Der Wert des gesamten Kundenstammes eines Unternehmens wird von drei Größen bestimmt: der Kundenprofitabilität, der Kundenbindung und der Anzahl an Akquisitionen (siehe Abbildung 104).

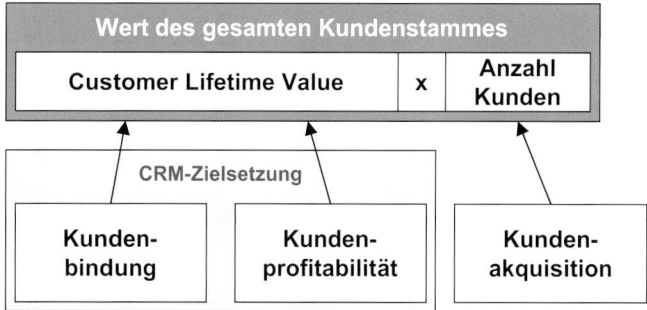

Abbildung 104: Wert des Kundenstammes eines Unternehmens

Zusammenfassend besitzen Kundenpartner besondere Fähigkeiten, die Abnehmer nicht nur zufrieden zu stellen, sondern gar zu begeistern. Dadurch erreichen sie eine ausgeprägte Kundenbindung und müssen einen in Relation geringen Marketingaufwand betreiben.

Treacy und Wiersema begründen die Notwendigkeit, sich auf nur eine der drei Nutzenstrategien zu konzentrieren, damit, dass die einzelnen strategischen Positionierungen andere Prozesse voraussetzen, woraus sich unterschiedliche Organisationsstrukturen ergeben. Dies wird beispielsweise am Vergleich von Kosten- und Produktführerschaft deutlich: Kostenführer setzen auf Standardisierung, um Komplexitäten und damit Kosten zu reduzieren, wohingegen Produktführer auf Flexibilität angewiesen sind, um Innovationen hinreichend zu fördern und zu vermarkten. Es besteht also mindestens ein prozessualer Zielkonflikt.

Fokussieren sich Unternehmen branchenübergreifend auf die gleiche Nutzenstrategie, sind sie sich deshalb erstaunlich ähnlich. So gleichen sich die Organisationsstrukturen zweier branchenfremder Kostenführer mehr als die zweier Unternehmen, die innerhalb der gleichen Branche agieren, aber eine andere Marktpositionierung anstreben.

Tabelle 49 fasst die Kernelemente der drei Nutzenstrategien zusammen und benennt Beispielunternehmen.

BEACHTE:
Es muss eine Strategie ausgewählt werden, da zwischen ihnen Zielkonflikte existieren.

	Kostenführerschaft	Produktführerschaft	Kundenpartnerschaft
Charakteristika	• Optimierte Produktlieferungs- und Grundserviceprozesse • Möglichst unkomplizierte Bedienung der Abnehmer • Standardisierte Angebote • Vereinfachte Abläufe • Zentrale Planung und Kontrolle • Unternehmenskultur belohnt Effizienz	• Fokus auf Innovation, Produktentwicklung und Marktanalyse/-segmentierung • Flexible Organisationsstruktur mit kurzen Reaktionszeiten und hoher Anpassungsfähigkeit an Neuausrichtungen • Ergebnisorientierte Managementsysteme, die Produkterfolg messen • Unternehmenskultur honoriert Kreativität und unkonventionelle Lösungen sowie unternehmerisches Denken	• Bedingungslose Kundenorientierung • Unterstützung des Kunden bei der Bedürfniserkennung • Problemlösungskompetenz • Kundenbeziehungspflege • Kundennahe Mitarbeiter mit Entscheidungsbefugnissen • Managementsysteme orientieren sich an Kundenanforderungen • Unternehmenskultur fördert individuelle Lösungen und enge, dauerhafte Kundenbeziehungen
Beispiel-Unternehmen	• ALDI • DiBa • Dell	• BMW • Sony • 3M	• Unternehmensberatungen • MLP • Home Depot

Tabelle 49: Kernelemente der Nutzenstrategien

4.3.3 Voraussetzungen und notwendiger Input

Die Auswahl der richtigen Nutzenstrategie für eine erfolgreiche Marktpositionierung setzt gemäß der Gliederung des Buches intensive Analysen der Marktkräfte einerseits und der internen Ressourcen andererseits voraus.

Die externe Analyse liefert dabei Kenntnisse über die Wettbewerbsintensität und potenzielle Kräfte, die auf die Unternehmung wirken. Die interne Analyse bewertet die eigenen Fähigkeiten in Relation zu den Wettbewerbern. Beide sind unverzichtbar, um eine Nutzenstrategie auszuwählen, die zum eigenen Unternehmen passt und die Basis für das gesamte Unternehmensdesign und die sich aus diesem abgeleiteten Prozess bildet.

4.3.4 Vorgehensweise

CHECKLISTE:

1. Analyse
2. Auswahl
3. Anpassung

Die Marktpositionierung nach Treacy und Wiersema ist keine aktiv anzuwendende Methode, sondern vielmehr ein klar strukturierter strategischer Baukasten, welcher hinreichend voneinander abgegrenzte Optionen bietet, welche die Grundlage für das operative Geschäftsmodell setzen. Die eigentliche Vorgehensweise findet sich also in der Struktur des Buches wieder, da sie der allgemeinen Herangehensweise an strategische Fragestellungen gleicht. Zunächst müssen interne und externe Analysen durchgeführt werden, um die Rahmenbedingungen des Unternehmens abzubilden. Im Anschluss werden die sich bietenden strategischen Optionen beschrieben, miteinander verglichen und es wird sich für eine entschieden. Nach der Auswahl der Nutzenstrategie muss das operative Geschäftsmodell entsprechend konstruiert oder angepasst werden. Abbildung 105 visualisiert diesen Ablauf:

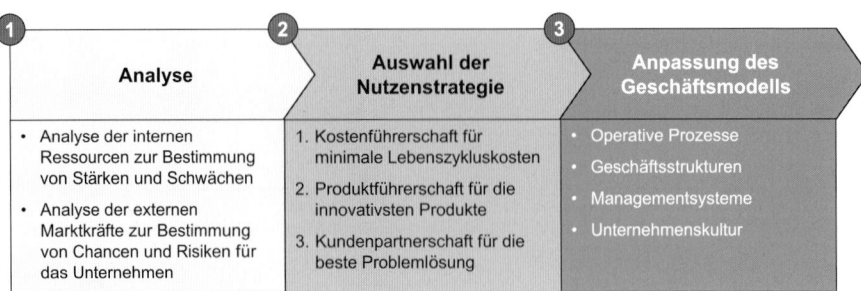

Abbildung 105: Vorgehensweise bei der Marktpositionierung

Schritt 1: Analyse

In diesem Kapitel wird nicht näher auf die Analyse eingegangen. Die Kapitel 1 und 2 des Buches bieten eine umfangreiche Auswahl verschiedener Instrumente, die sich diesem Kontext widmen. Primär ist nur zu betonen, dass mindestens ein internes und ein externes Analyseinstrument zum Einsatz kommen sollten, um ein solides Abbild der Rahmenbedingungen zeichnen zu können.

Schritt 2: Auswahl der Nutzenstrategie

Die Auswahl der Nutzenstrategie erfolgt durch Bewertung der oben skizzierten Optionen Kostenführerschaft, Produktführerschaft und Kundenpartnerschaft hinsichtlich der individuellen Ausgangslage des Unternehmens. Das heißt, man wählt die Nutzenstrategie aus, die am ehesten auf das eigene Unternehmen passt. Es wird deutlich, dass für eine solche Auswahl unternehmerische Stärken und Schwächen einerseits sowie auf das Unternehmen wirkende Chancen und Risiken andererseits bekannt sein müssen. Verfügt das Unternehmen beispielsweise über eine überlegene Forschung und Entwicklung, bietet sich die Produktführerschaft oder Kundenpartnerschaft grundsätzlich eher an als eine Kostenführerschaft, die, wie oben skizziert, möglichst einfache, standardisierte Prozesse und Lösungen fokussiert usw.

Schritt 3: Anpassung des Geschäftsmodells

Die einzelnen Nutzenstrategien fordern unterschiedlich ausgelegte Kernprozesse und Strukturen im Unternehmen. Im Folgenden sind für die drei Nutzenstrategien wesentliche Merkmale für die Bereiche operative Kernprozesse, Organisationsstruktur, Managementsysteme und Unternehmenskultur tabellarisch gelistet (Tabelle 50). Diese Merkmale können als grobes Leitsystem fungieren. Die Anpassung des operativen Geschäftsmodells ist natürlich hochgradig individuell und kann in kein allgemeines Schema gepresst werden.

	Kostenführerschaft	Produktführerschaft	Kundenpartnerschaft
Operative Kernprozesse	• Effiziente Herstellung • Produktlieferung • Schneller, unkomplizierter Kundenservice • Nachfragesteuerung	• Innovation • Produktentwicklung • Produktvermarktung	• Beratungsleistung • Kundenbeziehung • Kundensegmentierung/-analyse
Organisationsstruktur	• Mitarbeiter im Wertschöpfungsprozess mit besonderen Befugnissen	• Flexible Strukturen • Projektorientierte Innovationsförderung • Flache Linienstrukturen zur Durchsetzung innovativer Produktentwicklungen	• Mitarbeiter mit Kundenkontakt mit besonderen Befugnissen • Flexible Strukturen für individuelle Problemlösungsteams
Managementsysteme	• Überwachung und Anerkennung der Kosten- und Leistungsgrößen	• Produktorientierte Kontroll- und Steuerungssysteme	• Kunden- und Vertriebscontrolling • Orientierung am Wert des Kundenstammes
Unternehmenskultur	• Effizienz • Marktanteil • Preis-Leistungs-Bewusstsein	• Honorierung von Kreativität und unternehmerischem Engagement • Leistungsbewusstsein • Führungsanspruch	• Bedingungslose Kundenorientierung • Individualität • Intensive, langfristige Kundenbeziehung

Tabelle 50: Merkmale der Nutzenstrategien

4.3.5 Vor- und Nachteile

Im Folgenden werden die Vor- und Nachteile separat für die drei Nutzenstrategien skizziert:

Kostenführerschaft aus Kundenperspektive	
Vorteile	**Nachteile**
• Niedrigster Preis • Grundservice: bequem und zuverlässig • Überlegener Ausgleich von Servicefehlern • Viel Werbung • Zügigste Auftragsabwicklung • Höchster Standardisierungsgrad	• Begrenzte Produktvielfalt (wenig Varianten) • Starker Serviceansatz • Produkte ohne allerneueste Merkmale • Wenig Direktkontakt, da hoher Grad an Standardisierung

Produktführerschaft aus Kundenperspektive	
Vorteile	**Nachteile**
• Bahnbrechende Produkteigenschaften • Produktmerkmale mit hohem Nutzen • Aufsehenerregende Produkteinführungen und Veranstaltungen	• Hoher Preis, bei entsprechendem Wert • Begrenzte Hilfe bei Produktauswahl und -einsatz • Viele Probleme beim Grundservice

Kundenpartnerschaft aus Kundenperspektive	
Vorteile	**Nachteile**
• Ausgezeichnete Kenntnis des Kundengeschäfts • Sachverstand in vom Kunden benötigten Bereichen • Maßgeschneiderter Grundservice • Tatkräftige Außendienstmitarbeiter • Kundenbezogene Lösungen	• Produkte ohne allerneueste Merkmale • Nie Produktinnovator, aber rascher Nachahmer • Immer noch einige Serviceprobleme • Etwas höherer Preis, bei entsprechendem Wert

Tabelle 51: Vor- und Nachteile der Marktpositionierung nach Treacy/Wiersema

4.3.6 Praxisbeispiel

Im Rahmen der Beschreibung wurden bereits Unternehmensbeispiele genannt, welche die einzelnen Nutzenstrategien verfolgen und ihre Geschäftsmodelle an ihnen ausgerichtet haben und damit nachhaltig wirtschaftliche Erfolge erzielen konnten. Im Folgenden wird ein weiteres prominentes strategisches Konstrukt beschrieben, welches sich die Marktpositionierung nach Treacy und Wiersema zu Nutze machte.

Dem Aufbau einer Balanced Scorecard geht nach ihren Erfindern Norton und Kaplan die Konstruktion einer so genannten Strategiekarte voran. Die Strategiekarte gliedert sich analog zur Balanced Scorecard in verschiedene Perspektiven auf das Unternehmen (siehe auch Kapitel 5.6). Im Normalfall sind dies die Finanzperspektive, die Kundenperspektive, die interne Prozessperspektive sowie die Lern- und Wachstumsperspektive. Die Kundenperspektive muss sich in hohem Maße an der jeweiligen Strategie orientieren. Nach Kaplan und Norton bildet die Kundenperspektive das Wertangebot für den Kunden ab, das aus einem einzigartigen Mix an Produkten, Preisen, Dienstleistungen, Beziehungen und Image besteht. Insgesamt wird das Wertangebot über sieben Merkmale charakterisiert. Allerdings müssen diese je nach strategischer Ausrichtung unterschiedlich priorisiert werden. Eine Kategorisierung erfolgt mit Hilfe der Marktpositionierung nach Treacy/Wiersema: Ausgehend von den drei Nutzenstrategien wird festgelegt, über welches Merkmal der Kundenperspektive sich das Unternehmen differenzieren sollte und welches lediglich als Basisanforderung gewichtet wird. Abbildung 106 bildet die daraus resultierenden Kundenperspektiven in Abhängigkeit zur Nutzenstrategie ab.

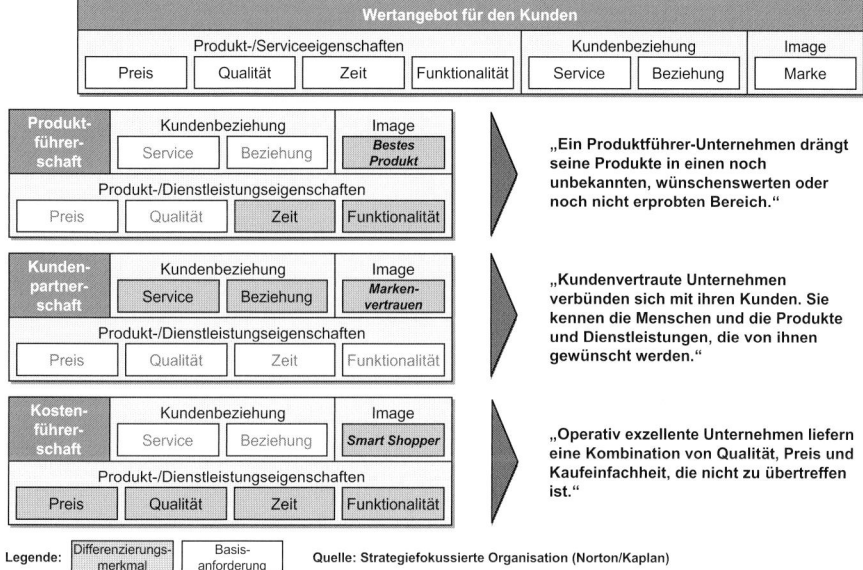

Abbildung 106: Das Wertangebot für den Kunden in Abhängigkeit von der Marktpositionierung

Aufgrund der relativ hohen Verbreitung der Balanced Scorecard in der unternehmerischen Realität kann nicht zuletzt deswegen der Marktpositionierung nach Treacy und Wiersema eine hohe Praxisrelevanz attestiert werden.

4.3.7 Vorlagen auf CD

Die Beilagen-CD enthält zu diesem Kapitel hauptsächlich die Tabellen zur Charakterisierung der drei Nutzenstrategien nach Treacy/Wiersema.

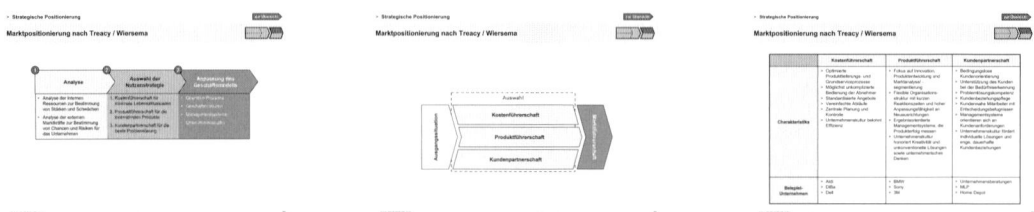

4.3.8 Verwandte und weiterführende Themen

Im weiteren Sinne sind sämtliche Analysekapitel in diesem Buch dahingehend mit der Marktpositionierung nach Treacy und Wiersema verwandt, indem sie vorgelagert durchgeführt werden können und wertvolle Informationen hervorbringen, welche für die Auswahl der Nutzenstrategie relevant sind. Im Speziellen stehen der Marktpositionierung nach Treacy/Wiersema folgende zwei Themen nahe:

- Wettbewerbsstrategien nach Porter
  Sowohl die Wettbewerbsstrategien nach Porter als auch die Marktpositionierung nach Treacy/Wiersema sind hauptsächlich durch den Markt und weniger durch Ressourcen gesteuert. Porter liefert ebenfalls drei Normstrategien, die den hier vorgestellten Nutzenstrategien relativ ähneln.

- Erfahrungskurve
  Die Erfahrungskurve liefert Aussagen, die im Rahmen der Kostenführerschaft von hohem Interesse sind. Die Lebenszykluskosten sollen minimiert werden. Dieses wird aufgrund von Erfahrungskurveneffekten durch hohe Ausbringungsmengen tendenziell begünstigt.

- Balanced Scorecard
  Die Kundenperspektive der Balanced Scorecard strukturiert sich gemäß der Marktpositionierung nach Treacy/Wiersema, siehe Praxisbeispiel.

4.3.9 Literaturhinweise

TREACY, M. / WIERSEMA, F. (1995): *Marktführerschaft*, Campus Verlag, Frankfurt am Main 1995

TREACY, M. / WIERSEMA, F. (1993): *„Drei Wege zur Marktführerschaft"*, in: *Harvard Business Manager*, Vol. 3/93, 1993, S. 123–131

4.4 Leitbild (Vision, Mission, Kernwerte)

LEITFRAGEN:
- Wie sehen wir unser Unternehmen, wie ist unser Selbstverständnis?
- Welche Werte verfolgen wir in unserer Arbeit?
- Was ist der Sinn unserer Arbeit, was ist die Aufgabe?
- Wie soll das Unternehmen langfristig aufgestellt sein, wo sehen wir Schwerpunkte?

4.4.1 Zielsetzung und Anwendungsgebiet

Das Leitbild eines Unternehmens bildet die Basis für Strategiearbeit. Um eine einheitliche und konsistente Strategie zu entwickeln, sind zunächst die grundlegenden Werte und Ziele in Form eines Leitbildes zu vereinbaren, um gemeinsam weitere strategische Maßnahmen und Optionen abzuleiten und zu bewerten. Die Folge ist eine in sich schlüssige und transparente Arbeit, die durch klare Ziel- und Werteorientierung von Mitarbeitern und externen Anspruchsgruppen wahrgenommen wird.

Mitarbeiter werden durch Leitbilder und die detaillierte Zuordnung personeller Einzelziele für die gemeinsame Zielerreichung motiviert und zum zielorientierten Handeln gebracht.

4.4.2 Beschreibung

In der Theorie existieren verschiedene Ansätze, die sich in ihrer Grundaussage alle ähneln beispielsweise „Strategic Intent" (Prahalad/Hamel, 1989), „Organizational Learning" (Senge, 1990) oder das „Vision-Leitbild-Konzept" (Bonsen, 2002). Von daher wird die Darstellung auf das St. Gallener Modell reduziert, das ein verbreitetes und praxistaugliches Modell ist.

Das Leitbild ist eine Kurzbeschreibung des Unternehmenszustandes und die Entwicklung visionärer Ansichten und Vorstellungen über die Zukunft. Dabei werden Ansichten und Vorstellungen der Führungskräfte über die Zukunft harmonisiert, um sich auf eine gemeinsame Vision für die nächsten fünf bis zehn Jahre zu einigen. Zusätzlich dient das Leitbild als unternehmensinternes und -externes Kommunikationsinstrument, von dem sowohl eine Orientierungs-, Legitimations- als auch Motivationsfunktion ausgeht.

MERKE:
Das Leitbild besteht aus Vision, Mission und Kernwerten.

Das Leitbild lässt sich in die Bestandteile Vision, Mission und Kernwerte zerlegen (vgl. Bleicher, 1994).

Die **Vision** beschreibt die Vorstellung davon, wie das Unternehmen in Zukunft aussehen soll. Dabei gibt sie langfristige Ziele vor und geht zeitlich und quantitativ über das Tagesgeschäft hinaus. Vereinfacht dargestellt, ist sie so herausfordernd zu formulieren, dass sie zwar unerreichbar ist, aber dennoch nicht absurd erscheint (bildlich gesprochen: Der Steuermann eines Bootes steuert in Richtung Horizont, ohne ihn jemals zu erreichen). Zusätzlich sollte sie eine emotionale Komponente haben, so dass von ihr eine motivierende Wirkung ausgeht und man sich leicht an sie erinnert. Je solider eine Vision ausgearbeitet ist, desto mehr Zeit kann später durch die Vermeidung von Einzelfragen gespart werden.

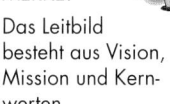

CHECKLISTE:
Die Vision muss sein:
1. relevant bzw. sinnstiftend,
2. motivierend und emotionalisierend,
3. handlungsanleitend,
4. leicht kommunizierbar/ erinnerbar.

MERKE:
Die Mission besteht aus mindestens zwei Elementen:
- Unternehmenszweck,
  - Strategien.

MERKE:
Die Kernwerte bestehen aus den Elementen
- Verhaltensnormen,
- zentrale Werte.

Die **Mission** bzw. der Handlungsauftrag beschreibt die grundsätzlichen, vom Unternehmen zu verfolgenden Aufgaben. Sie definiert dabei, warum die Organisation überhaupt existiert und erläutert den damit verbundenen Beitrag zur Gesellschaft. Die Mission sollte, in einfachen Worten formuliert, die Identität und Persönlichkeit des Unternehmens repräsentieren. Dabei sollte sie mindestens zwei zentrale Elemente umfassen: Unternehmenszweck und Strategien. Dadurch wird neben der Bedeutung für die Gesellschaft auch den Mitarbeitern verdeutlicht, warum sie als begabte und motivierte Menschen ihr Talent in genau dieses Unternehmen einbringen.

Die **Kernwerte** bzw. der Handlungsgrundsatz ist die Beschreibung der Grundsätze, nach denen sich die Mitarbeiter verhalten. Die Elemente, aus denen die Kernwerte zu formen sind, sind Verhaltensnormen und zentrale Werte, an die das Unternehmen glaubt. Dabei gelten die Kernwerte sowohl für das Miteinander zwischen den Mitarbeitern im Unternehmen (Innenverhältnis) als auch für die Handlungen zu externen Gruppen (Außenverhältnis).

4.4.3 Voraussetzungen und notwendiger Input

Klassischerweise wird das Leitbild ausschließlich in Führungskräfteworkshops erarbeitet. Für eine umfangreiche Einschätzung und Beurteilung der Gesamtsituation, aus der sich die Bestandteile, allen voran die Vision, ableiten lassen, sind jedoch im Rahmen des Strategieprozesses Vorabanalysen notwendig. Diese fließen in die SWOT-Analyse ein, welche dann eine Basis für das Leitbild bietet. Als besonders zu berücksichtigende Analysen sind Szenarioanalyse, Umweltanalyse, Wettbewerbs- und Branchenstrukturanalyse sowie die Unternehmenskulturanalyse zu nennen.

Um die Mitarbeiter umfassend in die Leitbildentwicklung mit einzubeziehen, können im Ausarbeitungsschritt entsprechende Fragebögen erstellt werden, in denen die Mitarbeiter die Werte und anzustrebenden Ziele aus ihrer Sicht darstellen können. Das vereinfacht die Identifikation der Mitarbeiter mit dem abgeleiteten Leitbild sowie die Motivationswirkung.

4.4.4 Vorgehensweise

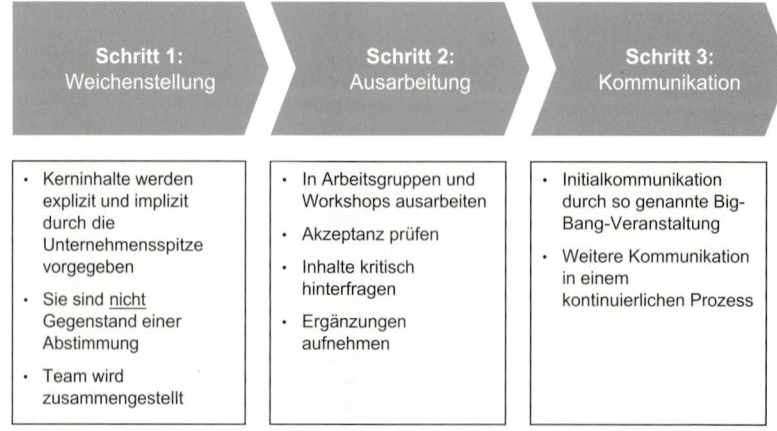

Abbildung 107: Vorgehensweise bei der Entwicklung eines Leitbildes

Im **Schritt 1** werden zunächst die Bedingungen für den Entwicklungsprozess geschaffen. Das umfasst vor allem organisatorische Vorbereitungen wie beispielsweise die Teamzusammenstellung und die Einbindung der Geschäftsleitung.

Die grundsätzlichen Inhalte sind von der Unternehmensspitze im Rahmen von Führungskräfteworkshops zu erarbeiten, da das Leitbild als grundlegende Basis von übergeordneter, strategischer Bedeutung und somit ausschließlich durch die Geschäftsleitung zu verantworten ist. Zusätzlich sind entsprechende Teams zusammenzustellen, deren Mitglieder unterschiedliche Perspektiven des Unternehmens vertreten sollten (Führungskräfte unterschiedlicher Produkt- oder Funktionsbereiche oder Ähnliches). Die Teamarbeit wird sich weniger auf die originäre Erarbeitung als auf die konkrete Weiterentwicklung beschränken. Daher reicht es aus, wenn Vertreter der Geschäftsleitung Koordinationsfunktionen, z.B. im Rahmen eines Lenkungsausschusses, übernehmen.

Im **Schritt 2** sind die vorgegebenen Kerninhalte zu konkretisieren, zu hinterfragen und zu verdichten. Dabei kann die folgende Liste an Leitfragen unterstützen:

CHECKLISTE:
Schaffen Sie zunächst die Bedingungen:
1. Akzeptanz und Unterstützung der gesamten Unternehmensführung,
2. Kerninhalte von der Geschäftsführung,
3. Teamzusammenstellung.

Zur Vision:

- Wo sieht die Unternehmensführung das Unternehmen in fünf bis zehn Jahren?
- Wo sollen die Schwerpunkte liegen?
- Was soll das Unternehmen in Zukunft kennzeichnen und prägen?
- Was soll das Unternehmen erreichen?

Zur Mission:

- Woher kommt das Unternehmen, wo sind die Wurzeln?
- Welche Traditionen hat das Unternehmen?
- Wie ist die geschichtliche Entwicklung?
- Was ist die Aufgabe des Unternehmens?
- Was ist der Sinn in der Tätigkeit?
- Was macht das Unternehmen erfolgreich?
- Welches sind die Kernkompetenzen?
- Wo bestehen Wettbewerbsvorteile gegenüber der Konkurrenz?

Zu den Kernwerten:

- Was ist das Selbstverständnis?
- Welche Wertvorstellungen vertritt das Unternehmen?
- Was sind die zentralen Unternehmenswerte?
- Wer ist das Unternehmen?
- Welche Eigenschaften zeichnen das Unternehmen und die Produkte aus?

CHECKLISTE:
1. Interne Kommunikation
2. Externe Kommunikation
3. Kontinuierliche Einbindung des Leitbildes in Kommunikationsinstrumente

Ziel ist es, pro Bereich ein bis drei Themengebiete zu erarbeiten, die als zentrales Statement durch einen Kernsatz ausgedrückt werden. Dadurch entsteht ein kompaktes Kernleitbild, das den Rahmen für die weitere Arbeit bildet.

Jedes dieser Themengebiete kann detailliert in ca. fünf bis acht Aussagen vertieft werden.

Im **Schritt 3** wird das Leitbild in einer umfassenden Aktion zunächst innerhalb des Unternehmens verbreitet. Durch marketingähnliche Maßnahmen (z.B. kreative Aktionen in der Kantine, Werbegeschenke oder Veranstaltungen) sollen die Mitarbeiter das Leitbild und damit verbundene Ziele und Werte verinnerlichen. Darauf aufbauend wird das Leitbild auch an externe Gruppen kommuniziert, um Investoren, Kunden, Bewerber, Lieferanten und sämtliche andere Gruppen vom Unternehmen zu begeistern. Die Kommunikation ist nicht mit einer einmaligen Aktion abgeschlossen, sondern sollte sich in einem kontinuierlichen Prozess fortführen. Das Leitbild muss der zentrale Bestandteil des Unternehmensimages sein.

4.4.5 Vor- und Nachteile

Vorteile	Nachteile
• Erhöhter Zeiteinsatz für solide Visionen wird durch die Einsparung zeitraubender Einzelfragen gerechtfertigt, um eine konsistente Strategieentwicklung zu gewährleisten • Bildet eine gemeinsame Grundlage für die weitere Strategieentwicklung	• Umfangreiche Erarbeitung notwendig, ansonsten Illusion über fundierte Strategieentwicklung • Zeit- und managementintensive Erarbeitung

Tabelle 52: Vor- und Nachteile der Leitbildentwicklung

4.4.6 Praxisbeispiel

INSTEAD e. V. – Studentische Unternehmensberatung

Das Beispiel soll zeigen, dass nicht immer Gewinnstreben im Vordergrund des unternehmerischen Handelns stehen muss. Andere Ziele können sich ebenfalls in den Grundwerten eines Unternehmens widerspiegeln. Damit können über das Leitbild oftmals vernachlässigte Bereiche wie z.B. die Einstellung zur Unternehmensethik verankert werden.

Die Studentische Unternehmensberatung INSTEAD e. V. Passau verfolgt vorrangig das gemeinnützige Ziel, Studenten und Unternehmen über Beratungsprojekte zusammenzubringen, um die Lücke zwischen theoretischer Ausbildung und praktischer Erfahrung zu schließen.

Mission

„Als Studentische Unternehmensberatung an der Universität Passau schlägt INSTEAD die Brücke zwischen theoretischem Wissen und praktischer Anwendung in der Wirtschaft.

Wir bieten unseren Kunden maßgeschneiderte Lösungen und fördern die fachliche Qualifikation und persönliche Weiterentwicklung unserer Mitglieder in einem motivierenden Umfeld."

Kernwerte

„Wir sind von der Idee der Studentischen Unternehmensberatung überzeugt und verbinden Leistungs- und Qualitätsbewusstsein mit Spaß und Freude an Vereinsleben und Projektarbeit.

Mit großem Engagement stellen wir uns neuen Herausforderungen und entwickeln zielstrebig Lösungen im Team.

Unseren Anspruch, Erwartungen zu übertreffen, erfüllen wir durch Integrität und ausgeprägte Kundenorientierung."

Vision

„Wir wollen der Ansprechpartner bei Beratungsleistungen in der Region und führend in unseren Kernkompetenzen sein.

Wir möchten die engagiertesten Studenten anziehen und sie langfristig an den Verein binden.

Wir wollen unser produktives Netzwerk leben und prägen.

Wir möchten die angesehenste studentische Initiative an der Universität Passau sein."

Ausgehend vom Leitbild wurden im Rahmen des Strategieprozesses eine Strategiekarte nach Kaplan/Norton sowie schließlich eine Balanced Scorecard entwickelt, um die Ziele und Werte über Kennzahlen mess- und operationalisierbar zu machen. Sämtliche Bestandteile des Leitbildes wurden auf diese Weise in die tägliche Arbeit integriert und dienen über die abgeleitete Strategie hinaus als langfristiger Entwicklungsrahmen.

4.4.7 Vorlagen auf CD

Auf der Beilagen-CD finden Sie die Vorlage für die Vorgehensweise sowie eine Checkliste mit den aufgeführten Leitfragen, um die Vision, Mission und Kernwerte auszuarbeiten.

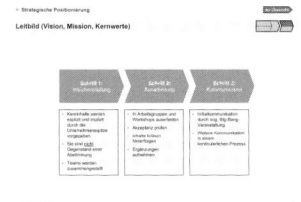 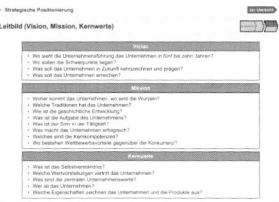

4.4.8 Verwandte und weiterführende Themen

- 7-S-Modell
  Im 7-S-Modell wird die Unternehmensvision mit weiteren Faktoren in ein ganzheitliches Bild zusammengeführt, um Stärken und Schwächen aufzudecken.

- Balanced Scorecard (BSC)
  Mit Hilfe der BSC können Mission, Kernwerte und Vision operationalisierbar gemacht und in konkrete Zielgrößen abgeleitet werden.

4.4.9 Literaturhinweise

BLEICHER, K. (1994): *Normatives Management. Politik, Verfassung und Philosophie des Unternehmens,* Frankfurt am Main/New York 1994

BONSEN, M. zur (2002): *Führen mit Visionen,* Gabler Verlag, Wiesbaden 2002

HAMEL, G. / PRAHALAD, C. K. (1989): *„Strategic Intent",* in: *Harvard Business Review,* Vol. 67, No. 3, May-June, S. 63–76

KAPLAN, R. S. / NORTON, D. P. (2001): *Die Strategiefokussierte Organisation,* Schäffer-Poeschel Verlag, Stuttgart 2001

SENGE, P. M. (1990): *The Fifth Discipline. The art and practice of the learning organization,* Random House, London 1990

5

Strategische Planung

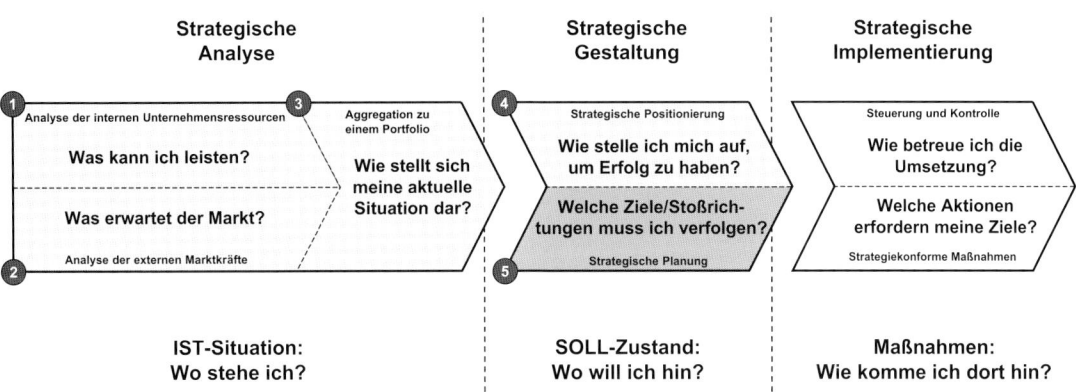

5.1 SWOT-Normstrategien

LEITFRAGEN:
- Welche Handlungsoptionen stehen mir offen?
- Welche strategischen Optionen bieten sich mir aufgrund meiner momentanen Lage?
- Wie setze ich meine Stärken richtig ein?

5.1.1 Zielsetzung und Anwendungsgebiet

Die SWOT-Analyse generiert strategische Optionen. Hinsichtlich der Aggregation bietet sie ausschließlich den methodischen Rahmen und gibt ansonsten wenig konkrete Handlungsanweisungen, bietet aber bei der Interpretation standardisierte Muster an.

Die SWOT-Normstrategien entsprechen systematischen, strategischen Optionen. Sie sind jedoch weniger als konkrete Strategieanweisungen zu interpretieren, sondern vielmehr als individuelle Stoßrichtungen, die sich aus der Komplexität externer Umweltbedingungen sowie internen Leistungsvermögens ergeben. Die SWOT-Strategien bieten dem Entscheider eine Auswahl möglicher Optionen, die (a) auf den individuellen Fall hin konkretisiert und (b) danach operationalisiert werden müssen.

5.1.2 Beschreibung

Aus den jeweils in zwei Kategorien unterteilten Dimensionen resultieren vier Kombinationen, für die jeweils Normstrategien abgeleitet werden können (siehe Tabelle 53):

	Chancen (Opportunities)	Risiken (Threats)
Stärken (Strengths)	**SO-Strategien** • Wahrnehmung der Chancen unter Einsatz der Stärken • Expansionen/Investitionen • Nutzung von Trends durch vorhandene Ressourcen	**ST-Strategien** • Stärken ausnutzen, um Umweltrisiken auszugleichen bzw. zu lindern • Nutzung von Beziehungen, um Umweltbedingungen zu beeinflussen
Schwächen (Weaknesses)	**WO-Strategien** • Abbau von Unternehmensschwächen, um Chancen zu nutzen • Beispielsweise Abbau eigener Bürokratie (Schwäche), um reaktionsschneller zu sein und Chancen des Marktes nutzen zu können	**WT-Strategien** • Schwächen abbauen, um Risiko zu reduzieren • Desinvestitionsstrategien

Tabelle 53: SWOT-Normstrategien

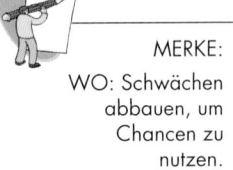

SO-Strategien: SO steht für Strengths and Opportunities. Demnach werden im Folgenden diejenigen Strategien beschrieben, die sich aus unternehmerischen Stärken und Chancen ableiten lassen. Sie sehen die Wahrnehmung von Chancen durch Nutzung eigener Stärken vor. Das heißt, beispielsweise können margenstarke, kurzfristig aufkommende Märkte (als Chance) nur bedient werden, weil die eigene Vertriebsorganisation besonders flexibel ist (als Stärke).

WO-Strategien: WO bezeichnet analog Weaknesses and Opportunities und kennzeichnet Strategien, die sich aus eigenen Schwächen in Kombination mit marktlichen Chancen ergeben. Chancen sollen hier durch den gezielten Abbau von Schwächen genutzt werden. Um den Unterschied der Aussage zu verdeutlichen, wählen wir das gleiche Beispiel: Unter Umständen muss die eigene Vertriebsorganisation stark verschlankt werden (Schwäche), um wieder konkurrenzfähig zu werden und marktgerecht flexibel auf kurzfristige Absatzmöglichkeiten (Chance) reagieren zu können.

ST-Strategien: ST steht für Strenghts and Threats. Sie versuchen unter Einsatz der eigenen Stärken, Umweltrisiken zu lindern. Beispielsweise kann das eigene, positiv erlebte Betriebsklima (Stärke) genutzt werden, um branchenspezifische Streiks (Risiko) für das eigene Unternehmen abzuwenden.

WT-Strategien: Die Weeknesses-Threats-Strategien versuchen durch Abbau von Schwächen, Risiken zu mindern. Diese Strategien gleichen oftmals Desinvestitionsstrategien, wenn die entsprechende Schwäche nicht auf eine andere Weise behoben werden kann. Aufgrund des Gefahrenpotenzials sind diese Strategien für Unternehmen von höchster Bedeutung.

5.1.3 Voraussetzungen und notwendiger Input

Notwendiger Input fällt an dieser Stelle nicht an, da das Kapitel SWOT-Strategien auf der SWOT-Analyse aufbaut und dort auf die notwendigen Voraussetzungen eingegangen wurde.

5.1.4 Vorgehensweise

Die Vorgehensweise entspricht dem finalen Schritt im Rahmen der SWOT-Analyse, wie Abbildung 108 verdeutlicht.

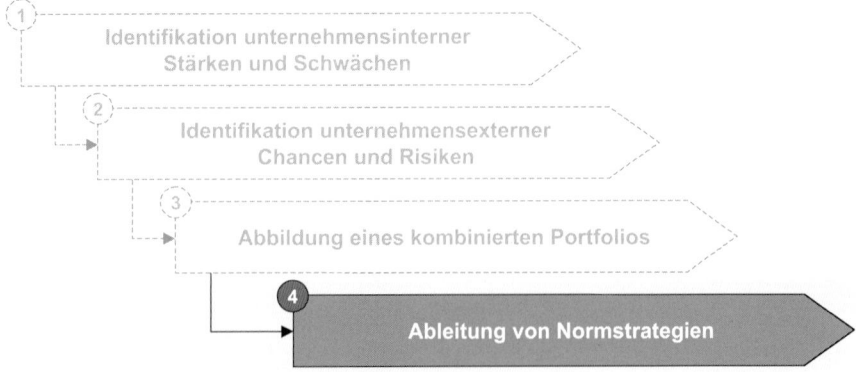

Abbildung 108: Vorgehensweise bei der SWOT-Analyse

Schritt 4: Identifikation von Stärken und Schwächen

Zu Beginn des Schritts 4 müssen die vier Strategien den (priorisierten) Stärken und Schwächen sowie Chancen und Risiken zugeordnet werden. Obwohl die unter „Beschreibung" skizzierten Normstrategien relativ trivial klingen, wird man feststellen, dass die Ableitung solcher in der Praxis unerwartet abstrakt und damit kompliziert wird. Empfehlenswert ist, bei der Ableitung strategischer Optionen jeweils die Stellhebel „Stärke" und „Schwäche" zu fokussieren. Diese sind über entsprechende Maßnahmen beeinflussbar, die Umweltbedingungen sind dies nur sehr bedingt. Insofern tut man sich leichter, sich je nach Feld die Frage zu stellen, was ein Abbau von Schwächen bzw. eine Ausnutzung vorhandener Stärken jeweils bewirken könnte. Um im Ergebnis schlüssige strategische Optionen zu erhalten, die im Idealfall weiter operationalisiert werden und in Form konkreter Maßnahmen Umsetzung erfahren, muss immer sauber zwischen externen und internen Dimensionen differenziert werden. Ansonsten erhält man unscharfe Handlungsempfehlungen. Weiterhin sollte darauf geachtet werden, dass Chancen und Risiken sowie Stärken und Schwächen möglichst nicht voneinander abhängen. Einen schnellen Computer zu besitzen kann keine Stärke in diesem Zusammenhang sein, wenn es bereits eine Schwäche ist, keinen solchen zur Verfügung zu haben. Die Aussagen würden sich widersprechen bzw. in höchst trivialen Optionen enden, die keinerlei Mehrwert bieten würden.

CHECKLISTE:
1. Identifikation interner Stärken und Schwächen.
2. Identifikation extern bedingter Chancen und Risiken.
3. Kombination der beiden Dimensionen.

5.1.5 Vor- und Nachteile

Vorteile	Nachteile
• Übersichtliche, integrierte Darstellungsweise • Zwingt zur Auseinandersetzung mit unternehmerischer Situation • Komplexitätsreduktion • Über regelmäßige Anwendung können Trends identifiziert werden	• Keine konkreten Hilfestellungen für den Anwender, sondern lediglich ein Analyserahmen • Wechselwirkungen führen zu Trivialitäten oder Widersprüchen • Keine notwendige Priorisierung der strategischen Optionen

Tabelle 54: Vor- und Nachteile der SWOT-Strategien

5.1.6 Praxisbeispiel

Im Folgenden wird eine denkbare SWOT-Analyse für eine beliebige Unternehmensberatung geschildert. Zunächst werden gemäß der Beschreibungen im Kapitel 3 die Stärken, Schwächen, Chancen und Risiken der Beratung identifiziert. Dies kann z.B. im Rahmen eines internen Klausurwochenendes geschehen. Das mögliche Ergebnis zeigt Tabelle 55:

Stärken	Chancen
1. Kundenorientierung in der Projektarbeit 2. Preis-Leistungs-Verhältnis 3. Interne Strukturen 4. Interne Weiterbildung 5. Nutzung von Rationalisierungspotenzial	1. Folgeprojekte 2. Fokussierung auf Kernkompetenzen 3. Präsenz in Netzwerken 4. Kommunikation mit Institutionen 5. Ehemalige Mitarbeiter = potenzielle Kunden 6. Finanzielle Anreize für Projektakquisition
Schwächen	Risiken
1. Anzahl der Projekte zu gering 2. Kundenkontaktmanagement 3. Marketing/Kommunikationspolitik 4. Zu starker interner Fokus 5. Wissensaufbereitung 6. Intransparenz des Wissensmanagements	1. Mangelnde Marktnähe 2. Mangelnde Seniorität 3. Mangelnde Wissensextrahierung aus Projekten 4. Interne Überreglementierung (Ressourcenbindung) 5. Wirtschaftliche Lage

Tabelle 55: Exemplarische SWOT-Analyse für eine Unternehmensberatung

Im Anschluss wurden die zentralen Punkte der vier Kategorien priorisiert und miteinander kombiniert, um Normstrategien abzuleiten. Diese Normstrategien sind noch keine konkreten Handlungsempfehlungen. Durchdeklinierte Aktionsprogramme könnten aber aus ihnen abgeleitet werden. Tabelle 56 zeigt die resultierenden SWOT-Normstrategien.

	Chancen 1. Folgeprojekte 2. Präsenz in Netzwerken 3. Ehemalige Mitarbeiter = pot. Kunden	Risiken 1. Mangelnde Marktnähe 2. Interne Überreglementierung 3. Wirtschaftliche Lage
Stärken 1. Kundenorientierung in der Projektarbeit 2. Preis-Leistungs-Verhältnis 3. Interne Weiterbildung	**SO-Strategien** • Bewusster die Stärken aus der Projektarbeit verkaufen • Qualifizierungen in Netzwerke kommunizieren • Preis-Leistungs-Verhältnis nutzen, um Projekte an Ehemalige zu verkaufen	**ST-Strategien** • Konzentration der Mitarbeiteraktivitäten auf externe Bereiche • Gezielte Akquisition mit hochwertigen Qualifizierungen
Schwächen 1. Anzahl der Projekte zu gering 2. Kundenkontaktmanagement 3. Marketing/Kommunikationspolitik	**WO-Strategien** • Leistungsspektrum abgrenzen und kommunizieren • Ansprache ehemaliger Mitarbeiter • Pflege von Bestandskunden • Wissenstransfer innerhab der Netzwerke fördern	**WT-Strategien** • Abbau der internen Bürokratie • Mehr Entscheidungsbefugnisse für die einzelnen Mitarbeiter

Tabelle 56: Exemplarische SWOT-Normstrategien

Eine solche SWOT-Analyse könnte in regelmäßigen Abständen durchgeführt werden, um eine kontinuierliche Weiterentwicklung zu gewährleisten. Somit würden aktuelle Probleme und Entwicklungen im Kontext kontinuierlicher Verbesserungsprozesse berücksichtigt werden.

5.1.7 Vorlagen auf CD

Die Vorlagen zu diesem Kapitel sind der SWOT-Analyse zugeordnet, siehe Kapitel 3.

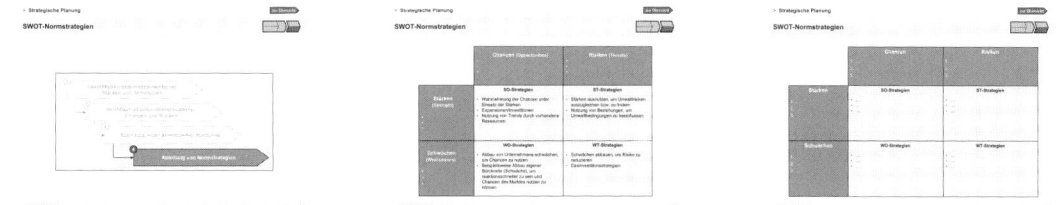

5.1.8 Verwandte und weiterführende Themen

Bereits in Abschnitt 3.1.8 wurde beschrieben, dass es schwer fällt, für die SWOT-Analyse respektive für die daraus abzuleitenden Normstrategien verwandte und weiterführende Themen zu benennen. Im SWOT-Portfolio können diverse Analyseergebnisse – externe wie interne – sinnvoll aggregiert werden, so dass entsprechend weit reichende Verwandtschaften nachgewiesen werden können.

5.1.9 Literaturhinweise

HITT, M. A. / IRELAND, R. D. / HOSKISSON, R. E. (1999): *Strategic Management: Competitiveness and Globalization*, 3. Aufl. South-Western College Publishing 1999

TRAUNER, B. / LUCKO, S. (2004): *ABC der Management-Techniken*, Carl Hanser Verlag, München/Wien 2004

5.2 Portfolio-Normstrategien

LEITFRAGEN:
- In welche Geschäftseinheiten sollte investiert werden?
- Wie sollten die Unternehmensressourcen sinnvoll auf das Leistungsspektrum verteilt werden?
- Welche strategischen Optionen ergeben einzelne Geschäftseinheiten?

5.2.1 Zielsetzung und Anwendungsgebiet

MERKE:
Jedes Feld des Portfolios impliziert eine bestimmte Normstrategie.

Ein Grund für die Beliebtheit der Portfoliokonzepte liegt in den Normstrategien begründet. Aus jeder Position des Portfolios sind normative Empfehlungen für strategische Konsequenzen ableitbar. Die hiermit erreichte Komplexitätsreduktion und die übersichtliche Visualisierungsform ermöglichen eine praxisnahe Veranschaulichung des eigenen Portfolios.

Ausgangspunkt für das Portfoliokonzept ist die Erkenntnis, dass Geschäftseinheiten mit jeweils unterschiedlichen Wettbewerbsbedingungen, Wachstumspotenzialen oder anderen Merkmalen differenziert gesteuert werden müssen. Dieser Gedanke lässt sich analog auch auf alternative Portfolioansätze transferieren (z. B. müssen die im Humanressourcenportfolio zugeordneten Mitarbeiter ebenfalls differenziert gesteuert werden). Der Einfachheit halber wird dieses Kapitel aber auf die Wesenszüge der zwei führenden Ansätze von BCG und McKinsey eingehen.

Gemäß der Gliederung des Buches schließt dieses Kapitel demnach nahtlos an die Analysekapitel zur BCG- und McKinsey-Matrix aus Kapitel 1 an und konzentriert sich im Rahmen der strategischen Planung auf die Handlungsempfehlungen, die sich aus Portfolios ableiten lassen.

5.2.2 Beschreibung

BEACHTE:
Portfolioansätze fokussieren nicht die einzelnen Geschäftseinheiten, sondern nur ihren Wert im gesamten PORTFOLIO im Sinne einer ausgeglichenen Steuerung.

Nachdem sämtliche Geschäftseinheiten in dem Portfolio eingeordnet wurden, können Handlungsempfehlungen abgeleitet werden. Grundsätzlich verfolgen Portfolioansätze eine ganzheitliche Sichtweise. Das Ziel ist nicht, einzelne Geschäftseinheiten isoliert zu betrachten und einzig aufgrund ihrer Position Aktionen abzuleiten. Vielmehr geht es um eine ausgeglichene Steuerung des gesamten Portfolios, d. h. die Handlungsempfehlungen bedingen sich gegenseitig. Die BCG-Matrix demonstriert diese Denkweise besonders plakativ. Das übergeordnete Ziel sind hier nämlich ausgeglichene Zahlungsströme. Die Cash Cows finanzieren ausgewählte Question Marks und besonders kapitalintensive Stars (der grundlegende Mechanismus wird außerdem ausführlich im Kapitel 1.10 Marktwachstum-Marktanteils-Portfolioanalyse behandelt).

Bei sämtlichen Portfolios hängen die Normstrategien hauptsächlich von den jeweiligen Feldern der Matrix ab, die sich durch die beiden betrachteten Dimensionen bestimmt. Im Allgemeinen gliedern sich die Normstrategien in drei wesentliche Richtungen: Für besonders lohnenswerte Segmente werden grundsätzlich **Investitionsstrategien** empfohlen, für nicht eindeutige Bereiche gilt es, zu **selektieren**. Für Bereiche, die aufgrund schwacher Ausprägungen entlang beider Dimensionen der Matrix ungünstige Ausgangssituationen bieten, werden **Desinvestitionsstrategien** postuliert. Diese drei Grundrichtungen sind auf die unterschiedlichen Portfolioansätze zu übertragen. Auf diese Weise nehmen sie im Detail spezifische Formen an, aber diese grundsätzliche Herangehensweise ist in der Regel immer wieder erkennbar.

Im Folgenden werden wir dies anhand der im Kapitel 1 betonten Portfolios von BCG und McKinsey aufzeigen. Zunächst werden die Strategien im Rahmen des **Marktwachstum-Marktanteils-Portfolios (BCG-Matrix)** vorgestellt, die sich aus den normativen Behauptungen bezüglich der vier Felder ableiten lassen.

Stars: Analog zum oben skizzierten Ansatz wird für die Stars-Produkte eine Wachstumsstrategie empfohlen. Im Kapitel 1.10 wurde hergeleitet, dass sich Geschäftseinheiten der Kategorie Stars einerseits durch eine vorteilhafte Wettbewerbssituation und damit hohe Gewinne, allerdings auch durch einen nicht unwesentlichen Kapitalbedarf aufgrund hoher Wachstumsraten auszeichnen. Die Stars befinden sich noch in frühen Lebenszyklusphasen, haben aber bereits Wettbewerbsvorteile am Markt. Diese gilt es auszubauen oder wenigstens zu konservieren, um einerseits eine in Relation zu den Wettbewerbern günstige Kostenposition zu festigen und andererseits die Marktführerschaft nachhaltig zu sichern. Zum Beispiel sind Investitionen in Technologie empfehlenswert, um frühzeitig kundenwirksame Standards zu setzen, welche im Idealfall mittels Barrieren (Geschwindigkeits-, Know-how- oder andere Barrieren) vor den Konkurrenten geschützt werden.

Poor Dogs: Die „armen Hunde" stellen die zweite, eindeutig interpretierbare Kategorie dar, weil hier die Unternehmens- und Umweltachse im Gegensatz zu den Stars ungünstige Ausprägungen aufweisen. Demzufolge wird eine konsequente Desinvestitionsstrategie postuliert. Der Rückzug ist bei stagnierenden Märkten, auf denen kein bedeutender Marktanteil erzielt wurde, die logische Konsequenz. Die einzige Einschränkung einer Rückzugsstrategie sind unverzichtbare Verbundvorteile (Synergien im engeren Sinne), deren Verzicht eine wesentliche Schwächung anderer Bereiche mit sich brächte.

Question Marks: Die Ableitung einer universellen Normstrategie ist durch die Selektionsempfehlung nicht ohne weiteres möglich. Bereits im Kapitel 1.10 wurde durch die Charakterisierung dieses Matrixfeldes betont, dass das Risiko strategischer Entscheidungen in Bezug auf Question Marks besonders groß ist. Der Marktanteil ist zwar gering, die Wachstumsraten sind aber enorm. Vielversprechende Question Marks sind demnach eine gute Investition, sofern der Marktanteil mit entsprechendem Aufwand kurzfristig, aber merklich gesteigert werden kann, wodurch aus den Question Marks erfolgreiche Stars würden. Werden einer solchen Entwicklung jedoch nur geringe Chancen eingeräumt, empfiehlt sich der umgehende Rückzug durch Desinvestition. Ein weiteres Engagement würde nur unnötig Kapital verschlingen, welches aufgrund der hohen Wachstumsraten von Nöten ist (siehe Kapitel 1.10).

Cash Cows: Die Ableitung der gültigen Normstrategie im Falle der Cash Cows ist hingegen wieder trivialer. Cash Cows befinden sich in reifen Le-

MERKE:
Die Normstrategien können auf drei Richtungen zurückgeführt werden:
- investieren,
- selektieren,
- liquidieren.

benszyklusphasen und weisen einen hohen relativen Marktanteil auf, sind laut strenger Definition gar Marktführer. Aufgrund der niedrigen Wachstumsraten besteht das Ziel im Halten des Marktanteils, was deutlich weniger Kapital in Anspruch nimmt, als diesen zwangsläufig erweitern zu müssen. Die generierten Gewinne der Cash Cows sind durch die geringen, direkten Reinvestitionen hoch. Die sich daraus ableitende Normstrategie besteht im Abschöpfen. Die abgeschöpften Gewinne können zur Finanzierung der anderen Geschäftseinheiten mit hohen Wachstumsraten genutzt werden. Ohne Cash Cows könnte nicht eine Balance der Zahlungsströme innerhalb des Portfolios erzielt werden.

Abbildung 109 fasst die Normstrategien eines Marktwachstum-Marktanteils-Portfolios zusammen.

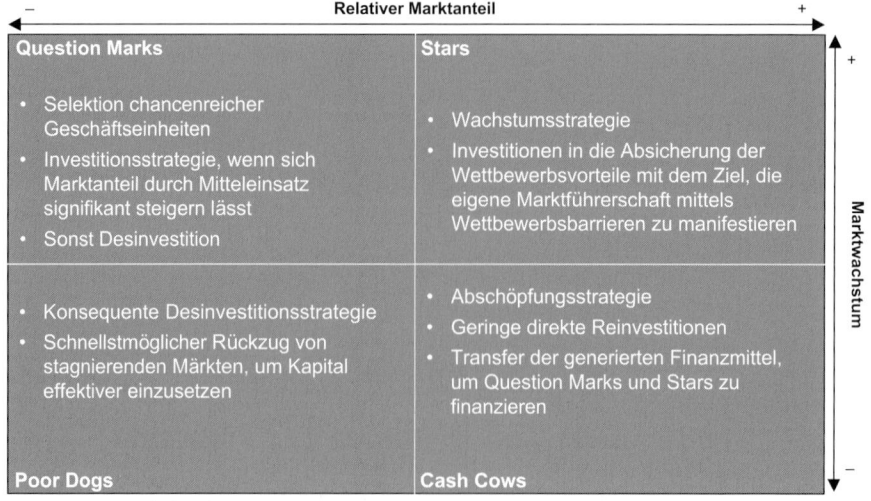

Abbildung 109: Normstrategien der BCG-Matrix

Obwohl das **Branchenattraktivität-Wettbewerbsstärken-Portfolio (McKinsey-Matrix)** als 9-Felder-Matrix konzipiert ist, funktioniert die Ableitung der Normstrategien nach einem vergleichbaren Schema. Die Handlungsempfehlungen ergeben sich aus den Ausprägungen der einzelnen Matrixfelder, wobei sich Investitionen bzw. die Ressourcenverteilung auf Segmente fokussieren sollten, die einen hohen Grad an Wettbewerbsstärke und Brachenattraktivität aufweisen.

Drei grundsätzliche Strategien werden unterschieden, siehe auch Abbildung 110:

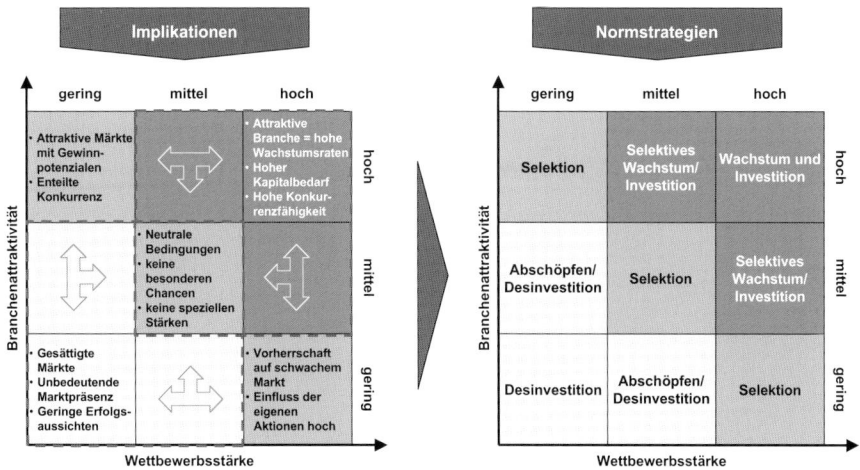

Abbildung 110: Normstrategien der McKinsey-Matrix

Im Bereich der drei Felder mit **mittlerer bis hoher Branchenattraktivität bzw. Wettbewerbsstärke** (rechts oben) gilt es, Kapital zu binden. Die diesem Bereich zugeordneten Geschäftseinheiten versprechen hohe Wachstumsraten und ausgeprägte Erfolgspotenziale, bedingen aber auch signifikant hohe Investitionen, um eine Vorherrschaft zu erreichen und die Ertragspotenziale abzuschöpfen.

Für den entgegengesetzten Fall **unattraktiver Branchen und schwacher Wettbewerbspositionen** (d.h. links unten in der Matrix) werden entsprechend Liquidierungsstrategien postuliert. Gegebenenfalls ist es denkbar, letzte Gewinne ohne nennenswerten Ressourceneinsatz abzuschöpfen, aber im Wesentlichen sollte die Taktik in diesem Bereich von der Suche nach dem richtigen Zeitpunkt für den Rückzug bestimmt sein.

Die **mittelmäßig bzw. hochgradig ungleich geprägten Segmente** der McKinsey-Matrix sind differenzierter zu betrachten. Gemäß der klassischen Trennung nach Porter können für diese nicht eindeutigen Segmente Kostenführer-, Differenzierungs- oder Nischenstrategien von Vorteil sein. Das Wachstumspotenzial des betrachteten Marktes sowie die eigene Konkurrenzfähigkeit beeinflussen die Entscheidung der richtigen Strategie. Im Wesentlichen müssen Wachstumssegmente identifiziert werden, um selektiv zu investieren. Segmente in attraktiven Branchen, aber schwacher eigener Position eignen sich tendenziell für Nischenstrategien, schwache Märkte bei eigener relativer Wettbewerbsstärke führen dagegen eher zur Kostenführerschaft. In der Literatur wird in diesem Zusammenhang auch häufig zwischen offensiven und defensiven Strategien unterschieden. Ziel ist es, die eigenen Stärken respektive Chancen in einem nicht eindeutigen Spannungsfeld zu identifizieren und zu Wettbewerbsvorteilen auszubauen, indem Marktbarrieren für die Mitbewerber geschaffen werden – entweder über Spezialisierungs- oder Kostenvorteile.

5.2.3 Voraussetzungen und notwendiger Input

Die Voraussetzung zur Ableitung von Portfolio-Normstrategien ist die Durchführung vorausgehender Analysen. Diese sind für unterschiedliche Portfolioansätze in den Kapiteln 1.10 bis 1.12 beschrieben. Dort sind auch entsprechend der Struktur dieses Buches notwendige Voraussetzungen gelistet.

5.2.4 Vorgehensweise

Die Vorgehensweise baut konsequent auf der aus dem Analyseteil auf und gilt für sämtliche Portfolioanalysevarianten:

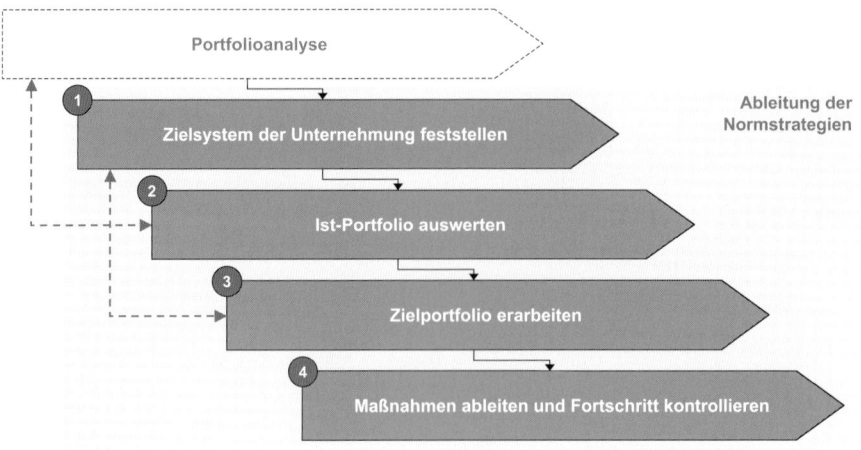

Abbildung 111: Vorgehensweise bei der Ableitung von Portfolio-Normstrategien

Schritt 1: Zielsystem der Unternehmung feststellen

Das Zielsystem der Unternehmung soll Kriterien liefern, an welchen sich die Normstrategien messen lassen. Die Ableitung von Strategien kann nie völlig objektiviert werden und wird immer von persönlichen Präferenzen der Entscheidungsträger abhängen. Um den Vorgang zu strukturieren und eine möglichst intersubjektiv nachvollziehbare Strategieableitung zu gewährleisten, sollte das Zielsystem vor der Strategieerarbeitung definiert bzw. herangezogen werden (siehe auch Kapitel 4.4). Unter Umständen ist es zweckmäßig, existierende Zielsysteme auf das konkrete Problem hin anzupassen, d.h. die relevanten Passagen zu selektieren. Dies ist durch die Entscheidungsträger vorzunehmen und bedarf einer breiten Zustimmung, um die potenzielle Wirkung der Normstrategien nicht von vornherein zu mindern.

Schritt 2: Ist-Portfolio ableiten

Die Entwicklung und Analyse des Ist-Portfolios wurde bereits für unterschiedliche Varianten der Portfolioanalyse im Kapitel 1 beschrieben. Die enge Verwandtschaft zum Analyseteil ist in Abbildung 45 ff. entsprechend gekennzeichnet. Die Auswertung des Ist-Portfolios bezieht in diesem

Schritt ausschließlich noch die explizite Berücksichtigung des Zielsystems der Unternehmung mit ein. Das heißt, die normativen Implikationen für die jeweiligen Segmente des Portfolios müssen in Bezug zum Unternehmensziel betrachtet werden. Ergebnis dieser Berücksichtigung kann in erster Linie eine Priorisierung der normativen Aussagen sein. Allerdings kann so auch erst einmal grundsätzlich bestimmt werden, ob die allgemein gültigen Postulierungen der Portfolioanalyse im konkreten Fall stimmig sind. Beispielsweise spielt das Marktwachstum in kurzlebigen IT-Geschäftsfeldern eine bedeutendere Rolle als in klassischen Industrien, in welchen hingegen die Wettbewerbsstärke durch ihre Auswirkungen auf die individuelle Kostenposition von tragender Bedeutung ist. Die Geschäftsstrategie kann die Dimensionen in ähnlicher Art und Weise gewichten: Die erfahrungskurvengetriebene relative Marktposition ist für einen Kostenführer in jedem Fall essenzieller als für einen Differenzierer (vgl. Kapitel 4.2).

Schritt 3: Zielportfolio ableiten

Unter Berücksichtigung des festgehaltenen Zielsystems wird ein Zielportfolio erarbeitet. Die Entscheidungsträger übertragen die unternehmerischen Ziele auf die im Portfolio abgebildete Ausgangssituation und bestimmen zu erreichende Zielwerte.

Es gibt unterschiedliche Möglichkeiten, ein Zielportfolio zu visualisieren. Im Folgenden werden die zwei bekanntesten Methoden vorgestellt. Der eingängigste und verbreitetste Weg ist das Einzeichnen des erwarteten Ziels einer jeden Geschäftseinheit über entsprechende Kreise im Portfolio, die mit dem Ausgangspunkt verbunden werden. Mit Hilfe des Durchmessers vermittelt jeder Kreis eine dritte Zieldimension, z. B. den Umsatz. Abbildung 112 zeigt ein klassisches Zielportfolio im Sinne der BCG-Matrix:

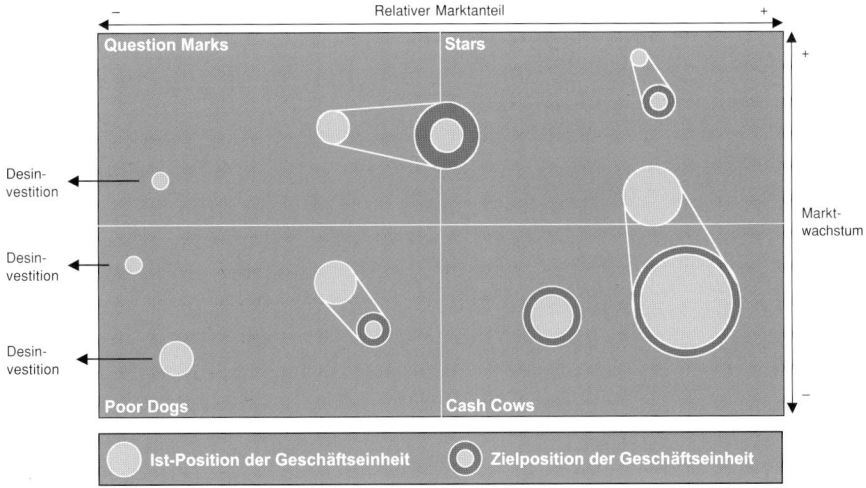

Abbildung 112: Zielportfolio am Beispiel der BCG-Matrix

Eine Stufe differenzierter ist eine Unterscheidung in unmittelbar beeinflussbare Erfolgs- respektive Misserfolgspfade (horizontal: Messung über den relativen Marktanteil) einerseits sowie Pfade der Marktdynamik (vertikal: zeitliche Dimension, repräsentiert durch den Lebenszyklus) andererseits. Abbildung 113 visualisiert diese Differenzierung exemplarisch.

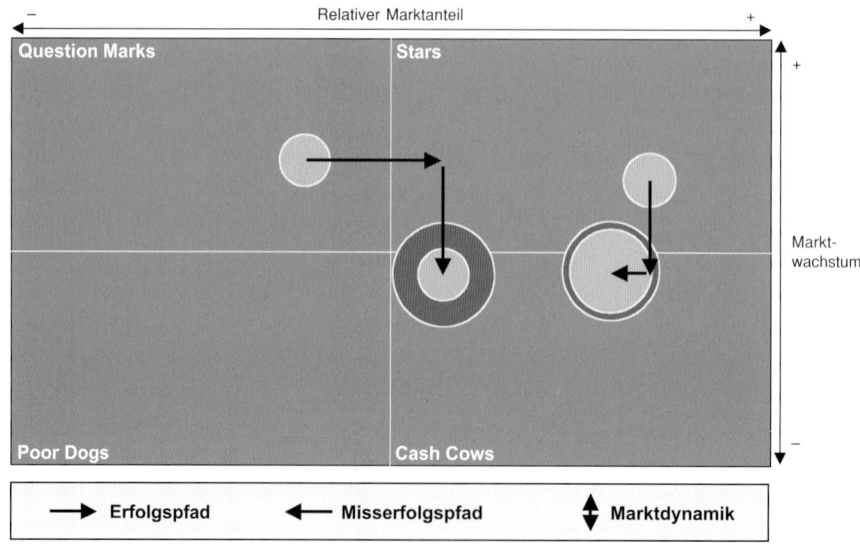

Abbildung 113: Differenzierung von Pfaden des Erfolgs und der Marktdynamik

Schritt 4: Zielportfolio ableiten

Ohne an dieser Stelle im Detail darauf einzugehen, müssen aus den im Portfolio fixierten Zielen konkrete Aktionsprogramme abgeleitet und mit Messgrößen hinterlegt werden. Darüber hinaus ist die Institutionalisierung regelmäßiger Kontrollverfahren hinsichtlich des Zielerreichungsgrades zweckmäßig, um über Transparenz Anreize für eine kontinuierliche und konsequente Umsetzung zu setzen.

5.2.5 Vor- und Nachteile

Vorteile	Nachteile
• Einfache Darstellung komplexer Zusammenhänge • Intuitive Nachvollziehbarkeit der normativen Behauptungen • Zur internen und externen Kommunikation bestens geeignet • Als Denkmodell für strategische Optionen geeignet	• Sehr allgemeine Aussagen, die in der praktischen Anwendung aufwendig für den konkreten Fall operationalisiert werden müssen • Die Normstrategien fußen auf stark verdichteten Dimensionen: Je mehr Merkmale in einer Dimension zusammengefasst sind, desto abstrakter und kritischer sind abgeleitete Normstrategien • Entwicklung konkreter Geschäftsstrategien: isoliert nicht hinreichend

Tabelle 57: Vor- und Nachteile der Portfolio-Normstrategien

5.2.6 Praxisbeispiel

Die Mannesmann AG war ursprünglich ein Produzent von nahtlosen Rohren. Um die Wettbewerbsposition in den 30er Jahren als Stahlrohrhersteller zu sichern, wurde im Rahmen einer Rückwärtsintegration die Beschaffung des Vormaterials zur Geschäftsbasis aufgenommen (vgl. Weisweiler, 1982). Zusätzlich wurde in weitere Bereiche, wie z.B. Kohlezechen, Bleichweiterverarbeitungsunternehmen, Stahl- und Walzwerke sowie Maschinenbauunternehmen, investiert, um die Position weiter auszubauen. In den Folgejahren kam es zu einer Desinvestition des Kohlebereichs, der in die Ruhrkohle AG eingebracht wurde. Zudem wurden eigene Produktkapazitäten im Stahl- und Rohrsektor in Brasilien aufgebaut, um den wachsenden südamerikanischen Markt beliefern zu können. Durch den erhöhten Finanzbedarf durch die Spezialisierung auf technologisch anspruchsvolle Projekte kam es zu einer Arbeitsteilung mit Thyssen. Dadurch konzentrierte sich Mannesmann im Stahlbereich ausschließlich auf die Herstellung von Stahlrohren. Abbildung 114 visualisiert diese Strategieentwicklung bis zum Jahre 1965.

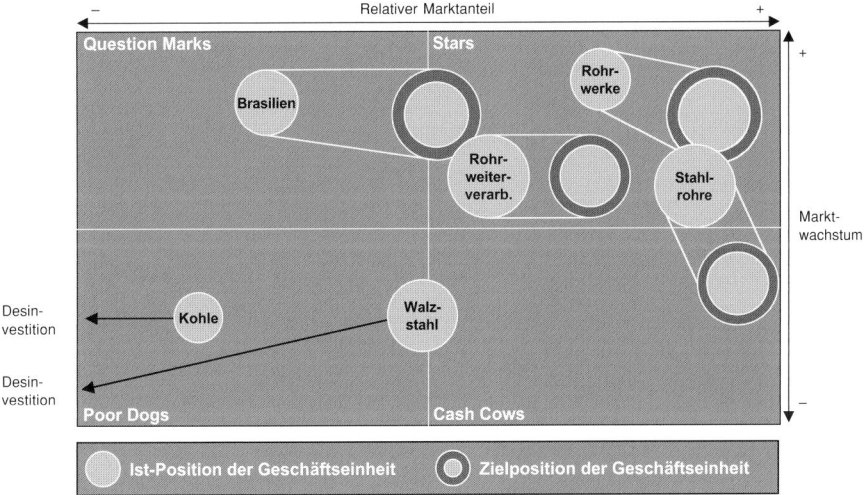

Abbildung 114: Unternehmens- und Investitionspolitik bei Mannesmann

In der folgenden Unternehmensstrategie wurden die Bereiche Maschinen- und Anlagenbau gestärkt, um die konjunkturelle Abhängigkeit vom Stahl- und Röhrenbereich auszugleichen.

Zuletzt hatte das Unternehmen Mannesmann in den Produktbereich Mobiltechnologie investiert, da hier große Wachstumschancen erkannt wurden und ein weiterer Ausgleich des Konjunkturrisikos realisiert werden sollte. Dieser Bereich verzeichnete ein derartig hohes Wachstum, dass Vodafone als weltgrößter Mobilfunkanbieter im Jahre 2000 das komplette Unternehmen für eine Rekordsumme erwarb, ohne an den Ursprungsaktivitäten interessiert zu sein.

5.2.7 Vorlagen auf CD

Die Beilagen-CD bietet für dieses Kapitel Vorlagen zur Visualisierung von Ist- und Zielportfolios an, mit Hilfe derer Normstrategien abgebildet werden können.

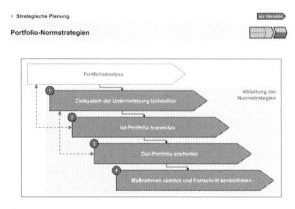 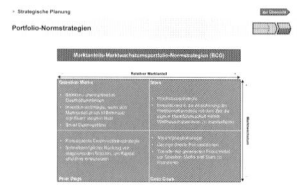 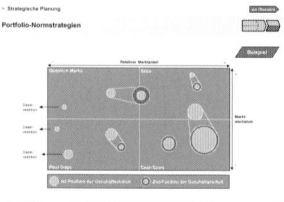

5.2.8 Verwandte und weiterführende Themen

- Marktwachstum-Marktanteils-Portfolioanalyse,   Branchenattraktivität-Wettbewerbsstärken-Portfolioanalyse, weitere Portfolioanalysen
  Wie bereits geschildert, basieren die Portfolio-Normstrategien auf den vorgelagerten Analysen aller Art.

- Leitbildentwicklung
  Die Feststellung des unternehmerischen Zielsystems sollte zumindest in aggregierter Form aus dem Leitbild, im Speziellen aus der Vision hervorgehen.

- Instrumente der strategischen Positionierung (Porter, Ansoff, Treacy/ Wiersema)
  Die Nutzung der Normstrategien kann nur unter Berücksichtigung der bestehenden strategischen Positionierung sinnvoll sein.

5.2.9 Literaturhinweise

DUNST, K. (1983): *Portfolio Management,* 2. Aufl., de Gruyter, Berlin/New York 1983, S. 47–52, 65–79, 94–100

HAX, A. C. / MAJLUF, N. S. (1991): *Strategisches Management,* Campus Verlag, Frankfurt am Main/New York 1991, S. 159–179, 193–204

WEISWEILER, F. J. (1982): „*Unternehmensgeschichte in der Produkt-Portfolio-Analyse – dargestellt am Beispiel des Hauses Mannesmann*", Zeitschrift für betriebswirtschaftliche Forschung, 34. Jg., 1982, S. 281 ff.

WELGE, K. M. / AL-LAHAM, A. (2001): *Strategisches Management,* 3. Aufl., Gabler Verlag, Wiesbaden 2001, S. 336–349

5.3 Scoring-Modelle

LEITFRAGEN:
- Wie soll zwischen verschiedenen Optionen ausgewählt werden?
- Mit welcher Option erzielt man den höchsten Nutzen?
- Welche Optionen bieten welche Vorteile?

5.3.1 Zielsetzung und Anwendungsgebiet

Scoring-Modelle (Punktbewertungsverfahren) unterstützen die Auswahl zwischen verschiedenen Optionen mittels einer Verrechnung numerischer Teilnutzenwerte. Somit dienen sie als konkrete, objektive Entscheidungshilfe für das Management.

Scoring-Modelle können für die Auswahl verschiedenster Handlungsalternativen eingesetzt werden: von einfachen Entscheidungen über die Wahl des richtigen Ziels für Betriebsausflüge bis hin zur detaillierten Bewertung von Produkt-Markt-Strategien (siehe auch Kapitel 4.1).

Besondere Relevanz erreicht ein Scoring-Modell in komplexen Entscheidungssituationen, die von mehreren Zielsystemen beeinflusst werden. Es bietet die Möglichkeit, die einzelnen Subziele zu gewichten und die von ihnen abhängige Entscheidung entsprechend objektiv treffen zu können.

5.3.2 Beschreibung

Scoring-Modelle beinhalten den Vergleich und eine numerische Bewertung mehrerer Szenarien. Diese Bewertung erfolgt anhand der Erfüllungsgrade vordefinierter Erfolgsfaktoren, um die für den Entscheidungsträger optimalen Handlungsoptionen zu selektieren. Die Endscheidungsgrundlage ergibt sich aus der Summierung der einzelnen im Voraus gewichteten Erfüllungsgrade zu einem Gesamtergebnis für jede Option. Die Entscheidung kann darüber hinaus über bestimmte Regeln oder Abbruchkriterien beeinflusst werden. Zum Beispiel könnte eine Vorauswahl insofern stattfinden, dass dem Entscheidungsgremium ausschließlich Optionen vorgelegt werden, deren Gesamtergebnis aus dem Scoring-Modell oberhalb von 75 % liegt. Abbildung 115 zeigt ein exemplarisches Scoring-Modell (Punktbewertungsverfahren).

MERKE:
Numerische
Bewertung
verschiedener
Szenarien als
Entscheidungs-
grundlage.

Punktbewertungsverfahren			
Produkt / Faktoren	A	B	C
1 (50 %)	50 %	90 %	70 %
2 (20 %)	40 %	20 %	40 %
3 (15 %)	30 %	45 %	70 %
4 (15 %)	85 %	65 %	55 %

A = 0,5 x 0,5 + 0,2 x 0,4 + 0,15 x 0,3 + 0,15 x 0,85 = **50,25 %**

B = 0,5 x 0,9 + 0,2 x 0,2 + 0,15 x 0,45 + 0,15 x 0,65 = **65,5 %**

C = 0,5 x 0,7 + 0,2 x 0,4 + 0,15 x 0,7 + 0,15 x 0,55 = **61,75 %**

Abbildung 115: Exemplarisches Punktbewertungsverfahren

5.3.3 Voraussetzungen und notwendiger Input

Die Erfolgs- und damit Bewertungskriterien müssen bekannt und eine Gewichtung zueinander muss möglich sein, um die Optionen auf ihrer Basis bewerten zu können.

Die einzelnen Optionen müssen detailliert ausgearbeitet vorliegen, um ihren Einfluss auf die definierten Entscheidungskriterien objektiv beurteilen zu können.

5.3.4 Vorgehensweise

MERKE:
- Kriterien
- Restriktionen
- Gewichtung
- Teilnutzen
- Teilnutzenwerte
- Vorteilhaftigkeit

Schritt 1:	Relevante Bewertungs-/Erfolgskriterien bestimmen
Schritt 2:	Restriktionen definieren (optional)
Schritt 3:	Bewertungskriterien zueinander gewichten
Schritt 4:	Ausprägungen/Erfüllungsgrade der einzelnen Kriterien bestimmen
Schritt 5:	Ausprägungen/Erfüllungsgrade zu Teilnutzenwerten transformieren
Schritt 6:	Gesamtnutzen berechnen

Abbildung 116: Vorgehensweise zu Scoring-Modellen

Schritt 1: Relevante Bewertungs-/Erfolgskriterien bestimmen

Im ersten Schritt muss das entscheidungsrelevante Zielsystem fixiert werden, d. h. es muss überlegt werden, was die einzelnen Optionen bieten sollen. Hierfür muss man sich an den Entscheidungsträgern und deren Präferenzen orientieren – als probate Mittel bieten sich Brainstorming und Workshops mit dem Management an.

Es können sowohl qualitative als auch quantitative Ziele berücksichtigt werden. Wichtig ist, dass diese Ziele im Sinne einer Ableitung mehrerer Bewertungskriterien ausreichend operationalisiert werden, um eindeutige Beurteilungen vornehmen zu können. Ein einfaches Beispiel für diese Operationalisierung bietet das klassische Ziel der Gewinnmaximierung. Dieses lässt sich im ersten Schritt in geringe Kosten und hohe Umsätze gliedern und kann nach Bedarf weiter verfeinert werden. Die Kosten können beispielsweise leicht in einzelne Bereiche der Kostenentstehung differenziert werden usw. Der Aggregationsgrad der einzelnen Kriterien muss individuell festgelegt werden.

TIPP:
Die Bewertungskriterien ergeben sich aus den Präferenzen der Entscheidungsträger.

Schritt 2: Restriktionen definieren (optional)

Optional können Mindest- oder Höchstausprägungen für bestimmte Kriterien festgelegt werden, sofern dies logisch erforderlich oder sinnvoll ist. Zum Beispiel könnte bei einer Bewertung von Büroimmobilien eine Mindestgrundfläche in Quadratmetern bestimmt oder im Falle einer Beurteilung von Marktfeldstrategien eine Höchstgrenze für die Anzahl der Mitbewerber fixiert werden.

Schritt 3: Bewertungskriterien zueinander gewichten

Auch in diesem Schritt müssen neben dem Zielsystem insbesondere die Präferenzen der Entscheidungsträger berücksichtigt werden. Die einzelnen Bewertungskriterien beeinflussen das Zielsystem in der Regel in nicht gleichem Maße. Dieser Umstand muss durch das Scoring-Modell beachtet werden. Hierfür wird so vorgegangen, dass 100 % auf die einzelnen Kriterien entsprechend ihrer Gewichtung aufgeteilt werden, so dass deren Beitrag zum Zielsystem deutlich wird. Eine entsprechende Priorisierung sollte mit den Entscheidungsträgern wiederum in Workshops erarbeitet werden.

Schritt 4: Erfüllungsgrade der einzelnen Kriterien bestimmen

Unabhängig von der Gewichtung der einzelnen Kriterien müssen für sie sinnvolle Skalen festgelegt werden. Nachdem über die Skalen die möglichen Ausprägungen der Kriterien definiert wurden (z. B. Schulnoten von Eins bis Sechs), kann die isolierte Beurteilung sämtlicher Optionen auf Basis der Bewertungskriterien vorgenommen und der Erfüllungsgrad registriert werden.

Schritt 5: Erfüllungsgrade zu Teilnutzenwerten transformieren

Der so genannte Teilnutzenwert ergibt sich aus dem Beitrag des Kriteriums zum Zielsystem, repräsentiert durch die entsprechend vorgenommene Gewichtung, sowie aus der Wertigkeit der Alternative, bestimmt durch den Erfüllungsgrad des Kriteriums.

Hinsichtlich des zu errechnenden Teilnutzenwertes kann zwischen getrennter und gebundener Gewichtung unterschieden werden. Bei der getrennten Gewichtung errechnet sich der Teilnutzenwert aus dem Produkt aus prozentualer Gewichtung des Kriteriums und seinem prozentualen Erfüllungsgrad. Bei der gebundenen Variante erfolgt die Gewichtung nicht über eine Multiplikation von zwei Prozentwerten, sondern nach Punktwerten, wobei der maximal erreichbare Punktwert bereits die Gewichtung des Kriteriums beinhaltet (je wichtiger das Kriterium ist, desto mehr Punkte sind erreichbar, die in die Gesamtbeurteilung eingehen). Entscheidend ist aber, dass das Ergebnis nicht beeinflusst wird. Die Unterschiede bestehen in der Darstellung und können daher nach Belieben gewählt werden. Abbildung 117 demonstriert den Unterschied.

Kriterium	Gewichtung	Erfüllungsgrad [%]	
		Option 1	Option 2
1	60 %	25 %	80 %
2	40 %	50 %	20 %
	Summe:	0,60x0,25 + 0,40x0,50 = 0,35	0,60x0,80 + 0,40x0,20 = 0,56

Getrennte Gewichtung

Kriterium	Gewichtung	Punktwerte		
		Maximal	Option 1	Option 2
1	60 %	60	15	48
2	40 %	40	20	8
	Summe:	100	35	56

Gebundene Gewichtung

Abbildung 117: Unterscheidung zwischen gebundener und getrennter Bewertung

Schritt 6: Gesamtnutzen berechnen

Im letzten Schritt werden sämtliche Teilnutzenwerte je Option zu einem Gesamtnutzenwert aufsummiert. Diese Gesamtnutzen können im Anschluss in eine Ordnung gebracht und priorisiert werden. Die priorisierten Gesamtnutzen dienen als die gewünschte Entscheidungsgrundlage.

5.3.5 Vor- und Nachteile

Vorteile	Nachteile
• **Transparenz** (Übersicht über die zu berücksichtigenden Bewertungskriterien) • **Nachvollziehbarkeit** • **Universelle Einsetzbarkeit** • **Dokumentation der Entscheidung** • **Einbindung mehrerer Beteiligter** • **Berücksichtigung qualitativer und quantitativer Kriterien möglich**	• **Probleme, wenn die einzelnen Kriterien voneinander abhängen** • **Nur vermeintliche Objektivität:** • Subjektive Gewichtung der Kriterien • Subjektive Bestimmung der Ausprägungen

Tabelle 58: Vor- und Nachteile von Scoring-Modellen

5.3.6 Praxisbeispiel

Als Beispiel für die Anwendung von Scoring-Modellen dient eine Standortentscheidung. Eine Unternehmung plant die Errichtung einer zusätzlichen Produktionsstätte und steht vor der Wahl des richtigen Standortes. Im ersten Schritt werden, wie oben beschrieben, erfolgskritische Standortfaktoren bestimmt und mit ausgewählten Restriktionen versehen. Neben der oben erwähnten Mindestgröße wäre z. B. ebenfalls eine Höchstgrenze für die Strecke zum nächsten Bahnhof eine sinnvolle Restriktion, um Infrastrukturkosten zu reduzieren. Im Anschluss werden sämtliche Optionen aussortiert, welche die Auflagen nicht erfüllen. Das weitere Vorgehen wurde ausreichend beschrieben und die folgende Tabelle fasst ein denkbares Scoring-Modell zusammen.

Standortfaktor	Gewicht [%]	Erfüllungsgrade für Standorte [%]		
		A	B	C
Arbeitsmarkt	10 %	80 %	40 %	55 %
Auflagen	15 %	95 %	75 %	80 %
Infrastruktur	20 %	90 %	75 %	70 %
Beschaffungsmarkt	20 %	35 %	60 %	90 %
Preis	25 %	60 %	65 %	70 %
Kundennähe	10 %	25 %	45 %	30 %
Gesamtnutzen:		64,75 %	63,00 %	70,00 %

Tabelle 59: Scoring-Modell für eine Standortentscheidung

5.3.7 Vorlagen auf CD

Die PowerPoint-Vorlagen enthalten unterschiedliche Muster zur Erstellung von Punktbewertungsverfahren.

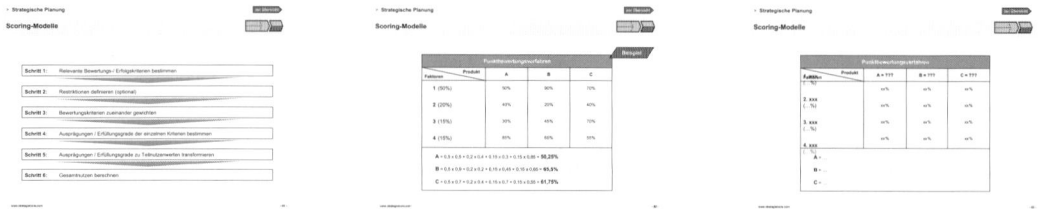

5.3.8 Verwandte und weiterführende Themen

Grundsätzlich können Verwandtschaften zu diversen anderen Methoden abgeleitet werden, da die Scoring-Modelle vielmehr ein Auswahlverfahren darstellen und somit andere Methoden im Detail unterstützen. Von besonderer Bedeutung ist dies in Verbindung mit den Kapiteln der strategischen Positionierung in diesem Buch.

TIPP:

Bei weniger komplexen Problemen reichen vereinfachte Checklistenverfahren zur Entscheidungsfindung aus.

Weiterhin sind die oben skizzierten Scoring-Modelle bzw. Punktbewertungsverfahren stark verwandt mit einfacheren Instrumenten zur Aufbereitung von Entscheidungshilfen, so z. B. das im Folgenden skizzierte Checklisten- bzw. Prüflistenverfahren.

Die Funktionsweise gleicht dem Scoring-Modell und ist lediglich stark vereinfacht. Das Checklistenverfahren ist ebenfalls ein Vergleich und die Bewertung von Zukunftsentwürfen hinsichtlich eines vorgegebenen Zielsystems. Allerdings erfolgt die Bewertung nicht numerisch, sondern lediglich anhand einer zu definierenden Stufung, z. B. hoch, mittel und niedrig.

Prüflisten- bzw. Checklistenverfahren sollten Anwendung finden, wenn die Komplexität deutlich geringer ist oder der Bedarf nach einer schnellen und unkomplizierten Umsetzung besteht. Abbildung 118 visualisiert ein exemplarisches Prüflistenverfahren.

Prüfliste			
Produkt Faktoren	A	B	C
· Innovationsgrad	⊗	◐	●
· Zahl der möglichen Abnehmer	○	◐	●
· Kooperationsbereitschaft im Handel	⊗	◐	○
· Eintrittsbarrieren für neue Anbieter	○	○	⊗
· Versorgungssicherheit bei Rohstoffen	⊗	●	⊗
· Qualifikation der eigenen Mitarbeiter	⊗	●	○
optimal ●	gut ⊗	ausreichend ◐	unbefriedigend ○

Abbildung 118: Exemplarisches Prüflisten-/Checklistenverfahren

5.3.9 Literaturhinweise

BLOHM, H. / LÜDER, K. (1991): *Investition – Schwachstellen im Investitionsbereich des Industriebetriebes und Wege zu ihrer Beseitigung,* 7. Aufl., S. 174–196, Vahlen, München 1991

WEBER, J. (1999): *Einführung in das Controlling,* 8. aktualisierte und erw. Aufl., S. 210 ff., Schäffer-Poeschel Verlag, Stuttgart 1999

5.4   Szenariotechnik

LEITFRAGEN:
- Wie kann ich die Einflussfaktoren meines Geschäfts besser einschätzen?
- Wie kann ich ohne präzise Vorhersagen Handlungsalternativen konstruieren, damit ich schnell reagieren kann?

5.4.1   Zielsetzung und Anwendungsgebiet

Die Szenariotechnik dient in erster Linie der Verbesserung der Handlungsfähigkeit, indem mögliche Alternativen vorausschauend qualitativ und quantitativ abgebildet werden. Damit wird auf Basis der gegenwärtigen Situation der Endzustand einer Entwicklung prognostiziert, wobei unterschiedliche Rahmenbedingungen berücksichtigt werden. Mit der Ableitung von so genannten Best-Case- (Entwicklung im positiven Fall) und Worst-Case-Szenarien (Entwicklung im negativen Fall) sowie der Normalentwicklung erhält man Anhaltspunkte für strategische Aktionen.

Zusätzlich reduziert die Szenariotechnik Komplexität, indem irrelevante Entwicklungen ausgeblendet werden können, und verschafft damit eine klare Vorstellung über künftige mögliche Veränderungen.

Mit Hilfe der Szenariotechnik können insbesondere politische und rechtliche Entwicklungen, aber auch andere externe Faktoren (wie z.B. Entwicklung der Nachfrage) in die unternehmerischen Entscheidungen einbezogen werden.

5.4.2   Beschreibung

MERKE:
Bei der Szenariotechnik geht es nicht darum, die Zukunft einzufangen bzw. vorherzusagen, sondern durch eine Variation der getätigten Annahmen neue Einschätzungen über alternative Entwicklungen zu gewinnen.

Mit ursprünglich militärischen Wurzeln hat die Szenariotechnik mittlerweile Anwendungsmöglichkeiten in ökonomischen und gesellschaftlichen Fragestellungen gefunden. Beispiele hierfür sind im volkswirtschaftlichen Bereich die Studien des Club of Rome („Die Grenzen des Wachstums") bzw. für den Bereich der strategischen Unternehmensplanung das Unternehmen Shell. Dieses hat die Szenariotechnik weiterentwickelt, um die extreme Instabilität und Unsicherheit der Ölbranche in den 70er Jahren mit der Erarbeitung von Handlungsoptionen zu bewältigen.

Die Szenariotechnik ist eine Methode, mit deren Hilfe die Auswirkungen von Veränderungen einzelner wichtiger Faktoren in der Zukunft systematisch durchgespielt werden. Szenariodenken ist der bewusste Versuch, sich der prinzipiellen Unberechenbarkeit der Zukunft zu stellen, Trends und Entwicklungen zu erkennen und die Konsequenzen für das Unternehmen schon im Vorhinein zu durchdenken.

Als Abgrenzung zu Prognosen versucht die Szenariomethode nicht, durch die möglichst genaue Hochrechnung der vorhandenen Informationen lediglich ein einziges Bild der Zukunft zu zeichnen. Das Ergebnis ist hingegen die bewusste Beschreibung mehrerer alternativer Zukunftsbilder (Szenarien).

Da es allerdings weder übersichtlich noch wirtschaftlich ist, alle denkbaren Zukunftsbilder zu erstellen, werden üblicherweise bis zu drei Szenarien erarbeitet, um damit eine ausreichende Bandbreite möglicher Entwicklungen zu erreichen, auf die sich das Unternehmen einzustellen hat. Diese sind:

- Ein optimistisches Extremszenario (Best Case), das die günstigste Zukunftsmöglichkeit veranschaulicht.
- Ein pessimistisches Extremszenario (Worst Case), in dem die schlechtestmögliche Entwicklung verdeutlicht wird.
- Ein Trendszenario, das die Normalsituation als Hochrechnung der wahrscheinlichsten Entwicklung ermittelt.

Abbildung 119 zeigt den so genannten Szenariotrichter, der die drei Grundformen in einem Diagramm zusammenfasst.

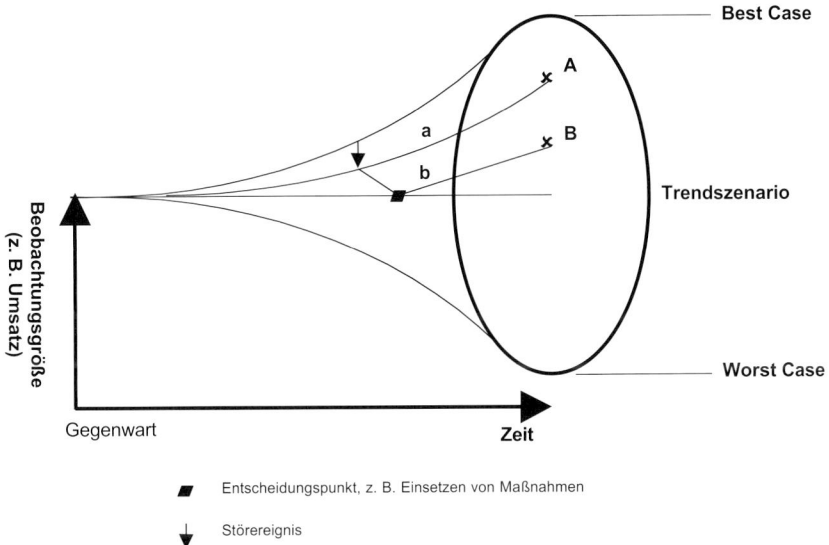

Abbildung 119: Szenariotrichter mit den drei Szenariogrundformen (Reibnitz, 1987)

Auf den ausgearbeiteten Szenarien aufbauend, können die möglichen Chancen und Risiken des Unternehmens genauer benannt werden. Diese Zukunftseinschätzungen fließen in die strategische Planung ein. Bei der Bewertung der entwickelten Strategieoptionen ist zu überprüfen, welche Szenarien auf die Umsetzung der Optionen reagieren. Es kann nämlich sein, dass die Szenarien auf die Strategieoptionen reagieren und sich dadurch verändern.

Zusätzlich zur beschriebenen Zielsetzung ermöglicht die Szenariotechnik darüber hinaus das Denken in Alternativen. Es ermöglicht, beim Eintreten unerwarteter Ergebnisse schneller reaktionsfähig zu sein. Darüber hinaus verschafft es den Beteiligten ein umfassenderes, differenzierteres Problemverständnis und zwingt zu einer systematischen Überprüfung der eigenen Sichtweise. Die Szenariotechnik bildet einen Rahmen zur Diskussion sowie bereichs- und hierarchieübergreifenden Kommunikation im Unternehmen.

5.4.3 Voraussetzungen und notwendiger Input

Wichtige Voraussetzung ist eine offene und progressive Denkweise der Führungskräfte, um Szenarien entwickeln zu können.

Zur Durchführung der Szenariotechnik eignet es sich, zunächst eine Umweltanalyse durchzuführen, um ein tieferes Verständnis für die externen Einflussfaktoren aus der Unternehmensumwelt zu gewinnen (siehe auch Kapitel 2.1).

Als primäre Quellen eignen sich unterschiedliche Methoden. Die nachstehende Tabelle zeigt die Anwendungsbereiche zu den jeweiligen Methoden.

Anwendungsbereich	Geeignete Methode	Beschreibung
Prognosen der Akzeptanz und des Absatzes von neuen oder veränderten Produkten	Experimentelles Verfahren	Testmärkte und kontrollierte Markttests als Feldexperimente, Laborexperimente.
Langfristige Absatzmöglichkeiten und Marktpotenziale bzw. auch allgemeine Umweltentwicklungen	Delphi-Technik, Expertenbefragungen	Mehrstufige schriftliche Befragung von Experten in mehreren Durchgängen. Ab der zweiten Befragungsrunde werden die Durchschnittswerte der vorherigen Befragung bekannt gegeben. Dadurch ergibt sich die Möglichkeit, die eigene Antwort abhängig von der Durchschnittseinschätzung zu geben.
Langfristige Prognosen von Umsatzentwicklungen bzw. Gewinnentwicklungen von Neuprodukten	Historische Analogie	Prognose einer zukünftigen Entwicklung anhand von Analogievergleichen mit vergangenen Entwicklungen bei ähnlichen Problemstellungen.
Prognose der Entwicklung des Marktes **durch qualitative Informationen**	Interviews, Befragungen	Umfragen über künftige qualitative und quantitative Entwicklungen bei sämtlichen Gruppen (z. B. bei Mitarbeitern, Lieferanten, Kunden, Führungskräften, Händlern).
Diskussion möglicher Entwicklungen des Marktes als Grundlage für Prognosen	Brainstorming	Spezielle Kreativitätstechnik mit Experten aus unterschiedlichen Bereichen und Hierarchien.

Tabelle 60: Methoden zur Datengewinnung bei der Szenariotechnik

Sekundärquellen, insbesondere Prognosen und Fachzeitschriften bzw. -artikel, sowie Trendstudien (z. B. Shell, Club of Rome) können weitere Informationen über Gefahren und Chancen im Rahmen der Szenariotechnik geben.

5.4.4 Vorgehensweise

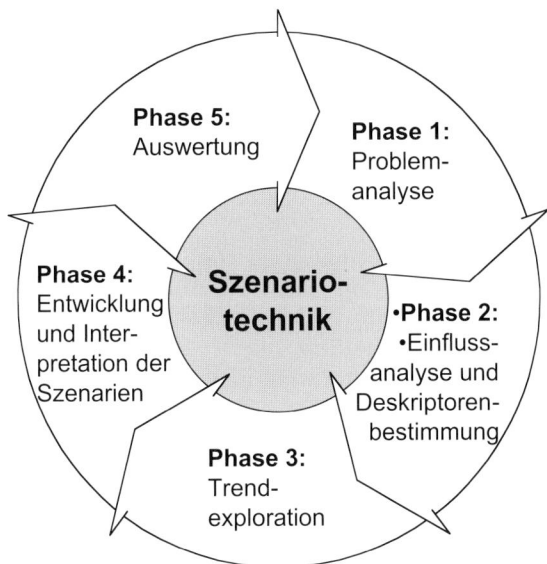

Abbildung 120: Vorgehensweise bei der Szenariotechnik

Phase 1: Problemanalyse

Ausgangspunkt jedes Szenarios ist, allgemein formuliert, ein gesellschaftliches oder unternehmensrelevantes Problem. Dieses Problem ist zunächst sachlich, zeitlich und räumlich abzugrenzen. Die sachliche Abgrenzung meint den Umfang des Problems (also betrifft es z.B. das gesamte Unternehmen oder nur einen Unternehmensbereich) sowie die Festlegung der Beobachtungsgröße, die aussagt, wie die Entwicklung gemessen werden soll (z.B. Umsatz, Gewinn, Anzahl neuer Kunden). Die räumliche Eingrenzung definiert die geografische Zuordnung (also z.B. regionale versus internationale Entwicklung). Bei der zeitlichen Abgrenzung sollte ein Zeithorizont von mindestens fünf Jahren, maximal aber 20 Jahren gewählt werden.

CHECKLISTE:

In der ersten Phase ist das Problem

✓ sachlich,

✓ zeitlich,

✓ räumlich

✓ abzugrenzen.

Phase 2: Einflussanalyse und Deskriptorenbestimmung

In der zweiten Phase werden relevante Segmente aus der Unternehmensumwelt identifiziert, die auf das Unternehmen einwirken (z.B. politischrechtliche Entwicklungen oder Technologie). In der Folge werden sie in konkrete Einflussfaktoren heruntergebrochen, so dass diese als einzelne Größen messbar sind. Dazu sind so genannte Deskriptoren (Kenngrößen) zu bestimmen, die den Einflussfaktor beschreiben. Die Deskriptoren können sowohl quantitativ (z.B. Anzahl der PCs pro 1.000 Einwohner) als auch qualitativ (z.B. Einstellung der Bevölkerung zu PCs – positiv, neutral, negativ) sein.

CHECKLISTE:

In der zweiten Phase sind:

✓ relevante Umweltsegmente zu bestimmen,

✓ diese in Einflussfaktoren zu differenzieren,

✓ Kenngrößen zu bestimmen.

Phase 3: Trendexploration

Für jeden identifizierten Einflussfaktor sind zunächst kurz-, mittel- und langfristige Trends zu bestimmen. Im Anschluss werden die Faktoren in zwei Gruppen zusammengefasst, in denen sie sich gegenseitig verstärken und unterstützen: in eine Gruppe von Faktoren, welche die positiven Entwicklungen bedingen, sowie in eine weitere Gruppe, in denen die Faktoren die negativen Entwicklungen bestimmen.

Phase 4: Entwicklung und Interpretation der Szenarien

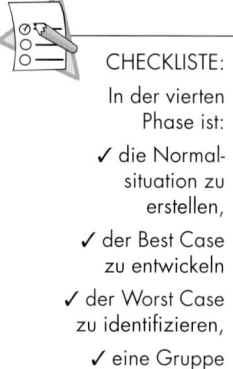

CHECKLISTE:

In der vierten Phase ist:

✓ die Normalsituation zu erstellen,

✓ der Best Case zu entwickeln

✓ der Worst Case zu identifizieren,

✓ eine Gruppe von Störereignissen zu entwickeln.

In der vierten Phase werden in Workshops die gewonnenen Erkenntnisse in ausführliche Szenarien überführt.

Hierbei wird zunächst das Trendszenario bzw. die Normalsituation erstellt, indem die bisherige Entwicklung hochgerechnet wird. Hierbei sind sichere Ereignisse mit einzubeziehen. Die Herausforderung besteht in der weder optimistischen noch pessimistischen Sichtweise, so dass tatsächlich ein Szenario resultiert, das unter normalen Einflüssen zustande käme.

Im zweiten Schritt wird das Extremszenario der bestmöglichen Zukunft (Best Case) erstellt, indem die Gruppe der Einflussfaktoren, welche die Zukunft positiv beeinflussen, ausgewertet wird. Diese Auswertung erfordert eine optimistische, aber dennoch realistische Einschätzung (z.B. könnte der Umsatz selbstverständlich ins Unermessliche steigen, wenn plötzlich alle das Produkt kaufen, aber oftmals ist das jenseits der Realität).

Im dritten Schritt wird das Extremszenario der schlechtestmöglichen Zukunft (Worst Case) parallel wie der Best Case erstellt.

Zusätzlich können später eintretende Störereignisse entwickelt werden, die keinen langfristigen Trend darstellen, sondern ein punktuelles Ereignis (z.B. Aufnahme eines neuen Landes in die Euro-Zone). Diese Störereignisse können einen Trend unterbrechen, stören oder vollständig neutralisieren. Daher ist ihre Auswirkung auf die Einflussfaktoren und auf das eigene Unternehmen zu analysieren. Als signifikanter Einfluss sind sie bei allen drei Szenarien zu berücksichtigen.

In der vierten Phase findet die Arbeit hauptsächlich in Workshops statt, da die Entwicklung und Interpretation der Szenarien ausgiebig zu diskutieren sind.

Phase 5: Auswertung

In der fünften Phase werden die entwickelten Szenarien in Diskussionsrunden auf Chancen und Risiken analysiert. Hierbei wird an die Ausgangssituation von Phase 1 angeknüpft. Mögliche Konsequenzen aus den entwickelten Szenarien sollen dazu dienen, Handlungsstrategien abzuleiten, um die gewünschte Entwicklung zu unterstützen bzw. unerwünschten Entwicklungen entgegenzuwirken.

Das Ergebnis dieser Phase ist die Erstellung eines Maßnahmenkatalogs zur optimalen Vorbereitung auf mögliche Entwicklungen (entsprechende Vorlage auf CD).

5.4.5 Vor- und Nachteile

Vorteile	Nachteile
• Denken in Szenarien erweitert den Horizont für vermeintlich „unwahrscheinliche" Entwicklungen der Umwelt • Erhebliche Komplexitätsreduktion durch das Ausblenden von irrelevanten Faktoren • Szenariodenken ist „Denken auf Vorrat", so dass schnelle Reaktionsfähigkeit ermöglicht wird	• Sehr aufwendiges Verfahren, meist ist intensive Primärforschung notwendig • Operationalisierung gestaltet sich oft als schwierig

Tabelle 61: Vor- und Nachteile der Szenariotechnik

5.4.6 Praxisbeispiel

Als Infrastruktur für so genannte E-Government-Anwendungen (z. B. Anträge oder Steuererklärungen online) sowie für die interne Kommunikation der Bundesbehörden steht der Informationsverbund Berlin-Bonn (IVBB) für elektronische Informations-, Kommunikations- und Transaktionsdienstleistungen zur Verfügung. Anlass für die Errichtung des IVBB war der Umzug des Deutschen Bundestages sowie der Bundesregierung nach Berlin. Ziel war es, die arbeitsteiligen Regierungsfunktionen zwischen Berlin und Bonn mittels moderner und sicherer Informations- und Kommunikationstechnologie zu unterstützen. Gleichzeitig entwickelt sich der Verbund zu einer tragenden Säule für die Verwaltungsmodernisierung.

Ein gutes halbes Jahr nach Beginn des Betriebs im Januar 1999 war es bereits an der Zeit, den Grundstein für die strategische Weiterentwicklung des IVBB zu legen. Im August 1999 nahm das „Quo-Vadis-Team" im Bundesministerium des Innern (BMI) die Vorbereitungen zur Szenarioanalyse auf. Eine interdisziplinäre Expertengruppe wurde zusammengestellt, um die Entwicklungen im Umfeld des IVBB in den Bereichen Gesellschaft, Politik, Wirtschaft und Technologie zu prognostizieren. Die interdisziplinäre Betrachtung sollte gewährleisten, dass die angeschlossenen Organisationen auch die zukünftigen Anforderungen an ihre Aufgaben erfüllen können. Denn der IVBB bildet in vielen Fällen das Rückgrat für die Abwicklung heutiger und zukünftiger Aufgaben der Verwaltung.

Die Kernaussagen der Szenarioanalyse waren:

- Im Jahr 2010 wird die Nutzung des Internets in Deutschland zur Selbstverständlichkeit geworden sein.
- Informationstechnologien werden auf breiter Front akzeptiert. Durch die neu entwickelten Technologien hat sich die Arbeitswelt in erheblichem Maße verändert.
- Die Arbeit kann nun häufig unabhängig vom Aufenthaltsort ausgeführt werden, da die Entwicklung der Netzdienste eine personenbezogene Mobilität der rechnergestützten Arbeit ermöglicht hat.
- Politik und Verwaltung haben die Bedeutung des Internets erkannt.

Das Angebot des IVBB wurde den Bedürfnissen der Nutzer entsprechend qualitativ und quantitativ ausgebaut und ergänzt. So wird das Wissensmanagement in den Ministerien durch die Bereitstellung zentraler Dienstleistungen wie z. B. intelligente Suchmaschinen unterstützt.

5.4.7 Vorlagen auf CD

Auf der Beilagen-CD sind eine PowerPoint-Vorlage für einen Maßnahmenkatalog sowie eine Excel-Vorlage für eine Faktorenanalyse hinterlegt.

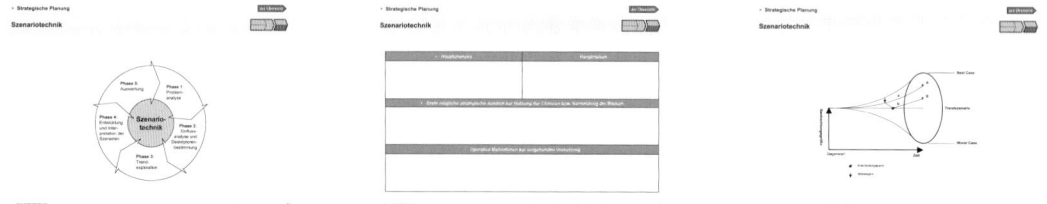

5.4.8 Verwandte und weiterführende Themen

- Umweltanalyse
  Bietet einen Überblick über sämtliche externen Einflüsse auf das Unternehmen. Mit Hilfe der Umweltanalyse können Szenarien konstruiert werden; auf der anderen Seite können Szenarien innerhalb der Umweltanalyse Anwendung finden.

- Gap-Analyse
  Die Gap-Analyse ist eine spezielle Form der Szenariotechnik, die auf die strategische Lücke abzielt und eher die internen Möglichkeiten und weniger die externen Einflussfaktoren betrachtet.

- Delphi-Technik
  Mit Hilfe der Delphi-Technik können ausführliche Erkenntnisse aus Experteninterviews (z. B. zu Entwicklung von Einflussfaktoren) gewonnen werden.

5.4.9 Literaturhinweise

GAUSEMEIER, J. / FINK, A. / SCHLAKE, O.: *Szenario Management: Planen und Führen mit Szenarien*, 2. Aufl., Carl Hanser Verlag, München 1996

GESCHKA, H. / HAMMER, R. (1992): *„Die Szenariotechnik in der strategischen Unternehmensplanung"*, in: Hahn, D. / Taylor, B. (Hrsg.): *Strategische Unternehmensplanung*, 6. Aufl., Heidelberg 1992, S. 311–336

GESCHKA, H. / PAUL, I. / WINKLER-RUSS, B. (1997): *„Szenarien – ein Instrument zur Unternehmensplanung"*, in: Zerres, M. / Zerres, I. (Hrsg.): *Unternehmensplanung – Erfahrungsberichte aus der Praxis*, Frankfurt 1997

GÖTZE, U. (1991): *Szenario-Technik in der strategischen Unternehmensplanung*, Wiesbaden 1991

MEADOWS, D. et al. (1972): *Die Grenzen des Wachstums*, Stuttgart 1972

Missler-Behr, M. (1993): *Methoden der Szenarioanalyse*, Wiesbaden 1993

REIBNITZ, U. *von* (1987): *Szenarien: Optionen für die Zukunft*, Hamburg 1987

5.5   Gap-Analyse

LEITFRAGEN:
- Erreichen wir unser Ziel, wenn wir so weitermachen wie bisher?
- Worin bestehen die Lücken zur festgelegten Strategie?
- Welche Maßnahmen bieten sich an, um die strategischen Zielwerte zu erreichen?

5.5.1   Zielsetzung und Anwendungsgebiet

Die Gap-Analyse projiziert Unterschiede zwischen Plan- und Ist-Größen in die Zukunft. Mit ihrer Hilfe wird nicht nur die Planungsgröße mit der tatsächlichen Entwicklung abgeglichen, sondern auch die Abweichung zwischen der strategischen Zielsetzung und der prognostizierten operativen Entwicklung ermittelt. Diese Analyse bietet eine Ausgangsbasis für die Bestimmung der Ursachen von Abweichungen sowie Anhaltspunkte für strategische Gegenmaßnahmen, die das Unternehmen auf ein höheres Leistungsniveau heben können.

5.5.2   Beschreibung

Die Gap-Analyse (Gap von englisch: Lücke) gehört zu den klassischen Ansätzen der strategischen Unternehmensplanung. Dabei werden Ist- und Planwert einer Zielgröße (z.B. Umsatz, Gewinn oder Anzahl verkaufter Produkte) zu verschiedenen Zeitpunkten gegenübergestellt.

Bei der Analyse der Lücken unterscheidet man zwischen operativer und strategischer Lücke. Die operative Lücke stellt die Abweichung zwischen der prognostizierten Entwicklung bei unverändertem Vorgehen und der potenziellen Entwicklung bei optimalem Vorgehen dar. Die strategische Lücke bildet dagegen die Abweichung zwischen der potenziellen Entwicklung bei optimalem Vorgehen und geplantem Ergebnisziel. Abbildung 121 veranschaulicht die Zusammenhänge zwischen operativer und strategischer Lücke.

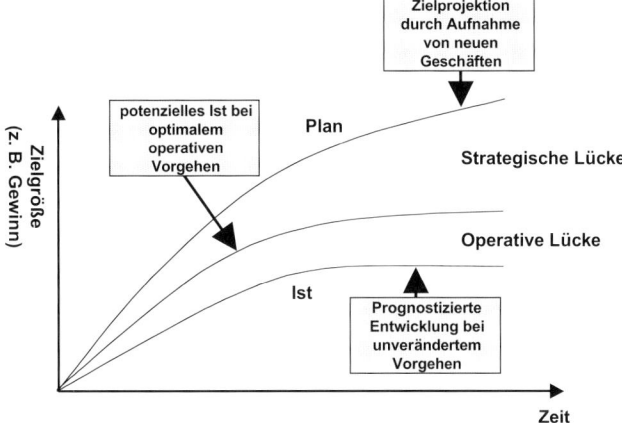

Abbildung 121: Strategische und operative Lücke im Vergleich

Die identifizierten Lücken werden anhand der vermuteten Abwei-
chungsursachen analysiert und es können geeignete Maßnahmen abgeleitet werden.

Bei der Analyse wird meist auffallen, dass die prognostizierte Ist-Ent-
wicklung unter der Plan-Entwicklung liegt und damit strategische und
operative Lücken existieren. Strategische Ziele sind häufig sehr ehrgeizig
aufgestellt, so dass die Ziele in der Realität oft kaum erreicht werden. Analog ist ein fehlerfreies operatives Vorgehen in der Realität selten zu beobachten.

Möglichkeiten zur Schließung von operativen Lücken sind z. B. Effizienz-
steigerungen (z. B. durch Kosteneinsparungen bzw. Rationalisierungen,
Leistungssteigerungen, Überdenken von Produktionsentscheidungen, Produktverbesserungen bzw. Qualitätssteigerungen) und die Verbesserung
der absatzpolitischen Instrumente.

Um strategische Lücken zu schließen, bieten sich Portfolioansätze zur
Entscheidungsunterstützung an (vgl. Kapitel 1.10 bis 1.12).

5.5.3 Voraussetzungen und notwendiger Input

Da die Gap-Analyse oftmals am Anfang des Strategieprozesses steht, sind
keine Voraussetzungen notwendig. Daten aus folgenden Quellen sind erforderlich, um eine umfassende Einschätzung treffen zu können:

- interne Planung bzw. internes Controlling für Ist- und Planwerte,
- Experteninterviews innerhalb der Organisation zur Erklärung der Abweichung und Aufstellung von Maßnahmenkatalogen.

5.5.4 Vorgehensweise

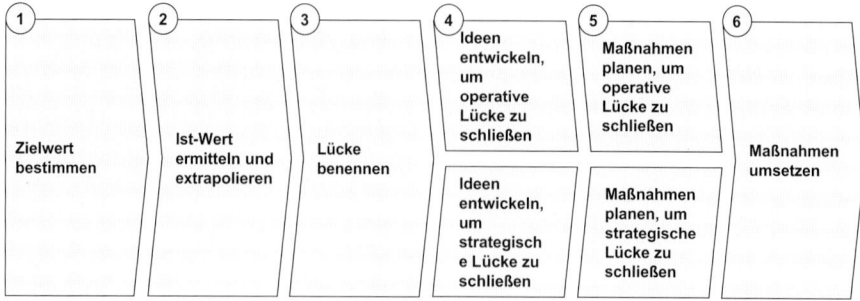

Abbildung 122: Vorgehensweise bei der Gap-Analyse

Schritt 1: Zielwert bestimmen

Zunächst ist die Zielgröße zu bestimmen, die den Erfolg des Unternehmens
abbildet (z. B. Gewinn, Umsatz, EVA, neu akquirierte Kunden, abgewi-
ckelte Projekte). Danach werden die quantitativen Ergebniszielsetzungen
für ein, drei und fünf Jahre als „Ziellinien" in ein Diagramm eingetragen.
Dabei sind auch Erwartungen von Umwelt- und Branchenentwicklungen
zu berücksichtigen. Auf der vertikalen Achse (Ordinate) wird die Zielgröße, auf der horizontalen Achse (Abszisse) die Zeit abgetragen.

Schritt 2: Ist-Wert ermitteln

Als Nächstes wird das erste Jahresergebnis eingetragen. Dieses wird für den gesamten Zeitraum extrapoliert und als Linie in das Diagramm eingezeichnet.

Eine Extrapolation (Hochrechnung der Zukunftswerte) wird vorgenommen, indem man Kosten- und gegebenenfalls Preissteigerungen unter Berücksichtigung von Inflationsraten etc. in die Zukunft rechnet. Steigerungen des Absatzes können berücksichtigt werden, wenn die historische Entwicklung und die Zukunftserwartungen das rechtfertigen.

Schritt 3: Lücke benennen

Für jede Geschäftseinheit bzw. jeden Bereich ist die Lücke zwischen Ist- und Planwerten zu identifizieren und zu analysieren. Die Lücke ist in eine strategische und eine operative Lücke aufzuspalten. Gibt es offensichtliche Gründe für die jeweiligen Lücken, weil z.B. eine bedeutende Entwicklung (Unternehmensverkauf, Schließungen von Geschäftsstellen oder Verlust eines Großabnehmers etc.) den Ergebnisverlauf stört, so sind sie in diesem Schritt festzuhalten.

Schritt 4: Ideen entwickeln, um Lücken zu schließen

Um das Soll-Ergebnis näher an das Planziel zu bringen und damit die strategische Lücke zu schließen, sind neue Ziele zu setzen und Maßnahmenkataloge zusammenzustellen. Dazu werden in einem Brainstorming alternative Wettbewerbspositionen und Investitionsalternativen abgeleitet und deren voraussichtliche Entwicklung prognostiziert. Im Anschluss werden alternative Geschäftsstrategien und Investitionsprogramme für jede einzelne Geschäftseinheit erörtert.

Zur Schließung der operativen Lücke ist die Kostenstruktur zu analysieren und Effizienz und Effektivität der einzelnen Bereiche zu überprüfen (vgl. Kapitel 1.4). Letztendlich können hier Maßnahmen zugeordnet werden, welche die Alltagsarbeit und -routinen schneller, günstiger, einfacher oder hochwertiger gestalten. Dazu sind in einer gesonderten Analyse Kosteneinsparungspotenziale zu analysieren.

CHECKLISTE:

✓ Entwickeln Sie durch Brainstorming mögliche Maßnahmen.

✓ Überprüfen Sie die Kostenstruktur und leiten Sie daraus weiterführende Analysen und Maßnahmen ab.

Schritt 5: Maßnahmen planen

Anschließend werden detaillierte Pläne erarbeitet, z.B. für Akquisitionen oder Durchführung von alternativen Investitionsprogrammen. Dazu sind die notwendigen Ressourcen (finanziell wie personell) sowie die Auswirkungen auf bestehende Geschäftseinheiten zu bestimmen. Anhand dieser Analyse können die Ziele und Strategien bestehender Geschäftseinheiten korrigiert werden, um die Auswirkungen der Maßnahmen zu berücksichtigen.

Abschließend werden die Ziele, Strategien und abgeleiteten Maßnahmen endgültig zusammengeführt.

TIPP:

Mit Hilfe eines Flipcharts können die Alternativen in das Diagramm eingezeichnet werden. So können die Prognosen wirkungsvoll visualisiert werden.

Schritt 6: Maßnahmen umsetzen

Im letzten Schritt wird der Maßnahmenkatalog nach Schlüsselthemen gegliedert, so dass anhand von Aufgabenpaketen, Meilensteinen, Messgrößen, personellen Verantwortlichkeiten und Endterminen die abgeleiteten Maßnahmen umgesetzt werden. Dabei liegt die Gesamtverantwortung stets beim obersten Management, das in letzter Konsequenz über sämtliche Maßnahmen zu entscheiden hat.

5.5.5 Vor- und Nachteile

Vorteile	Nachteile
• Fundierung von Maßnahmen und Programmen auf Abweichungen von Soll/Plan	• Sehr grobes Analysemodell als Bestandsaufnahme, benötigt in der Weiterverarbeitung komplexere Modelle
• Zielorientierung durch Überprüfung der Alternativen	• Die Lücke zwischen Plan und Ist verringert die Glaubwürdigkeit der eigenen Planung
• Weit verbreitetes Instrument	
• In vielen Unternehmen Ausgangspunkt der strategischen Planung	• Stellt nur eindimensional und unvollständig die strategische Stoßrichtung dar

Tabelle 62: Vor- und Nachteile der Gap-Analyse

5.5.6 Praxisbeispiel

Ein junges Biotech-Unternehmen hat sich im Bereich der Bioprozessanalytik positioniert. Da in dem Unternehmen ausgewiesene Wissenschaftler tätig waren, fiel es diesem Unternehmen nicht schwer, im Zuge des „Biotech-Booms" einen Risikokapitalgeber zu finden, der in den Ausbau der Aktivitäten investierte. Bereits nach zwei Jahren wurde das Unternehmen an der Börse platziert. Basis der Entscheidung für den Börsengang und die Ermittlung des Verkaufskurses war u. a. eine Umsatz- und Renditeplanung. Bereits nach einem weiteren Jahr stand aber fest, dass die Planung unrealistisch hoch war. Eine durchgeführte Gap-Analyse zeigte, dass die Unternehmensleitung bei ihrer Umsatzplanung im Bereich von 100 % danebenlag. Zudem zeigte sich, dass der eigentliche Markt für die Produkte und Leistungen dieses Unternehmens weniger Chemie- und Pharma-Unternehmen in Deutschland, sondern insbesondere in den USA und Japan waren. Im Anschluss an diese Analysen wurden dann gezielte Maßnahmen zum Aufbau dieser Märkte sowie der Einstieg in Diversifikationsfelder geprüft.

Hätte man bereits im Zuge der strategischen Planung derartige Betrachtungen angestellt, wären dem Unternehmen, aber insbesondere auch allen Investoren erhebliche Sorgen erspart geblieben.

5.5.7 Vorlagen auf CD

Auf der CD zum Buch finden Sie eine Vorlage zur Diagrammentwicklung.

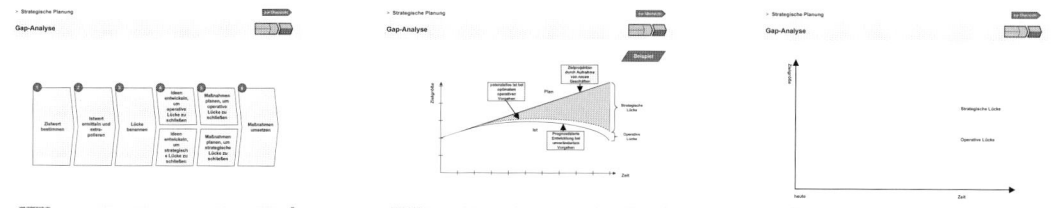

5.5.8 Verwandte und weiterführende Themen

- Szenarioanalyse
  Bietet einen Rahmen, um die Planwerte zu prognostizieren. Hierbei können z.B. politische Einflussfaktoren mit berücksichtigt werden.

- Wertkettenanalyse
  Kann als Diagnoseinstrument herangezogen werden, um Alternativen zu entwickeln, die strategische Lücke zu schließen bzw. diese Alternativen innerhalb der Wertkette zu lokalisieren.

- Portfolioansätze
  Bilden den klassischen Entscheidungsrahmen zur Schließung der strategischen Lücke.

- Lebenszyklusanalyse
  Sollte herangezogen werden, um die Ursachen der Lücke zu analysieren.

- Vision, Mission, Kernwerte
  Bei Neuentwicklung der Strategie bzw. bei der Alternativenwahl zur Schließung der Lücken ist stets das Leitbild des Unternehmens einzubeziehen.

- Kostenstrukturanalyse
  Kann herangezogen werden, um Potenziale zur Schließung der operativen Lücke aufzudecken.

5.5.9 Literaturhinweise

ANSOFF, I. et al. (1976): *From Strategic Planning to Strategic Management*, London 1976

BOUTELLIER, R. / SCHNECKENBURGER, T. (2000): *Pocket Power Prognosen*, Carl Hanser Verlag, München/Wien 2000

5.6   Balanced Scorecard

LEITFRAGEN:
- Wie können wir die entwickelte Strategie in den Arbeitsalltag integrieren und umsetzen?
- Wie können wir Prozesse und Projekte unter Berücksichtigung der Strategie steuern?
- Wie können wir unseren Mitarbeitern die Strategie näher bringen?
- Wie können wir den Überblick über den Erfolg unserer Maßnahmen behalten?

5.6.1   Zielsetzung und Anwendungsgebiet

Das Modell der Balanced Scorecard (BSC) fungiert als Kontroll- und Steuerungsinstrument für das Management, indem die kaum greifbare Strategie und Vision in konkrete Größen und messbare Ziele heruntergebrochen und übersichtlich dargestellt wird. Die BSC bildet dabei nicht ausschließlich finanzielle Ziele der Unternehmung ab, sondern berücksichtigt sämtliche Faktoren, die für den Unternehmenserfolg maßgeblich, aber nicht unbedingt über monetäre Größen messbar sind.

Dabei wird auf die Verknüpfung zwischen Zielen und der festgelegten Strategie Wert gelegt. Die Planung und Festlegung von Zielen, ausgehend von der übergeordneten Strategie, wird auf diese Weise schlüssig. Durch die Abstimmung der strategischen Maßnahmen untereinander entsteht Klarheit über die einheitliche Richtung: die Erreichung der Vision. Den Mitarbeitern werden sowohl die Vision als auch strategische Ziele und abgeleitete Maßnahmen kommuniziert. Von dieser Transparenz profitiert auch die Kommunikation mit Gesellschaftern, Kreditgebern und anderen Interessengruppen.

Die BSC bietet umfangreiche Steuerungsmöglichkeiten. Im Rahmen kontinuierlicher Prozesse werden alle unternehmenswichtigen Ziele und deren Erreichung zentral kontrolliert, im Zeitverlauf beobachtet und in einem ständigen Dialog mit den Mitarbeitern Maßnahmen abgeleitet, die den Unternehmenserfolg steigern.

5.6.2   Beschreibung

Ausgehend von den Unzulänglichkeiten der traditionell rein finanzwirtschaftlich ausgerichteten Kennzahlensysteme entwickelten Kaplan und Norton 1990 in Zusammenarbeit mit zwölf Firmen ein neues Performance-Measurement-System, das nach einigen Weiterentwicklungen unter dem Namen Balanced Scorecard (BSC) bekannt wurde (vgl. Kaplan/Norton, 1997). Die BSC ist ein ausgewogener (daher englisch balanced), umsetzungsorientierter Steuerungsansatz, der sowohl die interne als auch die externe Unternehmensperspektive in Einklang bringt. Sie besteht üblicherweise aus vier Perspektiven, die jeweils mit entsprechenden Kennzahlen charakterisiert werden. Die typischen Perspektiven des Standardmodells sind:

- Finanzperspektive,
- Kundenperspektive,
- interne Prozessperspektive,
- Lern- und Entwicklungsperspektive.

Die vorgeschlagenen Perspektiven bilden in der Regel die bedeutendsten Faktoren des Unternehmens ab. Da die BSC allerdings hochgradig geschäftsspezifisch ist, können die Perspektiven je nach Branche und Zusammenhang umgestaltet bzw. um weitere Perspektiven ergänzt werden (vgl. Kaplan/Norton, 1997). Abbildung 123 veranschaulicht die vier Perspektiven mit den jeweiligen Kernfragen.

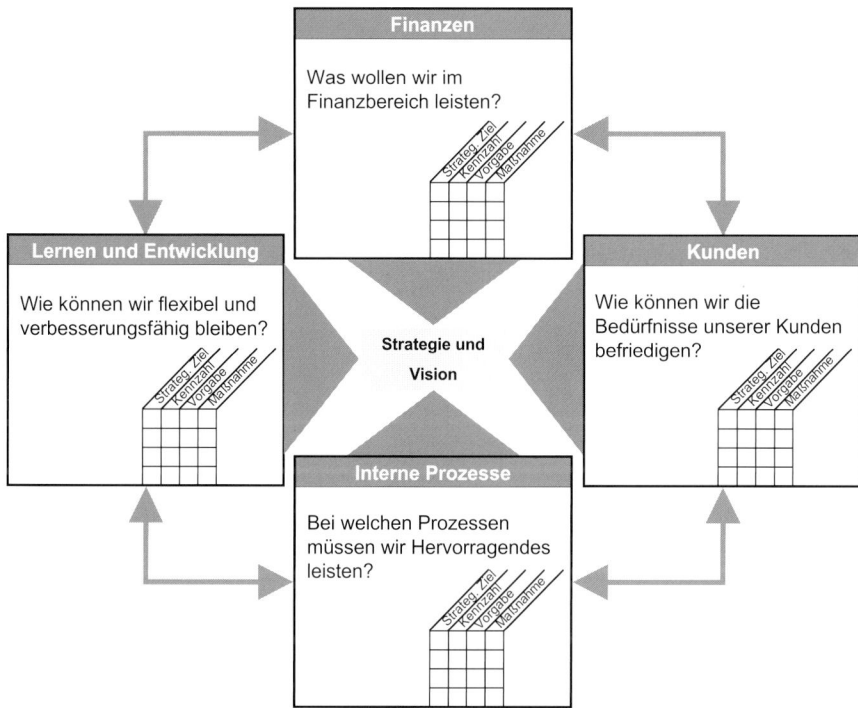

Abbildung 123: Das Grundmodell der Balanced Scorecard

Die Kennzahlen, die hinter den Perspektiven stehen, bilden eine Balance zwischen extern orientierten Messgrößen für die Gesellschafter und Kunden (z.B. Gewinn, Return on Investment, Kundenzufriedenheit, Anzahl Reklamationen) sowie intern orientierten Messgrößen für die Gesamtsteuerung (z.B. Durchlaufzeit, Deckungsbeitrag, Mitarbeiterproduktivität). Zusätzlich sollten die Kennzahlen ein Gleichgewicht zwischen den Ergebnissen vergangener Tätigkeiten (so genannte nachlaufende Ergebnisse) und Kennzahlen, welche die zukünftige Leistung antreiben (vorlaufende Leistungstreiber), darstellen. Zudem können finanzielle und nichtfinanzielle Größen (z.B. Durchlaufzeit, Anzahl von Verbesserungsvorschlägen, Anzahl Reklamationen) Einzug in die Perspektiven finden. Die finanziellen Kennzahlen (z.B. Umsatz, Gewinn, Deckungsbeitrag) werden über Ursache-Wirkungs-Ketten mit den wesentlichen Aspekten aus der Kunden-,

MERKE:
Die BSC sollte ausgewogen sein hinsichtlich

- externer und interner,
- finanzieller und nichtfinanzieller,
- nachlaufender und vorlaufender,
- kurz- und langfristiger

Kennzahlen.

internen Prozess- und Mitarbeiterperspektive verknüpft. Auf diese Weise werden alle vier Perspektiven in einem Ursache-Wirkungs-Modell miteinander verknüpft und die Zusammenhänge und Abhängigkeiten sichtbar. Aus den definierten Kennzahlen innerhalb der Perspektiven werden Zielwerte abgeleitet, die es zu erreichen gilt. Mittels Zielvereinbarungen mit den Mitarbeitern können die entsprechenden Maßnahmen zugeordnet und umgesetzt werden. Das Resultat ist eine gemeinsame Erreichung der angestrebten Vision unter Zusammenarbeit mit sämtlichen Mitarbeitern.

5.6.3 Voraussetzungen und notwendiger Input

BEACHTE:
Die Voraussetzungen müssen sorgfältig geschaffen werden, da die Anwendung oft scheitert, weil z. B. die Beziehungen zwischen den Perspektiven nicht ausreichend analysiert wurden.

Zunächst stellt sich die Frage, ob eine BSC für das gesamte Unternehmen (Unternehmensscorecard) oder für einen Geschäftsbereich entwickelt werden soll. Die Entwicklung einer Unternehmensscorecard ist in den meisten Fällen trotz der gemeinsamen Nutzung von Unternehmensressourcen mit Problemen verbunden, da die Prozesse der einzelnen Einheiten sehr unterschiedlich sind. Die BSC funktioniert am besten in einem Geschäftsbereich, dessen Aktivitäten sich über eine vollständige Wertkette erstrecken – also von Innovation, Produktion über Marketing, Vertrieb und Service (vgl. Kapitel 1.9). Ein solcher Geschäftsbereich sollte seine eigenen Produkte und Kunden, eigenes Marketing, eigene Vertriebswege und Produktionsstätten besitzen. Außerdem sollte es leicht möglich sein, charakteristische, finanzielle Kennzahlen zu bilden, ohne die Komplexitäten, die mit Verrechnungspreisen von einer Organisationseinheit zur anderen verbunden sind, berücksichtigen zu müssen.

Bei der Erarbeitung der BSC sind zunächst die strategischen Voraussetzungen zu prüfen, d. h. es muss das Leitbild (bestehend aus Vision, Mission und Kernwerten) definiert worden sein (vgl. Kapitel 4.4). Zusätzlich muss sichergestellt werden, dass die BSC durch das obere Management uneingeschränkt unterstützt wird. Da die BSC unternehmensweit und abteilungsübergreifend eingesetzt wird, muss eine umfassende Information und Kommunikation gewährleistet sein. Zweifel an den Vorzügen des Modells sollten nicht bestehen.

Der Input wird durch Projektteams und Workshops erarbeitet. Den Rahmen muss ein zentrales Projektteam bilden, das sich ausschließlich mit der BSC zu beschäftigen hat. In den Workshops mit entsprechenden Führungskräften werden z. B. die Perspektiven festgelegt, Kennzahlen abgeleitet und Maßnahmen entwickelt.

5.6.4　Vorgehensweise

Abbildung 124: Vorgehensweise bei der Einführung einer Balanced Scorecard

Schritt 1: Perspektiven festlegen

Zunächst sind im ersten Schritt die Perspektiven der BSC festzulegen. Bei den von Kaplan/Norton vorgeschlagenen Perspektiven handelt es sich zwar um Unternehmensdimensionen, die nahezu auf jedes Unternehmen zutreffen, allerdings können sie je nach Branche und Unternehmensphilosophie von den typischen Perspektiven abweichen (vgl. Kaplan/Norton, 1997). So könnte für ein Industrieunternehmen die ökologische Umwelt eine bedeutende Rolle spielen und in einer fünften Perspektive „Umwelt" berücksichtigt werden. Bei Kreditinstituten könnte das Risiko (Kreditausfallrisiko etc.) in einer eigenen Perspektive einbezogen werden. Deshalb sind durch Führungskräfteworkshops die Strategie, die Vision und die Kernwerte bzw. Unternehmensphilosophie zu analysieren, um zu bestimmen, welche Perspektiven Einzug in die BSC finden sollen.

Im Anschluss ist die Reihenfolge der Perspektiven zu definieren. Dabei steht die Frage im Vordergrund, welche Perspektive am Ende der gesamten Wirkungskette steht und von den Erfolgen der übrigen Perspektiven abhängt. Üblicherweise ist dies die Finanzperspektive, kann aber auch z.B. bei gemeinnützigen Einrichtungen die Kundenperspektive sein. Dementsprechend sind die Perspektiven nacheinander zu verketten. Abbildung 125 zeigt die Zusammenhänge der Perspektiven einer beispielhaften BSC.

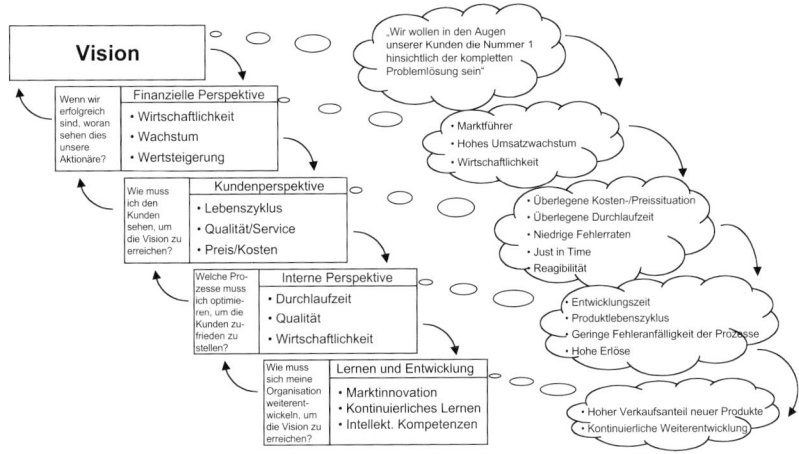

Abbildung 125: Zusammenhänge der Perspektiven einer exemplarischen BSC (vgl. Maisel, 1992)

Schritt 2: Strategische Ziele innerhalb der jeweiligen Perspektiven aus der Strategie ableiten

Im zweiten Schritt sind aus der Strategie jeweils ca. fünf strategische Ziele für jede Perspektive abzuleiten. Die Ziele sind sehr allgemein formuliert, also z. B. „Qualität steigern" statt „Ausschussquote senken". Das in dieser Form definierte Ziel kann damit durch unterschiedliche Kennzahlen beschrieben und messbar gemacht werden.

Bei der **Finanzperspektive** geht es primär um wichtige finanzwirtschaftliche Stellhebel für das Unternehmen. Bei den meisten Unternehmen lautet das grundsätzliche unternehmerische Gesamtziel, Gewinn zu machen (bzw. genauer: Gewinn oberhalb der Eigenkapitalkosten zu machen) oder allgemein ausgedrückt: Wert zu schöpfen. Sämtliche Perspektiven münden letztendlich in die Finanzperspektive, denn hier schlagen sich die Einzelerfolge der jeweiligen Perspektiven in Form von Finanzkennzahlen nieder.

Die zu definierenden Unterziele müssen gemeinsam mit Führungskräften aus dem Bereich Finanzen/Controlling individuell für das Unternehmen erarbeitet werden, denn nur diese haben einen umfassenden Überblick über die angestrebten finanziellen Ziele im Unternehmen.

Beispiele für Ziele im Finanzbereich sind:

- Produktivität steigern,
- Unternehmenswert anheben,
- Wertschöpfung erhöhen,
- Kosten senken,
- Umsatz steigern,
- Vermögenswerte verstärkt nutzen.

Die **Kundenperspektive** betrachtet das Unternehmen von außen und beschreibt, welches Kundenverständnis das Unternehmen haben muss, um die Strategie erfolgreich umzusetzen. Wesentliche Voraussetzung ist, den Kunden zu definieren: Kunden können sowohl interne als auch externe Abnehmer sein, die nicht zwingend direkt für Zahlungen verantwortlich sind (z. B. betrachten Universitäten ihre Studenten als Kunden oder Vereine ihre Mitglieder). Die Ziele für die Kundenperspektive sind wieder direkt aus der Strategie und Vision abzuleiten.

Maßgeblich dabei können die Lösungen sein, mit denen das Unternehmen den Kundenwunsch befriedigen kann. Es kann auch die Frage eine Rolle spielen, was das Unternehmen auszeichnet, dass der Kunde gerade dort kaufen sollte. Hilfreich ist auch, die Sicht des Kunden einzunehmen und zu simulieren, worauf der Kunde den größten Wert legen würde und welche seine Bedürfnisse sind. Durch Workshops mit Führungskräften aus dem Vertrieb und der Kundenbetreuung, aber auch durch Befragungen der Kunden selbst können hier Erkenntnisse gewonnen werden.

Typische Ziele aus der Kundenperspektive sind z. B.:

- Kundenbindung erhöhen,
- Kundenzufriedenheit steigern,
- Reputation und Image aufbauen,

- innovative Lösungen entwickeln,
- Markt- und Gewinnanteil ausbauen,
- Kundenrentabilität steigern,
- Kundenakquisition erhöhen.

Die **interne Prozessperspektive** konzentriert sich auf die Abläufe im Unternehmen. Dazu sind diejenigen Prozesse zu ermitteln, bei denen das Unternehmen hervorragend aufgestellt sein muss, um die Ziele der vorangestellten Perspektiven (also Finanz- und Kundenperspektive) zu erreichen. Die Reihenfolge, um die Perspektiven zu erarbeiten, spielt also eine wichtige Rolle.

Bei der Zielentwicklung der internen Prozessperspektive werden die wichtigsten Geschäftsprozesse des Unternehmens identifiziert und beobachtet. Die Prozesse erkennt man, indem die Wertkette nach Porter innerhalb der typischen Hauptprozesse (also Innovationsprozess, Betriebsprozesse und Kundendienstprozess) auf diejenigen Teilprozesse untersucht wird, die zur Erreichung der Finanz- und Kundenziele und damit zur Erreichung der Strategie beitragen.

Beispiele für Ziele der internen Prozessperspektive sind:

- Produkt- und Qualitätssicherung ausbauen,
- Innovationsgrad erhöhen,
- Waren vorrätig haben/Lieferbarkeit garantieren,
- Lieferzeit minimieren,
- internes Wissensmanagement optimieren.

Die vierte Perspektive der BSC, die **Lern- und Entwicklungsperspektive**, beschreibt Ziele zur Förderung eines lernenden und wachsenden Unternehmens. Hierbei geht es um die Zukunftsfähigkeit und das langfristige Überleben des Unternehmens, getragen durch sämtliche Bereiche. Die strategischen Ziele dieser Perspektive sind die treibenden Faktoren für langfristig hervorragende Ergebnisse der ersten drei Perspektiven.

Ziele können z. B. sein:

- Mitarbeiterzufriedenheit steigern,
- Mitarbeiterpotenziale fördern,
- Potenziale von Informationssystemen ausbauen,
- Motivation steigern,

Schritt 3: Ursache-Wirkungs-Beziehungen aufbauen

Im nächsten Schritt sind die definierten strategischen Ziele aus Schritt 2 miteinander zu verknüpfen. Dazu ist festzulegen, welche Ziele von welchen Zielen abhängig sind. Zur Visualisierung werden die treibenden Faktoren durch Pfeile mit Ergebnisfaktoren verbunden. Jedes Ziel muss in einer Kette verbunden sein, die am Ende mit den strategischen Zielen der Finanzperspektive verknüpft ist.

Diese Aufgabe wird bereichsübergreifend in Workshops bearbeitet. Abbildung 126 zeigt beispielhaft ein Ursache-Wirkungs-Diagramm.

CHECKLISTE:
Leiten Sie die strategischen Ziele in Workshop-Arbeit direkt aus Strategie und Vision ab – für die Perspektiven:

✓ Finanzen,
✓ Kunden,
✓ interne Prozesse,
✓ Lernen und Entwicklung.

CHECKLISTE:
Erstellen Sie in Workshops die Verbindungen der strategischen Ziele durch ein Ursache-Wirkungs-Diagramm.

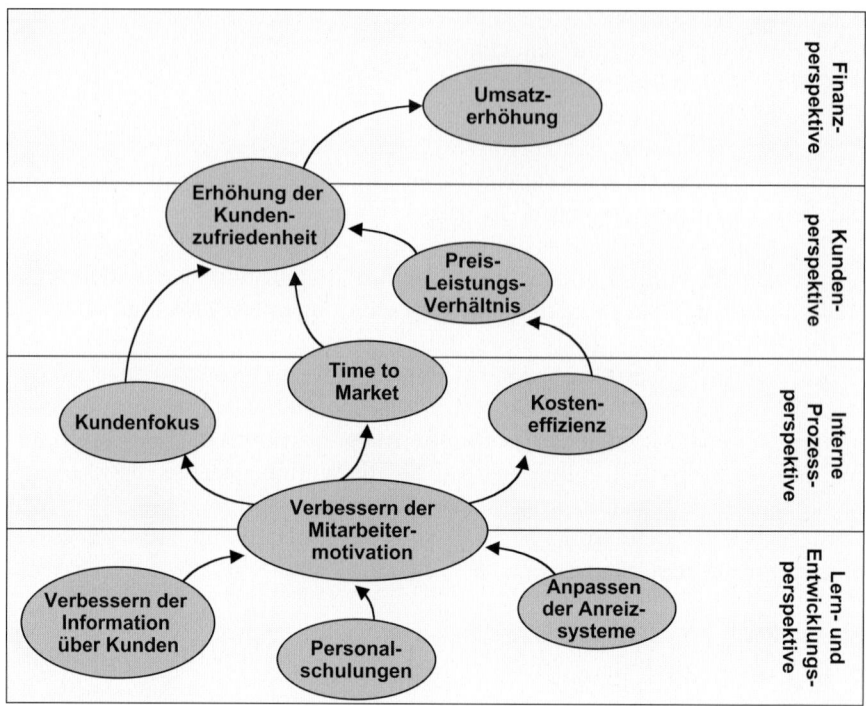

Abbildung 126: Beispielhaftes Ursache-Wirkungs-Diagramm

Schritt 4: Messgrößen auswählen

Im vierten Schritt sind konkrete Kennzahlen zu entwickeln, welche die definierten Zielsetzungen am besten zum Ausdruck bringen und vermitteln.
Die Kennzahlen dienen der Messbarkeit und Operationalisierung der strategischen Zielerreichung. Damit wird deutlich, dass für jedes Ziel Kennzahlen zu entwickeln sind. Können strategische Ziele nicht durch Kennzahlen ausgedrückt werden, sind die Ziele nicht operationalisierbar.

Dafür ist zunächst in einem Brainstorming eine Liste zu erstellen, in der
für jedes Ziel mögliche Kennzahlen gelistet werden. In weiteren Workshops werden diese Kennzahlen anhand der Kriterien Aussagekraft, Effizienz, Aufwand/Nutzen oder Machbarkeit/Zweckmäßigkeit bewertet. Anschließend werden die Kennzahlen priorisiert und festgelegt.

Zusätzlich sind für jede Kennzahl die Häufigkeit der Erhebung und die
Verantwortlichkeit festzulegen, um die Ermittlung in das Berichtswesen zu
integrieren und damit das Funktionieren der BSC sicherzustellen (Vorlage
auf CD). Oftmals werden die ausgewählten Kennzahlen bereits erhoben,
aber nicht in einen Gesamtzusammenhang gebracht. Falls die Kennzahlen
neu zu ermitteln sind, muss geprüft werden, ob die Kennzahl regelmäßig
erhoben werden kann bzw. welche Maßnahmen notwendig sind, um die
relevanten Informationen verfügbar zu machen.

Tabelle 63 veranschaulicht die Kennzahlenübersicht für ein strategisches
Ziel in der Lern- und Entwicklungsperspektive.

Strategisches Ziel	Kennzahlen	Häufigkeit der Auswertungen	Verantwortlichkeit für Datenpflege	Berichtsempfänger
Gewinnen, qualifizieren, fördern von qualifizierten Mitarbeitern	Weiterbildungstage pro Mitarbeiter	monatlich	Weiterbildungsbeauftragter	Vorstand/Leiter Personal
	intern besetzte Führungspositionen in %	halbjährlich	Personalentwicklung	Vorstand/Leiter Personal
	Erhebungsgrad Qualifikationen (Ausbildung, Weiterbildung, Zusatzqualifikationen)	vierteljährlich	Weiterbildungsbeauftragter	Vorstand/Leiter Personal
	Durchführung von Hochschulmessen und Vergabe von Diplomarbeiten	halbjährlich	Personalmarketing	Vorstand/Leiter Personal
	Fluktuation durch Eigenkündigungen	vierteljährlich	Personalabteilung	Vorstand/Leiter Personal
	tatsächlich umgesetzte Personalentwicklungsmaßnahmen in %	jährlich	Personalentwicklung	Vorstand/Leiter Personal

Tabelle 63: Exemplarische Kennzahlenübersicht

Schritt 5: Zielwerte festlegen

Nachdem die Kennzahlen im Schritt 4 die Strategie greifbar operationalisiert haben, sind im Folgeschritt Ziele gemeinsam mit den Kennzahlenverantwortlichen festzulegen. Damit wird der Beitrag zur Strategieumsetzung definiert. Zunächst können diejenigen Kennzahlen Vorrang erhalten, die als wichtige Hebel identifiziert wurden und damit wichtig für die verknüpften Ziele sind. Abbildung 127 zeigt einen Auszug einer BSC-Matrix am Beispiel eines IT-Unternehmens (Vorlage auf CD).

BEACHTE:
Die Ziele sollten zwar ehrgeizig, aber dennoch erreichbar sein, da ansonsten die Motivation der verantwortlichen Mitarbeiter schwindet.

	Strategisches Ziel	Kennzahl	Vorgabe
Finanzen: Was wollen wir im Finanzbereich leisten?	• ROCE über Branchendurchschnitt • Schneller als der Markt wachsen • Cashflow steigern	• Return on Capital Employed (ROCE) • Umsatzwachstum • Discounted Free Cashflow	• ROCE über 24 % • Wachstumsrate von über 13 % • Zuwachs von mehr als 15 % p. a.
Kunden: Wie können wir die Bedürfnisse unserer Kunden befriedigen?	• Innovator-Image prägen • Preis-Leistungs-Verhältnis • Vorzugslieferant sein	• Umsatzanteil neuer Produkte • Kundenbewertungen • Umsatzanteil durch Stammkunden	• Produktanteil < 2 Jahre über 60 % • Nr. 1 bei mind. 60 % der Kunden • Anteil über 50 %
Interne Prozesse: Bei welchen Prozessen müssen wir Hervorragendes leisten?	• Kundenanforderungen erfüllen • Regionalmarkt A entwickeln • Schnelle Hardware-Installation • Überragendes Projektmanagement	• Beratungsstunden vor Angebot • Anzahl Neukunden in Region A • Tage zw. Auftrag und Installation • Anteil Projekte ohne Kostenüberschreitung	• Anstieg um mind. 5 % p. a. • Anstieg um mind. 30 % p. a. • 90 % unter 10 Arbeitstagen • mind. 90 %
Lernen und Entwicklung: Wie können wir flexibel und verbesserungsfähig bleiben?	• Kontinuierliche Verbesserung • Hohe Mitarbeiterzufriedenheit	• Halbwertszeitindex • Mitarbeiterzufriedenheit • Anzahl Verbesserungsvorschläge je Mitarbeiter	• Verbesserung um mind. 10 % p. a. • Zufriedenheitsindex über 80 % • Mind. 20 Vorschläge pro Mitarbeiter

Abbildung 127: Beispielhafter Auszug einer BSC-Matrix für ein Unternehmen der IT-Branche

Schritt 6: Maßnahmen festlegen und Verantwortliche benennen

Als Folgerung aus dem fünften Schritt sind nun die Maßnahmen zu bestimmen, um die festgelegten Zielwerte zu erreichen. Dies geschieht durch einen Maßnahmenkatalog, den man in direkt umsetzbare und langfristig zu realisierende Maßnahmen trennen kann, um die Umsetzung zu strukturieren. Auf jeden Fall sind die Maßnahmen Bereichen bzw. Abteilungen zuzuordnen, um die Umsetzung sicherzustellen.

Schritt 7: Kontinuierlichen Einsatz sicherstellen und in die tägliche Arbeit integrieren

Im letzten Schritt wird die BSC in die tägliche Arbeit übernommen. Durch Zielvereinbarungen (Management by Objectives) können Teilziele direkt auf Einzelpersonen übertragen werden (Vorlage auf CD). Die Zielerreichung wird am Jahresende überprüft, so dass der Erfolg der Strategieumsetzung messbar gemacht wird. Jeder Mitarbeiter wird somit in die Strategieumsetzung direkt mit einbezogen und kann seinen Beitrag zur Erreichung der Vision leisten.

Da die BSC als Strategieprozess verstanden wird, sind regelmäßig die Maßnahmen, Ziele und auch die Strategie auf Gültigkeit zu überprüfen und gegebenenfalls anzupassen.

5.6.5 Vor- und Nachteile

Vorteile	Nachteile
• Reduziert die Komplexität der unternehmensinternen Prozesse und Ziele	• Sehr komplexes Instrument, erfordert eine hochgradig maßgeschneiderte Abstimmung auf das Unternehmen
• Kommunikation der kaum greifbaren Strategie	• Zeitaufwendige Erstellung
• Transparenz auch für externe Anspruchsgruppen (z. B. Aufsichtsräte)	• BSC muss im Unternehmen verankert sein und vom Management getragen werden
• Gesamte Strategie aus „einem Guss" durch logische Ableitung der Vision bis hin zu den konkreten Maßnahmen	
• Betrachtet sämtliche erfolgsrelevanten Unternehmensfaktoren, nicht lediglich die finanziellen Ergebnisse	

Tabelle 64: Vor- und Nachteile der BSC

5.6.6 Praxisbeispiel

Rockwater, eine schottische Unterwasserbaufirma, dient oftmals als Beispiel bei der Veranschaulichung der BSC, da dies als Vorzeigeprojekt der BSC-Einführung gilt. Das Unternehmen gehört zur Halliburton Corporation und beliefert Öl- und Gasproduzenten. Bis 1992 wies das Unternehmen hohe Verluste aus. Nachdem das komplette Management ausgetauscht und eine neue – kundenorientiertere – Strategie festgelegt wurde, stellte sich dennoch kein Erfolg ein. Norm Chambers, der neue Geschäftsführer, führte 1993 die BSC ein, um die Strategie deutlicher zu erklären und zu kommunizieren. Schon 1996 stellte sich der Erfolg ein: Rockwater wurde Marktführer in seiner Nische und wies sowohl Wachstum als auch Profitabilität auf (vgl. Kaplan/Norton, 1997).

Einige Kennzahlen aus der BSC von Rockwater sind in Abbildung 128 dargestellt.

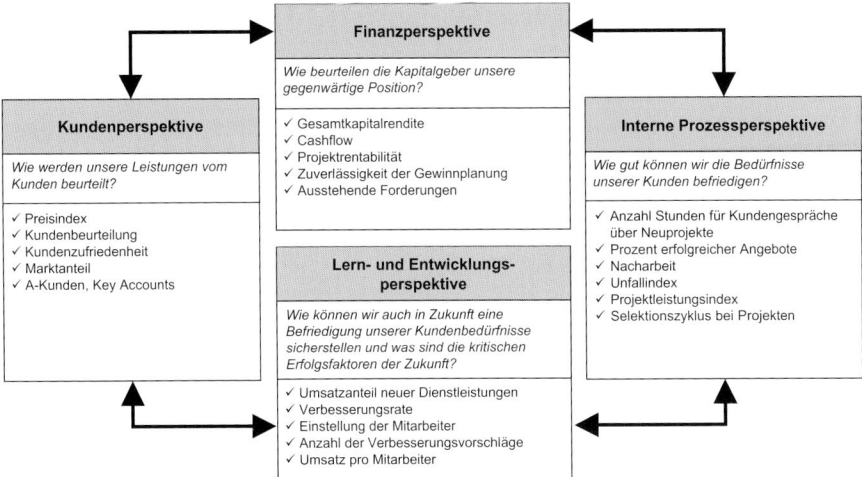

Abbildung 128: Die BSC bei der Firma Rockwater

5.6.7 Vorlagen auf CD

Die PowerPoint-Vorlagen enthalten BSC-Muster, Tabellen für strategische Maßnahmen etc. (BSC-Matrix), einen Kennzahlensteckbrief, ein BSC-Modell zur regelmäßigen Überprüfung der Kennzahlen sowie ein Formular für Zielvereinbarungen (Management by Objectives).

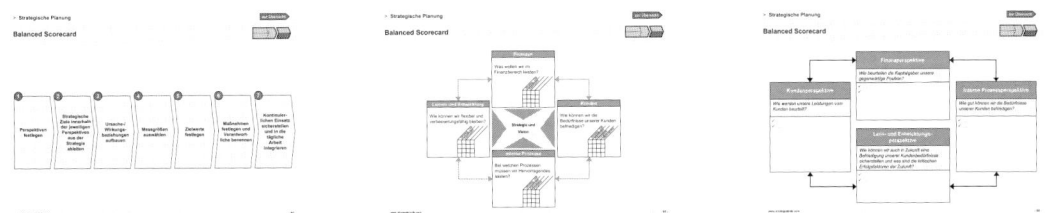

5.6.8 Verwandte und weiterführende Themen

- Vision, Mission und Kernwerte
  Grundlegende Voraussetzung für die Entwicklung einer BSC sind Vision, Mission und Kernwerte. Aus ihnen wird die Strategie abgeleitet, die in die BSC zu übertragen ist.

- Zufriedenheitsanalyse
  Als strategische Zielsetzungen könnten Mitarbeiter- und Kundenzufriedenheit Einfluss auf die Strategie haben. Um entsprechende Kennzahlen zu erheben, sind die entsprechenden Zufriedenheitsanalysen durchzuführen.

5.6.9 Literaturhinweise

HORVÁTH, P. (2000): *Balanced Scorecard umsetzen*, Horváth & Partner (Hrsg.), Schäffer-Poeschel Verlag, Stuttgart 2000

HORVÁTH, P. / KAUFMANN, L. (1998): „*Balanced Scorecard – ein Werkzeug zur Umsetzung von Strategien*", in: *Harvard Business Manager*, 5/1998, S. 39–48

KAPLAN, R. S. / NORTON, D. P. (1997): *Balanced Scorecard – Strategien erfolgreich umsetzen*, Schäffer-Poeschel Verlag, Stuttgart 1997

KAPLAN, R. S. / NORTON, D. P. (1996): „*Using the Balanced Scorecard as a Strategic Management System*", in: *Harvard Business Review*, January–February 1996, Vol. 74, p. 75–85

KAUFMANN, L. (2002): „*Der Feinschliff für Ihre Strategie*", in: *Harvard Business Manager*, 6/2002, S. 35–41

MAISEL, L. S.: „*Performance Measurement: The Balanced Scorecard Approach*", in: *Journal of Cost Management*, Vol. 6, 1992, 2, p. 50

5.7 Break-even-Analyse

5.7.1 Zielsetzung und Anwendungsgebiet

Die Break-even-Analyse ist ein bewährtes Instrument, welches in Planungsprozessen unterschiedlicher Art eingesetzt wird, um den Zeitpunkt zu bestimmen, ab wann sich eine Investition rechnet. Der Break-even selbst beschreibt dabei den genauen Zeitpunkt, an dem sich die Investition amortisiert hat.

Die Break-even-Analyse kann in unterschiedlichen Bereichen Anwendung finden und komplexe Zusammenhänge sehr einfach abbilden, solange eine Investition mit ihnen verbunden ist, die es zu bewerten gilt. So kann z.B. errechnet werden, wann eine Bürokaffeemaschine ihren Break-even erreicht hat, oder andererseits versucht werden, die Aufwendungen komplexer Wissensmanagementaktivitäten über die Break-even-Analyse zu kontrollieren, gegebenenfalls zu steuern. Dieser exemplarische, besonders ungleiche Vergleich verdeutlicht, dass eine Break-even-Analyse nur eindeutig durchführbar ist, solange Ein- und Auszahlungen quantifizierbar sind. Kann der Nutzen der Aktivitäten nicht hinreichend beziffert werden, ist eine Break-even-Analyse nicht anwendbar.

Ein wesentlicher Vorteil der Break-even-Analyse liegt in ihrer sehr übersichtlichen Darstellungsform.

5.7.2 Beschreibung

Die Break-even-Analyse identifiziert den genauen Zeitpunkt, wann sich eine bestimmte Investition amortisiert. Hierfür werden Ein- und Auszahlungsströme, die eindeutig einem Investitionsobjekt zugeordnet werden können, im Zeitablauf kumuliert und gegenübergestellt. Der Break-even in dieser Gegenüberstellung entspricht dem Zeitpunkt, an dem die kumulierten Auszahlungen den bis dahin erwirtschafteten Einzahlungen entsprechen. Abbildung 129 zeigt eine beispielhafte Break-even-Betrachtung.

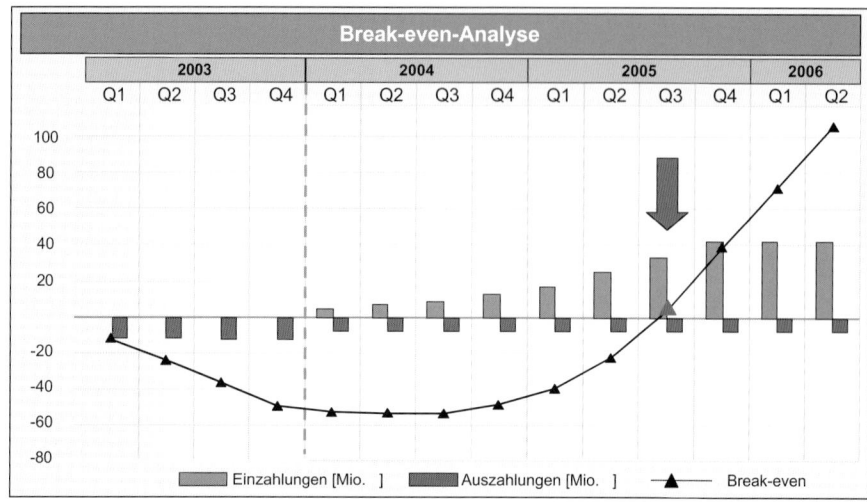

Abbildung 129: Exemplarische Break-even-Betrachtung

5.7.3 Voraussetzungen und notwendiger Input

Eine solide Break-even-Betrachtung setzt die Kenntnis und Zuordenbarkeit über alle auf das Investitionsobjekt bezogenen Zahlungen voraus. Diese Zahlungsströme müssen sowohl in ihrer Höhe als auch hinsichtlich ihres genauen Zeitpunktes bekannt sein. Je eindeutiger die Ein- und Auszahlungen quantifiziert und terminiert werden können, desto klarer und unkritischer sind die Aussagen der Break-even-Analyse.

5.7.4 Vorgehensweise

Die Vorgehensweise gliedert sich in drei Schritte:

Schritt 1:	Bestimmung der Auszahlungen

Schritt 2:	Bestimmung der Einzahlungen

Schritt 3:	Gegenüberstellung der Zahlungsreihen

Abbildung 130: Vorgehensweise der Break-even-Analyse

Schritt 1: Bestimmung der Auszahlungen

Im ersten Schritt müssen alle Auszahlungen erfasst werden, die den Investitionsobjekten zugeordnet werden können. Hierbei sind sowohl einmalige Investitionskosten wie auch laufende Kosten zu berücksichtigen. Die Kosten müssen jeweils hinsichtlich ihrer Höhe und Fälligkeit genau bestimmt werden. Im Weiteren müssen der Planungszeitraum und vor allem seine Betrachtungsintervalle definiert werden: Zum Beispiel könnte man einen Planungshorizont von fünf Jahren bei halbjährigem Kostenvergleich definieren, woraus eine Unterteilung in zehn Abschnitte der horizontalen Zeitachse resultieren würde.

Schritt 2: Bestimmung der Einzahlungen

Die Bestimmung der Einzahlungen wird in den meisten Fällen schwerer fallen als die der Auszahlungen, da es sich in der Regel um Prognosewerte handelt. In diesem Zusammenhang sei auf die Szenariotechniken verwiesen (vgl. Kapitel 5.4). Im Fall der Beurteilung eines konkreten Fremdauftrags können die vertraglich fixierten Einnahmen sehr einfach den Planungsintervallen zugeordnet werden. Die Einzahlungen müssen in jedem Fall in ihrer Höhe und Fälligkeit analog zu den Auszahlungen den gleichen Zeitintervallen zugerechnet werden.

Die Erfassung der Ein- und Auszahlungen kann mittels einfacher Tabellen erfolgen, die lediglich an den fixierten Planungszeitraum angepasst werden müssen. Eine Vorlage in Microsoft Excel ist auf der Beilagen-CD zum Buch zu finden.

Schritt 3: Gegenüberstellung der Zahlungsreihen

Die Gegenüberstellung der Ein- und Auszahlungen kann genau genommen in zwei Phasen unterteilt werden. In der ersten Phase werden die Ein- und Auszahlungen pro Planungsintervall gegenübergestellt. Dies erfolgt mittels übersichtlicher Balkendiagramme. In der zweiten Phase müssen die jeweiligen Zahlungen kumuliert werden, um zu errechnen, wann die Einzahlungen die Auszahlungen in Summe übersteigen und somit der Break-even erreicht ist und sich damit die Investition amortisiert hat. Die Visualisierung erfolgt üblicherweise über eine einfache Linie, die den Saldo der kumulierten Zahlungsreihe repräsentiert, siehe Abbildung 129.

5.7.5 Vor- und Nachteile

Vorteile	Nachteile
• Logische, fast selbsterklärende Anwendung	• Statische Betrachtung
• Übersichtliche Darstellung	• Bei einmaliger Betrachtung keine Berücksichtigung lebenszyklusbedingter Schwankungen der Zahlungsströme
• Schneller Ansatz (sofern die Daten verfügbar sind)	• Kosten und Erlöse werden in Abhängigkeit einer einzigen Einflussgröße gesehen
• Sinnvolle Entscheidungshilfe der Erfolgs- und Gewinnplanung in weniger fortgeschrittenen Phasen	• Die Break-even-Analyse sieht nicht vor, dass die Kosten- und Erlösfunktion voneinander abhängig sein können
• Zum regelmäßigen Einsatz geeignet: Reporting-/Controlling-Funktion	• Datenbeschaffung bzw. Kostenzurechnung kann in der Praxis problematisch sein

Tabelle 65: Vor- und Nachteile der Break-even-Analyse

5.7.6 Praxisbeispiel

Ein lokaler Zustellerbetrieb von Arzneimitteln arbeitet für mehrere Apotheken und leidet zunehmend unter Kapazitätsengpässen hinsichtlich seiner Fahrzeuge. Die Break-even-Analyse kann beispielsweise herangezogen werden, um zu errechnen, ab wann sich der Kauf eines zusätzlichen Fahrzeuges rentiert bzw. auch dazu, um herauszufinden, wie viele Zusatzaufträge gefahren werden müssen, damit sich ein zusätzliches Fahrzeug rechnet. Hierfür werden, wie oben beschrieben, die laufenden Auszahlungen den geplanten Einzahlungen gegenübergestellt. Gleiches gilt für den zweiten Fall, dass man errechnen möchte, wie viele Zusatzaufträge nötig sind. Hierzu würden die laufenden Zusatzkosten durch das Auto und seine Besatzung wiederum im Zeitablauf abgebildet und der gewünschte Break-even-Zeitpunkt bestimmt. Nun können die dafür nötigen Einzahlungen berechnet werden, die man dann durch den Gewinn pro Tour teilt und somit die Anzahl zusätzlicher Touren bestimmt hat.

5.7.7 Vorlagen auf CD

Die Beilagen-CD enthält zum einen eine exemplarische Break-even-Betrachtung als Visualisierungsvorlage sowie die Excel-Tabelle als Hilfestellung bei der Datenerfassung.

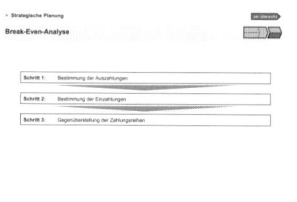
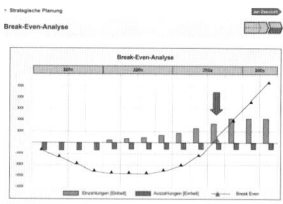

5.7.8 Verwandte und weiterführende Themen

- Szenariotechniken
  Zur Bestimmung der zukünftigen Einzahlungen sind häufig Prognosen nötig. Szenariotechniken bieten strukturierte Vorgehensmuster an, qualitative oder quantitative Prognosen zu erstellen.

5.7.9 Literaturhinweise

VOLLMUTH, H. J. (2003): *Controlling-Instrumente von A–Z*, Haufe Verlag, Freiburg im Breisgau u. a. 2003, S. 54/57

WEBER, J. (2002): *Einführung in das Controlling*, 9., komplett überarb. Aufl., Schäffer-Poeschel Verlag, Stuttgart 2002, S. 304

6

Überblick operativer Umsetzungsmethoden

6.1 Change Management

Strukturelle Veränderungen im Unternehmen bedeuten häufig große Belastungen für die Mitarbeiter. Eine strategische Neupositionierung und die damit zusammenhängenden neuen Ziele erfordern nicht nur Flexibilität im Denken und Handeln. Eine Umstrukturierung bedeutet in vielen Fällen eine Umwälzung des gesamten Arbeitsumfelds der Belegschaft. Das kann Arbeitsabläufe und Methoden, Vorgesetzte und Abteilungszuordnung sowie ganz konkret Arbeitsort und Kollegen betreffen.

Erfolgreiches Change Management beruht auf der Erkenntnis, dass wirkliche Veränderungen nur in enger Abstimmung mit den Beschäftigten zu bewerkstelligen sind. Da die tatsächliche Einbeziehung jedes einzelnen Mitarbeiters faktisch nicht möglich ist, werden dabei vor allem formelle und informelle Meinungsbildner eingebunden. Durch ihre Mitwirkung bei der Strategieentwicklung identifizieren sie sich mit ihr, und können als „Change Agents" ihre Kollegen von den Veränderungen überzeugen.

Sobald die Grundzüge der Neuausrichtung feststehen, sollte die Belegschaft in ihrer Gesamtheit über die geplanten Maßnahmen informiert werden. Als Maßnahme empfehlen sich hier Infomessen: Beispielsweise werden auf Plakaten in anschaulicher Form die Ausgangslage des Unternehmens, zu meisternde Herausforderungen, der Lösungsansatz sowie nächste Schritte dargestellt. Nach einer detaillierten Erläuterung der Inhalte sollten Ansprechpartner benannt werden, die in der Folgezeit für weitere Auskünfte zur Verfügung stehen. Bei neuen Arbeitsergebnissen sollte eine erneute Infomesse stattfinden.

Wenn die Informationen hinreichend vermittelt wurden und die Umsetzung der Strategie beginnt, empfiehlt sich das Einsetzen von Umsetzungsteams. Diese haben die Funktion von Arbeitsgruppen, die sich jeweils mit einem Teilgebiet der Neuerungen auseinander setzen (z.B. neue Formulare, verbesserte Qualitätssicherung, beschleunigte Abläufe). Im günstigsten Fall wird jedes der Umsetzungsteams von einem Change Agent geleitet. Durch die Teams werden strategische Maßnahmen auf der operativen Ebene umgesetzt. Sie dienen gleichzeitig der Mobilisierung der Mitarbeiter, die so in noch größerer Zahl in die Veränderungen einbezogen werden.

Falls es zu Neuordnungen der Abteilungen kommt, ist zusätzlich Team Building durch gemeinsame Unternehmungen (z.B. „Events", „Incentives") erforderlich. Es ermöglicht ein Kennenlernen der neuen Kollegen und stärkt das Gemeinschaftsgefühl der Mitarbeiter.

6.2   Projektmanagement

In einem Projekt geht es darum, eine besondere, abgeschlossene Aufgabe zu erledigen. Es unterscheidet sich damit grundlegend vom Tagesgeschäft, für das sich wiederholende Abläufe charakteristisch sind.

Das Projekt zeichnet sich aus durch einen Auftraggeber, einen Projektleiter, klar definierte (möglichst messbare) Projektziele, ein Projektteam sowie zeitliche und finanzielle Abgrenzung.

Das operative Projektmanagement umfasst die Dimensionen Kundenmanagement, Teammanagement und Zeitmanagement.

Analog zum Verhältnis eines Unternehmens zu seinen externen Kunden hat die Projektarbeit darauf abzuzielen, den internen Kunden zufrieden zu stellen. Dafür ist die laufende Abstimmung der Arbeitsergebnisse mit den Erwartungen des Auftraggebers erforderlich. Hierzu dienen regelmäßige Meetings (Projektausschuss bzw. Lenkungsausschuss) sowie Meilensteingespräche.

Das Teammanagement hat eine klare Verteilung der Aufgaben und Verantwortlichkeiten im Team zum Ziel. Der Projektleiter hat zu verantworten, dass die Ergebnisse schließlich ein kohärentes Ganzes ergeben. Ein probates Vorgehen hierbei ist, auf Teammeetings To-do-Listen zu erstellen und die Aufgaben einzelnen Mitarbeitern zuzuweisen. Soll die Aufgabe von mehreren Personen abgearbeitet werden, so ist zur Vermeidung unklarer Zuständigkeiten trotzdem nur ein Verantwortlicher zu benennen.

Das Zeitmanagement soll sicherstellen, dass die Projektziele innerhalb des gesteckten Zeitrahmens erreicht werden. Da die Projektplanung stets auf Schätzungen beruht, kann es natürlich zu Fehleinschätzungen kommen. Trotzdem ist ein einmal aufgestellter Plan als maßgeblich zu betrachten, solange nicht der Projektleiter bzw. Auftraggeber einen neuen Plan genehmigt. Das gilt insbesondere, weil Planänderungen zumeist Verschiebungen nach hinten bedeuten, die zu einer Ausdehnung des Zeit- und Ressourcenrahmens führen können.

Die Projektplanung ist somit kein einmaliger Vorgang, sondern ein Regelkreis aus Aufwandsschätzung, Planung, Durchführung und Erfolgskontrolle. Je nach Grad der Zielerreichung folgt eine neue Aufwandsschätzung. Sie wird grundsätzlich dadurch erschwert, dass die tatsächliche Komplexität einer Aufgabe erst nach ihrer Fertigstellung erkennbar ist. Sollten sich Schätzungen für bestimmte Tätigkeiten als besonders schwierig erweisen, sollten Fachleute hinzugezogen werden.

6.3 Prozessmanagement

Als Prozesse bezeichnet man sich wiederholende Abläufe in einem Unternehmen. Bei der Prozessmodellierung werden diese Abläufe grafisch dargestellt. Dabei definiert man verschiedene Ebenen, die sich durch ihren Detaillierungsgrad unterscheiden. Sie folgen dem Prinzip der Kaskadierung: Jede Tätigkeit bzw. jeder Prozess ist einem Ablauf auf höherer Ebene eindeutig zugeordnet. Anders herum kann jeder Prozess einer hohen Ebene auf zahlreiche Einzeltätigkeiten auf der untersten Ebene heruntergebrochen werden.

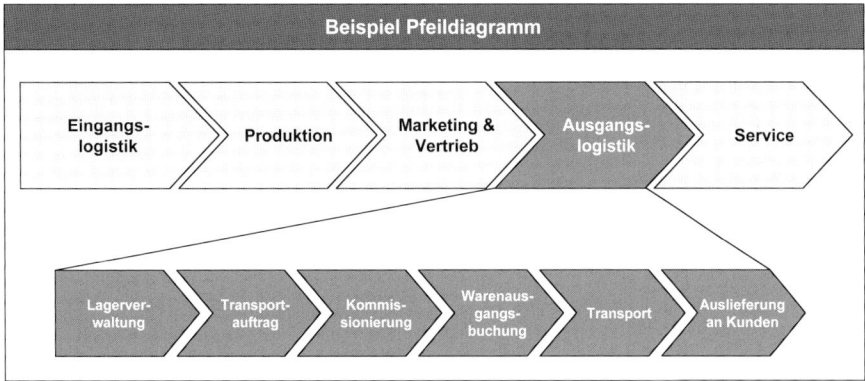

Abbildung 131: Exemplarisches Pfeildiagramm auf Basis der Porter'schen Wertkette

Auf den hohen Ebenen nutzt man Pfeildiagramme, die die wichtigsten „Etappen" des Prozessflusses darstellen.

Sobald sich der Prozess aufgrund seines Detaillierungsgrades nicht mehr als linearer Ablauf abbilden lässt, wird die Darstellung vom Pfeil- auf ein Flussdiagramm (Flowchart) umgestellt. In das letztere können Prozessvarianten, -schleifen und Entscheidungspunkte integriert werden.

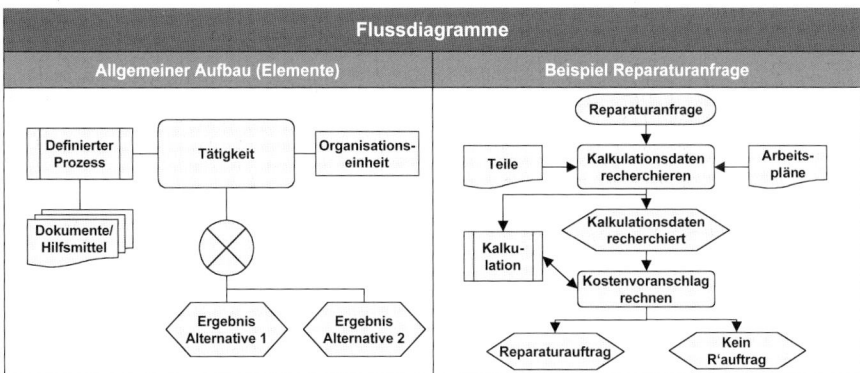

Abbildung 132: Aufbau und Beispiel für Flussdiagramme

Auf der untersten Ebene entspricht jeder Prozessschritt einer isolierten Tätigkeit, die durch eine Arbeitsanweisung genau beschrieben wird. Wenn Arbeitsmittel benötigt werden (z. B. Formulare, Dokumente, Systemeingabemasken), sind diese der Arbeitsanweisung beizufügen. Außerdem kann jedem Schritt eine eindeutige Verantwortlichkeit zugewiesen werden. Dies würde über eine zusätzliche Spalte in der Visualisierung geschehen.

Prozessmanagement begnügt sich nicht mit der Abbildung der aktuellen Prozesse, sondern schließt auch Prozessoptimierung mit ein. Dabei wird zwischen Ist- und Soll-Prozessen unterschieden. Ist-Prozesse sind die im Unternehmen gelebten Prozesse, ihre Aufzeichnung erfolgt in Workshops mit Mitarbeitern.

Im Anschluss daran werden Problemschwerpunkte identifiziert und Verbesserungsansätze erarbeitet. Vorhandene Potenziale können häufig erschlossen werden durch ein Straffen der Abläufe, Eliminieren redundanter Prozessschritte, Vermeiden von Schnittstellen oder das Reduzieren von Medienbrüchen.

Besonders die letzten beiden Maßnahmentypen sind ohne Eingriffe in die Organisation oder IT-Infrastruktur kaum zu realisieren, was zu schwerwiegenden Strukturveränderungen führen kann. Entsprechend wandeln immer mehr Unternehmen ihre gewachsene Aufbauorganisation in eine prozessorientierte Ablauforganisation um.

Abbildungsverzeichnis

Tabellenverzeichnis

Stichwortverzeichnis

Autoren

Klaus Kerth ist seit vielen Jahren als Manager in verschiedenen leitenden Positionen in der Automobilindustrie im In- und Ausland tätig. Zur Zeit ist Herr Kerth verantwortlich für Kundendienstinformations- und Dokumentenmanagement bei der Marke Volkswagen sowie für das Kompetenzfeld Datenmanagement bei der Volkswagen AG. Zahlreiche Presseartikel, Publikationen und Vorträge zu den Themen: Strategie, Logistik, Datenmanagement und Kundenorientierung.

Ralf Pütmann ist seit mehr als zehn Jahren in Führungsgremien der Kaufhof Warenhaus AG tätig. Zuletzt als Vorstand für die Ressorts Einkauf, Marketing, Werbung, Sportarena GmbH. Er ist Mitglied im Global Leadership Council der Metro Group AG. Zugleich ist Herr Pütmann Member of the Board of Directors der Inno S. A. Brüssel. Zahlreiche Presseartikel, Verbandstätigkeiten und Mitgliedschaften in Non-Profit Organisationen.

Co-Autoren

Jens Fischer studierte an der Universität Passau und der Universidad Católica de Córdoba, Argentinien, Betriebswirtschaftslehre. Seine Diplomarbeit trägt den Titel „Ein Ansatz zur kernkompetenzbasierten Erweiterung der Balanced Scorecard." Jens Fischer ist ausgebildeter Bankkaufmann und sammelte praktische Erfahrungen in diversen Praktika im In- und Ausland sowie bei eigenverantwortlichen Projekten als studentischer Unternehmensberater. Zusätzlich bekleidete er bei der Studentischen Unternehmensberatung INSTEAD e.V. verschiedene Vorstands- und Beiratsämter. Seit Januar 2005 ist er in der Transaktionsberatung der Ernst & Young AG Wirtschaftsprüfungsgesellschaft tätig.

Heiko Hempe studierte an der Universität Passau Betriebswirtschaftslehre mit den Schwerpunkten Organisation und Strategisches Management, Produktion und Logistik sowie Wirtschaftsinformatik. Heiko Hempe sammelte praktische Erfahrungen in Praktika bei Unternehmensberatungen und in der Industrie sowie über eigenverantwortliche Projekte als studentischer Unternehmensberater bei INSTEAD e.V. In diesem Umfeld hatte er außerdem verschiedene Vorstands- und Beiratsämter auf regionaler und überregionaler Ebene inne. Nach Abschluss seines Studiums gründete er gemeinsam mit einem Partner die ALTUS Bad Homburger Beratungsgesellschaft mbH und ist seitdem vorrangig für die Automobilherstellung beratend tätig.